固体废物处理与资源化丛书

城市固体废弃物
能源化利用技术

第二版

解 强 主编
罗克洁 赵由才 副主编

化学工业出版社

·北京·

本书共分 10 章，分别介绍了城市固体废弃物的组成及分析、性质、产生量及其影响因素、危害、城市固体废弃物处理处置方法、能源化利用及技术构成，城市固体废弃物的预处理，城市固体废弃物衍生燃料的制备技术与工艺，城市固体废弃物的焚烧，城市固体废弃物热解技术，城市固体废弃物的气化，城市固体废弃物填埋气能源化利用，城市固体废弃物的低温处理与能源化利用，城市固体废弃物能源化利用过程中的污染控制。

本书结合了近年城市固体废弃物能源化利用技术研究的新成果，搜集、归纳、整理了国内外的最新研究进展，结构合理，叙述系统，可供环境保护、能源化工等领域的工程技术人员、研究人员参考，也可供高等学校环境工程及相关专业师生参阅。

图书在版编目（CIP）数据

城市固体废弃物能源化利用技术/解强主编. —2 版. —北京：化学工业出版社，2018.7（2020.1重印）

（固体废物处理与资源化丛书）

ISBN 978-7-122-32209-8

Ⅰ．①城…　Ⅱ．①解…　Ⅲ．①城市-固体废物利用-研究

Ⅳ．①X705

中国版本图书馆 CIP 数据核字（2018）第 106001 号

责任编辑：刘兴春　刘　婧　　　　　　　　　装帧设计：关　飞
责任校对：宋　夏

出版发行：化学工业出版社（北京市东城区青年湖南街 13 号　邮政编码 100011）
印　　刷：三河市航远印刷有限公司
装　　订：三河市宇新装订厂
787mm×1092mm　1/16　印张 19½　字数 466 千字　2020 年 1 月北京第 2 版第 2 次印刷

购书咨询：010-64518888　　　　　售后服务：010-64518899
网　　址：http://www.cip.com.cn
凡购买本书，如有缺损质量问题，本社销售中心负责调换。

定　　价：86.00 元

前　言

　　我国经济社会的快速发展在极大地提高了民众生活水平的同时，产生了大量的城市固体废弃物，尚处高速发展阶段的城市进一步加大了城市固体废弃物的增长速度。数量庞大的城市固体废弃物对城市及城市周围的生态环境构成日趋严重的威胁，城市固体废弃物管理面临着日益严峻的考验。

　　国内外城市固体废弃物处置、处理、利用的实践表明，城市固体废弃物能源化利用技术，尤其是焚烧、热解、气化等热处理技术，减容、减量程度高，在二噁英、重金属等关键污染物的控制及能量的高效回收利用方面占有优势，已处于城市固体废弃物处理技术的中心地位，得到了广泛的应用。为此，科技部、发改委、工信部、环保部（现生态环境部）、住建部、商务部及中国科学院等于 2012 年联合发布《废物资源化科技工程"十二五"专项规划》，明确了城市垃圾的能源利用方向。

　　《城市固体废弃物能源化利用技术》第一版出版于 2004 年，图书帮助厘清了城市固体废弃物能源化利用技术的基本概念，将最初囿于焚烧的热处理技术范围拓展至热解、气化和填埋气利用，并较为系统地介绍了城市固体废弃物能源化利用技术的原理、工艺和设备，对我国城市固体废弃物能源化利用技术的发展和推广起到了一定的推动作用。在过去的十数年间，我国城市固体废弃物处理技术发展迅猛，在分类回收、均质化预处理、有机垃圾厌氧消化、填埋气体提纯与燃气利用、固体废弃物高效能源转化及二次污染控制等关键技术与装备等方面，正逐渐形成适合我国城市固体废弃物特点的能源化利用技术体系。根据城市固体废弃物能源化利用技术的现状和发展趋势，我们对该版图书进行了修订。

　　城市固体废弃物作为能源利用时，在许多方面与煤具有相似性，它们都是组成复杂、并随着空间和时间变化很大的固体含能物质；在能源化利用过程中都有可能产生严重的污染。因此，第一版图书的编写思路是借用能源化工观点，在考虑城市固体废弃物组成、特性的基础上，把对城市固体废弃物能源化利用技术的描述融入已成熟可靠的洁净煤技术体系。近些年来城市固体废弃物能源化利用技术开发和应用的工程实践证实了这个想法的可行性。实际上，应用洁净煤技术解决城市固体废弃物能源化利用的难题，表现出了技术上的可能性、技术开发周期的快速性和经济上的优越性。因此，本书从城市固体废弃物预处理出发，介绍了制备垃圾衍生燃料的提质环节，焚烧、热解、气化等热转化处理，同时介绍了填埋气利用、前瞻等离子体及催化转化等先进技术，最后讨论了能源化利用过程中的污染控制方法。

此次修订更新了书中的图表数据及行业标准；新增了城市固体废弃物的危害、城市固体废弃物处理处置方法、细磨工艺技术；扩充了固体废弃物的压实技术、破碎方法、风力分选、RDF 的分类及性质；更新了热解工艺及设备、国内外固体废弃物填埋气能源化利用情况等内容，以保证全书的专业性与先进性。

本书由解强任主编，罗克洁、赵由才任副主编，参编人员有张宪生、边炳鑫、厉伟、张沛君、焦学军、沈吉敏、舒新前。修订再版过程中，罗克洁做了大量细致的具体工作，并得到了同行们和出版社的鼓励和支持，在此深表谢意。此外，对图书引用文献的作者也由衷地表示感谢。

限于作者水平和编写时间，书中疏漏与不足之处在所难免，恳请读者批评指正。

解　强

2018 年 8 月于北京

城市是社会发展和进步、人类文明进化的重要载体，也是人类社会活动的聚集地和主要场所，同时，城市消耗了60％的自来水、76％的木材、60％～70％的能源，也"贡献"了全球78％的碳排放总量和其他大多数污染物，其中包括城市固体废弃物（municipal solid waste，MSW）。

随着我国城市数量的增加、规模的扩大和人口的增多，城市垃圾的发生量以年平均增长率8.98％的速度迅猛增加。数量庞大的城市垃圾已对城市及城市周围的生态环境构成日趋严重的威胁。此外，垃圾爆炸事故不断发生，对人民的生命财产也造成了重大损失。为了贯彻可持续发展战略，落实"中国21世纪议程——中国21世纪人口、环境与发展白皮书"，必须对城市固体废弃物进行处理。

城市固体废弃物造成的生态与环境的危害是明显而巨大的，但从物质的观点，固体废弃物又是一种资源，而且是总量不断增长的资源。固体废弃物处理的目标是减容（量）、无害化和资源化，其中无害化（不产生二次污染）是处理技术的核心。在各种技术和方案中，城市固体废弃物能源化利用技术（目前主要是焚烧）由于具有减容、减量程度高，可同时获得能源等优势，已处于固体废弃物处理技术的中心地位，在保护环境、资源，促进可持续发展等方面均具有重大意义。

广义上的城市固体废弃物能源化利用技术，就是通过化学或生物转换，将垃圾中所含的能量释放出并加以利用技术的总称。目前开发、使用的城市固体废弃物能源化利用技术主要是垃圾的热处理技术（焚烧、热解、气化等）和生物转换技术（主要是填埋气利用）。

由于历史的原因，我国垃圾焚烧，特别是垃圾高效、洁净能源化利用技术的发展起步较晚。然而，随着人民生活质量的不断提高，我国垃圾的成分发生很大变化，热值大幅度增大，这为垃圾的能源化利用提供了物质基础。近年来在相当多的城市相继建设了生活垃圾的焚烧厂，更多的城市出现了建设垃圾焚烧厂的要求。目前，国内外对城市固体废弃物能源化利用技术的研究、开发和应用方兴未艾。

迄今，国内外有关城市固体废弃物处理与利用方面的图书中仅有少量的书籍涉及能源化利用技术，并且基本上是局限于生活垃圾的焚烧。而对于能达到城市固体废弃物高效洁净能源化利用目的的其他技术，如垃圾的热解、气化、填埋气利用等，尚未有专门图书面世。此外，各种文献里关于能源化利用技术的资料也有许多谬误，有些甚至混淆了垃圾"热解"和"气化"的概念。为此，我们结合近年来在城市固体废弃物能源化利用技术研究方面的成果，并搜集、归纳、整理了国内外最新研究进展，撰写了《城市固体废弃物能源化利用技术》一书，对城市固体废弃物能源化利用技术的概念、原理、工艺、设备等进行了系统的叙述。希望本书的出版对我国城市固体废弃物能源化利用技术的发展有一定的推动作用。

本书在编写过程中借鉴了一些能源化工的观点与方法。城市固体废弃物作为能源利用时与煤在许多方面都有相似性：均为组成复杂、并随着空间和时间变化很大的固体含能物质；在能源化利用过程中都有可能产生严重的污染。因此，利用已较为成熟可靠的洁净煤技术（Clean Coal Technology，CCT），在考虑城市固体废弃物特性的基础上，把它们"嫁接"到城市固体废弃物能源化利用技术的研发上，就具有技术上的可能性、技术开发周期的快速性和经济上的优越性。这是本书编写过程中的基本指导思想。

本书由解强主编，边炳鑫、赵由才副主编。具体分工为：解强（第一章，第二章第二节，第三章第五节，第四章第四节，第五章第一节、第二节，第六章第三节，第七章第一节、第二节，第八章第五节、第六节，第十章第二节、第五节）；张宪生（第二章第一节、第三节，第五章第三节）；边炳鑫（第三章第一节、第二节，第七章第三节，第八章第一节，第十章第一节、第三节）；厉伟（第三章第三节、第四节，第四章第一～三节）；赵由才（第五章第四节，第十章第四节、第六节）；张沛君（第五章第五节部分，第六章第一节）；焦学军（第五章第五节部分，第六章第五节）；沈吉敏（第六章第二节、第五节，第八章第二～四节）；舒新前（第九章）。全书由解强统稿。

近年来，城市固体废弃物能源化利用技术的研究与开发是国内外固体废弃物处理和处置领域研究的焦点、投资的热点，已取得了极大的进步，各种成果层出不穷。限于作者水平，对这些新成果的介绍可能挂一漏万，疏漏也在所难免，恳请读者不吝赐教。在本书最后整合、统稿的过程中，得到了刘伟、孙慧、杨丽丽、刘昕等同志的大力帮助，在此表示感谢。同时，对书中所引用文献的作者也表示深深的谢意。

本书的编写和出版受到建设部（垃圾衍生燃料（RDF）热解与气化的技术与工艺研究 [03-2-055]）、哈尔滨市科委（城市垃圾高效洁净能源化利用关键技术与设备 [2003AA4CS128]）的部分资助。

解　强

2004 年 3 月于北京

目录

第一章　概论 / 1

第一节　城市固体废弃物的组成及分析 ……………………………………………… 1
　　一、城市固体废弃物的组成 ………………………………………………………… 1
　　二、城市固体废弃物的工业分析与元素分析 ……………………………………… 3
第二节　城市固体废弃物的性质 …………………………………………………… 12
　　一、城市固体废弃物的物理特性 …………………………………………………… 12
　　二、城市固体废弃物的化学性质 …………………………………………………… 14
　　三、城市固体废弃物的生化性质 …………………………………………………… 15
第三节　城市固体废弃物的产生量及其影响因素 ……………………………… 16
　　一、城市固体废弃物的产生量 ……………………………………………………… 16
　　二、影响城市固体废弃物产生量的因素 …………………………………………… 18
第四节　城市固体废弃物的危害 …………………………………………………… 20
　　一、对水体的污染 …………………………………………………………………… 20
　　二、对大气的污染 …………………………………………………………………… 21
　　三、对土壤的污染 …………………………………………………………………… 21

第二章　城市固体废弃物处理与能源化利用概述 / 22

第一节　城市固体废弃物处理处置方法 ………………………………………… 22
　　一、我国城市固体废弃物处理处置现状 …………………………………………… 22
　　二、固体废弃物填埋技术 …………………………………………………………… 23
　　三、固体废弃物堆肥技术 …………………………………………………………… 24
　　四、固体废弃物焚烧技术 …………………………………………………………… 24
　　五、固体废弃物处理技术比较 ……………………………………………………… 25
第二节　城市固体废弃物能源化利用 …………………………………………… 27
　　一、城市固体废弃物能源化利用的含义 …………………………………………… 27
　　二、城市固体废弃物热处理技术 …………………………………………………… 28
　　三、城市固体废弃物填埋场填埋气能源化利用 …………………………………… 28
第三节　城市固体废弃物能源化利用的技术构成 ……………………………… 28
　　一、引言 ……………………………………………………………………………… 28

二、城市固体废弃物高效洁净能源化利用的技术构成 ———————— 29

三、城市固体废弃物能源化利用的技术路线 ———————— 32

第三章 城市固体废弃物的预处理 / 34

第一节 概述 ———————— 34

第二节 固体废弃物的压实 ———————— 35

一、原理及目的 ———————— 35

二、压实器 ———————— 36

三、技术应用 ———————— 36

第三节 固体废弃物的破碎 ———————— 38

一、破碎原理及目的 ———————— 38

二、破碎方法 ———————— 38

三、破碎流程 ———————— 39

四、破碎设备 ———————— 40

五、特种破碎方法与工艺 ———————— 46

六、细磨工艺技术 ———————— 48

第四节 固体废弃物的分选 ———————— 49

一、基本原理 ———————— 49

二、手工拣选 ———————— 51

三、筛分 ———————— 52

四、重力分选 ———————— 58

五、磁选 ———————— 66

六、电选 ———————— 71

七、浮选 ———————— 72

八、其他分选方法 ———————— 75

第五节 城市固体废弃物预处理集成工艺 ———————— 77

一、概述 ———————— 77

二、固体废弃物焚烧预处理工艺 ———————— 78

三、固体废弃物有用物质分选回收系统 ———————— 78

四、原生城市固体废弃物分离系统 ———————— 79

第四章 城市固体废弃物衍生燃料的制备技术与工艺 / 82

第一节 概述 ———————— 82

第二节 RDF 的分类及性质 ———————— 82

一、RDF 的概念 ———————— 82

二、RDF 的分类 ———————— 83

三、RDF 的性质和特点 ———————— 84

四、RDF 的质量标准 ·· 85

第三节　RDF 的生产工艺 ·· 85

一、概述 ··· 86

二、散状 RDF 制备工艺 ·· 87

三、粉末 RDF 制备工艺 ·· 88

四、干燥成型 RDF 加工工艺 ·· 88

五、化学处理 RDF 加工工艺 ·· 89

六、液态固体废弃物衍生燃料的制备工艺 ····································· 92

第四节　RDF 制备技术实例 ·· 92

一、日本 RDF 制备技术 ·· 93

二、美国 RDF 制备技术 ·· 97

三、我国的 RDF 制备技术 ··· 98

四、RDF 制备新工艺 ·· 99

第五章　城市固体废弃物的焚烧 / 108

第一节　概述 ·· 108

一、国外城市固体废弃物焚烧技术的发展与应用现状 ····················· 109

二、我国城市固体废弃物焚烧技术的发展与应用现状 ····················· 111

三、垃圾焚烧技术的特点 ··· 112

第二节　焚烧的基本原理 ·· 112

一、基本概念 ·· 112

二、焚烧过程 ·· 116

三、热重法研究垃圾的燃烧特性 ·· 119

四、焚烧产物、焚烧效果评价与标准 ·· 121

五、城市固体废弃物焚烧影响因素 ·· 124

六、固体废弃物焚烧热平衡及热效率 ·· 126

第三节　焚烧设备 ·· 129

一、固体废弃物焚烧方式 ··· 129

二、焚烧炉 ··· 132

三、国内制造的垃圾焚烧炉 ··· 139

四、主要垃圾焚烧炉比较 ··· 140

第四节　固体废弃物焚烧系统与工艺 ································· 141

一、垃圾焚烧处理的原则流程 ··· 141

二、城市固体废弃物焚烧厂系统构成 ··· 142

三、垃圾焚烧厂的类型 ··· 145

四、城市垃圾-煤流化床混烧工艺 ·· 146

第五节　城市生活垃圾焚烧厂实例 ···································· 150

一、深圳市垃圾焚烧厂 ··· 150

二、浦东垃圾焚烧厂 152

三、上海江桥生活垃圾焚烧厂 154

四、美国佛罗里达州棕榈滩 RDF 焚烧厂 157

第六章　城市固体废弃物热解技术 / 159

第一节　概述 159

一、热解技术简介 159

二、城市固体废弃物热解技术的发展 159

第二节　热解的基本原理 162

一、基本概念 162

二、热解过程参数控制 169

三、热解动力学分析 172

第三节　热解工艺及设备 174

一、热解工艺分类 174

二、常用热解设备 176

第四节　固体废弃物热解技术的应用 179

一、废塑料的热解 180

二、污泥的热解 181

三、新日铁垃圾热解熔融系统 181

四、Purox 系统 183

五、Torrax 系统 184

六、Occidental 系统 185

七、Landgard 系统 186

八、Garrett 系统 187

九、Battelle 系统 188

第五节　固体废弃物热解产物加工 189

一、甲烷转换 189

二、甲醇转换 189

三、氨的转换 192

第七章　城市固体废弃物的气化 / 193

第一节　概述 193

第二节　城市固体废弃物气化基本原理 194

一、固体燃料的气化原理 194

二、气化方式 195

三、固体废弃物气化工艺流程 200

第三节　城市固体废弃物气化新工艺 ·· 200

一、城市固体废弃物气化熔融技术 ·· 200

二、城市固体废弃物直接气化熔融技术 ·· 204

第八章　城市固体废弃物填埋气能源化利用 / 206

第一节　概述 ·· 206

一、城市固体废弃物填埋气能源化利用的意义 ··· 206

二、国外城市固体废弃物填埋气能源化利用概况 ···································· 207

三、我国城市固体废弃物填埋气能源化利用现状 ···································· 208

第二节　填埋气的产生机理 ··· 209

一、填埋气的产生过程 ··· 209

二、填埋气发酵 ·· 210

三、填埋气发酵的生化反应过程 ·· 212

四、甲烷形成理论 ··· 216

五、厌氧降解的反应热力学 ·· 218

六、厌氧降解的动力学 ··· 218

七、影响垃圾降解的因素 ·· 222

第三节　填埋气的组成 ··· 223

第四节　填埋气的产生量及影响因素 ·· 225

一、影响填埋气产生量的因素 ··· 225

二、提高产气的方法及技术 ·· 230

三、填埋气产生量的估算 ·· 231

第五节　填埋气的收集及预处理 ·· 235

一、填埋气的收集 ··· 235

二、填埋气的预处理 ··· 238

第六节　填埋气能源化利用 ··· 241

一、概述 ·· 241

二、填埋气的燃烧 ··· 242

三、填埋气能源化利用的方式 ··· 245

四、填埋气能源化利用的经济可行性分析 ··· 249

第九章　城市固体废弃物的低温处理与能源化利用 / 251

第一节　低温等离子体处理技术 ·· 251

一、概述 ·· 251

二、低温等离子体反应器 ·· 252

三、低温等离子体的发生及其作用机理 ··· 252

第二节　低温等离子体技术在固体废弃物低温处理和能源化利用中的应用 ············ 255

第三节　城市固体废弃物的中-低温催化处理 ·············· 256

　　一、催化反应基础 ·············· 256

　　二、催化剂在固体废弃物低-中温处理过程中的应用 ·············· 261

第十章　城市固体废弃物能源化利用过程中的污染控制 / 264

第一节　概述 ·············· 264

　　一、城市固体废弃物能源化利用过程污染物的种类 ·············· 264

　　二、城市固体废弃物能源化利用过程中污染物的产生机制 ·············· 265

　　三、城市固体废弃物能源化利用污染物控排原则 ·············· 267

第二节　城市固体废弃物能源化利用过程中污染物控排技术 ·············· 267

　　一、煤-固体废弃物混烧过程气态污染物的自脱除 ·············· 267

　　二、城市固体废弃物热解-气化新工艺 ·············· 269

第三节　酸性气体控制技术 ·············· 273

　　一、湿式洗气法 ·············· 273

　　二、干式洗气法 ·············· 274

　　三、半干式洗气法 ·············· 275

　　四、酸性气体控制技术比较 ·············· 277

第四节　灰渣的处理与利用 ·············· 277

　　一、灰渣的组成与特性 ·············· 277

　　二、灰渣中的重金属及其危害 ·············· 279

　　三、固体废弃物焚烧厂尾气中重金属的处理 ·············· 282

第五节　毒性有机氯化物的控排 ·············· 286

　　一、二噁英类物质 ·············· 286

　　二、固体废弃物焚烧过程二噁英的控排 ·············· 290

第六节　粒状污染物控制技术 ·············· 293

　　一、设备类型 ·············· 293

　　二、设备选择 ·············· 296

参考文献 / 297

第一章

概　　论

第一节　城市固体废弃物的组成及分析

一、城市固体废弃物的组成

城市固体废弃物又称城市生活垃圾，是指城市居民在日常生活或为城市日常生活提供服务的活动中所产生的固体废物，其主要成分包括厨余物、废纸、废塑料、废织物、废金属、废玻璃陶瓷碎片、砖瓦渣土、粪便，以及废家具、废旧电器、庭院废物等。城市固体废弃物成分构成复杂、性质多变，并且受到垃圾产生地的地理位置、气候条件、能源结构、社会经济水平、居民消费水平、生活习惯等方面因素的影响。

固体废物与非固体废物的鉴别，首先应根据《中华人民共和国固体废物污染环境防治法》中的定义进行判断；其次可根据试行的《固体废物鉴别导则》所列的固体废物范围进行判断；对物质、物品或材料是否属于固体废物的判断结果存在争议的，由国家环境保护行政主管部门组织召开专家会议进行鉴别和裁定。

我国经济的快速发展、城市化进程的加快，造成我国城市数量不断增多、规模不断扩大，随之而来的是城市固体废弃物数量的急剧增长。

根据统计年鉴，近年来我国城市固体废弃物的清运量和无害化处理量可用图 1-1 说明。

随着我国工业化和城市化的逐步推进，城市生活垃圾问题越来越受到人们的关注。当前，我国城市垃圾每年产生量接近 $2 \times 10^8 t$，平均每人每年生产垃圾量约 $300 kg$，且近年来基本以 10% 的速度在增长。诸多资料显示，我国约有 2/3 的大中型城市被垃圾"包围"，严重影响了人们的生活质量。目前，垃圾填埋是我国主要的垃圾处理方式，但由于垃圾填埋占用土地资源，而我国人口分布极不均匀，在人口密度大的地区，城市生活垃圾与土地资源紧缺的矛盾日益尖锐，急需加大垃圾焚烧和垃圾回收。

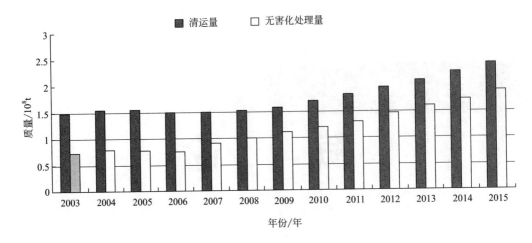

图 1-1　我国城市固体废弃物的清运量和无害化处理量

由于城市垃圾扩散性小、不易流动，成分又极不均匀，因此，垃圾组成的测定是一项非常复杂的工作，测定组成时垃圾难以用机械分离，目前仍以人工取样分选后再分别称量进行测定。一般以各成分含量占新鲜湿垃圾的质量分数表示，即以湿基率（％）表示；亦可烘干后，去掉水分再称量，以干基率（％）表示。

城市固体废弃物来源不同，所含成分会有所不同，图 1-2 为我国城市固体废弃物的产生机制。在我国，一般将城市固体废弃物分为有机物、无机物、纸类、塑料、橡胶、布、木竹、玻璃、金属 9 类，其中后 7 类属可回收废物，但其回收也是相对的，只有那些易于分拣的部分才能回收。

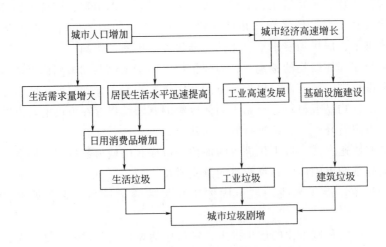

图 1-2　我国城市固体废弃物的产生机制

表 1-1 是国外和我国几个城市的固体废弃物物理成分分析对照表。表 1-2 为 21 世纪初我国城市垃圾组成的估算值。

表 1-1　国外和我国几个城市的固体废弃物物理成分分析对照表　　　单位：%

城市	年份/年	纸类	塑胶	木竹	织物	庭院	厨余	金属	玻璃	渣土
美国	2001	28	14.9	7.4	8.5	7.5	15.8	7.4	6.3	4.2
新加坡	2000	20.6	5.8	8.9	0.9	2.7	38.8	3.2	1.1	18
欧洲	2005	26	9	—	5		29	4	7	20
英国	2004	19	7	6	2		41	8	4	13
德国	—	10.3	7.9	3.3	3.5		26.6	5.4	4	39.6
澳大利亚	2001	21	11		5		44	4		8
北京	2005	9.25	11.76	1.26	—	—	63.79	—	—	9.1
苏州	2007	10.89	18.59	0.86	4.18		62.63	0.24	1.96	0.65
杭州	2004	7.18	14.52	1.31	2.01		61.52	0.18	1.94	10.62
上海	2002	9.11	13	1.26	2.91		68.17	0.86	3.33	1.12

注：1. 国外数据来自参考文献［10］；2. 表中"—"为该项成分数据未进行单独检测，其中在年份数据栏的表示年份不详。

表 1-2　21 世纪初我国城市垃圾的组成（估算值）　　　单位：%

城市类型	垃圾组成			可再利用废品分布				
	动植物垃圾	无机垃圾	可再利用废品	纸类	玻璃	金属	塑料	织物
发达城市	45～55	15～25	25～35	20～25	15～20	5～10	35～45	10～15
较发达城市	50～60	20～30	15～25	20～25	15～20	5～10	35～45	10～15
一般城市	45～55	35～45	5～15	20～25	15～20	5～10	35～45	10～15

二、城市固体废弃物的工业分析与元素分析

对城市生活垃圾的利用，不仅需要了解其物理组成和各物理组成的分布、含量，还有必要对其典型物理组成进行工业分析和元素分析。垃圾的工业分析包括水分、固定碳、灰分，通常还包括硫分和发热量的测定。工业分析指标包括水分、灰分和可燃物（挥发分和固定碳），又被称为"三成分"，用它可近似地判断垃圾的可燃性。元素分析包括碳、氢、氧、硫、氮、磷等元素的分析。

迄今我国尚未有测试城市生活垃圾或垃圾衍生燃料组成和性质的国家标准，但按照国内外目前通行的办法，把城市生活垃圾视为与煤、油页岩等固体燃料相似的含能材料，参照煤的分析方法进行生活垃圾及垃圾衍生燃料的工业分析、元素分析、发热量和各种工艺性质。

（一）城市固体废弃物的工业分析

1. 水分

（1）概念

单位质量的生活垃圾所含的水的质量，称为生活垃圾的水分含量（含水率），简称水分。

水分是垃圾处理过程中涉及的一个重要物理参数，其值直接影响着垃圾填埋、垃圾堆肥和垃圾焚烧过程的正常进行，需进行严格控制，而且垃圾中水分含量过多也会造成垃圾筛分和空气分选的困难。

实际常用的指标是垃圾的应用基全水分（M_{ar}），是垃圾的实际含水量。它是评价垃圾组成的最基本的指标，工艺过程中用于计算垃圾热量和质量平衡。

垃圾的外在水分（free moisture 或 surface moisture，M_f）指在一定条件下垃圾样与周围空气湿度达到平衡时所失去的水分。以机械方式与垃圾结合，其蒸气压与纯水的蒸气压相同。

内在水分（inherent moisture，M_{inh}）指在一定条件下垃圾样达到空气干燥状态时所保持的水分。

将垃圾样破碎、缩分到粒度为 3mm 或 1mm，经 50℃ 干燥，再破碎到 0.2mm，制得的垃圾样称为分析垃圾样。

（2）垃圾水分的测定

① 二步法测定垃圾样全水分（垃圾样粒度＞3mm 时）　第一步，外在水分的测定。取垃圾样 500g，在 70～80℃ 下干燥至恒重。垃圾样减轻的质量占垃圾样质量的百分数，即为外在水分（M_f）。第二步，测定内在水分。将测定外在水分所得到的干燥垃圾样破碎到 3mm 以下，取 10～15g，在 105～110℃ 下干燥至恒重，所失去的质量占垃圾样质量的百分数，即为内在水分（M_{inh}）。

垃圾样的全水分可按式（1-1）计算。

$$M_{ar} = M_f + M_{inh} \times \frac{100 - M_f}{100} \tag{1-1}$$

② 一步法测定垃圾样全水分（垃圾样粒度≤3mm 时）　取垃圾样 10～15g，在 105～110℃ 下干燥至恒重，所失去的质量占垃圾样质量的百分数，即为垃圾样的全水分。

（3）分析垃圾样水分的测定

称取一定质量的分析垃圾样，在 105～110℃ 下干燥至恒重，垃圾样减少的质量占原垃圾样质量的百分数，即为分析垃圾样水分（moisture in air-dried sample，M_{ad}）。

2. 灰分

（1）概念

城市生活垃圾的灰分（A）是指垃圾样品在规定条件下完全燃烧后所得的残余物占原垃圾样质量的百分数。垃圾中的灰分主要由不可燃的无机物和可燃的有机物中的燃烧残渣组成。

可燃物中的灰分一般小于 10%，原生垃圾中无机物为 20%～80%。经筛选后入炉垃圾中的不可燃无机物也有 20% 左右。垃圾含灰过多，不仅会降低垃圾热值，而且会阻碍可燃物与氧气的接触，增大垃圾着火和燃尽的难度。减少入炉垃圾灰分、改善其燃烧性能的方法有两种：一是在垃圾入炉前，尽可能地筛除不可燃的无机物；二是全面推广城市垃圾分类收集。第二种方法更为经济合理。

（2）垃圾的灰分的测定

测定原理是，称取一定质量（G）的分析垃圾样品置于马弗炉内，在（815±15）℃ 的温度下烧至恒重。根据灼烧后残渣的质量（G_1），计算出分析垃圾样的灰分产率（灰分，A_{ad}）。

$$A_{ad} = \frac{G_1}{G} \times 100\% \tag{1-2}$$

为了避免分析垃圾样水分的变化对灰分产率的影响，通常对垃圾培养的筛分含量进行基准换算，方法是以假想无水的垃圾为基准（干燥基）。由于灰分的绝对值不随基准的变化而变化，因此

$$A_{ad} \times 100 = A_d \times (100 - M_{ad}) \tag{1-3}$$

即

$$A_d = A_{ad} \times \frac{100}{100 - M_{ad}} \tag{1-4}$$

式中，A_d、A_{ad} 分别为垃圾的干基灰分和分析基灰分，%；M_{ad} 为垃圾的分析基水分，%。

3. 挥发分

（1）概念

垃圾在与空气隔绝的条件下，加热至一定温度时，在水分校正后的质量损失即为垃圾的挥发分。挥发分是由气态烃类化合物（甲烷和非饱和烃）、氢、一氧化碳、硫化氢等组成的可燃混合气体。

垃圾的挥发分不是垃圾中的固有物质，而是在特定条件下城市生活垃圾受热分解"挥发"出的物质，其数量既受垃圾本身性质的影响，也受挥发分测定条件的限制。

由于垃圾各种组成物质的分子结构不同，断键的条件也不同，这就决定了它们析出挥发分的初始温度是不同的，但常见的四种有机物（塑料、橡胶、木屑、纸张）的挥发分析出的初始温度都在 200℃ 左右。随着加热温度的升高，垃圾析出挥发分的总量也会增加。热重研究得到的不同温度下物料的失重数据表明：在 600℃ 时，塑料失重（即析出挥发分）达到 99.94%（质量分数），橡胶则达到 55%，木屑和纸张都达到 80%。由此可以看出，挥发分是垃圾中可燃物的主要形式。因此，垃圾的焚烧主要是挥发分的燃烧。而挥发分着火温度低，与空气的混合较充分。由此可认为，垃圾的着火和焚烧是不困难的。

（2）测定

将 1g 分析垃圾样装入带盖的坩埚中放入马弗炉，在隔绝空气、(900±10)℃ 的条件下加热 7min，垃圾样失重占垃圾样质量的百分数减去分析基垃圾样水分，即为分析垃圾样挥发分（V_{ad}）。

$$V_{ad} = \frac{G - G_1}{G} \times 100 - M_{ad} \tag{1-5}$$

挥发分是垃圾的有机物受热分解时的产物，表征的是垃圾有机质部分某些物质的含量，它应该只与有机质有关，而不受垃圾中水和矿物质（灰分）的影响。分析垃圾样挥发分满足不了这个要求，需换算基准。换算方法是以"扣除"无机质（灰分、水分）后的物质为表征垃圾中有机质的基准。

$$垃圾(100\%) = 有机质 + 无机质 \tag{1-6}$$

定义垃圾的可燃基或干燥无灰基（dry ash-free，daf）为：

$$可燃基 = 100 - M_{ad} - A_{ad} \tag{1-7}$$

由质量守恒定律对垃圾的有机质含量进行衡算，可得：

$$V_{daf} \times (100 - M_{ad} - A_{ad}) = V_{ad} \times 100 \tag{1-8}$$

即

$$V_{daf} = \frac{V_{ad}}{100 - M_{ad} - A_{ad}} \times 100 \tag{1-9}$$

式中，V_{daf} 为垃圾的可燃基（干燥无灰基）挥发分，%；V_{ad}、M_{ad}、A_{ad} 分别为垃圾的分析基挥发分、水分、灰分，%。

4. 固定碳

垃圾的固定碳（fixed carbon，FC）是指从垃圾中扣除水分、灰分和挥发分后的残留物，即

$$FC_{ad} = 100 - M_{ad} - A_{ad} - V_{ad} \tag{1-10}$$

由于固定碳表征的也是垃圾中的有机质特征，也可用可燃基表示，即

$$FC_{daf} = 100 - V_{daf} \tag{1-11}$$

固定碳燃烧的特点是：释放热量多，高达 32700kJ/kg，但着火温度高，与氧充分接触较挥发分困难，燃尽时间也较长。这就决定了固定碳含量高的燃料一般是难以着火和燃尽的燃料。垃圾中固定碳含量较低。

(二) 城市固体废弃物的元素分析

垃圾作为多种物质的混合物，其化学组成与垃圾的化学组成有着密切的联系。按堆肥处理的元素构成分析，垃圾的主要构成元素可分为三大类：营养元素，包括碳、氢、氧、氮、磷、钾、钠、镁、钙等；微量元素，包括硅、锰、铁、钴、镍、铜、锌、铝、铍等；有毒元素，包括铅、汞、镉、砷等。

另外，垃圾中的硫有时会产生硫化氢和氯化氢等气体污染物，因此也常将硫和氯列为垃圾中的有毒有害成分。

对于堆肥处理而言，垃圾的主要元素分析成分是碳、磷、钾、氮，常用碳/氮比和碳/磷比来表示。由于这两个参数对堆肥的进程和肥效有很大影响，因此，在堆肥处理时通常应严格控制这两个参数。对于热力的热解、气化、焚烧而言，垃圾的主要元素成分是碳、氢、氧、氮、硫、氯，这些成分是影响垃圾能源化利用处理的主要成分。

1. 碳和氢

碳是垃圾中有机物质构成的主要元素。垃圾中的碳构成了形形色色的有机物，在氧化反应前均需进行不同程度的降解反应，即通过生化或热力作用，将有机物大分子变成有机物小分子。这样才有利于实现完全的氧化反应。在氧化反应过程中有大量的热量释放出来，这部分热量是维持堆肥杀菌、发酵、无害化高温的热源，更是使系统中的垃圾完全焚烧和向外提供热量的基础。氧化每千克碳放出的热量约为 32700kJ。

氢也是一种可燃元素，氧化每千克氢可放出 1.2×10^5 kJ 的热量。垃圾中的氢，一部分与氧结合成稳定的化合物（水），这部分氢不参与氧的氧化反应过程，因此，也不应该计入元素分析中氢的含量；另一部分则存在于有机质的分子结构中，在加热时产生游离的氢分子、水分子和烃类化合物，并以挥发分的形式逸出。由于挥发分着火温度低、燃尽时间短，因此，它的数量对垃圾的着火和燃尽都有很大影响。垃圾中可燃物主要是纸、纤

维、塑料和其他有机类物质，它们所含的挥发分一般较高，是较易着火和燃尽的可燃物。

垃圾中碳和氢含量的测定主要采用燃烧法（利比西法）。将盛有定量分析垃圾样的瓷舟放入燃烧管内，通入氧气，在800℃的温度下使垃圾样充分燃烧。垃圾样中的碳和氢在800℃、CuO的存在下完全燃烧，生成水和二氧化碳，分别用吸水剂（氯化钙、浓硫酸或过氯酸镁）和二氧化碳吸收剂（碱石棉、钠石灰或氢氧化钾溶液）吸收。根据吸收剂的增重计算出垃圾中碳和氢的含量。

$$C_{ad} = \frac{0.2728G_1}{G} \times 100\% \tag{1-12}$$

$$H_{ad} = \frac{0.119(G_2 - G_3)}{G} \times 100 - 0.119M_{ad} \tag{1-13}$$

式中，C_{ad} 为垃圾中碳的含量，%；H_{ad} 为垃圾中氢的含量，%；G 为垃圾分析样质量，g；G_1 为二氧化碳吸收管的增重，g；G_2 为水分吸收管的增重，g；G_3 为水分空白值，g；M_{ad} 为垃圾分析样品水分，%。

2. 氧和氮

氧和氮都是有机物中具有不可燃特性的元素组分。垃圾中的氧和氮大多与碳、氢等元素结合存在于有机物中。氮在生物降解或燃烧过程中，常分解产生氨和氮氧化物（NO_x）等。而在1200℃以上高温氧化的条件下极易产生热力氮氧化物，从而形成光化学烟雾，是大气中的一种非常有害的污染物。在堆肥过程中，氮元素却是一种非常重要的有益成分，它不仅影响堆成品的肥效，而且也会影响堆肥过程的进行。

垃圾中氮的测定采用开氏法或改进的开氏法。在催化剂的作用下，垃圾在沸腾的浓硫酸中反应，垃圾中的有机质被氧化成二氧化碳和水，绝大部分氮转化成氨并与硫酸反应生成硫酸氢铵。加入过量的氢氧化钠中和硫酸，铵盐转化为氢氧化铵，受热分解，蒸馏出氨。用硼酸或硫酸吸收氨，最后用酸碱滴定，计算出氮的含量 N_{ad}（%）。

$$N_{ad} = \frac{N(V_1 - V_2) \times 0.028}{G} \times 100 \tag{1-14}$$

式中，N 为硫酸标准溶液的物质的量浓度，mol/L；V_1 为硫酸标准溶液的用量，mL；V_2 为空白试验时硫酸标准溶液的用量，mL；其余参数意义同前。

垃圾中的氧含量一般不用直接测量的方法得到，而是采用差减法，即将垃圾有机质部分中的主要构成元素的含量扣除后剩余的量认为是垃圾有机质中的氧含量。

$$O_{ad} = 100 - (M_{ad} + A_{ad} + S_{t,ad} + C_{ad} + H_{ad} + N_{ad} + Cl_{ad}) \tag{1-15}$$

式中，O_{ad} 为垃圾中氧的含量，%；Cl_{ad} 为垃圾中氯的含量，%；$S_{t,ad}$ 为垃圾中全硫含量，%。

由于式(1-15)右方7个指标测定的误差累积在氧含量的计算值上，故氧含量计算误差很大。

3. 硫

硫在垃圾中存在的形式有：以与碳、氢、氧等结合生成复杂化合物形式存在的有机硫、黄铁矿硫（FeS_2）和硫酸盐硫（$CaSO_4$、$MgSO_4$ 和 $FeSO_4$ 等）3种。其中，有机硫和黄铁矿硫是可燃硫。每千克硫完全氧化放出约9040kJ的热量。硫燃烧生成SO_2，SO_2进一步氧化生成SO_3，SO_3与H_2O结合生成的硫酸具有强烈的腐蚀性，对焚烧炉的使用寿命有一定危害。有机垃圾中的含硫量很低，不到0.1%，远远低于一般垃圾的含硫量，因此在含硫方面可以认为有机垃圾是比垃圾更清洁的燃料。

垃圾中全硫的测定通常采用艾氏卡法。将分析垃圾样与艾氏剂（2份MgO和1份Na_2CO_3混合而成）混合后缓慢燃烧，垃圾中的硫全部转化为溶于水的硫酸钠和硫酸镁。然后用热水将硫酸盐从燃烧的熔融物中浸取出，加入氯化钡，使可溶硫酸盐全部转化为硫酸钡沉淀。称出硫酸钡的质量，即可计算出垃圾中全硫含量。

$$S_{t,ad} = \frac{(G_1 - G_2) \times 0.1374}{G} \times 100 \tag{1-16}$$

式中，$S_{t,ad}$为分析垃圾样全硫含量，%；G为分析垃圾样的质量，g；G_1为硫酸钡的质量，g；G_2为空白试验硫酸钡的质量，g；0.1374为由硫酸钡换算成硫的系数。

4. 氯

将垃圾作为燃料进行热处理是减量化、无害化、资源化处理垃圾最主要的方法，但因城市垃圾成分复杂，特别是随着垃圾中含氯塑料组分的增加，焚烧过程中产生的剧毒二噁英类物质（PCDDs/PCDFs）的二次污染问题日益严重，已引起各国的高度重视。通过氯元素分析可以明确垃圾中氯的确切来源、种类，可以通过控制入炉氯的方法控制二噁英的生成，根据氯元素分析做好垃圾分类，尽量减少有机氯和无机氯的含量会对重金属的污染控制起积极作用。另外，氯元素分析对决定生活垃圾焚烧厂工艺、相关设施、设备的配备也是非常重要的。

氯是垃圾等固体燃料中重要的有害微量元素，准确测定固体燃料中的氯含量是寻找有效的脱除或控制技术的前提。目前氯含量的测定方法较多，但每种方法都有其适用性和局限性，必须结合氯的附存形态及含量特点选择。下面介绍垃圾中氯含量的测定原理和各种测定方法。

（1）测定原理

氯元素的测定可采用中子活化法（NAA）、X-ray荧光法、扫描电镜（SEM）和X衍射（EDX）直接对固相进行测定。但目前氯的分析方法大多是通过高温燃烧去除可燃物，如将垃圾与艾试剂混合后在马弗炉燃烧，或氧弹燃烧，或高温水解，将固体燃料中所含的氯吸收入碱性试剂后转化为氯离子，再萃取到溶液后进行测定。这些常用测定方法都是对艾氏卡法（伏尔哈德法）的改良。测定的主要方法如（2）~（9）部分所述。

（2）高温燃烧水解-电位滴定法

这种方法是我国垃圾中氯含量测定的国家标准方法。将垃圾样在氧气和水蒸气混合气流中燃烧和水解，完成后将吸收瓶内的样品倒入烧杯中，用蒸馏水冲洗吸收瓶和导气管，洗液直接冲入烧杯并定容到（140±10）mL，往烧杯中加入3滴溴甲酚绿指示剂，用氢氧化钠溶液中和到指示剂变为浅蓝色，再加入0.25mL的硫酸溶液、3mL硝酸钾溶液和5mL标准氯化钠溶液，使垃圾中氯全部转化为氯化物并定量地溶于水中。以银为指示电极，银-氯化银为参比电极，用标准硝酸银电位法直接滴定冷凝液中的氯离子浓度，根据标准硝酸银溶液用量计算垃圾中氯的含量。计算结果时，实际终点电位每偏离标定的终点电位±1mV，应扣除±0.01mL硝酸银的滴入量。

高温燃烧水解法对垃圾中的氯化物矿物质有很好的分解作用，垃圾中难分解的氯化物，如氯化镁、氯化钙等在高温下均会发生分解，垃圾中的氯能够较完全地转入溶液中。样品溶液采用氯离子选择电极电位滴定，样品溶液中的杂离子少，滴定的干扰小，以电势差的突变判断为滴定的终点。并用差值微商或做微分曲线法确定滴定的精确终点，所得的终点值精确可靠，人为误差小。

（3）艾氏卡混合剂熔样-硫氰酸钾滴定

本法也是国家标准方法。将垃圾样与艾试剂在坩埚内混匀，再均匀覆盖 2.0g 艾试剂，将坩埚送入马弗炉内，半启炉门，使炉温逐渐由室温升到（680±20）℃，并恒温 3h。冷却后将半熔物倒入 400mL 烧杯中，用去离子水冲洗坩埚 3～5 次，加水至 100mL，小心煮沸溶液 5min，用倾泻法以定性滤纸过滤，尽可能滤出清液；将残渣转移到滤纸上，并用热水仔细冲洗烧杯；洗涤滤纸上的残渣，直至无氯离子为止。在盛滤液的烧杯中轻轻放入一搅拌子，加入 1 滴酚酞指示剂，用浓硝酸调至红色消失；再加入过量 5mL 硝酸，使酸度达到 0.4～0.5mol/L。这时加入硝酸的速度不能过快，以免产生的 CO_2 气体反应激烈，将溶液溅出。用单标记移液管准确加入 5mL 标准氯化钠溶液（0.1mg/mL）、10mL 标准硝酸银溶液（0.025mol/L），放置 2～3min。为了防止硝酸银沉淀转化，加入 3～5mL 正己醇，盖好表面皿。将烧杯放在磁力搅拌器上快速搅拌 1min。加入 1mL 硫酸铁铵指示剂，用标准硫氰酸钾滴定，使溶液由乳白色变成浅橙色，最后根据硝酸银溶液的实际消耗量计算出垃圾中氯含量。

艾氏卡混合熔样法对垃圾含氯矿物质的分解效果较差，垃圾中的氯未能完全定量地转移到溶液中，且垃圾样的处理过程不如高温水解法简洁，操作过程中易造成人为误差。样品溶液的测定采用硫酸铁铵作指示剂，用硫氢酸钾溶液进行滴定的方法，由于饱和的硫酸铁铵指示剂水溶液呈褐色，以人眼观察溶液的着色变化来判断滴定终点，易给试验带来一定的人为误差，在滴定的方法上不如电位滴定精确。为使终点敏锐，可在水溶液中加入适量浓硝酸，以加入 20mL 浓硝酸的效果最佳。试样灼烧后需尽快分析，如不能马上分析，应将试样放入干燥器内，以免被污染（如 HCl 气体等）。使用的滴定管最好用微量滴定管，以减少滴定误差；另外，用硫氰酸钾标准溶液滴定时，滴定的速度不能过快，且搅拌要轻，以防止吸附在正己醇表面的氯化银产生沉淀转化，影响结果的准确性。

（4）离子选择性电极法

本方法是美国检测及材料协会（American Society for Testing and Materials，ASTM）关于测定垃圾中氯含量的标准方法。准确称取 1g（准至 0.1mg）垃圾样至坩埚，放在高压（2.5～3MPa）氧弹（氧弹内要放少量碳酸铵溶液）内，将氧弹浸入冷水浴中点火，在水中放置至少 10min，取出后，将氧弹倒置并摇大约 10min。仔细清洗弹筒和弹仓，并用 3mL 的浓硝酸对氧弹进行酸洗，收集洗液。也可以用艾氏卡混合熔样法熔样，在马弗炉里 1h 内升温至（67±25）℃，并在最高温保持 1.5h，取回坩埚，将燃后的混合物移至烧杯中，加入少量热水，再小心加入 40mL HNO_3（体积比为 1：1），盖上表面皿，摇烧杯以加速溶解，然后过滤溶液（如果测定的是低灰垃圾，可以不过滤）。最后用离子选择性电极电位滴定溶液中的氯，滴定用 0.025mol/L $AgNO_3$ 溶液，电极为银电极（参比电极）和银-银氯电极。该方法滴定准确，重现性较好。

（5）氧弹分解-高效液相色谱法

该方法同样是采用氧弹燃烧分解垃圾样，将垃圾中所含的氯吸收入碱性试剂后转化为Cl^-，对吸收液进行高效液相色谱分析，可以准确测定垃圾中氯的含量。本法既解决了化学法对低含量氯测定的定量误差问题，又避免了采用艾试剂分解垃圾样所引入的大量CO_3^{2-}对色谱分析的干扰，提高了分析速度及灵敏度，已应用于垃圾样品中氯的测定。该法尤其适用于氯含量低于0.05%的垃圾中氯元素的测定。

（6）电感耦合等离子体发射光谱法

本法采用垃圾发热量测定的高压氧弹装置处理样品，定量加入银的标准溶液使氯沉淀，将沉淀离心分离后，用电感耦合等离子体发射光谱法（ICP-AES）测定溶液中沉淀Cl^-后过量的Ag^+含量，从而间接测定垃圾中的氯含量。该方法提高了分析速度，同时取得了较满意的精密度与准确度。同时，该方法还可推广到原子吸收等仪器上使用，具有较好的推广价值，弥补了光谱仪器不能对阴离子进行定量检测的缺陷。

（7）离子色谱法

按艾氏卡法熔样，取滤液，备用。绘制色谱标准工作曲线，色谱条件为：淋洗液4mmol/L Na_2CO_3，流速2.4mL/min，进样量50μL，量程0.1V，纸速4mm/min。取处理后的滤液，用去离子水稀释5～10倍，在相同的色谱条件下进行测定。国内外文献多采用Na_2CO_3/$NaHCO_3$淋洗液体系，但用艾氏卡试剂处理垃圾样引入了大量的CO_3^{2-}，CO_3^{2-}的保留时间与Cl^-的保留时间接近，两者的色谱峰不能完全分开，因此大量的CO_3^{2-}干扰Cl^-的测定。将样品溶液稀释5～10倍，使溶液与淋洗液中CO_3^{2-}的浓度接近，CO_3^{2-}对Cl^-的干扰减到最小。Na_2CO_3体系是中等强度的淋洗液体系，4mmol/L的Na_2CO_3淋洗液体系分离效果较好，且峰形尖锐，对称性好。该方法的线性范围（Cl^-）为0.01～24mg/L，相关系数为0.9998。

（8）硝酸银滴定法

该方法适用于垃圾中总氯的测定。在中性或弱碱性（pH＝6.5～10.5）溶液中，以铬酸钾作指示剂，用硝酸银标准溶液滴定。因氯化银沉淀的溶解度比铬酸银小，所以溶液中首先析出氯化银沉淀，待白色氯化银沉淀完全以后，稍过量的硝酸银与铬酸钾生成砖红色的铬酸银沉淀，从而指示达到终点。本方法的适宜范围在10～500mg/L之间。

（9）氧弹分解-电位滴定法

本法是ASTM关于测定垃圾衍生燃料（RDF）中氯含量测定的标准方法。将RDF试样放在氧弹中，缓慢通入氧气至高压（25atm❶），将氧弹浸入冷水浴中点火，在水中放置至少10min，取出后，将氧弹倒置并摇大约10min。仔细清洗弹筒和弹仓，收集洗液。加热蒸发掉50mL液体，浓缩溶液中的氯，加入50mL甲醇，并用HNO_3调至中性，用酚酞作指示剂，再多加2mL HNO_3。将电极浸入试样溶液，用磁力搅拌器轻微搅拌。所用电位滴定计为银电极，用饱和硝酸钠溶液作电桥。滴加0.10mL $AgNO_3$标准溶液，每次滴加后记录下毫伏值，至终点。以毫伏值对所加$AgNO_3$标准溶液量画图，从滴定曲线图确定终点（拐点）或根据表格数据用数学方法推导。

表1-3是城市生活垃圾主要成分的工业分析和元素分析。

---

❶ 1atm＝101.325kPa，下同。

表 1-3 城市生活垃圾主要成分的工业分析和元素分析

组　分	元素组成(干基)/%					工业分析指标(干基)/%				干基发热量/(kJ/kg)
	碳	氢	氧	氮	硫	水分	挥发分	固定碳	不可燃分	
脂肪	73.0	11.5	14.8	0.4	0.1	2.0	95.3	2.5	0.2	38296
水果废物	48.5	6.2	39.5	1.3	0.2	78.7	16.6	4.0	0.7	18638
肉类废物	59.6	9.4	24.7	1.2	0.2	38.8	56.4	1.8	3.1	28970
卡片纸板	43.0	5.0	44.8	0.3	0.2	5.2	77.5	12.3	5.0	17278
杂志	32.9	5.0	38.6	0.1	0.1	4.1	66.4	7.6	22.5	12742
白报纸	49.1	6.1	43.0	<0.1	0.2	6.0	81.1	11.5	1.3	19734
浸蜡纸板箱	59.2	9.3	30.1	0.1	0.1	3.4	90.9	4.5	1.2	27272
聚乙烯	85.2	14.2	—	<0.1	<0.1	0.2	98.5	<0.1	1.2	43552
聚苯乙烯	87.1	8.4	4.0	0.2	—	0.2	98.7	0.7	0.5	38260
聚氨酯	63.3	6.3	17.6	6.0	<0.1	0.2	87.1	8.3	4.4	26112
氯化聚乙烯	45.2	5.6	1.6	0.1	0.1	0.2	86.9	10.8	2.1	22735
花园修剪垃圾	46.0	6.0	38.0	3.4	0.3	60.0	30.0	9.5	0.5	15125
木材	50.0	6.4	42.3	0.1	0.1	50.0	42.3	7.3	0.4	9770
坚硬木材	49.6	6.1	43.2	0.1	<0.1	12.0	75.1	12.4	0.5	19432
玻璃和矿石	0.5	0.1	0.4	<0.1	—	2.0			96~99	200
混合金属	4.5	0.6	4.3	<0.1	—	2.0			96~99	—
混合废皮革	60.0	8.0	11.6	10.0	0.4	10.0	68.5	12.5	9.0	20572
混合废橡胶	69.7	8.7	—	—	1.6	1.2	83.9	4.9	9.9	25638
混合废弃物	48.0	6.4	40.0	2.2	0.2	10.0	66.0	17.5	6.5	19383

5. 城市生活垃圾中的微量元素

城市生活垃圾中的微量元素对垃圾处理处置的"三化"影响很大。例如，焚烧法造成的二次污染中重金属污染占有很大的比重。目前已有研究证实，垃圾焚烧厂周围区域重金属的浓度正逐年上升。重金属对人体产生的负面效应是巨大的。

为了在垃圾处理处置过程中采取适当的污染防治措施，除了需要垃圾中主要构成元素含量的信息，对原生垃圾中各种有毒、微量元素含量的充分掌握也是必需的。

垃圾的化学元素组成很复杂，测定方法亦很烦琐，不仅要用到常规化学分析方法和仪器分析方法，有的还要用到先进的现代分析仪器。例如，全磷测定用硫酸过氯酸铜蓝比色法，全钾测定用火焰光度法，某些金属元素测定更要用到原子吸收光度法等精密仪器。

北京市生活垃圾中元素含量见表 1-4。

表 1-4 北京市生活垃圾中元素含量

主要元素			微量元素			有毒元素			其他元素(包括稀有元素)					
元素名称	元素符号	含量/%	元素名称	元素符号	含量/(mg/L)	元素名称	元素符号	含量/(mg/L)	元素名称	元素符号	含量/(mg/L)	元素名称	元素符号	含量/(mg/L)
碳	C	12~38	硅	Si	19.9	铅	Pb	14.51	铷	Rb	71.0	锆	Zr	119
氢	H	1~15	锰	Mn	350.6	汞	Hg	0.0262	钡	Ba	826.0	镓	Ga	15.9
氮	N	0.6~2.0	铁	Fe	2.57	铬	Cr	52.47	钽	Ta	0.84	镧	La	40.5
磷	P	0.14~0.2	钴	Co	14.1	镉	Cd	0.00442	钪	Sc	9.52	铈	Ce	71.8
钾	K	0.6~2.0	镍	Ni	12.9	砷	As	10.21	铪	Hf	7.08	钕	Nd	35.7
钠	Na	0.65	铜	Cu	37.09				锑	Sb	2.02	钐	Sm	6.2
镁	Mg	0.63	锌	Zn	86.72				铯	Cs	4.43	铕	Eu	2.36
钙	Ca	0.57	铝	Al	3.5				铀	U	1.80	镱	Yb	2.07
			铍	Be	$102.7×10^{-3}$				钍	Th	11.1	镥	Lu	0.154

第二节 城市固体废弃物的性质

一、城市固体废弃物的物理特性

单一物质都有特定的外部特征，如密度、形状等，但对于城市生活垃圾这种多样物质的混合体而言，由于无特定的内部结构，也就不存在特定的物理性质。城市生活垃圾的物理性质是随着其构成物的性质及比例的改变而变化的。在城市生活垃圾的管理中，常涉及的物理性质主要包括物质构成、容重、空隙率、含水率、粒度等指标。

1. 物质构成

按惯例城市生活垃圾的物质构成一般分为有机物、无机物、可回收物和其他垃圾四大类。其中，可回收物包括玻璃、金属、废纸、塑料、纤维等，这部分物质可通过收运、处理和分类重新进入生产领域。

城市生活垃圾构成成分复杂，因而难以对其理化特性进行定性和定量描述，这也给城市生活垃圾的处理和管理带来了许多困难。因此，在城市生活垃圾管理及研究过程中可根据不同的目的对城市生活垃圾进行分类。

2. 容重

容重是单位体积垃圾的质量。表 1-5 是城市生活垃圾及其主要成分的容重。从表中可见，对于城市垃圾，其容重随着垃圾的构成、生化降解的程度以及清运处理方式的不同而变化。因此，垃圾的容重又分为自然容重、垃圾车装载容重和填埋容重等。

表 1-5 城市生活垃圾及其主要成分的容重

城市生活垃圾及其主要成分		容重/(lb/yd³)	
		范　围	平　均　值
城市生活垃圾主要成分	混合食品废弃物	220～810	490
	纸	70～220	150
	纸板	70～135	85
	塑料	70～220	110
	纤维	70～170	110
	庭院废弃物	100～380	170
	木	220～540	400
	玻璃	270～810	330
城市生活垃圾	在压实的卡车中	300～760	500
	填埋场(一般压实)	610～840	760
	填埋场(严重压实)	995～1250	1010

注：1lb＝0.453592kg，1yd＝91.44cm。

自然容重是将垃圾堆成圆锥体的自然形状时，单位体积垃圾的质量，该表示方法常用于垃圾调查分析。垃圾车装载容重是指在对垃圾进行装填垃圾车作业时，由于人为的压实作用使垃圾容重增加，此时的垃圾容重就用垃圾车装载容重来表示。填埋容重是指在垃圾填埋过程中，由于人为的压实所产生的容重，填埋容重随着不同的填埋压实比和垃圾自然沉降过程也会发生变化。

在垃圾管理中，垃圾数量的常用量化单位是质量而不是体积，而在设计垃圾转运站、安排清运车次、设计垃圾处理设施及计算最终填埋处置场地面积时，常用的量化单位又是体积，必须确定垃圾在不同管理环节中的容重。

3. 空隙率

空隙率是垃圾中物料之间的空隙占垃圾堆积容积的比例，它是垃圾通风间隙（通风能力）的表征参数，并与垃圾的容重相互关联。容重越小，垃圾的空隙率一般也越大，物料之间的空隙越大，物料的通风断面积越大，空气的流动阻力相应越小，越有利于垃圾的通风。因此，空隙率广泛应用于堆肥供氧通风、焚烧炉内垃圾强制通风的阻力计算和通风风机参数的确定。

影响空隙率的因素主要是物料尺寸、物料强度及含水率。由于空隙率是物料之间空隙的数量和空隙平均容积的乘积与垃圾总堆积容积的比值，物料尺寸越小，空隙数就越多，物料结构强度越好，空隙平均容积就越大，这就导致空隙总容积和空隙率增加。含水率对空隙率的影响在于，水会占据物料之间的空隙并影响物料结构强度，最终导致空隙率减少。

4. 含水率

垃圾中所含的水可分为两部分，即内在水分和外在水分。外在水分是以机械方式附着于物料表面的水分，这部分水分易受外界环境，特别是气候的影响。雨天，物料的内在水分会明显增加。一般认为，垃圾放在温度为 20℃、湿度为 65% 的环境中约 24h，所失去的水分为垃圾的外在水分。当环境温度较高、湿度较低时，毛细管内水蒸气分压大于环境蒸汽分压，此时，水蒸气就会通过毛细管向外扩散直到内、外蒸汽分压平衡。一般认为，在 105℃的烘箱内停留 1h，垃圾所失掉的水分就是毛细管吸附水。分子结合水是以键能的形式连接于有机物分子结构上的水，难以在上述条件下析出，必须经破碎细化才能析出，这种水分是蔬菜、瓜果类所含的主要水分类型。

5. 粒度与粒度分布

城市生活垃圾的几何尺寸对垃圾的处理和利用会产生非常大的影响，特别是对筛分和分选（磁选、电选等），每种工艺和设备能处理的物质的粒度都是一定的。

物质颗粒的大小用其在空间范围内所占据的线性尺寸表示。球形颗粒的直径就是粒径。非球形颗粒的粒径则可用球体、立方体或长方体的代表尺寸表示，以规则物体（如球体）的直径表示不规则颗粒的粒径，称为当量直径。

城市生活垃圾主要成分的粒度范围如图 1-3 所示。

城市生活垃圾是一种混合物，其各组分尺寸并不相同。因此，仅用粒度难以对特定垃圾的物理尺寸有准确的反映。通常采用粒度分布来表征混合垃圾的粒度，即垃圾中各平均粒度的物料占整个垃圾的质量分数（出率）。

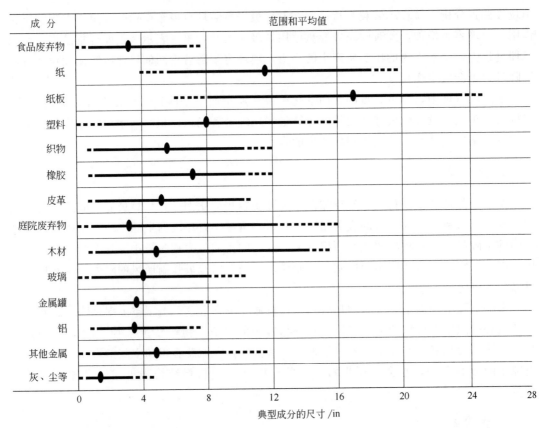

图 1-3　城市生活垃圾主要成分的粒度范围

注：1in＝0.0254m

二、城市固体废弃物的化学性质

城市生活垃圾的化学性质除了可以用工业分析指标和元素组成表征外，垃圾的灰熔点和垃圾的热值对城市生活垃圾的能源化利用工艺过程也有很大的影响。

1. 灰熔点

（1）概念

在规定条件下测得的随加热温度而变化的垃圾灰锥变形、软化和流动的特性。

垃圾灰熔点影响垃圾能源化利用的工艺与设备。例如，一些固定床热处理设备（焚烧、气化）的热处理温度取决于灰熔点，若床层的温度过高，垃圾灰渣会熔融结块，进而恶化工艺条件，甚至造成设备停车的事故。

（2）垃圾灰熔融性的测定

由于垃圾成分的多样性和含量的多变性，垃圾灰是一种成分与含量变化极大的混合物，没有固定的熔融温度。采用灰锥法测定垃圾灰的熔融性的步骤如下。将定量的垃圾灰与糊精混合，制成一定形状的角锥；把角锥置于特定的加热设备中，在一定的气氛下以一定的加热速度升温，观察角锥形状的变化过程，确定垃圾灰的熔融性。

灰锥法可测出以下几个特征温度：变形温度（Deformation Temperature，DT），垃圾灰锥体尖端开始弯曲或变圆时的温度；软化温度（softening temperature，ST），垃圾灰锥体弯曲至锥尖触及底板变成球形或半球形时的温度；流动温度（flow temperature，FT），垃圾灰锥体完全熔化展开成高度小于 1.5mm 薄层时的温度。一般以垃圾灰的软化温度（ST）作为衡量垃圾灰熔融性的指标，即灰熔点。灰锥法测定垃圾的灰熔点如图 1-4 所示。

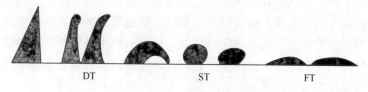

$$DT \qquad\qquad ST \qquad\qquad FT$$

图 1-4　灰锥法测定垃圾的灰熔点

垃圾灰中 Al_2O_3 的含量越高，ST 越高；Fe_2O_3、K_2O、Na_2O、MgO 的含量越高，ST 越高；SiO_2 的含量在 45%～60% 时，含量越高，ST 越低。在氧化、弱还原和强还原气氛下，ST 不同，原因是某些元素是多价态的，在不同气氛下形成不同的氧化物。

2. 热值

（1）概念

单位质量的垃圾完全燃烧时所产生的全部热量，称为垃圾的热值或发热量。常用的热值单位是 kJ/kg、MJ/kg 和 kcal/kg。

垃圾的热值指标主要用于评价垃圾工艺性质，根据垃圾的热值可以计算垃圾焚烧过程中的热平衡、垃圾耗量、热效率等，也是垃圾焚烧炉设计中估算理论空气量、烟气量、可达到的理论燃烧温度的依据。

热值是衡量垃圾可燃性的重要参数。从理论上来说，只要垃圾的热值大于 3700kJ/kg，不需要辅助燃料，垃圾焚烧也不存在困难。在我国城市垃圾可燃性的认识上，许多人都只从我国城市混合垃圾的特性进行分析，认为其特点是高灰、高水、热值低，不适于焚烧处理。实际上，如果将原生混合垃圾除去大量灰分后，其热值可达 4600kJ/kg 左右。如再进行入炉前的干燥或脱水，使其含水量从 60% 降到 30%，则其热值还能进一步提高，据初步计算，我国城市混合垃圾干燥后甚至可达到日本焚烧炉入炉垃圾的热值（约 8000kJ/kg）。

（2）垃圾热值的测定

城市生活垃圾的热值一般采用弹筒法测定。先把垃圾制成分析样品弹筒发热量，将定量分析垃圾样置于充有过量氧气的氧弹内燃烧，其燃烧产物组成为氧气、氮气、二氧化碳、各种酸（主要是盐酸、硝酸、硫酸）、液态水以及固态灰，此时单位质量的垃圾样品所放出的热量称为垃圾的弹筒发热量（分析基弹筒发热量，$Q_{b,ad}$）。通常以恒容低位热值（$Q_{net,v,ar}$）反映城市生活垃圾在实际焚烧过程中能释放出的有效能量。

三、城市固体废弃物的生化性质

城市生活垃圾的生物转化是指借助于自然界中微生物的生物能，对生活垃圾进行生物处理，实现有机生活垃圾稳定化、无害化、资源化的技术。根据处理过程中起作用的微生物对氧气要求不同，生物处理可分为好氧生物处理（堆肥化）和厌氧生物处理（沼气化）。

城市生活垃圾的生化性质可从两方面分析：一方面是城市生活垃圾本身所具有的生化性质

及对环境的影响；另一方面则是城市生活垃圾不同组成进行生物处理的性能，即所谓可生化性。

1. 城市生活垃圾生化性质的含义

由于城市生活垃圾成分的复杂性，特别是在人畜粪便、生活污水处理后的污泥中含有非常复杂的有机生物体，其中有不少生物性污染物。城市生活垃圾中腐化的有机物也含有各种有害的病原微生物，还含有植物虫害、草籽、昆虫和昆虫卵，造成生物污染。在生活污水、污泥与粪便污泥中会发现更多病原细菌、病毒、原生动物及后生动物，尤其是肠道病原生物体。垃圾中存在的真菌生物体中还有许多致病菌，它们能在一定条件下传染人体引起疾病。粪便也存在着生物性污染的可能。未经处理的粪便可进入水体，造成水体生物性污染，进而有可能引起传染病的爆发流行并能传播多种疾病。

城市生活垃圾的组成及其满足微生物基本存活条件的事实，也给城市固体废弃物的生物处理提供了可能性。

城市生活垃圾中含大量有机物，它能给生物体提供碳源和能源，是进行生物处理的物质基础。存在于动植物中的有机物大致分为碳水化合物、脂肪、蛋白质。各类物质的生化分解速度及分解产物也有所不同。以污泥厌氧消化为例，脂肪产气量最大，且产气中甲烷含量很高；蛋白质产气量较少，但产气中甲烷含量高；碳水化合物产量及甲烷含量均较低。就分解速度而言，碳水化合物最快，其次是脂肪，蛋白质的分解速度最慢。城市生活垃圾中碳水化合物含量较多，且主要是纤维素，因其含大量的纸、布、素菜等。碳水化合物中的单糖、二糖类化合物最容易被生物降解。多糖类中的淀粉极易分解，其分子组成为 $(C_6H_{10}O_5)_{100}$；纤维素较难分解，其分子组成为 $(C_6H_{10}O_5)_{200}$；木质素则更难分解。即纤维素的总降解率为 $34.7\% \sim 68.2\%$，且高温阶段纤维素降解率占总降解率的 $63.3\% \sim 88.5\%$。

2. 城市生活垃圾生化性质的表征

城市生活垃圾生化性质的表征一般采用下列两类方法。

① 由于垃圾中的有机物是进行生物反应的物质基础，在适宜的条件下，微生物对其具有强大的降解与转化作用。因此，城市生活垃圾的可生化性可简单地利用垃圾中易腐有机物的含量来表示，主要包括食品垃圾、植物等的含量。

② 此外还可借鉴工业废水生物处理可行性的评价方法来表征城市生活垃圾的生化性质。通过测定废水 BOD_5 与 COD 的比值，可大体了解废水中可生物降解的那部分有机物占全部有机物的比例。

第三节　城市固体废弃物的产生量及其影响因素

一、城市固体废弃物的产生量

1. 国外城市生活垃圾的产生量

目前全球每年排放各类城市固体废弃物近 1.0×10^{10} t。美国城市生活垃圾人均日产量

1960 年为 1.01kg，2003 年为 2.02kg，2006 年为 2.09kg；总产量 1960 年为 $0.881×10^8$ t，2000 年为 $2.34×10^8$ t，2003 年为 $2.362×10^8$ t，2006 年为 $2.51×10^8$ t，一直保持稳定增长，是世界产垃圾最多的国家，每年已超过 $2.5×10^8$ t；德国人均年产垃圾 $541～609$kg，年产垃圾 $5×10^7$ t；2006 年，日本城市固体废弃物总产生量为 $5.202×10^7$ t，人均生活垃圾产生量为 1.115kg/d，日本东京日产垃圾已达 $1.2×10^4$ t。图 1-5 为 1960～2006 年美国城市生活垃圾产生量。

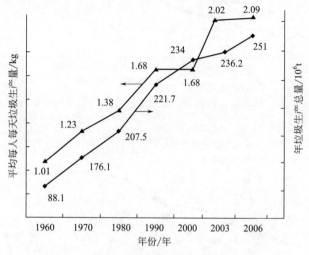

图 1-5　1960～2006 年美国城市生活垃圾产生量

世界各国的垃圾产生量，基本有以下几个特征：a. 各国人均垃圾产生量各有不同，但基本都在 1kg/d 左右；b. 越是经济发达的国家，垃圾的产生量越大；c. 近几年来，一些发达国家如美国、德国、日本等国的垃圾产生总量在往年逐渐增加的基础上出现了一定回落，原因是这些国家采取了对垃圾实行源头削减的管理政策。

2. 我国城市生活垃圾的产生量

1979 年以来，我国城市生活垃圾的产生量平均以每年 9％的速度增加，根据统计年鉴，2009 年年底我国城市生活垃圾清运量为 $1.57×10^8$ t，2016 年，全国设市城市生活垃圾清运量为 $2.15×10^8$ t，目前我国平均每天每人产生 $0.8～1.2$kg 垃圾，并且每年仍以 $8％～10％$的速度增长，全国主要城市年产生活垃圾在 $2.0×10^8$ t 左右。预计到 2030 年将会达到 $4.09×10^8$ t，到 2050 年将达到 $5.28×10^8$ t。图 1-6 为我国不同类型或地域城市人

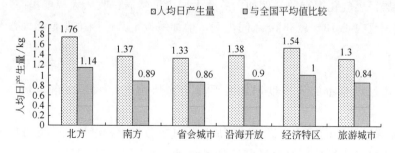

图 1-6　我国不同类型或地域城市人均垃圾排放量比较

注：假设全国平均值为 1kg/(人·d)

均垃圾排放量比较，图 1-7 为城市生活垃圾清运量和非农业人口数量的变化趋势，图 1-8 为城市生活垃圾清运量年增长率和城市数量的变化趋势。

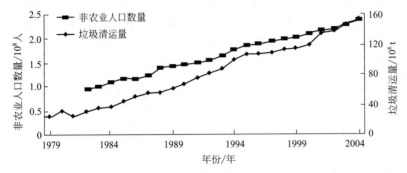

图 1-7　城市生活垃圾清运量和非农业人口数量的变化趋势

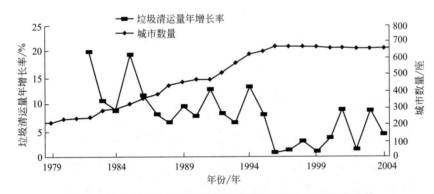

图 1-8　城市生活垃圾清运量年增长率和城市数量的变化趋势

由图 1-6～图 1-8 可知，随着城市的扩大、城市非农业人口的增多，我国城市生活垃圾生产量呈稳步上升态势。南方城市的垃圾人均日产生量明显低于北方城市，直辖市和省会城市在全国垃圾产生量中占有重要比例。近年来，随着政府环保意识增强，垃圾清运量有所增加。

二、影响城市固体废弃物产生量的因素

城市垃圾的产生量主要与地理条件、城市人口、经济发展水平、居民收入、居民消费水平和城市居民燃气化率有关。例如，一些大城市虽然居民收入大幅度提高，但垃圾人均日产生量却一直在 1.13～1.36kg 之间徘徊，增加缓慢，其原因主要是燃气普及率提高。

1. 人口

我国城市垃圾总量的大幅度增加主要是由城市规模扩大，城市数量和人口增加造成的。

近 20 年来，我国的城市化进程逐年加快，城市数量大幅度增加，城市规模不断扩大，城市非农业人口迅速增长。根据国家统计局统计，2017 年我国人口已达 13.90 亿，城镇化率为 58.52%。由于城市数量的增加、城市规模的扩大、非农业人口的比例的增长、市

场的开放、农村剩余劳动力的进城以及旅游事业的发展，大大增加了城市垃圾的产生量，加重了城市环境卫生管理的负荷。图 1-7 表示的是城市生活垃圾清运量和非农业人口数量的变化趋势，从图中可以清楚地看出，城市垃圾产生量随人口的增加呈直线增长的态势，而且随着中国城市发展进程的加快，这一趋势在今后若干年内还将持续下去。可以说，城市人口的增加是影响城市垃圾产生量的最主要因素。

2. 经济发展水平

图 1-9 显示了中国城市生活垃圾产生量与国内生产总值（GDP）的关系。从中可以清楚地看出经济发展水平对城市垃圾产生量的影响。在改革开放初期，随着GDP 的增加，城市垃圾产生量几乎呈直线上升，当 GDP 达到一定数值后，垃圾产生量的增长速度开始减缓，并逐渐趋于稳定。这与工业发达国家经济高度增长时期的情况非常相似。

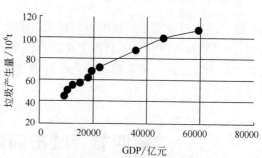

图 1-9　中国城市垃圾产生量与国内
生产总值（GDP）的关系

表 1-6 列举了 2013 年对我国几个城市的人口、国内生产总值与垃圾产生量的数据分析。

表 1-6　城市人口、国内生产总值与垃圾产生量（2015 年）

城　市	总人口/万人	国内生产总值 GDP/亿元	垃圾产量/(kt/a)
北京	2215	24899.3	8072.0
上海	2400	30133.9	8169.8
广州	1600	201503.1	6935.0
重庆	1372	19500.3	6985.0
成都	1188	13889.4	5060.0
深圳	1062	20078.6	5952.1
杭州	901	12556.0	3635.4
济南	500	7202.0	1533.0
珠海	163	2564.7	805.2

3. 居民生活水平

调查结果表明，城市垃圾产生量与居民生活水平也有很大关系。在经济发达、居民生活水平高的城市，垃圾产生量要高于居民生活水平相对较低的地区。表 1-7 列出了由调查直接取得或经过计算得到的中国主要城市的每日人均城市生活垃圾产生量。

表 1-7　中国主要城市的每日人均城市生活垃圾产生量（2013 年）　　　　单位：kg

城市	北京	天津	上海	沈阳	大连	杭州	深圳	广州	哈尔滨	平均
每日人均生活垃圾产生量	0.94	0.46	0.88	1.02	0.57	0.97	1.38	1.42	0.31	0.88

由表1-7可知，表中所列城市生活垃圾的每日人均产生量为 0.31~1.38kg，平均为 0.88kg，城市的垃圾产生量与当地人民的实际生活水平、生活方式、消费方式和城市发展水平是密切相关的。

4. 燃料结构

燃料结构对城市生活垃圾影响很大，从表1-7可以看出，杭州与沈阳同样是人口相近的省会大城市，杭州的 GDP 高于沈阳，但是杭州的每日人均垃圾产生量却低于沈阳。这是因为位于北方的沈阳取暖期长，燃料消费主要以煤为主，所以垃圾产生量要远高于位于南方的杭州。

第四节　城市固体废弃物的危害

城市固体废弃物成分复杂，含有大量有毒有害的成分，如处置不当对人类环境的危害极大，其对环境的污染主要包括水体、大气、土壤 3 个方面（图1-10）。

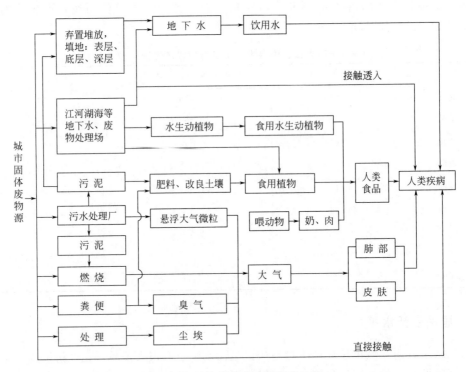

图 1-10　城市固体废弃物污染途径

一、对水体的污染

固体废弃物进入水体影响水生生物的繁殖和水资源的利用，甚至会造成一定水域生物死亡，堆积的废物或垃圾填埋场等经雨浸淋，其浸出液和滤液也会污染地表水体，影响水生生物和动植物的生长、降低水质和使用价值，甚至渗入地下含水层而导致地下水的污染，其污染物质主要包括有机污染物、重金属和其他有毒物质。

哈尔滨市韩家洼子垃圾填埋场，地下色度和锰、铁、酚、汞含量及细菌总数、大肠杆菌数都超过标准许多倍，锰含量超标 3 倍，汞含量超标 29 倍，细菌总数超标 4.3 倍，大肠杆菌数超标 41 倍。贵阳市 2 个垃圾堆场使其邻近的饮用水源大肠杆菌数超过国家标准 70 倍以上，为此，该市政府拨款 20 万元治理，并关闭了这 2 个堆场。

二、对大气的污染

堆积的固体废弃物和垃圾中的尘粒随风飞扬，臭气四逸，污染大气。这些粉尘进入大气会降低能见度。此外主要气体污染物主要包括甲烷、氨气、二氧化碳、渗滤液中挥发性有机化合物产生的恶臭或有毒性气体，可能会暴发传染病。

采用焚烧法处理固体废弃物也会污染大气。据报道，美国约有 2/3 固体废物焚烧炉由于缺乏空气净化装置而污染大气。有的露天焚烧炉排出的粉尘在接近地面处浓度达到 $0.56 g/m^3$。据统计，美国大气污染物中有 42% 来自固体废弃物处理装置。我国部分企业采用焚烧法处理塑料排出 Cl_2、HCl、二噁英和大量粉尘，也造成严重的大气污染。由于垃圾随意倾倒，露天焚烧，散发臭气而污染环境的事件更是屡见不鲜。

三、对土壤的污染

固体废弃物无处堆放需要占用大量的土地，目前我国堆积的固体废弃物占地超过 $5 \times 10^8 m^2$，导致可利用的土地资源减少，我国许多城市利用周围郊区设置垃圾堆场，例如根据北京市高空远红外探测的结果显示，北京市区几乎被环状的垃圾群包围，同时垃圾占用了大量的农田。

固体废弃物经雨雪浸湿后渗出的有毒物质进入土壤会杀死土壤中微生物而破坏其生态平衡，改变土壤结构和土质，影响土壤中微生物的活动，妨碍植物生长有毒物质也能够通过在农作物中富集最终经食物链进入人体而危害人类健康。

第二章

城市固体废弃物处理与能源化利用概述

第一节　城市固体废弃物处理处置方法

一、我国城市固体废弃物处理处置现状

近 30 年来，我国城市生活垃圾产生量大幅增加，自 1979 年以来，中国的城市生活垃圾平均以每年 8.98% 的速度增长，少数城市如北京的增长率达 15%～20%。

根据 2015 年中国环境状况公报显示：2015 年，全国设市城市生活垃圾清运量为 1.92×10^8 t；城市生活垃圾无害化处理量为 1.80×10^8 t，其中，卫生填埋处理量为 1.15×10^8 t，占 63.9%；焚烧处理量为 0.61×10^8 t，占 33.9%；其他处理方式占 2.2%。无害化处理率达 93.7%，比 2014 年上升 1.9 个百分点。2015 年，全国生活垃圾焚烧处理设施无害化处理能力为 2.16×10^5 t/d，占总处理能力的 32.2%。

至 2012 年我国有 677 座城市生活垃圾处理设施，其中垃圾填埋场 547 座，实际处理量约 1.0×10^8 t/a；垃圾焚烧 109 座，实际处理量约 2.6×10^7 t/a，垃圾堆肥厂 21 座，实际处理量约 4.27×10^6 t/a。可见，垃圾填埋和焚烧的应用不断增长，堆肥处理的应用处于萎缩状态。垃圾焚烧具有减量多、耗时短、占地面积小等优点，可有效缓解城市生活垃圾与土地资源紧缺的矛盾。

根据我国《城市生活垃圾处理行业 2014 年发展综述》，2013 年我国新出台一系列与生活垃圾管理有关的标准与政策：a.《垃圾发电工程建设预算项目划分导则》（DL/T 5475—2013）；b.《水泥窑协同处置固体废物污染控制标准》（GB 30485—2013）；c.《水泥窑协同处置固体废物环境保护技术规范》（HJ 662—2013）；d.《垃圾填埋场用非织造土工布》

（CJ/T 430—2013）；e.《生活垃圾卫生填埋处理技术规范》（GB 50869—2013）；f.《生活垃圾焚烧厂垃圾抓斗起重机技术要求》（CJ/T 432—2013）；g.《生活垃圾渗沥液检测方法》（CJ/T 428—2013）；h.《生活垃圾化学特性通用检测方法》（CJ/T 96—2013）；i.《生活垃圾收集运输技术规程》（CJJ 205—2013）；j.《垃圾填埋场用土工滤网》（CJ/T 437—2013）；k.《垃圾填埋场用土工网垫》（CJ/T 436—2013）；l.《生活垃圾土土工试验技术规程》（CJJ/T 204—2013）；m.《餐厨垃圾车》（QC/T 935—2013）；n.《车厢可卸式垃圾车》（QC/T 936—2013）；o.《烟囱设计规范》（GB 50051—2013）；p.《国务院关于印发循环经济发展战略及近期行动计划的通知》（国发〔2013〕5 号）；q.《国务院关于加快发展节能环保产业的意见》（国发〔2013〕30 号）；r.《国务院关于加强城市基础设施建设的意见》（国发〔2013〕36 号），以此来保证城市固体废弃物处理处置工作的快速发展。

二、固体废弃物填埋技术

城市生活垃圾的填埋处置就是在陆地上选择合适的天然场所或人工改造出合适的场所，把垃圾用土层覆盖起来的方法。填埋处理是从堆放和回填处理方法发展起来的一项技术。

土地填埋可以有效地隔离污染物，从而保护好环境，并能对填埋后的固体废弃物进行有效管理，这种方法在国内外应用都很普遍。其最大优点是工艺简单、成本低，能处置多种类型的固体废弃物；其致命的弱点就是场地处理和防渗施工比较难于达到要求。

填埋技术作为生活垃圾的最终处理方法，目前仍然是中国大多数城市解决生活垃圾问题的最主要方法。根据环保措施（主要有场底防渗、分层压实、每天覆盖、填埋气导排、渗滤水处理、虫害防治等）是否齐全、环保标准能否满足来判断，我国的生活垃圾填埋场可分为 3 个等级。

1. 简易填埋场

这是近几十年来在我国一直沿用的填埋场，其特征是基本上没有考虑环保措施，也谈不上执行什么环保标准。目前我国相当数量的生活垃圾填埋场属于这个等级。这类填埋场也称为露天堆置场或简易堆场，它不可避免地会对周围的环境造成污染。

2. 受控填埋场

这类填埋场目前在我国也占较大比例，其特征是有部分环保措施，但不齐全；或者是虽然有比较齐全的环保措施，但不能全部达标。目前的主要问题集中在场底防渗、渗滤水处理、每天覆盖等不符合卫生填埋场的技术标准。

3. 卫生填埋场

发达国家普遍采用卫生填埋技术，其特征是既有完善的环保措施，又能满足环保标准。真正意义上的卫生填埋场目前在我国较少，深圳下坪固体废弃物填埋场是其代表。该填埋场于 1997 年 10 月建成投产，每日填埋生活垃圾 1800～2000t，是目前国内少数几家铺设了人工合成防渗衬底的填埋场之一。

三、固体废弃物堆肥技术

利用微生物将城市生活垃圾中的有机物制成肥料的技术通常称为堆肥技术。城市生活垃圾中含有大量食品垃圾、纸制品、草木等有机物，这些有机物可以通过生物化学的方法转化为有用的产物。

堆肥过程是微生物对垃圾中的有机物实现降解的过程。如果在一定堆积状态的垃圾中含有适量的水分和有机质，则在一定的通风条件下或厌氧条件下，垃圾中的微生物会自然生长繁殖，并使有机物降解。各种微生物在生长繁殖过程中，在有氧条件下使有机物降解产生二氧化碳、水蒸气和其他物质，在厌氧条件下产生甲烷气和其他物质，并伴随着热量释放的过程，其最终产物均为富含腐殖质的有机肥料。

我国传统堆肥技术具有悠久的历史，目前我国常用的生活垃圾堆肥技术可分为两类。

1. 简易高温堆肥技术

这类技术的特征是工程规模较小、机械化程度低、采用静态发酵工艺、环保措施不齐全、投资及运行费用均较低。简易高温堆肥技术一般在中小型城市应用较多。

2. 机械化高温堆肥技术

这类技术的特征是：工程规模相对较大，机械化程度较高，一般采用间歇式动态好氧发酵工艺，有较齐全的环保措施，投资及运行费用均高于简易高温堆肥技术。

机械化高温堆肥技术在我国曾有辉煌时期，从 20 世纪 80 年代初期到 90 年代中期在北京、上海、天津、武汉、杭州、无锡、常州等城市均建有这类堆肥厂。

目前堆肥处理厂的堆肥化产品存在两个主要问题：一是产品粗糙，堆肥中常夹杂有螺壳、玻璃、瓦砾、铁屑等碎块，影响农田应用；二是其中氮、磷、钾等营养元素含量低，在单施堆肥的情况下其增产效益无法与其他肥料相比，缺乏竞争能力。

四、固体废弃物焚烧技术

以过量的空气与被处理的生活垃圾在焚烧炉内进行氧化燃烧反应，在释放出能量的同时，垃圾中的有毒有害物质在高温下氧化、热解、燃烧而被破坏。垃圾焚烧可同时实现垃圾的减量化、无害化、能源化；经过焚烧处理，一般可实现垃圾体积减小 95%，并且可获得部分能量。

焚烧是一种热化学处理方法。垃圾焚烧是实现其无害化和减量化的重要途径，因而自 20 世纪以来不少国家采用焚烧方法处理垃圾。目前全世界已拥有 2000 多座现代化垃圾焚烧工厂，其中仅日本就有 300 多座，美国有 200 多座，西欧各国利用垃圾焚烧热能的工厂近 200 座，其中德国就有 40 多座。

统计表明，垃圾焚烧装置大多集中在发达国家，这一方面与国家工业科学技术水平、经济实力有关；另一方面也与垃圾的组成成分有关。

我国生活垃圾焚烧技术的研究起步于 20 世纪 80 年代中期，最早只在深圳等极少数城市采用。随着我国东南沿海地区和部分中心城市的经济发展和生活垃圾低位热值的提高，为城市垃圾的焚烧处理提供了物质基础，近年来已有不少城市将建设垃圾焚烧厂提到了议事日程。

五、固体废弃物处理技术比较

比较生活垃圾处理技术，应该综合分析该技术的可靠性、经济性、实用性和所能达到的减量化、无害化、资源化效果等。由于各地具体情况的差别及生活垃圾性质的差异，对生活垃圾处理技术的选择也难有统一模式，更无万全之策。表 2-1 是卫生填埋、焚烧和堆肥 3 种常用处理技术的比较。

表 2-1 卫生填埋、焚烧和堆肥 3 种常用处理技术的比较

比较项目	卫生填埋	焚烧	堆肥
技术可靠性	可靠,属常用处理方法	较可靠,国外属成熟技术	较可靠,我国有实践经验
工程规模	主要取决于作业场地、填埋库容、设备配制和使用年限,一般均较大	单台焚烧炉规格常用 100～500t/d,垃圾焚烧厂一般安装 2～4 台焚烧炉	静态或动态间歇式堆肥厂常用 100～200t/d,动态连续式堆肥厂可达 200～400t/d
选址难度	较困难	有一定难度	有一定难度
占地面积	大,500～900m²/t	较小,60～100m²/t	中等,110～150m²/t
建设工期	9～12 月	30～36 月	12～18 月
适用条件	进场垃圾的含水率小于 30%,无机成分大于 60%	进炉垃圾的低位发热量高于 4180kJ/kg,含水率小于 50%,灰分低于 30%	垃圾中可生物降解有机物含量大于 40%
操作安全性	较好,沼气导排要畅通	较好,严格按照规范操作	较好
管理水平	一般	很高	较高
产品市场	有沼气回收的卫生填埋场,沼气可用于发电等	热能或电能可为社会使用,需要政策支持	落实堆肥产品市场有一定困难,需采取多种措施
能源化	沼气收集后可用来发电	垃圾焚烧余热可发电或综合利用	采用厌氧消化系统,沼气收集后可发电或综合利用
资源利用	填埋场封场并稳定后,可恢复土地利用或再生土地资源,陈垃圾可开采利用	垃圾分选可回收部分物质,焚烧炉渣可综合利用	垃圾堆肥产品可用于农业种植和园林绿化等,并可回收部分物资
稳定化时间	10～15a	2h 左右	20～30d
最终处置	填埋本身是一种最终处置方式	焚烧炉渣需进行处置,占进炉垃圾量的 10%～15%	不可堆肥物需进行处置,占进厂垃圾量的 30%～40%
地表水污染	应有完善的渗滤水处理设施,但不易达标	炉渣填埋时与垃圾填埋方法相仿,但水量小	可能性较小,污水应经处理后排入城市管网
地下水污染	场底需有防渗措施,但仍可能渗漏;人工衬底投资较大	可能性较小	可能性较小
大气污染	有轻微污染,可采用导气、覆盖、隔离带等措施控制	应加强对酸性气体、重金属和二噁英的控制和治理	有轻微气味,应设除臭装置和隔离带

比较项目	卫生填埋	焚烧	堆肥
土壤污染	限于填埋场区域	灰渣不能随意堆放	需控制堆肥中重金属含量和pH值
主要环保措施	场底防渗、每天覆盖、沼气导排、渗滤水处理等	烟气治理、噪声控制、灰渣处理、恶臭防治等	恶臭防治、飞尘控制、污水处理、残渣处置等
吨投资(不计征地费)	18万～27万元(单层合成衬底,压实机引进)	50万～70万元(余热发电上网,国产化率50%)	25万～36万元(制有机复合肥,国产化率60%)
处理成本(不计折旧及运费)	26～35元/t	50～80元/t	35～50元/t
处理成本(计折旧不计运费)	35～55元/t	90～200元/t	50～80元/t
技术特点	操作简单,适应性好,工程投资和运行成本均较低	占地面积小,运行稳定可靠,减量化效果好	技术成熟,减量化和资源化效果好
主要风险	沼气聚集引起爆炸,场底渗漏或渗滤水处理不达标	垃圾燃烧不稳定,烟气治理不达标	生产成本过高或堆肥质量不佳影响堆肥产品销量
发展动态	准好氧或生态填埋工艺	热解或气化焚烧工艺	厌氧消化堆肥工艺
技术政策	卫生填埋是城市垃圾处理必不可少的最终处理手段,也是现阶段我国城市生活垃圾处理的主要方式	焚烧是处理可燃城市垃圾的有效方式,城市垃圾中可燃物较多、填埋场地缺乏和经济发达的地区可积极采用焚烧技术	堆肥是对城市垃圾中可生物降解的有机物进行处理和利用的有效方式,在堆肥产品有市场的地区应积极推广应用

从表 2-1 可以看出,采用堆肥和填埋处理城市垃圾,具有投资较少、处理费用低、可处理各种类型垃圾、操作简便等优势。然而,填埋法有场地建设与防渗施工难度大、填埋气利用困难的难题,并且由于垃圾填埋后产生的渗滤液可能对地下水造成长期严重的、难以完全预料的污染,目前发达国家趋于减少应用此法;堆肥处理的缺点是占地多、周期长、受环境(温度、湿度)影响,直接堆肥还有肥料质量差、有机质含量低、重金属含量高,污染农作物,进入人类的食物链,进而对人类造成危害。

垃圾焚烧由于具有减容减量程度高、可同时获得能源等优势,已处于垃圾处理技术的中心地位,目前在国内外得到越来越多的应用。工业发达的欧洲和美国、日本等地区和国家,城市垃圾经焚烧处理的比例高达 50%～70%,部分国家甚至超过 90%。

由于历史、经济发展水平等各方面的原因,垃圾填埋处理仍是目前我国主要的城市垃圾处理处置手段 (图 2-1),堆肥占到了垃圾处理处置方法的 19%,焚烧法的

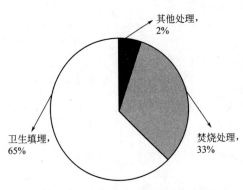

其他处理,2%
卫生填埋,65%
焚烧处理,33%

图 2-1　2014 年我国主要城市垃圾处理处置方法构成

应用正在逐渐推广。值得注意的是，由于填埋气是填埋场二次污染的主要来源之一，而填埋气本身具有较高的能量密度，对填埋气进行收集、能源化利用作为消除填埋场二次污染的手段得到充分的重视。

第二节　城市固体废弃物能源化利用

固体废弃物具有两重性，它虽然占用大量土地，污染环境，但本身又含有多种有用物质，可作为一种资源来利用，而且是总量不断增长的资源。城市固体废弃物的"废"具有相对性，只是在当前的技术条件下不能成为用于生产、生活的物质，随着科技的发展和技术的进步，一些废弃物就有可能成为适合于人类某种需要的资源；而在一些场所的废弃物，在适当的时间和空间中有可能是一种有用的物质或生成有用物质的原料。例如，如果将我国每年产生的近 1.4×10^9 t 城市生活垃圾用来堆肥，加入粪便、秸秆和菌种，可生产约 1.5×10^8 t 有机肥。

在城市固体废弃物中含有有机物和无机物两部分，还含有化学能。城市生活垃圾也可视为一种"固体含能材料"。随着中国城市化进程的加快，在城市垃圾产生量增加的同时，其构成也发生了变化：有机物增多，可燃物增加，可利用价值增大。2000 年对中国城市垃圾抽样调查结果表明，城市垃圾的热值在 $1850 \sim 6413 kJ/kg$ 的范围内，大多在 $4000 kJ/kg$ 左右。这为我国城市垃圾的能源化利用奠定了基础。

一、城市固体废弃物能源化利用的含义

固体废弃物的成分相当复杂，其物理性状（体积、流动性、均匀性、粉碎程度、水分、热值等）也千变万化，因此，应综合采用科学技术和管理措施，控制固体废弃物对环境的污染及回收利用固体废弃物中的有用资源。技术措施包括固体废弃物处置和固体废弃物能源化利用。

固体废弃物处置是指通过固体废弃物焚烧和用其他改变固体废弃物的物理、化学、生物特性的方法，达到减少已产生的固体废弃物数量、缩小固体废弃物体积、减少或者消除其危险成分，或者将固体废弃物最终置于符合环境保护规定要求的填埋场的活动，如分选、破碎、固化、焚烧、填埋等。其目的和技术要求是使被处置的固体废弃物在环境中最大限度地与生物圈隔离，控制或消除其对环境的污染和危害。

城市固体废弃物能源化利用技术是通过化学或生物转换，将垃圾中所含的能量释放出来并加以利用技术的总称。目前开发、使用的城市固体废弃物能源化利用技术主要是垃圾的热处理技术（焚烧、热解、气化）和生物转换技术（主要是填埋气的利用）。

将垃圾填埋或焚烧处理过程回收的填埋气体或焚烧产生热量而加以利用，是实现垃圾能源化利用的主要途径。虽然这两种技术目前在我国均处于起步阶段，但它们都有着广阔的发展前景。

此外，近年来国内外开发的城市固体废弃物能源化利用技术还包括将洁净煤技术应用于城市生活垃圾处理，采用热解和气化的方法制取固体、气体或液体燃料，以及水解、化

学分解、垃圾衍生燃料等垃圾处理利用技术。

二、城市固体废弃物热处理技术

由于垃圾中含有大量的有机可燃废弃物，热值较高。目前，世界每天排放的城市垃圾多达 27Mt，而且其排放速度每年以 8％递增。城市生活垃圾的热值与褐煤、油页岩成分相似，大约 2t 垃圾的热能相当于 1t 煤。焚烧 1t 垃圾相当于燃烧 0.2t 石油，焚烧 1kg 垃圾可得到 1200～1400kcal[❶] 的热量，约为城市煤气热量的 30％。因此，可以认为垃圾是一种能连续不断、无限期开发利用的资源。

用焚烧方式回收固体废弃物中能量的处理技术在近 20 年得到了迅速发展，美国、日本等发达国家已开始大量应用，并产生了良好的环保效益和经济效益。焚烧垃圾、获得能源以实现城市垃圾的减量化、无害化和资源化，也是我国处理城市垃圾的一个重要方向。

垃圾焚烧发电已成为发达国家处理城市垃圾、回收资源的一种主要方式。在一些国家和地区，城市垃圾已成为一种重要的能源，垃圾焚烧炉成为发电厂锅炉群体设备之一，产出主蒸汽入母管，统一入系统供汽轮机，如英国北曼海姆发电站，垃圾锅炉已成为电站主体锅炉。

由于历史的原因，我国城市生活垃圾的处理技术落后，垃圾焚烧技术的发展起步较晚。然而，随着人民生活质量的不断提高，我国垃圾的成分发生很大变化，热值大幅度增大，这为垃圾的能源化利用提供了条件。我国大城市和南方沿海地区中小城市的垃圾热值较高、人口密度大、土地资源短缺，而在经济较为发达地区，采用焚烧发电来处理城市垃圾并实现其资源化是一种较好的选择。迄今，在深圳、上海等城市采用引进技术，在杭州、菏泽、徐州等地采用国内技术，建立了几座垃圾焚烧厂。

三、城市固体废弃物填埋场填埋气能源化利用

目前和今后相当长一段时期，卫生填埋仍将是我国处理城市生活垃圾的主要技术。从管理上看，我国大部分城市的垃圾已经开始了从分散堆放、填埋向集中填埋的转变，许多大中城市新建的垃圾填埋场，其日处理能力都大于上千吨，总填埋库容达数千万立方米。回收垃圾填埋产生的填埋气用于发电或直接作为能源，在我国已有物质基础，并得到了广泛的重视和应用，如杭州天子岭垃圾填埋场和广州大田山填埋场的垃圾沼气发电项目。

第三节　城市固体废弃物能源化利用的技术构成

一、引言

城市固体废弃物（Municipal Solid Waste，MSW）作为能源利用时与煤在许多方面都

---

❶　1cal＝4.18J，下同。

有相似性：均为组成复杂，随着空间和时间变化很大的固体含能物质；在能源化利用过程中都有可能产生严重的污染。因此，将已较为成熟可靠的洁净煤技术（Clean Coal Technology，CCT），在考虑城市固体废弃物特性的基础上，"嫁接"到城市固体废弃物能源化利用技术的研发上，就具有技术上的可能性、技术开发周期的快速性和经济上的优越性。

二、城市固体废弃物高效洁净能源化利用的技术构成

1. 洁净煤技术

煤炭在今后很长一段时间内仍将是我国及世界上其他一些国家的主要能源。煤炭的洁净利用对大幅度减少大气污染、减少煤炭利用的外部成本、提高煤炭的利用效率和经济效益有着重要的作用，因此煤炭洁净利用技术（洁净煤技术）得到了很大的发展。洁净煤技术主要包括：煤炭的燃前处理和净化技术（洗选、型煤、水煤浆），煤炭燃烧中的净化技术（各种脱硫脱硝技术），煤炭燃烧后烟气的净化技术（控制 SO_x、NO_x 和颗粒物技术），以及煤炭的转化技术（煤气化、煤液化、煤-油共炼、煤层气开发技术）。

2. 城市固体废弃物与煤的组成和特性比较

城市生活垃圾和煤的组成都可分为有机质和无机质两大部分：有机质主要由碳、氢、氧、氮、硫等元素组成；无机质包括由硅、铝、铁、镁、钙、钾、钠、硫等元素组成的矿物质和水分。可以用工业分析和元素分析来确定城市固体废弃物和煤的组成和性质。

表 2-2 是几种主要煤种和典型城市生活垃圾的性质比较。从表中可以看出，垃圾和煤炭有很多相似性，但城市固体废弃物具有氯含量高、密度小、热值低、水分大等特点。另外，垃圾中的有害元素（如铅、锌、镉、汞）含量较煤炭的含量要高。

表 2-2　几种主要煤种和典型城市生活垃圾的性质比较

比较参数	泥炭	褐煤	烟煤	无烟煤	城市垃圾
$C_{daf}/\%$	48～65.5	64～74.5	77～92.7	89～98	50～80
$H_{daf}/\%$	4.7～7.0	6.1～6.8	4～7	0.8～4	8～20
$O_{daf}/\%$	24.7～45.2	17～26	1～10	1～4	10～30
$N_{daf}/\%$	1.3～3.8	1.0～3.0			0.5～2.0
$Cl_d/\%$	我国煤中大部分为 0.01～0.2				0.8～1.6
$M_{ad}/\%$	50～90	10～20	<10	<5	10～55 或更高
$S_{t,d}/\%$	地区差异较大，一般为 0.5～2.5，全国 60%的煤<1				0.5～1.0
$A_d/\%$	<18	地区差异较大，一般为 15～20			40～50 或更高
$V_{daf}/\%$	>37	10～37	20～30	<10	30～50
密度/(kg/m³)	1000～1800				200～600
$Q_{gr,daf}/(MJ/kg)$	20.9～25.1	25.1～30.1	30.1～37.1	32.2～34.3	0.7～1.2

注：1. 下角标含义为：daf（dry ash free），干燥无灰基；d（dry），干燥基；ad（air dried），空气干燥基。

2. M 为水分；S_t 为全硫含量；A 为灰分；V 为挥发分。

3. 垃圾的发热量为干基高位发热量（$Q_{gr,d}$），可燃基高位发热量（$Q_{gr,daf}$）与 $Q_{gr,d}$ 的换算公式为，

$$Q_{gr,daf}=Q_{gr,d}\times100/(100-A_d)。$$

4. 实际垃圾的热值通常是指湿基低位发热量（$Q_{net,ar}$），一般为 1500～6500kJ/kg。

煤炭和城市生活垃圾都必须进行预处理以适应后续工艺环节，将煤或垃圾进行粒度、形状、分类、热处理等加工所对应的破碎、成型、分选、燃烧、热解、气化等单元操作过程都需要过程控制、尾气处理、废渣处置等。

3. 可用于城市固体废弃物能源化利用的洁净煤技术

（1）分选

分选是利用物质的各组成成分在物理、物理化学及化学性质上的差异，把它们分离开的方法。分选技术是洁净煤技术中最为重要的环节之一，已开发出了各类干、湿法分选技术和工艺。由于城市生活垃圾各种成分性质不同以及能源化利用方法的多样性，分选是城市生活垃圾处理过程中非常重要的环节之一，在城市生活垃圾进行能源化利用前必须进行分选预处理，目的是将其中的可回收利用成分或不利于后续处理处置工艺要求的物料分离出来，并为垃圾衍生燃料的均匀化做准备。

城市生活垃圾组分复杂多变，与煤炭的组成及性质也有较大差异，因而，洁净煤技术领域的分选技术需加以改造和拓展才可用于城市生活垃圾的分选。总的来说，适用于城市生活垃圾的分选技术是以粒度差、密度差等颗粒物理性质差别为基础的分选原理为主，如筛分、重力分选、风力分选、摇床分选等技术，而以磁性、电性、光学性质差别为基础的如磁力分选、电力分选技术为辅。一般城市生活垃圾的分选是多种技术的组合，比较典型的一种分选技术组合是：城市生活垃圾破袋→磁选→机械分选→风选→人工分选→分选组分利用与处置。

（2）成型技术

粉煤成型是将煤粉或煤泥以适当的工艺方法和设备加工成具有一定几何形状和理化性能的块状燃料的加工过程，将劣质、低效和非洁净的煤转化为优质、高效、洁净的燃料或工业原料。燃烧型煤与燃烧原煤相比，可提高燃烧效率 $10\% \sim 21\%$，烟尘排放量减少 $80\% \sim 91.2\%$，SO_2 排放量减少 $20\% \sim 36.3\%$。粉煤成型技术已较为成熟可靠，在许多行业得到了广泛应用，尤其是在化肥行业中。

城市生活垃圾是具有一定热值的固体燃料，但城市生活垃圾组分变化幅度大、水分含量高、密度小，造成其热值波动大、单位体积的热容量也低。这些都决定了垃圾作为能源在利用过程中的复杂性。显然，城市固体废弃物不能不经处理直接作为燃料使用。将城市生活垃圾加工成一种热值高、成分均匀稳定、易于运输和贮存的新型固体燃料的城市生活垃圾处理法，就是所谓的垃圾衍生燃料（Refuse Derived Fuel，RDF）制备技术。

RDF 加工工艺主要由破碎、分选、干燥、压制成型等环节组成。不同时期、不同国家和地区根据城市生活垃圾的组成和性质对 RDF 的加工有不同的生产工艺，大致可分为散状 RDF（fluff-Refuse Derived Fuel，f-RDF）和致密 RDF（densified-Refuse Derived Fuel，d-RDF）。其主要区别在于：d-RDF 在干燥前加入一定量的具有一定活性的化学试剂（一般为 CaO），而 f-RDF 不加入；d-RDF 较 f-RDF 密度高，能在较长时间内贮存，且由于经压缩成型，具有易于机械抓取、便于长途运输等特点。d-RDF 加工工艺在垃圾成型过程中加入化学试剂，解决了 f-RDF 工艺中存在的一些问题，得到的垃圾衍生燃料基本上克服了 f-RDF 工艺存在的不足，同时又有新的特点；首先，能防腐，RDF 长时间贮存不发臭；其次，可固硫、固氯，燃烧时 HCl、NO_x、SO_x 的排放量减少；第三，通过化学反应，添加剂可起到固化作用，不需要高压固化装置；第四，压缩成型使城市固体废弃物的容量降低，减少动力消耗。

从目前我国的城市固体废弃物能源化利用方面来看，在 RDF 的制备方面可以借鉴开发较为成熟的粉煤成型技术及成套设备，同时进行适当改造，尤其是在添加性的化学试剂方面应着重考虑城市固体废弃物的固氯。

（3）热解-气化技术

热解-气化是有机物的热力降解过程。它是在无氧或近乎无氧条件下，利用热能破坏含碳高分子化合物元素间的化学键，使含碳化合物破坏或进行化学重组。

热解是煤转化的关键步骤，煤气化、液化、焦化和燃烧都要经过热解阶段。固态物料受热后总是先进行热解，析出大量的气态可燃成分，一般有机物热解后，生成小分子的 CO、CH_4、H_2 或其他分子量较小的 C_mH_n 等气态物质或残炭。热解过程有时也称为挥发分析出过程。挥发分析出的温度区间很宽，一般在 $200 \sim 800℃$ 的范围内。同一物料在不同的温度区间下，热解析出的成分和数量不相同，不同物料热解析出量最大时和析出完毕的温度区间也各不一样。

垃圾在焚烧过程中有可能产生各种污染，为了有效控制污染，可将热解气化技术用于城市固体废弃物能源化利用。例如，先将城市固体废弃物进行预处理（分选、成型），然后在低温（$<600℃$）下热解，热解残渣再气化或燃烧，热解和气化（或焚烧）的气体分别净化处理，这样可以避免热解气中的一些有害气体与高温气化气体或焚烧烟气所含的芳环物质的直接接触而生成毒性更大的二噁英类产物。

现有城市固体废弃物热解、气化技术和装置包括：高炉型生活垃圾直接气化熔融焚烧技术，回转窑式生活垃圾直接气化熔融焚烧技术，NKK 式生活垃圾直接气化熔融焚烧技术，氧气顶底复合吹式生活垃圾直接气化熔融焚烧技术，等离子体式生活垃圾直接气化熔融焚烧技术，两段热解气化技术。其中两段热解气化技术由中国矿业大学设计研制，该工艺主要包括干燥、热解、气化过程，其最终产品为可以高效、洁净利用的煤气。

（4）高效洁净燃烧（焚烧）技术

垃圾燃烧（焚烧）是一种对城市生活垃圾进行高温热化学处理的技术。将生活垃圾作为固体燃料送入炉膛内燃烧，释放出热量并转化为高温气体和少量性质稳定的固体残渣。常见有固定床、回转窑、流化床等焚烧方法，应用最多的是固定床焚烧。垃圾焚烧处理是目前实现城市生活垃圾减量化、无害化和资源化的最有效的手段之一。

但是，焚烧过程容易产生粉尘、有毒微量元素、高温氯腐蚀、有机物等污染。粉尘主要包括燃烧空气卷起的细颗粒物质、高温阶段气化物质在低温段的冷凝物质（也是有毒微量元素形成的原因之一）。高温氯腐蚀是由于垃圾中的氯在高温燃烧时形成 HCl 气体，在高于 $400℃$ 时对金属产生剧烈腐蚀。

有机物污染中最为突出的是二噁英类（polychlorinated dibenzo-p-dioxins，polychlorinated dibenzo-p-furans，PCDDs/PCDFs）物质，它们是目前发现毒性最强的物质。对二噁英在焚烧炉中的产生原理目前有各种不同的观点，但归纳起来主要有两种：一是垃圾在干燥过程和燃烧的初始阶段，当氧含量充足时，垃圾中的低沸点的烃类物质燃烧生成 CO、CO_2、H_2O，但若氧含量不足，就会生成二噁英前驱物；二是不完全燃烧所产生的二噁英前驱物以及垃圾中未燃尽的环烃物质在烟尘中的 Cu、Ni、Fe 等金属颗粒催化作用下，在温度为 $300℃$ 左右时与烟气中的氯化物和 O_2 发生反应，生成二噁英类物质，即所谓的"二次合成"（de novo synthesis）。

煤炭燃烧的历史较长，燃烧过程污染物的控制技术发展较为成熟。燃煤过程主要是控制 SO_x 和 NO_x 的排放，近年来对 HCl、CO_2 等气体排放方面的技术也有所研究。燃烧过程 SO_x 控制技术主要是根据 SO_x 与碱金属氧化物 CaO、MgO 等反应生成 $CaSO_4$、$MgSO_4$ 等而被脱除，其脱硫工艺根据其炉型不同而不同。NO_x 根据其生成机理分为热力型、燃料型、快速型等，其控制技术也是采用破坏其生成条件的机理。目前出现了一些低 NO_x 燃烧技术，如低过量空气燃烧、空气分级燃烧、燃料分机燃烧、烟气再循环、采用低 NO_x 燃烧器等。

烟气的净化是洁净煤技术应用中的重要环节，主要是烟气的除尘和 SO_x、NO_x、HCl 的脱除等。其工艺技术较为成熟，在实际生产应用很广。近年来又出现新一代的高效低污染洁净煤燃烧技术，如循环流化床燃烧（Circulating Fluidized Bed Combustion，CFBC）、煤气化联合循环发电（Integrated Gasification Combined Cycle，IGCC）等技术。

城市生活垃圾热处理的尾气净化可以直接利用洁净煤技术中的烟气净化技术。由于洁净煤技术中的烟气净化较少涉及二噁英处理问题，因此需对原有的烟气净化技术加以改造。目前二噁英净化技术主要有生活垃圾焚烧烟气湿法净化处理工艺、干法净化处理工艺、急冷技术、活性炭喷射吸附技术等，可以把这些技术与洁净煤的烟气净化技术结合起来应用。

（5）填埋气净化与利用

在填埋气（Landfill Gas，LFG）中，甲烷气体占 50%，而甲烷气体是一种宝贵的清洁能源，具有很高的热值（$4500\sim5500kcal/m^3$），与普通的城市燃气热值相当。填埋气的组分与天然气的组分相近，区别在于填埋气中二氧化碳的体积含量较大，但经过适当的预处理，去除填埋气中的大部分二氧化碳和几乎全部的微量杂质气体后，填埋气中的甲烷含量可达到 90% 以上，其组分和热值都与天然气相似，可作为汽车燃料和其他原料等。填埋气的净化与利用途径见图 2-2。

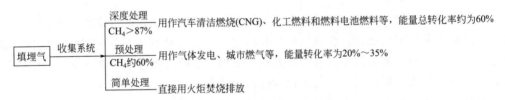

图 2-2　填埋气的净化与利用途径

三、城市固体废弃物能源化利用的技术路线

城市生活垃圾与煤炭具有许多相似之处，在把城市固体废弃物作为能源使用而进行处理时，对目前较为成熟而先进的洁净煤技术做一些必要的改造后用于城市固体废弃物能源化利用的方法是可行的。城市固体废弃物的能源化处理借助成熟的洁净煤技术更有利于城市生活垃圾的减量化、无害化、资源化。

根据目前洁净煤技术及城市固体废弃物的处理情况，城市固体废弃物能源化利用的技术路线主要包括以下 2 种。

（1）热处理法城市固体废弃物能源化利用

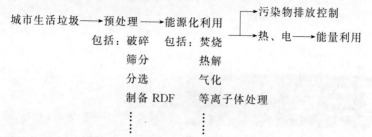

（2）垃圾填埋场填埋气能源化利用

第三章

城市固体废弃物的预处理

第一节 概 述

目前垃圾处理以填埋、堆肥、焚烧为主，对垃圾进行热解处理已开始实验室内的研究。上述 3 种方式在某些程度上互相补充，各有一定优势。因此，较好的垃圾处理方式为综合处理，通过对垃圾的分类收集或分拣，将其分为可堆肥的生物质类、可焚烧的可燃物类、可再生利用的物资类，灰土和焚烧的灰渣、飞灰等利用填埋方式处理。垃圾的综合利用要求采用比较完善的预处理系统。

对于垃圾堆肥系统，预处理是不可缺少的，通过预处理设备可以将金属、塑料、玻璃、灰土以及大的石块等不可堆腐物分离出来，从而提高垃圾肥料的肥效，取得比较好的经济效益。在我国东部地区，由于人口密集、耕地缺乏、经济水平较高，采用焚烧方式处理城市生活垃圾的技术和设备发展较快。由于垃圾品质较差，热值低，只有采用合理的预处理系统，将其中的灰土、金属等不燃物以及大块物体除去，提高垃圾中可燃分含量和垃圾的热值，从而提高燃烧温度，减少有害气体的排出，提高焚烧系统的效率和经济效益，同时避免大块重物质对焚烧炉进料和排渣装置造成危害。

垃圾焚烧技术已经从不需预处理直接焚烧原生垃圾（mass burn incineration）过渡到采用简单的预处理设备阶段。垃圾预处理设备主要包括破碎、分选及传送三部分。根据不同的工作原理，破碎机分为冲击式（适用于石块等脆硬性物质）、压缩式（适用于玻璃等脆性物质）、摩擦式、剪断式（适用于大块物质）等多种类型，分选机可分为筛选（滚筒筛、振动筛、固定筛等）、风选、磁选、手选等。

考虑到垃圾成分的复杂性，且有综合利用价值，直接焚烧和简单破碎焚烧不仅不利于设备的安全运行，增加了垃圾处理的数量和难度，而且浪费了一定的可回收利用的资源。因此，目前垃圾预处理系统在垃圾焚烧系统乃至其他垃圾处理项目中变得越来越重要，成为不可缺少的一个重要环节，在垃圾焚烧系统中，预处理、焚烧炉和烟气后处理具有同等重要的地位。

目前，对城市生活垃圾采用综合处理、利用和处置的方法成为解决垃圾污染问题的主要方式。城市生活垃圾综合预处理系统原则流程如图 3-1 所示。

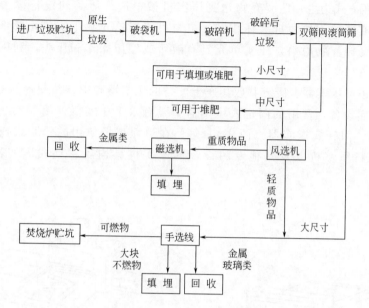

图 3-1　城市生活垃圾综合预处理系统原则流程

从图 3-1 可知，城市生活垃圾在进行处理前以及处理过程中，通常需要根据尺寸和密度进行分离等单元操作，主要包括压实、破碎、筛分、分选等。

第二节　固体废弃物的压实

一、原理及目的

固体废弃物压实亦称压缩，即利用机械的方法增加固体废弃物的聚集程度，增大容重和减小体积，便于装卸、运输、内存和填埋。固体废弃物中适合压缩处理的主要是压缩性能大而复原性小的物质。

压实的原理主要是减少空隙率，将空气压掉。固体废弃物经过压实处理后体积的减小程度称为压实比。废弃物的压实比取决于其种类和施用的压力。经过压缩，废弃物体积一般可减少到原来体积的 1/5～1/3。同时采用破碎与压实 2 种处理技术，废弃物体积可减少到原来体积的 1/10～1/5。

固体废弃物压实主要目的：a. 减少体积，便于装卸和运输；b. 减轻环境污染；垃圾经过挤压和升温，大大降低了腐化性，不再滋生昆虫，可减少疾病传播与虫害，并有助于填埋场沉降均匀；垃圾块已成为一种均匀的类塑料结构的惰性材料，自然暴露在空气中 3 年，没有明显降解痕迹；c. 可快速安全造地；d. 节省填埋或贮存场地。

二、压实器

固体废弃物的压实设备称为压实器，压实器可分为固定式和移动式两大类。凡人工或机械方法（液压方式为主）把废弃物送到压实机械中进行压实的设备称为固定式压实器。这两类压实器的工作原理大体相同，主要由容器单元和压实单元两部分组成。容器单元负责接受废弃物原料，压实单元具有液压或气压操作和压头，利用高压使废弃物致密化。

各种家用小型压实器、废弃物收集车上配备的压实器和中转站配置的专用压实机等均属固定式压实设备，常用的固定式压实器主要有水平压实器（图 3-2）、三向联合压实器（图 3-3）、回转式压实器（图 3-4）等；在填埋现场使用的轮胎式或履带式压实机、钢轮式布料压实机以及其他专门设计的压实机具均属移动式压实器，如图 3-5 所示。

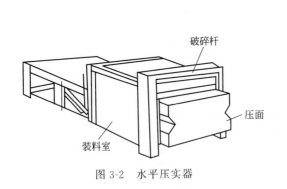

图 3-2　水平压实器

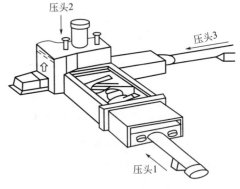

图 3-3　三向联合压实器

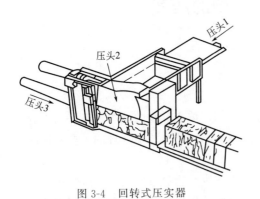

图 3-4　回转式压实器

图 3-5　移动式压实器

三、技术应用

图 3-6 为目前较为先进的城市垃圾压缩处理工艺流程。垃圾先装入四周垫有铁丝网的容器中，然后送入压缩机压缩，压力为 16～20MPa，压缩为 1/5。压块由上向推动活塞推出压缩腔，送入 180～200℃沥青浸渍池 10s 涂浸沥青防漏，冷却后经运输皮带装

入汽车运往垃圾填埋场。压缩污水经油水分离器入活性污泥处理系统，处理水灭菌后排放。

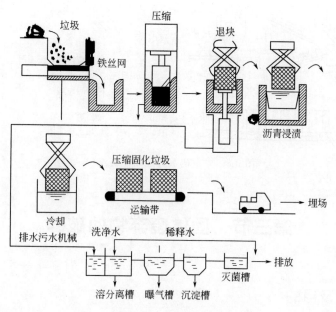

图 3-6　城市垃圾压缩处理工艺流程

图 3-7 为小型垃圾转运站压实流程。垃圾车直接将垃圾倾入料斗，固定压实器将斗内垃圾压入托运车的活动车厢。

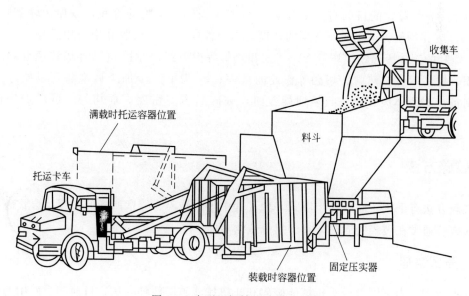

图 3-7　小型垃圾转运站压实流程

图 3-8 为贮存码头转运站压实流程，适用于大、中型转运站。垃圾车将垃圾卸入贮料码头，贮存量一般为 0.5～2d 垃圾产量。由铲车、推土机或抓斗将贮料移入传送料斗，先经过加工、分选回收有用废物后，再压实装车运走。

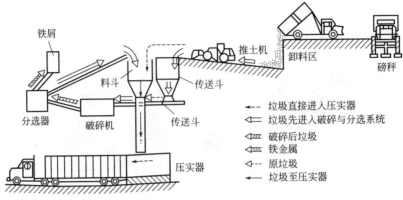

图 3-8　贮存码头转运站压实流程

第三节　固体废弃物的破碎

一、破碎原理及目的

　　破碎是指利用外力克服固体废弃物质点间的内聚力从而使大块固体废弃物分裂成小块的过程。磨碎是指使小块的固体废弃物颗粒分裂成细粉的过程。破碎是最常用的预处理工艺之一。

　　固体废弃物破碎的目的有以下几点：a. 减小固体废弃物的容积，以便运输和贮存；b. 为固体废弃物的分选提供所要求的粒度，以便能够有效地回收其中有用成分；c. 防止粗大、锋利的固体废弃物损坏分选、焚烧和热解等设备或炉膛；d. 增加固体废弃物的比表面积，提高焚烧、热解、熔融等作业的效率；e. 为下一步加工做准备，以便进一步加工制备；f. 固体废弃物进行填埋处置时，破碎后压实密度高而均匀，可以加快覆土还原。

二、破碎方法

　　破碎方法有干式、湿式和半湿式 3 种，其中干式破碎为通常所指的破碎，湿式破碎和半湿式破碎通常在破碎的同时兼有分组分选的功能。

1. 干式破碎

　　根据所用外力不同可分为机械能破碎和非机械能破碎两种方法，目前广泛使用的是机械能破碎方法，非机械能破碎还属于新方法。机械能破碎是利用破碎工具，如破碎机的齿板、锤头、球磨机的钢球等对固体废弃物施力而将其破碎的方法，如图 3-9 所示。非机械能破碎是利用电能、热能等对固体废弃物进行破碎的新方法，如低温破碎、热力破碎、减压破碎及超声波破碎等。

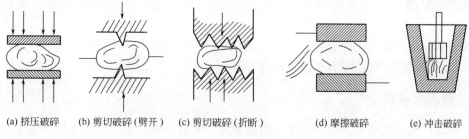

(a) 挤压破碎　(b) 剪切破碎 (劈开)　(c) 剪切破碎 (折断)　(d) 摩擦破碎　(e) 冲击破碎

图 3-9　机械破碎方法

挤压破碎是指废弃物在两个相对运动的硬面之间受挤压作用而发生的破碎。剪切破碎是指废弃物在剪切作用下发生的破碎，剪切作用包括劈开、撕破和折断等。冲击破碎有重力冲击和动冲击两种形式：重力冲击是废弃物落到一个坚硬的表面上而发生的破碎；动冲击是使废弃物获得足够的动能，并碰到一个比它坚硬的快速旋转的表面时产生冲击破碎作用。摩擦破碎是指废弃物在两个相对运动的硬面摩擦作用下破碎。破碎方法的选择要根据固体废弃物的机械强度及硬度来选择破碎方法和破碎机。

2. 湿式破碎

湿式破碎是用湿式破碎机在水中将纸类废弃物通过剪切破碎和水力机械搅拌作用而成为浆液的过程，废纸变成均质浆状物，可按流体处理法处理。它是基于以回收城市垃圾中的大量纸类为目的而发展起来的一种破碎方法。

3. 半湿式破碎

其特点是利用不同物质强度和脆性（耐冲击性、耐压缩性、耐剪切力）的差异，在一定的湿度下破碎成不同粒度的碎块，然后通过筛孔大小不同的筛网加以分离回收的过程，该过程同时兼有选择性破碎和筛分两种功能。

三、破碎流程

根据固体废弃物的性质、颗粒的大小、要求达到的破碎比和选用的破碎机类型，每段破碎流程可以有不同的组合方式，其基本工艺流程如图 3-10 所示。

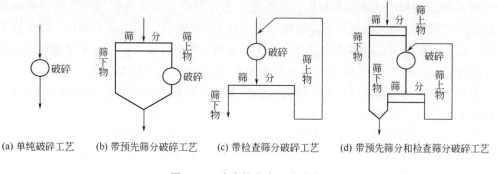

(a) 单纯破碎工艺　(b) 带预先筛分破碎工艺　(c) 带检查筛分破碎工艺　(d) 带预先筛分和检查筛分破碎工艺

图 3-10　破碎的基本工艺流程

四、破碎设备

破碎固体废弃物常用的破碎设备有颚式破碎机、冲击式破碎机、反击式破碎机、辊式破碎机、剪切式破碎机、球磨机及特殊破碎等。

1. 颚式破碎机

颚式破碎机构造简单、工作可靠、制造容易、维修方便,至今仍获得广泛应用。颚式破碎机通常按照可动颚板(动颚)的运动特性分为两种类型:动颚做简单摆动的双肘板机构(简摆颚式)的颚式破碎机〔图 3-11(a)〕,动颚做复杂摆动的单肘板机构(复摆颚式)的颚式破碎机〔图 3-11(b)〕。近年来,液压技术在破碎设备上得到应用,出现了液压颚式破碎机〔图 3-11(c)〕。

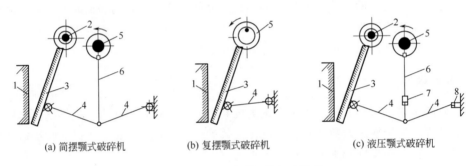

(a) 简摆颚式破碎机　　　　　(b) 复摆颚式破碎机　　　　　(c) 液压颚式破碎机

图 3-11　颚式破碎机的主要类型

1—固定颚板;2—动颚悬挂轴;3—可动颚板;4—前(后)推力板;

5—偏心轴;6—连杆;7—连杆液压油缸;8—调整液压油缸

(1) 简摆颚式破碎机

图 3-12 为国产 2100mm×1500mm 简摆颚式破碎机构造。它主要由机架、工作机构、传动机构、保险装置等部分组成。皮带轮带动偏心轴转动时,偏心定点牵动连杆上下运动,也就牵动前后推力板做舒张及收缩运动,从而使动颚时而靠近固定颚,时而又离开固定颚。动颚靠近固定颚时对破碎腔内的物料进行压碎、劈碎及折断。破碎后的物料在动颚后退时靠自重从破碎腔内落下。

(2) 复摆颚式破碎机

图 3-13 为复摆颚式破碎机构造。从构造上看,复摆颚式破碎机与简摆颚式破碎机的区别是少了一根动颚悬挂的心轴,动颚与连杆合为一个部件,没有垂直连杆,轴板也只有一块。可见,复摆颚式破碎机构造简单。复摆动颚上部行程较大,可以满足物料破碎时所需要的破碎量,动颚向下运动有促进排料的作用,因而比简摆颚式破碎机的生产率高30%左右。但是动颚垂直行程大,使颚板磨损加快。简摆颚式破碎机给料口水平行程小,因此压缩量不够,生产率较低。

颚式破碎机的规格用给料口宽度×长度来表示。国产系列为 PEF150×250、PEF250×400、PEJ900×1200、PEJ1200×1500 等。其中 P 代表破碎机,E 代表颚式,F 代表复杂摆动,J 代表简单摆动。

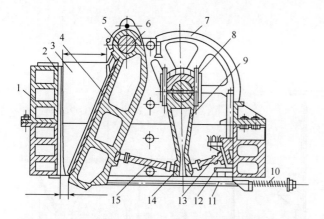

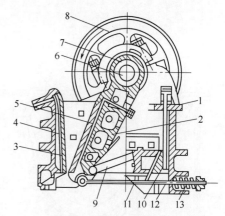

图 3-12　国产 2100mm×1500mm 简摆颚式破碎机构造

1—机架；2,4—破碎齿轮；3—侧面衬板；5—可动颚板；
6—心轴；7—飞轮；8—偏心轴；9—连杆；10—弹簧；
11—拉杆；12—砌块；13—后推力板；
14—肘板支座；15—前推力板

图 3-13　复摆颚式破碎机构造

1—机架；2—可动颚板；3—固定颚板；4,5—破
碎齿板；6—偏心转动轴；7—轴孔；8—飞轮；
9—肘板；10—调节楔；11—楔块；
12—水平拉杆；13—弹簧

2. 冲击式破碎机

冲击式破碎机大多是旋转式，利用冲击作用进行破碎。其工作原理是：给入破碎机空间的物料块，被绕中心轴高速旋转的转子猛烈碰撞后，受到第一次破碎；然后物料从转子获得能量高速飞向坚硬的机壁，受到第二次破碎；在冲击过程中弹回再次被转子击碎，难以破碎的物料，被转子和固定板挟持而剪断，破碎产品由下部排出。当要求的破碎产品粒度为 40mm 时，可以达到目的，而若要求粒度更小如 20mm 时，接下来还需经锤子与研磨板的作用，进一步细化物料，其间空隙远小于冲击板与锤子之间的空隙，若底部再设有算筛，可更为有效地控制出料尺寸。

冲击板与锤子之间的距离，以及冲击板倾斜度是可以调节的。合理布置冲击板，使破碎物存在于破碎循环中，直至其充分破碎，而能通过锤子与板间空隙或算筛筛孔，排出机外。

冲击式破碎机具有破碎比大、适应性强、构造简单、外形尺寸小、操作方便、易于维护等特点。适用于破碎中等硬度、软质、脆性、韧性及纤维状等多种固体废弃物。

冲击式破碎机的主要类型有锤式破碎机和笼式破碎机。这 2 种破碎机的规格都是以转子的直径和长度表示的。下面介绍适用于破碎各种固体废弃物的锤式破碎机。

锤式破碎机是最普通的一种工业破碎设备，按转子数目可分为两类：一类为单转子锤式破碎机，它只有一个转子；另一类为双转子锤式破碎机，它有两个做相对运动的转子。单转子锤式破碎机根据转子的旋转方向，又分为可逆和不可逆两种。目前普遍采用可逆单转子锤式破碎机。图 3-14 为单转子锤式破碎机。图 3-15 是 Novorotor 型双转子锤式破碎机。

锤式破碎机中常见的是卧轴锤式破碎机和立轴锤式破碎机。

（1）卧轴锤式破碎机

卧轴锤式破碎机中，轴子由两端的轴承支持。原料借助重力或用输送机关送入。转子

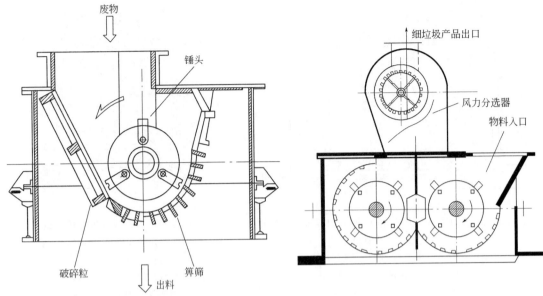

图 3-14 单转子锤式破碎机

图 3-15 Novorotor 型双转子锤式破碎机

下方装有算条筛，算条缝隙的大小决定破碎后颗粒的大小。有些锤式破碎机是对称的，转子的旋转方向可以改变，以变换锤头的磨损面，减少对锤头的检修。卧轴锤式破碎机主轴及锤头见图 3-16。

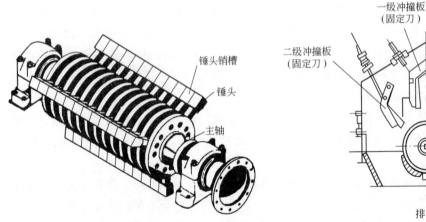

图 3-16 卧轴锤式破碎机主轴及锤头

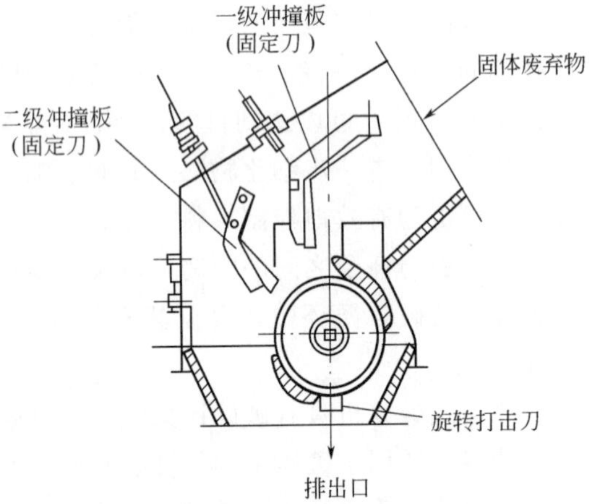

图 3-17 Hazemag 式反击式破碎机

（2）立轴锤式破碎机

立轴锤式破碎机有一立轴，物料靠重力进入破碎腔的侧面。这种破碎机通常在破碎腔的上部间隙较大，越往下间隙逐渐减小。因此当物料通过破碎机时，就逐渐被破碎，破碎后的颗粒尺寸取决于下部锤头与机壳之间的间隙。

3. 反击式破碎机

反击式破碎机是一种新型高效破碎设备，它具有破碎比大、适应性广（可以破碎中硬、软、脆、韧性、纤维性物性）、构造简单、外形尺寸小、安全方便、易于维护等许多优点。

图 3-17 为 Hazemag 式反击式破碎机。该机装有两块反击板，形成两个破碎腔。转子上安装有两个坚硬的板锤。机体内表面装有特殊钢制衬板，用以保护机体不受损坏。固体废弃物从上部给入，在冲击和剪切作用下破碎。

该机主要用来破碎家具、器具、电视机、草垫等大型固体废弃物，处理能力为 $50\sim60m^3/h$，碎块为 30cm；也可用来破碎瓶类、罐头等不燃废物，处理能力为 $15\sim90m^3/h$。

4. 辊式破碎机

辊式破碎机又称对辊破碎机，具有结构简单、紧凑、轻便、工作可靠、价格低廉等优点，广泛应用于处理脆性物料和含泥黏性物料，作为中、细碎之用。

辊式破碎机技术参数见图 3-18。两个辊子的直径为 D，被破碎物料颗粒直径为 d。颗粒和辊子之间的法向力为 N，切向力为 T。如果合力 R 的方向向下，该颗粒就能被卷入和被破碎；如果 R 的方向向上，该颗粒将浮动在辊子上。

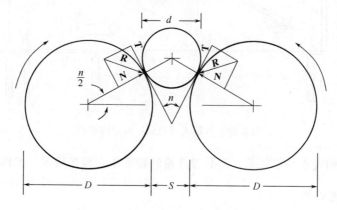

图 3-18　辊式破碎机技术参数的定义

辊式破碎机如图 3-19 所示。其工作过程是：旋转的工作转辊借助摩擦力将给到它上面的物料块拉入破碎腔内，使之受到挤压和磨削作用（有时还兼有劈碎和剪切作用）而破碎，最后由转辊带出破碎腔成为破碎产品排出。按辊子表面构造分为光滑辊面和非光滑辊面（齿辊或沟槽辊）两大类，前者处理硬性物料，后者处理脆性物料。

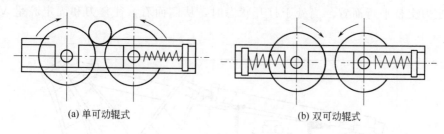

(a) 单可动辊式　　　　　　　　　　　(b) 双可动辊式

图 3-19　辊式破碎机示意

光滑辊面只能是双辊机；非光滑辊面可以是单辊、双辊和三辊机（比较少见）。各种对辊机又可分为固定轴承、单可动轴承和双可动轴承三种。固定轴承破碎机因异物落入时易被破坏，现已不用；双可动轴承破碎机的优点是机座不受破碎力的影响，但因构造复杂也不用。

对辊机按两个辊的转速可分为快速（周速 4～7.5m/s）、慢速（周速 2～3m/s）和差速三种。快速的生产率高，用得最多。

辊式破碎机传动装置分为单式传动和复式传动两种。规格用辊子直径×长度表示。

图 3-20 为双辊式（光面）破碎机结构。它由破碎辊、调整装置、弹簧保险装置、传动装置和机架等组成。

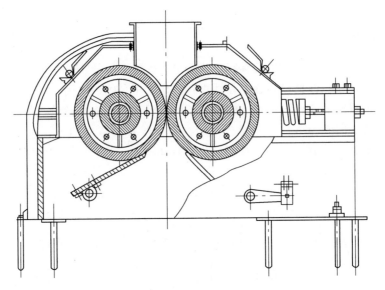

图 3-20　双辊式（光面）破碎机结构

辊式破碎机的特点是能耗低、产品过度粉碎程度小、构造简单、工作可靠等。

5. 剪切式破碎机

剪切破碎是靠固定刀和可动刀之间啮合作用剪切废物，将固体废料剪切成段或块。可动刀又可分为往复刀和回转刀。

（1）往复剪切破碎机

图 3-21 为 Von Roll 型往复剪切式破碎机。该破碎机由两机边装刀的横杆组成耙状可动刀架，其上装有往复刀具 12 片，横杆 6 根，装有固定横杆 7 根，固定刀具 12 片。往复刀和固定刀交替平行而置。当处于打开状态时，从侧面看，往复刀和固定腔呈 V 字形，

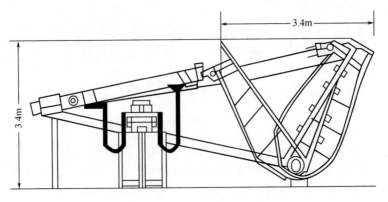

图 3-21　Von Roll 型往复剪切式破碎机

固体废弃物从上面投入，通过液压装置（油泵）缓缓将活动刀推向固定刀，废弃物受到挤压，并依靠往复刀和固定刀的啮合将废弃物剪切。往复刀和固定刀之间宽度为 30cm，剪切尺寸 30cm。刀具由特殊钢制成，磨损后可以更换，液压油泵最高压力为 13MPa，电机功率为 374W，交流电压为 220V，处理量为 80~150m³/h，可将厚度在 200mm 以下的普通型钢板剪切成 30cm 的碎块。

（2）Lindemann 式剪切破碎机

如图 3-22 所示，该机分为预备压缩机和剪切机两部分。固体废弃物送入后先压缩，再剪切。预备压缩机通过一对钳形压块开闭将废物压缩。压块一端固定在机座上，另一端由压杆推进或拉回。剪切机由送料器、压紧器和剪切刀片组成。送料将废物每向前推进一次，压块即将废物压紧定位，剪刀从上往下将废物剪断，如此往返工作。

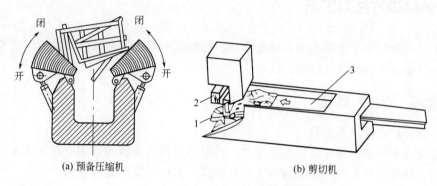

(a) 预备压缩机　　　　　　　(b) 剪切机

图 3-22　Lindemann 式剪切破碎机

1—夯锤；2—刀具；3—推料杆

（3）旋转剪切式破碎机

其构造如图 3-23 所示，旋转剪切式破碎机装有 1~2 个固定刀和 3~5 个旋转刀，固体废弃物投入后，在固定刀和高速旋转的旋转刀夹持下而被剪切破碎。

该机的缺点是当混进硬度大的杂物时，易发生操作事故。

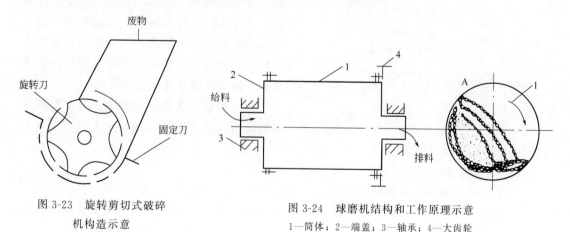

图 3-23　旋转剪切式破碎机构造示意

图 3-24　球磨机结构和工作原理示意

1—筒体；2—端盖；3—轴承；4—大齿轮

6. 球磨机

图 3-24 是球磨机结构和工作原理示意。球磨机主要由圆柱形筒体、端盖、中空轴颈、

轴承和传动大齿轮圈等部件组成。筒体内装有钢球和被磨物料，其装入量为筒体有效容积的 25%～50%。筒体两端的中空轴颈有两个作用：一是起轴颈的支撑作用，使球磨机全部重量经中空轴颈传给轴承和机座；二是起给料和排料的漏斗作用，电动机通过联轴器和小齿轮带动大齿轮圈和筒体缓缓转动。当筒体转动时，在摩擦力、离心力和衬板共同作用下，钢球和物料被衬板提升，当提升到一定高度后，在钢球和物料本身重力作用下，产生自由泻落和抛落，从而对筒体内底脚区内的物料产生冲击和研磨作用，使物料粉碎。物料达到磨碎细度要求后，由风机抽出。

磨碎在固体废弃物处理与利用中占有重要地位。垃圾堆肥深加工过程离不开球磨机对固体废弃物的磨碎。

五、特种破碎方法与工艺

对于一些常温下难以破碎的固体废弃物，如废轮胎、含纸垃圾等，常采用特殊设备和方法，即低温破碎和湿式破碎进行破碎。

1. 低温（冷冻）破碎

（1）破碎原理及工艺流程

对于在常温下难以破碎的固体废弃物，可利用其低温变脆的性能而有效地破碎，亦可利用不同的物质脆化温度的差异进行选择性破碎，即所谓低温破碎技术。

低温破碎通常采用液氮作制冷剂。液氮具有制冷温度低、无毒、无爆炸危险等优点，但制冷液氮需耗用大量能源，故低温破碎对象仅限于常温难破碎的废物，如橡胶和塑料。

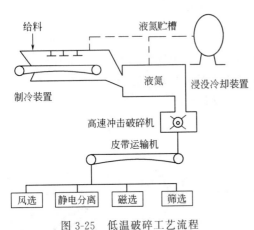

图 3-25　低温破碎工艺流程

低温破碎的工艺流程见图 3-25。将固体废弃物如钢丝胶管、塑料或橡胶包覆电线电缆，废家用电器等复合制品先投入预冷装置，再进入浸没冷却装置，这样橡胶、塑料等易冷脆物质迅速脆化，之后送入高速冲击破碎机，使易脆物质脱落粉碎。破碎产物再进入各种分选设备进行分选。

据日本试验测定，低温破碎与常温破碎相比，所需动力消耗可减至 1/4 以下，噪声降低 7dB，振动减轻 1/5～1/4。

（2）低温破碎的应用

① 塑料低温破碎　各种塑料的脆化点变化很大，如 PVC（聚氯乙烯）是 -20～-5℃，PE（聚乙烯）是 -135～-95℃，PP（聚丙烯）是 0～20℃。采用拉伸、曲折、压缩等简单力的破碎机时，低温破碎所需动力比常温大；用冲击破碎机时，则低温破碎动力比常温时要小得多。膜状塑料难以低温破碎。冷冻槽绝热壁厚 300mm，从顶部喷射液氮雾，塑料置于槽内运输皮带上向前移动 4m，从喷雾开始后 4min，槽内温度可达 -75℃；62min后可达 -167℃，温度分布大体上均匀。根据以上各点判断，低温破碎机应选择以冲击力

为主、拉力和剪切力为次要考虑因素的破碎机。

②从有色金属混合物等废物中回收铜、铝及锌的低温破碎　美国矿山局利用低温破碎技术，从废轮胎、有色金属混合物等固体废弃物中回收铜和铝。研究结果表明，对25～75mm大小的混合金属采用液氮冷冻后（－72℃，1min）冲击破碎：25mm以下物料，产物中可回收97.2%的铜和100%的铝（不含锌）；25mm以上物料，产物中可回收2.8%的铜和100%的锌（不含铝）。这说明此法能进行选择性破碎分离。

2. 湿式破碎

（1）湿式破碎的原理和设备

湿式破碎是利用纸类在水力作用下的浆液化特性，以回收城市垃圾中的大量纸类为目的而发展起来的。通常将废物与制浆造纸结合起来。

湿式破碎机构造如图3-26所示。该破碎机为一圆形立式转桶，底部设有多孔筛。初步分选的垃圾经传输带投入机后，靠筛上安装的6只切割叶轮的旋转作用，与大量水流在同一个水槽内急速旋转、搅拌、破碎成泥浆状；浆体由底部筛孔流出，经湿式旋风分离器除去无机物，送到纸浆纤维回收工序进行洗涤、过筛与脱水。除去纸浆的有机残渣与4%浓度的城市下水污泥混合，脱水至50%后，送至焚烧炉焚烧，产生热能。破碎机内未能粉碎和未通过筛板的金属、陶瓷类物质从机内的底部侧口压出，由提升斗送到传输带，由磁选器进行分离。

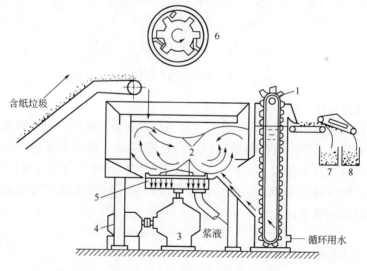

图3-26　湿式破碎机构造

1—斗式脱水提升机；2,6—转子；3—减速机；4—电动机；5—筛网；7—有色金属；8—铁

（2）湿式破碎的优点

湿式破碎把垃圾变成泥浆状，物料均匀，呈流态化操作，具有以下优点：垃圾变成均质浆状物，可按流体法处理；不会滋生蚊蝇和恶臭，符合卫生条件；不会产生噪声，没有发热和爆炸的危险性；脱水有机残渣，无论质量、粒度、水分等变化都小；在化学物质、纸和纸浆、矿物等处理中均可使用，可以回收纸纤维、玻璃、铁和有色金属，剩余泥土等可用作堆肥。

3. 半湿式选择性破碎分选

（1）半湿式选择性破碎分选的原理和设备

半湿式选择性破碎分选是利用城市垃圾中不同物质的强度和脆性的差异，在一定湿度下破碎成不同粒度的碎块，然后通过不同筛孔加以分离的过程。由于该过程是在半湿状态下通过兼有选择性破碎和筛分两种功能的装置中实现的，因此把这种装置称为半湿式选择性破碎分选机。

图 3-27 是半湿式选择性破碎分选机构造示意。该机由两段不同筛孔的外旋转圆筒筛和筛内与之反向旋转的破碎板构成。垃圾给入圆筒筛首端，并随壁上升而后在重力作用下抛落，同时被反向旋转的破碎板撞击，垃圾中脆性物质被破碎成细粒碎片，通过第一段筛网排出。剩余颗粒进入第二段筒筛，此段喷射水分，中等强度的纸类被破碎板破碎，从第二段筛网排出。最后剩余的垃圾从第三段排出。

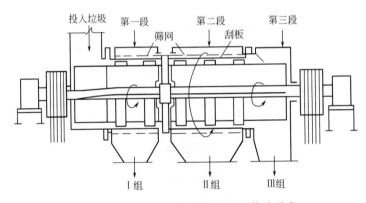

图 3-27　半湿式选择性破碎分选机构造示意

（2）半湿式选择性破碎的特点

半湿式选择性破碎能使城市垃圾在一台设备中同时进行破碎和分选作业；可有效地回收其中的有用物质，从第一组产物中可以得到纯度为 80％ 的堆肥原料——厨房垃圾，从第二组产物中可以得到纯度为 85％～95％ 的纸类；从第三组产物中可以得到纯度为 95％ 的塑料类，回收废铁纯度为 98％；对进料的适应性好，易破碎的废物首先破碎并及时排出，不会产生过粉碎现象。

六、细磨工艺技术

细磨作业是固体废弃物破碎过程的继续，在固体废弃物处理与利用中占有重要位置。它既是固体废弃物选别前准备作业，也是固体废弃物材料化利用的重要组成部分。例如，用煤矸石生产水泥、砖瓦、矸石棉、化肥和提取化工原料等，用钢渣生产水泥、砖瓦、化肥、溶剂以及对垃圾堆肥深加工等过程都离不开球磨机对固体的磨碎。

细磨作业通常在磨机中进行，磨机内装有磨矿介质。工业上应用的细磨设备类型很多，以钢球、钢棒和砾石为介质的磨机分别被称为球磨机、棒磨机和砾磨机；以自身废弃物作介质者，就被称为自磨机；废弃物自磨机中再加入适量钢球，就构成所谓半自磨机。磨机的规格以筒体的直径×长度表示。

细磨作业以湿式细磨为主，而且一般与机械分级机组成闭路循环，如利用纸类在水力作用下的浆液化特性，采用湿式细磨回收城市垃圾中的大量纸类。但对于缺水地区和某些忌水工艺过程，则采用干式细磨。

第四节　固体废弃物的分选

固体废弃物的分选对于固体废弃物的资源化、无害化具有重要的意义。固体废弃物的分选就是将固体废弃物中各种有用资源或不符合后续处理、处置工艺要求的废弃物组分采用人工或机械的方法分门别类地分离出来的过程。它是根据废弃物组分中各种物质的粒度、密度、磁性、电性、光电性、摩擦性、弹性以及表面润湿性的不同而进行分选的，目的是将有用的成分分选出来加以利用，将不利于后续处理的成分分离出来，防止损坏处理处置设施或设备。常见固体废弃物分选技术及其应用范围见表 3-1。

表 3-1　常见固体废弃物分选技术及其应用范围

分选技术	分选的物料	预处理要求	应用场合
手工分选	废纸、钢铁类、非铁金属、木材等	不需要	商业、工业与家庭垃圾收集站检选皱纹纸、高质纸、金属、木材等
筛选	玻璃类、粗细骨料	可不预处理或先破碎或风选	从重组分中分选玻璃或获得不同粒级的物料
风选	废报纸、皱纹纸等可燃性物料	不需要	轻组分中可燃性物料或重组分中的金属、玻璃等资源的分选
重介质分选	铝及其他非铁金属	破碎、风选	通过调节重介质的密度，可分离多种金属
浮选	无机有用组分	破碎、浆化	细小有用组分的分选
磁选	铁金属	破碎、风选	大规模用于工业固体废弃物和城市垃圾的风选
静电分选	玻璃类、粉煤灰等	破碎、风选、筛选	含铅和玻璃废物的分选或从粉煤灰中分选煤炭
光电分选	玻璃类	破碎、风选	从不透明的废物中分选碎玻璃或从彩色玻璃中分选硬质玻璃

一、基本原理

为了从一种混合物中将各种纯净物质选别出来，分选过程可以按两级识别（两个排料口）或按多级识别（两个以上排料口）来确定。例如，一台能够选别铁磁性金属的磁选机是两级分选装置，而一台具有一系列不同大小筛孔、能够分选出若干种产品的筛分机是一种多级分选装置。

1. 两级分选机

两级分选机和多级分选机流程如图 3-28 所示。在两级分选机中，给入的物料是由 X 和 Y 组成的混合物，X、Y 为需要选别的物料。

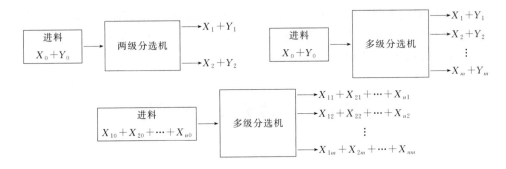

图 3-28　两级分选机和多级分选机流程

单位时间内进入分选机的 X 物料和 Y 物料的量分别为 X_0 和 Y_0；单位时间内 X 物料和 Y 物料从第一排料口排出的量分别为 X_1 和 Y_1；从第二排料口排出的量为 X_2 和 Y_2。假定要求该分选机将 X 物料选入第一排料口，将 Y 物料选入第二排料口。如果该分选机的分选效率足够高，则全部 X 物料都通过第一排料口排出，全部 Y 物料都通过第二排料口排出。实际上这是不大可能达到的。从第一排料口排出的物料流中，会含有部分 Y 物料，而从第二排出口排出的物料流中，会含有部分 X 物料。因此，分选效率可以用回收率来表示。在第一排料口的物流中，X 物料的回收率以 R_{X_1}（％）表示，其定义为

$$R_{X_1}(\%)=\frac{X_1}{X_0}\times100 \tag{3-1}$$

同样在第二排料口的物流中，Y 物料的回收率 R_{Y_2}（％）可用式(3-2) 表示。

$$R_{Y_2}(\%)=\frac{Y_2}{Y_0}\times100 \tag{3-2}$$

由于物料流保持质量平衡，$X_0=X_1+X_2$，因此

$$R_{X_1}(\%)=\frac{X_0-X_2}{X_1+X_2}\times100 \tag{3-3}$$

仅用回收率不能说明分选效率，因为如果当一台两级分选机进行分选达到 $X_2=Y_2=0$，则虽然此时 X 物料的回收率达到 100%，但是它根本没有进行分选。因此需要引入第二个工作参数，通常用纯度来表示。

$$P_{X_1}=\frac{X_1}{X_1+Y_1}\times100 \tag{3-4}$$

式中，P_{X_1} 为 X 物料从第一排料口排出的纯度，％。

一般来说，为了全面而精确地评价两级分选机的分选性能，需要用回收率和纯度这两个参数。不过在有些情况下例外，例如筛分机要测定不同粒度的物料的回收情况，则回收率就等于纯度，因为某一级粒度必然透过筛孔，而不可能含有尺寸更大的成分。

2. 多级分选机

有两类多级分选机。第一类多级分选机，其给料中只有 X 和 Y 两种物料，分选机有两个以上的排料口，每一排料口中都有 X 和 Y 两种物料，但含量不同，这时第一排出口物流中 X 物料的回收率和纯度的表达式同上。在第 m 个出料口中，X 物料的回收率 R_{X_m}

（％）为

$$R_{X_m}(\%) = \frac{X_m}{X_0} \times 100 \tag{3-5}$$

第二类多级分选机是最常用的，进料中含有几种成分（X_{10}，X_{20}，X_{30}，…，X_{n0}），在第一排出物流中，X_{11}是物料X_1进入第一排出物流中的一部分；X_{21}是物料X_2进入第一排出物流中的一部分。以此类推，因此物料X_1在第一排出物流中的回收率$R_{X_{11}}(\%)$为

$$R_{X_{11}}(\%) = \frac{X_{11}}{X_{10}} \times 100 \tag{3-6}$$

在第一排出物流中X_1的纯度$P_{X_{11}}(\%)$是

$$P_{X_{11}}(\%) = \frac{X_{11}}{X_{11} + X_{21} + \cdots + X_{n1}} \times 100 \tag{3-7}$$

3. 分选效率

由于用回收率和纯度来评价一台分选机的工作性能在实用中不方便，因此，不少人致力于寻求一种单一的综合指标。雷特曼（Riteman）提出综合分选效率这一参数。对于给料中含有 X 和 Y 两种物料的两级分选过程来说，其定义的综合分选效率$E_{(X,Y)}(\%)$为

$$E_{(X,Y)}(\%) = \left| \frac{X_1}{X_0} - \frac{Y_1}{Y_0} \right| \times 100 = \left| \frac{X_2}{X_0} - \frac{Y_2}{Y_0} \right| \times 100 \tag{3-8}$$

瓦德（Worrell）提出另一种方法，同样也能得出评价两级分选机性能的综合分选效率，即综合分选效率等于第一排出物流中 X 的回收率与第二排出物流中 Y 的回收率的乘积，其计算公式如下。

$$E_{(X,Y)}(\%) = \frac{X_1}{X_0} \times \frac{Y_2}{Y_0} \times 100 \tag{3-9}$$

二、手工拣选

从废弃物堆中将有用物品分拣出来，最简单、历史最悠久的方法就是手工拣选。美国第一座手工拣选厂是科拉内尔·瓦林（Colonel Waring）于 1898 年为纽约城建立的。该厂对收集到的 116000 人所产生的废弃物进行手工拣选，在两年半的时间内约回收了 37％的物品。

手工拣选有两个主要功能：一是可以回收任何无需加工的有价值的物品，一般是硬纸板、成捆报纸、大块金属（混凝土钢筋等）；另一个功能是可以清除所有可能引起处理系统发生危险的物品，如垃圾中可能引起爆炸及不宜进破碎机破碎的物品。

对于手工拣选，确定选别程序和识别标志是很容易的。可以根据颜色、反射率和不透明度等性质来识别（制定选别程序）各种物料；可以凭感觉来检查物料的密度，最后用手拣出（分类）物料。手工拣选通常在第一级机械处理装置（一般是破碎机）的给料皮带输送机上进行。输送机的皮带将物料均匀地送入破碎机，拣选者就站在皮带的两侧，将要拣出的物料拣出。经验表明，一名拣选工人每小时约可拣出 0.5t 物料。供拣选的给料皮带，如果是单侧拣选，皮带宽应不超过 60cm；如果是两侧拣选，宽度可定为 90～120cm。皮带运动速度不大于 9m/min，可根据拣选工人的数量来定。把垃圾进行固体燃料化，加工

成热值更高、更稳定的燃料的处理法得到了一定的应用。

手工拣选最好在白天进行。人工照明尤其是荧光灯照明，由于光谱较窄，使拣选工人难以识别各种物料。如果不能在室外进行，应该利用大的天窗采光。

三、筛分

筛分操作可将生活垃圾按其组成的颗粒粒度进行分选，是垃圾预处理过程的重要方法。

筛分是利用混合固体的粒度差异，使固体颗粒在具有一定孔径的筛网上振动，把可以通过筛孔的和不能通过筛孔的粒子群分开的过程。该分离过程可看作是由物料分层和细粒透过筛子两个阶段组成的。物料分层是完成分离的条件，细粒透过筛子是分离的目的。一个有均匀筛孔的筛子，只允许较小的颗粒透过筛孔，而将较大的颗粒排除。一个颗粒，如果至少有两个尺寸小于筛孔尺寸，它就能够透过筛孔。

为了表示筛分物料颗粒的大小，习惯上用平均直径，即颗粒的长、宽、厚的平均直径表示。筛孔的大小可用筛目和孔眼的直径表示。国际标准筛目是 25.4mm 长度上的筛孔数，简称目。例如国际标准筛 200 目是指 25.4mm 长度上有 200 个筛孔，每个筛孔的直径是 0.075mm。

在资源回收过程中，筛分一般安排在最后作业之前，而且主要用来分离玻璃，因为经过后续作业，玻璃会碎裂成细小颗粒。筛分也可用来从经过破碎的废弃物中回收很大一部分有机物（如食物垃圾），以及作为资源回收工厂处理前的粗清理作业。通过一道筛分，可以破碎和分离大部分玻璃，这样对于减少以后的破碎机的磨损很有好处。

1. 筛分原理

（1）筛分过程

松散废弃物的筛分过程分两个阶段：第一阶段是易于穿过筛孔的颗粒，通过不能穿过筛孔的颗粒所组成的物料层到达筛面；第二阶段是易于穿过筛孔的颗粒透过筛孔。为了使粗细物料通过筛面分离，必须使物料和筛面之间具有适当的相对运动，一方面使筛面上的物料层处于松散状态，即按颗粒大小分层，形成粗粒位于上层、细粒位于下层的规则排列，细粒到达筛面并透过筛孔；另一方面物料和筛子的运动能使堵在筛孔上的颗粒脱离筛面，有利于细粒透过筛孔。

细粒透筛时，尽管粒度都小于筛孔，但它们透筛的难易程度却不同。实践表明，粒度小于筛孔 3/4 的颗粒，很容易通过粗粒形成的间隙到达筛面而透筛，称为"易筛粒"；粒度大于筛孔 3/4 的颗粒，很难通过粗粒形成的间隙到达筛面而透筛，而且粒度越接近筛孔尺寸就越难透筛，称为"难筛粒"。

筛分过程是许多复杂现象和因素的综合，可用颗粒通过筛孔的可能性即筛分概率说明。

假设某球形渣粒直径为 d，筛孔（正方）边长为 L，且 $L > d$，渣粒投到筛面上的次数有 n 次，其中 m 次透过筛孔，则透过筛孔的频率是 m/n，当 n 很大时频率可以稳定在一个常数 P 附近，这个稳定值就叫作筛分概率。

$$P = \frac{m}{n} \tag{3-10}$$

可以设想，有利于球形渣粒透过筛孔的次数与面积 $(L-d)^2$ 成正比，而渣粒投到筛孔上的次数与筛孔的面积 L^2 成正比，因此，渣粒透过筛孔的概率就决定于这两个面积的比值。

$$P = \frac{L^2}{(L-d)^2} = \left(1 - \frac{L}{d}\right)^2 \tag{3-11}$$

渣粒被筛丝阻碍不能透过筛孔的概率值等于 $(1-P)$。

事件出现的概率为 P 时，如其出现需要重复 N 次，则概率 P 与 N 成正比，即

$$P = \frac{1}{N} \tag{3-12}$$

在这里，N 值是指渣粒透过筛孔的概率为 P 时必须与渣粒相遇的筛孔数目。可见筛孔数越多，渣粒透过筛孔的概率越小。

考虑到筛丝直径对筛分概率的影响，式(3-11) 可以写成

$$P = \frac{(L-d)^2}{(L+a)^2} = \frac{L^2}{(L+a)^2} \times \left(1 - \frac{L}{d}\right)^2 \tag{3-13}$$

式中，a 为筛丝直径。

此式表明，筛孔越大，筛丝和颗粒直径越小，渣粒透过筛孔的可能性越大。

（2）筛分效率

筛分效率是筛分时实际得到的筛下产物的质量与入筛废物中粒度小于筛孔尺寸的物料的质量比，用公式表示为

$$\varepsilon = \frac{Q_1}{Q \times \frac{\alpha}{100}} \times 100 = \frac{Q_1}{Q\alpha} \times 10^4 \tag{3-14}$$

式中，ε 为筛分效率，%；Q_1 为筛下垃圾质量，kg；Q 为入筛垃圾质量，kg；α 为入筛废物中小于筛孔尺寸的颗粒的质量分数，%。

但是，在实际筛分过程中要测定 Q_1 和 Q 是比较困难的，因此必须变换成便于计算的形式。

设固体废弃物入筛质量 (Q) 等于筛上产品质量 (Q_2) 和筛下产品质量 (Q_1) 之和，即

$$Q = Q_1 + Q_2 \tag{3-15}$$

固体废弃物中小于筛孔尺寸的细粒质量等于筛上产品质量与筛下产品中小于筛孔尺寸的细粒质量之和，即

$$Q\alpha = 100Q_1 + Q_2\theta \tag{3-16}$$

式中，θ 为筛孔上产品中小于筛孔尺寸的细粒质量分数，%。

将式(3-15) 代入式(3-16) 得

$$Q_1 = \frac{(\alpha-\theta)Q}{100-\theta} \tag{3-17}$$

将式(3-16) 代入式(3-14) 得

$$\varepsilon = \frac{\alpha-\theta}{\alpha(100-\theta)} \times 10^4 \tag{3-18}$$

必须指出，式(3-18)是在筛下产品 100% 都是小于筛孔尺寸的前提下推导出来的。实际生产中由于筛网磨损而常有部分大于筛孔尺寸的粗粒进入筛下产品，此时，筛下产品不是 100% Q_1，而是 $Q_1\beta$，式(3-18)改写为

$$\varepsilon = \frac{\beta(\alpha-\theta)}{\alpha(\beta-\theta)} \times 100 \tag{3-19}$$

式中，β 为筛下产品中小于筛孔尺寸的产品含量，%。

不同类型筛分设备的筛分效率比较见表 3-2。

表 3-2　不同类型筛分设备的筛分效率比较

筛分设备类型	固定筛	圆筒筛	摇动筛	振动筛
筛分效率/%	50～60	60	70～80	＞90

（3）影响因素

影响筛分效率的因素很多，主要包括入选物料性质、筛子结构和筛子的运动情况。

① 入选物料性质对筛分效率的影响　废弃物的颗粒粒度会影响其筛分效率。废弃物中易筛颗粒越多，筛分效率越高；而粒径接近于筛孔尺寸的颗粒越多，筛分效率越低。

废弃物的含水量和含泥量也会影响其筛分效率。在筛分过程中，水分会以薄膜状布满渣粒表面，且水量大部分集中在细小粒级中。渣粒由于含水，彼此间产生凝聚力结成粒团，会使筛分效率降低。但在筛孔较大的情况下，水分对筛分效率的影响就会减小，使得城市垃圾采用半湿式筛分成为可能。有些废弃物的筛分，当水分达到一定量时其黏滞性反而消失，形成泥浆，在此情况下，水分会促进废物通过筛孔，不过此时的筛分已属于湿式筛分。

废弃物的颗粒形状对筛分效率的影响也很大。多面粒子和球形粒子最易筛分；对于片状或条状废物，它们容易在筛子振动时转到物料上层，故而难以透过方孔或圆孔，但较易透过长方孔。

② 筛子结构对筛效率的影响　筛子的筛面通常有钢条筛、钢板冲筛和钢丝筛 3 种。它们的有效面积越大，筛孔占的面积越大，筛分效率越高，但筛子的寿命比较短。

圆形筛孔的筛分效率低于同样尺寸的方形筛孔，方形筛孔筛面有效面积较大，筛分效率较高，在筛分含水率高的废弃物时不易堵塞，但筛下产物不均匀。

筛孔尺寸越大，单位筛网的生产效率越高，筛分效率也越高。不过筛孔的大小取决于筛分的目的和要求。当希望筛上产物含有尽量少的小于筛孔的细末时，应采用较大筛孔，当希望筛下产物中尽可能不含有大于规定粒度的颗粒时，筛孔不宜过大。

③ 筛子的运动情况对筛分效率的影响　同一种废物采用不同筛子筛分时可以得到不同效果。实践表明，固定筛的筛分效率低于振动筛。同一种筛体的运动，采用振动方式时，筛分效率高，采用摇动方式时，则筛分效率低。同一筛体采用同一种运动方式时，其筛分效率又随筛子运动强度不同而有差别。筛子运动强度大，有利于废弃物的分散和透过筛孔，但运动强度过大，又会使废弃物运动较快，减少透过筛孔机会，筛分效率降低。

（4）筛分操作的分类

根据操条件，筛选可分为湿筛和干筛 2 种操作，固体废弃物筛选常用干筛。根据使用

目的，筛分又分为检查筛分、准备筛分、预先筛分、独立筛分、脱水或脱泥筛分、选择筛分，见表 3-3。

表 3-3　筛选分类

分类	在分选过程中的任务
检查筛分	破碎产品进行筛分
准备筛分	为下步作业做准备
预先筛分	预先筛出合格或无需破碎的产品，提高破碎作业的效率，防止过度粉碎并节省能源
独立筛分	获得符合用户要求的最终产品
脱水筛分	脱出物料中水分或泥
选择筛分	利用物料中的有机成分在各粒级中的分布，或者性质上的显著差异所进行的筛分

2. 筛分设备

为了适应城市垃圾中各种有用成分的要求，一套分选装置是由各种分选机械组成的综合体。目前国内外采用较多的筛分设备如下。

（1）固定筛

筛面由许多平行排列的筛条组成，可以水平安装或倾斜安装。固定筛由于构造简单、不耗用动力、设备费用低和维修方便，在固体废弃物处理中得到了广泛应用。

固定筛又分为格筛和棒条筛。格筛一般安装在粗破碎机之前，以保证入料块度适宜。棒条筛主要用于粗碎和中碎之前，为保证废弃物沿筛面下滑，安装角应大于废弃物对筛面的摩擦角，一般为 30°～35°。棒条筛筛孔尺寸为筛下粒度的 1.1～1.2 倍，一般筛孔尺寸不小于 50mm。筛条宽度应大于废物中最大粒度的 2.5 倍，长度等于宽度的 2 倍。条形筛结构简单，不需动力，但容易堵塞，需要经常清扫。安装要求高差大，筛分效率不高（仅60%～70%）。

（2）筒形筛

筒形筛是一个倾斜的圆筒，置于若干滚子上，圆筒的侧壁上开有许多筛孔，如图 3-29 所示。圆筒以很慢的速度转动（10～15r/min），因此不需要很大动力，这种筛的优点是不会堵塞。筒形筛筛分时，废物在筛中不断滚翻，较小的物料颗粒最终进入筛孔筛出。为使废物在筒内沿轴线方向前进，筛筒的轴线应倾斜 3°～5°安装。固体废弃物由筛筒一端给入，被旋转的筒体带起，当达到一定高度后因重力作用自行落下，如此不断地做起落运动，使小于筛孔尺寸的细粒透筛，而筛上产品则逐渐移到筛的另一端排出。

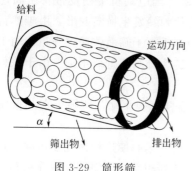

图 3-29　筒形筛

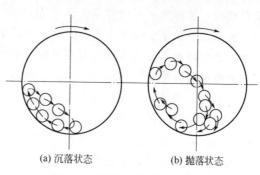

图 3-30　筒形筛中物料的运动状态

物料在筛子中的运动有 2 种状态，如图 3-30 所示。沉落状态是物料颗粒由于筛子的圆周运动被带起，然后滚落到向上运动的颗粒上面。抛落状态是筛子运动速度足够时，颗粒飞入空中，然后沿抛物线轨迹落回筛底。

当筛分物料以抛落状态运动时，物料达到最大的紊流状态，此时筛子的筛分效率达到最高。如果筒形筛的转速进一步提高，会达到某一临界速度，这时粒子呈离心状态运动，结果使物料颗粒附在筒壁上不会掉下，使筛分效率降低。

筛分效率与圆筒筛的转速和停留时间有关，一般认为物料在筒内滞留 25～30s，转速以 5～6r/min 为最佳。例如，直径为 1.2m、长 1.8m、转速为 18r/min 的筒形筛，生产率为 2t/h 时，效率为 95%～100%；生产率达到 2.5t/h 时，效率下降为 90%。另外，筒的直径和长度也对筛分效率有很大影响。

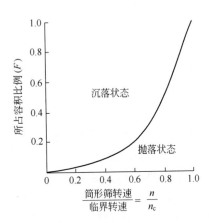

图 3-31　筒形筛转速与临界转速
之比和固体废弃物占筛子容积
比例之间的关系

旋转圆筒中的颗粒的运动将受到其他颗粒的影响。Rose 和 Sullivan 对这种运动进行了分析。筒形筛转速与临界转速之比和固体废弃物占筛子容积比例之间的关系如图 3-31 所示。固体废弃物占筛子容积的比例用 F 表示（包括颗粒与颗粒间空隙）。注意，如果筛子完全充满（$F=1.0$），当筒形筛转度低于临界速度时，只能发生沉落状态（没有空间供颗粒落下）。如果 F 较小，在筒形筛转速低于临界速度时，有可能发生抛落状态。在极限情况下，即筛子中只有一粒颗粒时，由于无颗粒之间的相互影响，即使低转速时，也能发生抛落状态运动。

（3）振动筛

振动筛在筑路、建筑、化工、冶金和谷物加工等领域得到了广泛应用。振动筛的特点是振动方向与筛面垂直或近似垂直，振动次数为 600～3600r/min，振幅为 0.5～1.5mm。物料在筛面上发生离析现象，密度大而粒度小的颗粒钻过密度小而粒度大的颗粒的空隙，进入下层到达筛面，大大有利于筛分的进行。振动筛的倾角一般在 8°～40°之间。振动筛由于筛面强烈振动，消除了堵塞筛孔的现象，有利于湿物料的筛分，可用于粗、中、细粒的筛分，还可用于振动和脱泥筛分。

振动筛主要有惯性振动筛和共振筛。

① 惯性振动筛　这种筛分机是通过由不平衡体的旋转所产生的离心惯性力，使筛箱产生振动的一种筛子，其构造及工作原理如图 3-32 所示。当电动机带动皮带轮做高速旋转时，配重轮上的重块即产生离心惯性力，其水平分力使弹簧发生横向变形，由于弹簧横向刚度大，所以水平分力被横向刚度吸收。而垂直分力则垂直于筛面，通过筛箱作用于弹簧，强迫弹簧做拉伸及压缩运动。因此，筛箱的运动轨迹为椭圆或近似于圆。由于该种筛子激振力是离心惯性力，故称为惯性振动筛。

② 共振筛　共振筛是利用连杆上装有弹簧的曲柄连杆机构驱动，使筛子在共振状态下进行筛分。其构造及工作原理如图 3-33 所示。

当电动机带动装置在下机体上的偏心轴转动时，轴上的偏心使连杆做往复运动。连杆通过其端的弹簧将作用力传给筛箱，与此同时下机体也受到相反的作用力，使筛箱和下机

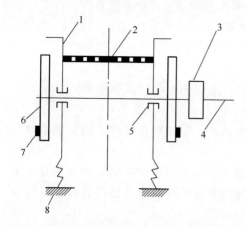

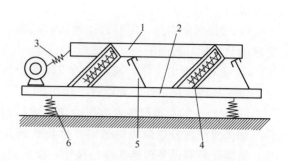

图 3-32 SZ 型惯性振动筛构造及工作原理示意
1—筛箱；2—筛网；3—皮带轮；4—主轴；
5—轴承；6—配重轮；7—重块；8—板簧

图 3-33 共振筛构造及工作原理示意
1—上机体；2—下机体；3—传动装置；
4—共振筛；5—板簧；6—支撑弹簧

体沿着倾斜方向振动。筛箱、弹簧及下机体组成一个弹性系统，该弹性系统固有的自振频率与传动装置的强迫振动率接近或相同时，使筛子在共振状态下筛分，故称为共振筛。共振筛具有处理能力大、筛分效率高、耗电少及结构紧凑等优点，是一种有发展前途的筛分设备；但其制造工艺复杂，机体笨重，橡胶弹簧易老化。

共振筛的应用很广，适用于废弃物中的细粒的筛分，还可用于废弃物分选作业的脱水、脱泥重介质和脱泥筛分。

（4）卧式旋转滚筒筛网

这种卧式旋转滚筒筛网实际上是一种半湿式破碎兼分选的装置。如图 3-34 所示，它由 2 种孔径不同的旋转滚筒筛网和与此筛网对应的以不同速度旋转的 2 种挠板组成。运转时从中轴方向将垃圾投入滚筒，投入的垃圾进到第一段旋转滚筒后，那些不耐冲击的厨余物、砂土、玻璃等首先被转筒内旋转挠板破碎，并经过第一段筛网排出。剩下的垃圾则随着滚筒向前推进，使其加湿，并用挠板冲打，切断破碎。加湿变软的纸类等从第二段筛网有选择地排出。最后剩下延展性很大的金属、塑料等则从滚筒后端排出。

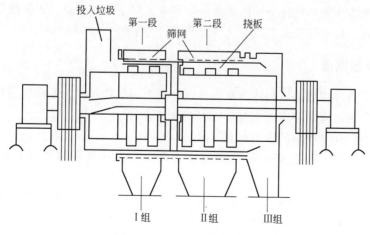

图 3-34 卧式旋转滚筒筛网

在日本已建成的一些垃圾处理场中，这种分选机用得较多。这种装置有以下特点。

① 以小的动力进行运转，可同时进行破碎、分选。

② 通过第一段旋转筒，将垃圾中的厨余物有选择地分选出来，可作为堆肥或用于沼气发酵的原料。

③ 去掉厨余物后，能有选择地回收纸类，这对以后的回收利用工艺有利，可减轻水处理的负担，且提高了所回收的纸类的量。

④ 随着工业的发展，城市生活垃圾中塑料越来越多，而塑料在这种分选装置中最后全都排出旋转滚筒之外，有待进一步回收。

⑤ 当投入的垃圾组成上有所变化或以后的处理系统另有要求时，则需要改变分选条件（如向滚筒内投送垃圾的速度，挠板和滚筒间的相对转速）或改变滚筒长度、挠板段数、筛网孔径等设备构造部件的尺寸，以适应其变化情况。

⑥ 这种装置与以全破碎为目的的旧式破碎机不同，所分选出的金属、橡胶、皮、布、塑料等大都接近原来大小，从滚筒后端排出，故挠板磨损小。

⑦ 这种装置有防护设备，可避免长布条等缠住旋转轴，使破碎机发生故障，也不需要操作完毕后人工清除条带物，因而可减轻维修量。

⑧ 如发现装置有超负荷现象时，可减少挠板和滚筒的相对速度或使之同步，便可较容易地将超负荷因素（金属块等）排出机外。又挠板的弱点支柱定位点，易在过大状态时剪断，采用操作控制方式和弱点支柱双重安全装置。这种装置在实际运转中，每 1～2 周应对弱点支柱进行一次检查。

⑨ 这种装置属于低速型，比高速型破碎机振动和噪声都小，回收纸类所加水分被垃圾 100％吸收，故此装置无排水。

四、重力分选

重力分选简称重选，是利用混合固体在介质中的密度差进行分选的一种方法。不同固体颗粒处于同一介质中，其有效密度差增大，从而为具有相同密度的粒子群的分离创造了条件。固体的颗粒只有在运动的介质中才能分选。重力分选介质可以是空气、水，也可以是重液（密度大于水的液体）、重悬浮液等。以空气为介质而进行分选的叫风力分选；以重液和重悬浮液为介质而进行分选的叫重介质分选。对于矿物废渣，大多数情况下是以水为介质进行分选。城市垃圾多是以空气为介质进行分选的。

1. 重力分选原理

各种重力分选过程都是以固体渣粒在分选介质中的沉降规律为基础的。根据固体废弃物在分选介质中的沉降末速度的差异可以将其分离。

（1）垃圾颗粒在介质中的重力和介质阻力

垃圾颗粒（渣粒）在介质中的运动速度受自身重力和介质阻力二者的合力作用的影响。

① 重力　在重力分选过程中，固体渣粒处于介质中，其受到的重力是指渣粒在介质中的重量，其值可用式(3-20) 表示。

$$G=V(\delta-\Delta)g \tag{3-20}$$

式中，G 为渣粒在介质中的重力，10^{-5}N；V 为渣粒的体积，cm^3；δ 为渣粒的密度，g/cm^3；Δ 为介质的密度，g/cm^3；g 为渣粒在真空中的重力加速度，cm/s^2。

对于球形体，因其体积 $V=\pi d^3/6$，故在介质中受到的重力为

$$G=V(\delta-\Delta)g=\frac{\pi d^3}{6}(\delta-\Delta)g \tag{3-21}$$

式中，d 为球体（渣粒）的直径，cm。做近似计算时，d 代表矿物的粒度。

从上式可以看出，渣粒在介质中受到的重力随渣粒粒度和密度的增加而增加，随介质密度的增加而减小。

② 介质阻力　渣粒对介质做相对运动时，作用于渣粒上并与渣粒的相对运动方向相反的力，称为介质阻力，简称阻力。

Ⅰ.阻力通式。球形渣粒在介质中受到的阻力可用式(3-22)表示。

$$R=\lambda d^2 v^3 \Delta \tag{3-22}$$

式中，R 为球形渣粒在介质中受到的阻力，N；λ 为阻力系数；v 为渣粒在介质中的运动速度，cm/s。

上式称为阻力通式，适用于各种不同的球体。

阻力系数 λ 的值在不同情况下是不相同的。它与表征介质流动状态的雷诺数（Re）有关（$Re=dv\Delta/\mu$），雷诺数是无因次量，可以用其数值大小来衡量液体流动状态。Re 大时为紊流，Re 小时为层流。如果需要求出介质阻力，需要知道阻力系数 λ 与 Re 之间的关系。前人通过试验已求出阻力系数和雷诺数之间的关系 $\lambda=f(Re)$ 曲线。根据该曲线可以计算出不同粒度的渣粒在介质中受到的阻力。

Ⅱ.惯性阻力和黏性阻力。一般认为，介质作用于渣粒上的阻力有两种：惯性阻力和黏性阻力。当渣粒较大或以较大的速度运动时，会形成紊流产生阻力，称为惯性阻力；当渣粒较小或以较慢的速度运动时，会形成层流产生阻力，称为黏性阻力。

对于较大渣粒在介质中的运动，介质对渣粒所产生的惯性阻力可以用惯性阻力公式表示。

$$Re=\frac{\pi}{16}d^2 v^2 \Delta \tag{3-23}$$

式中，$\pi/16$ 为从 $\lambda=f(Re)$ 曲线计算出的 λ 值。

由此可见介质的惯性阻力跟渣粒与介质的相对运动速度的平方、渣粒粒度的平方、介质的密度的平方成正比，而与介质的黏度无关。此式亦称牛顿阻力公式。它适用于粒度在 1.5mm 以上的渣粒，没有考虑介质的黏性阻力。对于粒度在 0.2mm 以下的渣粒，当其处于较小运动速度时，介质的阻力主要是黏性阻力，惯性阻力可以忽略不计。此时，球形渣粒在介质中运动所受的阻力可用黏性阻力公式表示。

$$R_N=3\pi dv\mu \tag{3-24}$$

式中，R_N 为介质的黏性阻力，N；μ 为介质的黏度，10^{-3}Pa·s。

式(3-24)亦称斯托克阻力公式。它表明，介质的黏性阻力与渣粒粒度、渣粒与介质的相对运动速度、介质的黏度成正比，而与介质的密度无关。

渣粒在介质中做沉降运动时，形状和取向的影响可以通过形状系数加以考察。形状系数可以根据式(3-25)求出。

$$x=\frac{v_{0矿}}{v_{0球}} \tag{3-25}$$

式中，x 为渣粒的形状系数；$v_{0矿}$ 为渣粒在介质中自由沉降末速度，cm/s；$v_{0球}$ 为与渣粒同体积、同密度的球体在介质中的自由沉降末速度，cm/s。

将式(3-25) 代入式(3-22)、式(3-23) 和式(3-24) 中即可得出介质对渣粒沉降的阻力公式。

阻力通式
$$R = \lambda d^2 \left(\frac{v}{x}\right)^2 \Delta \qquad (3-26)$$

牛顿阻力公式
$$R_N = \frac{\pi}{16} d^2 \left(\frac{v}{x}\right)^2 \Delta \qquad (3-27)$$

斯托克阻力公式
$$R_S = 3\pi d \left(\frac{v}{x}\right) \mu \qquad (3-28)$$

可见，形状系数小的渣粒介质阻力要大些，反之阻力就小些。表 3-4 为不同渣粒形状的形状系数。

表 3-4　不同渣粒形状的形状系数

渣粒形状	球形	浑圆形	多角形	长方形	扁平形
形状系数	1.0	0.72～0.91	0.67～0.83	0.59～0.72	0.48～0.59

（2）渣粒在介质中的沉降速度

渣粒在介质中的沉降是重力分选的基本行为。密度和粒度不同的渣粒，将根据其在介质中沉降速度的不同而分离。当渣粒在介质中浓度比较小，沉降时受周围渣粒和器壁的干涉可以忽略不计时，称为自由沉降，反之称为干涉沉降。对于粒度大，沉降速度快的渣粒，在静止介质中沉降时，速度为零，介质对渣粒的阻力也为零。此时，渣粒在重力作用下做加速度沉降。随着时间的增加，渣粒的沉降速度和介质作用于渣粒的阻力都在增加，使沉降加速度迅速减少，最后减少到零。此时渣粒就以等速度沉降，这个速度叫做沉降末速度，通常以 v_0 表示。此时

$$G = R \qquad (3-29)$$

亦即
$$V(\delta - \Delta)g = \lambda d^2 \left(\frac{v}{x}\right)^2 \Delta \qquad (3-30)$$

设渣粒为球体，则有
$$\frac{\pi d^3}{6}(\delta - \Delta)g = \frac{\pi}{16} d^2 \left(\frac{v_0}{x}\right)^2 \Delta \qquad (3-31)$$

解方程得
$$v_0 = 51.1x \sqrt{\frac{d(\delta - \Delta)}{\Delta}} \qquad (3-32)$$

式中，v_0 为沉降末速度，cm/s；其余参数意义同前。对于粒度小、沉降速度慢的渣粒，在静止介质中的沉降末速度可以按同样道理导出，即 $G = R$ 时，

$$\frac{\pi d^3}{6}(\delta - \Delta)g = 3\pi d \left(\frac{v_0}{x}\right) \mu \qquad (3-33)$$

$$v_0 = 54.5x \frac{d^2(\delta - \Delta)}{\mu}$$

从式(3-32) 和式(3-33) 可知，在一种介质中渣粒的粒度和密度越大，沉降末速度越大；颗粒的形状系数大，沉降末速度也越大；对于粒度小、沉降速度慢的渣粒来说，其沉降速度还随介质黏度的增大而减小。

上述自由沉降末速度公式是在静止介质中的自由沉降条件下导出的，在实际重力分选过程中，渣粒是在运动的介质中按粒子群发生干涉沉降，其沉降末速度一般小于自由沉降末速度。

2. 重力分选方法

固体废弃物的重力分选方法较多，按作用原理，可以分为风力分选、惯性分选、重介质分选、跳汰分选和摇床分选等。

（1）风力分选

风力分选简称风选，又称气流分选，是以空气为分选介质，在气流作用下使固体废弃物颗粒按密度或粒度进行分选的一种方法。气流分选实质包含了两种分离过程：a. 将轻颗粒与重颗粒分离；b. 进一步将颗粒从气流中分离出来。

目前，利用风力分选原理处理城市垃圾在国外已经得到广泛应用。不过决定固体颗粒沉降末速度的因素很多，除密度外，颗粒的大小、形状的差异也很重要，而城市垃圾大多具有这些差异，以致在风选时往往不能达到理想的分选目的。因此，城市垃圾风选不能作为垃圾处理的独立方法，必须与其他处理方法组合，作为处理系统中的一个单元。目前国外对于垃圾风选大多采用破碎＋筛选＋风选的联合流程。即便如此，也很难将各类物质按比重充分分开。鉴于这种状况，目前各国都是把风选作为城市垃圾有机成分和无机成分粗分的一种手段。

风力分选设备按气流吹入设备的方向可分为水平气流风选机（又称为卧式风力分选机）和上升气流风选机（又称为立式风力分选机），还有其他改进型分选机。

1）卧式风力分选机　如图 3-35 所示，该机从侧面送风，固体废弃物经破碎机破碎和滚筒筛筛分使其粒度均匀后，定量给入机内。当废弃物在机内下落时，被鼓风机鼓入的水平气流吹散，各种组分沿着不同运动轨迹分别落入重质组分、中重组分和轻质组分收集槽中。

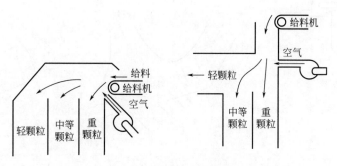

图 3-35　卧式风力分选机

分选城市生活垃圾时，当水平气流速度为 5m/s 时，在回收的轻质组分中废纸约占90%，重质组分中黑色金属占 100%，中重组分主要是木块、硬塑料等。实践表明，卧式风力分选机最佳风速为 20m/s。

卧式风力分选机构造简单，维修方便，但分选精度不高，一般很少单独使用，常与破碎、筛分、立式风力分选机组成联合工艺。

2）立式风力分选机　如图 3-36 所示，经破碎后的城市生活垃圾从中部给入风力分选机，物料在上升气流作用下，垃圾中各组分按密度进行分离，重质组分从底部排出，轻质组分从顶部排出，分选气流经旋风分离器进行气固分离。

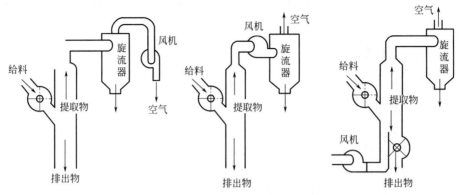

图 3-36　立式风力分选机

3）其他改进型气流分选机　为了使气流在分选筒中产生湍流和剪切力，提高分选效率，可对分选筒进行改进，采用锯齿型、振动式或回转型分选筒的气流通道。

① 锯齿型气流分选机分选精度较高。如图 3-37（a）所示，沿曲折管路管壁下落的废弃物受到来自下方的高速上升气流的顶吹，可以避免直管路中管壁附近与管中心流速不同而降低分选精度的缺点，同时还可以使结块垃圾被曲折处高速气流吹散，因此提高了分选精度。曲折风路形状为 Z 字形，其倾斜度为 60°，每段长度为 280mm。

② 振动式气流分选机兼有振动和气流分选的作用，让给料沿着一个斜面振动，较轻的物料逐渐集中于表面层，由气流带走，如图 3-37（b）所示。

③ 回转型气流分选机兼有滚筒筛的筛分作用和气流分选作用，当圆筒旋转时较轻颗粒悬浮在气流中被带往集料斗，较重的小颗粒则透过圆筒壁上的筛孔落下，较重的大颗粒则在圆筒的下端排出，如图 3-37（c）所示。

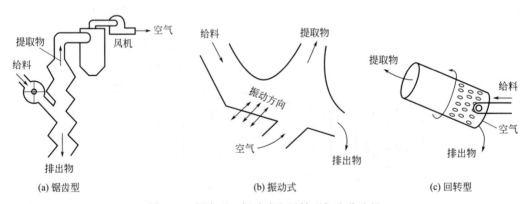

图 3-37　锯齿型、振动式和回转型气流分选机

（2）惯性分选

惯性分选是基于固体废弃物中各组分的密度和硬度差异而进行分选的一种方式。目前这种方式的实际应用主要是从垃圾中分选回收金属、玻璃、陶瓷等密度和硬度大的组分，剩下密度和硬度较小的物质多属于纸类、纤维、木质等材料，可用于堆肥或焚烧等能源化处理。

目前，根据惯性分选原理而设计并获得广泛应用的分选机械主要有反弹道滚筒分选机、斜板输送分选机等。

① 反弹道滚筒分选机　图 3-38 是反弹道滚筒分选机工作原理示意。废弃物受高速旋转滚筒的离心力作用，被抛射到一块回弹板上，回弹的颗粒由于其密度和硬度的差别而下落在不同的位置上，下落的颗粒落到第二个高速转动的滚筒上，其中具有弹性和非弹性的颗粒分别落入专设的集料斗中。

② 斜板输送分选机　图 3-39 是斜板输送分选机工作原理示意。废弃物通过传送带从一定高度投到斜板输送带上，在重力作用下，密度较大、具有弹性的颗粒弹跳向下移动落入重料斗，轻的非弹性颗粒受向上移动的斜板的提升作用，被送到斜板的高端，然后自由下落到轻料斗。

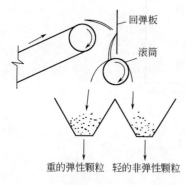

图 3-38　反弹道滚筒分选机工作原理示意

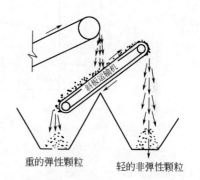

图 3-39　斜板输送分选机工作原理示意

（3）重介质分选

通常将密度大于水的介质称为重介质。在重介质中，使固体废弃物中的颗粒群按密度分开的方法称为重介质分选。为使分选过程有效地进行，需要选择重介质密度（ρ_C）介于固体废弃物中轻物料密度（ρ_L）和重物料密度（ρ_W）之间，即

$$\rho_L < \rho_C < \rho_W$$

凡颗粒密度大于重介质密度的重物料都下沉，集中于分选设备的底部成为重产物，颗粒密度小于重介质密度的轻物料都上浮，集中于分选设备的上部成为轻产物，它们分别排出，从而达到分选的目的。

重介质是由高密度的固体颗粒和水构成的固液两相分散体系，是密度大于水的非均匀介质。高密度固体颗粒起着加大介质密度作用，称为加重质。重介质应具有密度高、黏度低、化学稳定性好（不与处理的废物发生化学反应）、无毒、无腐蚀性、易回收再生等特性。

最常用的加重质有硅铁、磁铁矿等。作为重介质分选的硅铁含硅量为 13%～18%，其密度为 6.8g/cm³，可配置成密度为 3.2～3.5g/cm³ 的重介质。硅铁具有耐氧化、硬度大、带强磁化性等特点。使用后经筛分和磁选可以回收再生。电炉刚玉废料也属于含硅铁的加重质。纯磁铁矿密度为 5.0g/cm³，用含铁 60% 以上的铁精矿粉可配置使重介质密度达 2.5g/cm³。磁铁矿在水中不易氧化，可用弱磁选法回收再生利用。

选择的加重质应具有足够大的密度，且在使用过程中不易泥化和氧化，来源丰富，价廉易得，便于制备与再生。一般要求加重质的粒度小于 200 目，占 60%～90%，能够均匀分散于水中，容积浓度一般为 10%～15%。

目前常用的重介质分选机，其构造和原理如图 3-40 所示。该设备外形是一圆筒转鼓，

由 4 个辊轮支撑，通过圆筒腰间的大齿轮由传动装置带动旋转（转速 2r/min）。在圆筒的内壁沿纵向设有扬板，用以提升重产物到溜槽内。圆筒水平安装。固体废弃物和重介质一起由圆筒一端给入，在向另一端流动过程中，密度大于重介质的颗粒沉于槽底，由扬板提升落入溜槽内，被排出槽外，称为重产物；密度小于重介质的颗粒随重介质流入圆筒溢流口排出，称为轻产物。

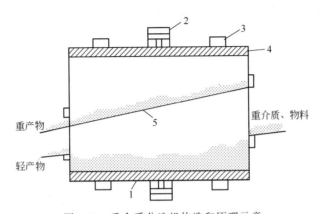

图 3-40 重介质分选机构造和原理示意
1—圆筒形转鼓；2—大齿轮；3—辊轮；4—扬板；5—溜槽

（4）跳汰分选

跳汰分选是在垂直变速介质流中按密度分选固体废弃物的一种方法。它使磨细的混合废弃物中不同密度的颗粒群在垂直脉动介质中按密度分层，密度小的颗粒群位于上层，密度大的颗粒群（重质组分）位于下层，从而实现物料分离。在生产过程中，原料不断地进入跳汰装置，轻重物质不断分离并被淘汰掉，这样可形成连续不断的跳汰过程。跳汰介质可以是水或空气。目前用于固体废弃物分选的介质都是水。

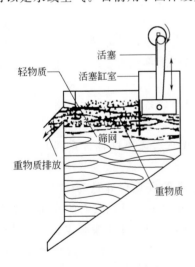

图 3-41 跳汰分选机工作原理示意

图 3-41 为跳汰分选机工作原理示意，机体的主要部分是固定水箱，它被隔板分为二室：右为活塞室，左为跳汰室。活塞室中的活塞由偏心轮带动做上下往复运动，使筛网附近的水产生上下交变水流。在运行过程中，当活塞向下时，跳汰室内的物料受上升水流作用，由下往上升，在介质中呈松散的悬状态；随着上升水流的逐渐减弱，粗重颗粒就开始下沉，而轻质颗粒还可能继续上升，此时物料达到最大松散状态，形成颗粒按密度分层的良好条件。当上升水流停止并开始下降时，固体颗粒按密度和粒度的不同做沉降运动，物料逐渐转为紧密状态。下降水流结束后，一次跳汰完成。每次跳汰，颗粒都受到一定的分选作用，达到一定程度的分层。经过多次反复后，分层就趋于完全，上层为小密度的颗粒，下层为大密度的颗粒。

跳汰分选的优点是能够根据密度的不同进行分选，而不必考虑颗粒的尺寸（在极限尺寸范围内）。

（5）摇床分选

摇床分选是细粒固体颗粒分选应用最为广泛的方法之一。所有现代结构摇床，如威尔夫列（wilfrey）摇床，床面均有来复条，各来复条之间有缝隙，来复条也与水流方向垂直。图 3-42 是摇床结构示意。

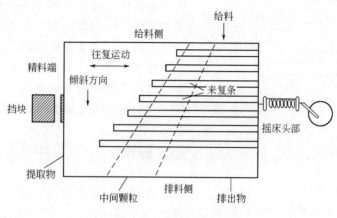

图 3-42　摇床结构示意

摇床的床头机构由一个偏心轮与一根柔性连杆组成。床面的运动由于受到挡块的阻挡而突然停止。给料从倾斜床面的上端给入，在水流和摇动的作用下不同密度的颗粒在床面上呈扇形分布，从而达到分选的目的。

细小颗粒直接横向流过床面并排出，而每一冲程开始时的冲撞作用，通过床面使粗重颗粒产生斜向运动速度，从而向精料端运动。当摇床被挡块阻挡而突然停止时，粗重颗粒由于冲力而进一步做斜向运动。驱动轴与床面之间的柔性连杆可缓冲偏心轮的运动，然后慢慢将床面拉离挡块，从而完成一个循环。

固体颗粒在摇床床面上有两个方向的运动：在洗水水流作用下沿穿面倾斜方向运动；在往复不对称运动作用下由传动端向精料端运动。颗粒的最终运动为上述两个方向的运动速度的向量和。

床面上的沟槽对摇床和方向起着重要作用。颗粒在沟槽内呈多层分布，不仅使摇床的生产率加大，同时使呈多层分布的颗粒在摇动下产生析离，即密度大而粒度小的颗粒钻过密度小而粒度大的颗粒间的空隙，沉入最底层，这种作用称为析离。析离分层是摇床分选的重要特点。摇床来复槽中物料的分布情况如图 3-43 所示。小而重的颗粒（精料）处于来复槽的底部，大而重的颗粒在小而重的颗粒的上面，再上面是小而轻的颗粒，

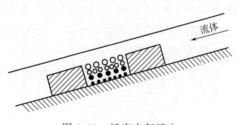

图 3-43　摇床来复槽中
物料的分层情况

最后是大而轻的颗粒。之所以能形成这种分布，首先是由于颗粒在床面往复运动过程中，因密度不同而重新排列（由轻到重）；其次是小颗粒穿过密度相同而尺寸较大的颗粒之间的间隙的运动；来复条面上水流的流动在来复槽中形成许多小涡流，则是第三种作用。

来复条的高度从床头至床尾逐渐减小。因此，大而轻的颗粒由于最先失去来复条的支

持而最早流出床面。然后是小而轻的颗粒，最后是小而重的颗粒在床面尾端排出。摇床分选出的产品见图3-44。

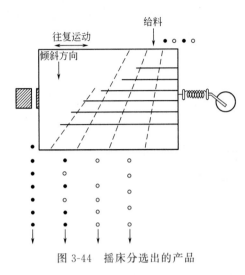

图3-44 摇床分选出的产品

综上所述，摇床分选具有以下特点：a. 床面的强烈摇动使松散分层和迁移分离得到加强，分选过程中析离分层占主导，使其按密度分选更加完善；b. 摇床分选是斜面薄层水流分选的一种，因此，等降颗粒可因移动速度的不同而达到按密度分选；c. 不同性质颗粒的分离，不单纯取决于纵向和横向的移动速度，而主要取决于它们的合速度偏离摇动方向的角度。

五、磁选

磁力分选简称磁选。磁选有两种类型：一种是传统的磁选法；另一种是磁流体分选法，后者是近20年发展起来的一种新的分选方法。

1. 传统磁选法

（1）磁选原理

磁选是利用固体废弃物中各种物质的磁性差异在不均匀磁场中进行分选的一种处理方法。磁选过程见图3-45。将固体废弃物输入磁选机后，磁性颗粒在不均匀磁场作用下被磁化，从而受磁场吸引力的作用，磁性颗粒由于所受的磁场作用力很小，仍留在废物中被排出。固体废弃物颗粒通过磁选机的磁场时，同时受到磁力和机械力（包括重力、离心力、介质阻力、摩擦力等）的作用。磁性强的颗粒所受的磁力大于其所受的机械力，而非磁性颗粒所受的磁力很小，则以机械力占优势。由于作用在各种颗粒上的磁力和机械力的合力不同，它们的运动轨迹也不同，从而实现分离。

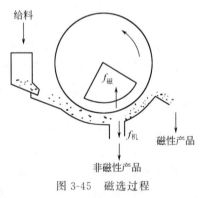

图3-45 磁选过程

磁性颗粒分离的必要条件是磁性颗粒所受的磁力必须大于与其方向相反的机械力的合力，即

$$f_磁 > \Sigma f_机$$

而非磁性颗粒所受的磁力必须小于与其方向相反的机械力的合力。

该式不仅说明了不同磁性颗粒的分离条件，同时也说明了磁选的实质，即磁选是利用磁力与机械力对不同磁性颗粒的不同作用而实现的。

（2）磁选机的磁场

磁体周围的空间存在着磁场。磁场的基本性质就是对给入其中的物质产生磁力作用。因此，在磁选机中能产生磁作用的空间，称为磁选机的磁场。磁场可分为均匀磁场和非均匀磁场两种：均匀磁场中各点的磁场强度（H）大小相等，方向一致；非均匀磁场中各点磁场强度大小和方向都是变化的。磁场的非均匀性可用磁场梯度来表示。磁场强度随空间位移的变化率称为磁场梯度，用 $\mathrm{d}H/\mathrm{d}x$ 表示。磁场梯度为矢量，其方向为磁场强度变化最大的方向，并且指向 H 增大的一方。均匀磁场中 $\mathrm{d}H/\mathrm{d}x=0$，非均匀磁场中 $\mathrm{d}H/\mathrm{d}x\neq0$。

磁性颗粒在均匀磁场中只受转矩的作用，使它的长轴平行于磁场方向。在非均匀磁场中，颗粒不仅受转矩的作用，还受磁力的作用，结果使它既发生转动，又向磁场梯度增大的方向移动，最后被吸在磁极外表面上。这样，磁性不同的颗粒才能得以分离。因此，磁选只能在非均匀磁场中实现。

（3）固体废弃物中各种物质磁性的分类

根据固体废弃物磁化系数（X_0）的大小，可将其中各种物质大致分为以下三类。

① 强磁性物质　$X_0=(7.5\sim38)\times10^{-6}\,\mathrm{m^3/kg}$，在弱磁场磁选机中可分离出这类物质。

② 弱磁性物质　$X_0=(0.19\sim7.5)\times10^{-6}\,\mathrm{m^3/kg}$，可在强磁场磁选机中回收。

③ 非磁性物质　$X_0<0.19\times10^{-6}\,\mathrm{m^3/kg}$，在磁选机中可以与磁性物质分离。

（4）磁选设备及应用

常用磁选机种类很多，固体废弃物磁选时常用的磁选机主要有吸持型、悬吸型、磁力滚筒等类型。

① 吸持型磁选机　吸持型磁选机有滚筒式和带式 2 种类型，如图 3-46 所示，废弃物颗粒通过输送带直接送到收集面上。

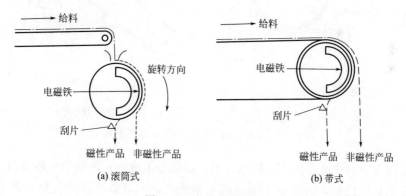

图 3-46　吸持型磁选机

图 3-46（a）为滚筒式吸持型磁选机，它的水平滚筒外壳由黄铜或不锈钢制造，内包有半环形磁铁。废弃物颗粒由传送带落至滚筒表面时，铁磁产品被吸引，至下部刮板处，被刮脱至收集斗，非铁金属与其他非磁性产品由滚筒面直接落入另一料斗。图 3-46（b）为带式吸持型磁选机，它的磁性滚筒与废弃物传送带合为一体，当物料经过滚筒时，非磁性或弱磁性物质在离心力和重力作用下脱离皮带面，而磁性物质则被吸在皮带上，并被带到滚筒下部刮板处，被刮脱至收集料斗中。

② 悬吸型磁选机　悬吸型磁选机有一般式和带式两种类型，其结构如图 3-47 所示，主要用于除去城市垃圾中的铁器，保护破碎设备及其他设备免受损坏。

当铁物数量少时采用一般式悬吸型磁选机，当铁物数量多时采用带式悬吸型磁选机。这类磁选机的给料是通过传送带将废弃物颗粒输送穿过有较大梯度的磁场，其中铁器等黑

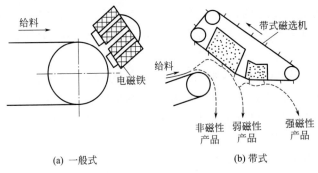

（a）一般式

（b）带式

图 3-47　悬吸型磁选机

色金属被磁选器悬吸引，而弱磁性物质不被吸引。一般式悬吸型磁选机为间断式工作，通过切断电磁铁的电流排除磁性物质。而带式悬吸型磁选机为连续工作式，磁性物质被悬吸至弱磁场处收集，非磁性物质则直接由传送带端部落入集料斗。

　　③ 磁力滚筒　又称磁滑轮，这类磁选机主要由磁滚筒和输送皮带组成。磁滚筒有永磁滚筒和电磁滚筒 2 种。应用较多的是永磁滚筒，如图 3-48 所示。

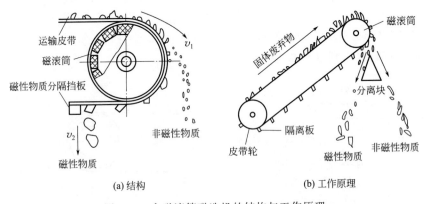

（a）结构

（b）工作原理

图 3-48　永磁滚筒磁选机的结构与工作原理

　　电磁滚筒主要由线圈、铁芯、铁盘、轴、滚筒等组成，它的磁力可通过调节激磁线圈电流的大小来加以控制，这是电磁滚筒的主要优点，但电磁滚筒的价格高出永磁滚筒许多。两种滚筒的工作过程相似，都是用磁滚筒作为皮带运输机的驱动滚筒。将固体废弃物均匀地给在皮带运输机上，当废物经过磁力滚筒时，非磁性或磁性很弱的物质在重力及离心力的作用下，被抛落到滚筒的前方，而磁性较强的物质则在磁力作用下被吸附到皮带上，并随皮带一起继续向前运动。当磁性物质转到滚筒下方逐渐远离滚筒时，磁力也逐渐减小，这时若磁性物质较大，在重力和离心力的作用下就可能脱离皮带而落下；但若磁性物质颗粒较小，且皮带上无阻滞条或隔板，则磁性物质颗粒就可能又被磁滚筒吸回。这样，颗粒就可能在滚筒下面相对于皮带做来回的往复运动，以致在滚筒的下部积存大量的磁性物质而不落下。此时可切断激磁线圈电流，去磁后而使磁性物质下落，或者在皮带上加上阻滞条或隔离板，使磁性物质能顺利地落入预定的收集区。

　　这类设备主要用于工业固体废弃物或城市垃圾的破碎设备或焚烧炉前，除去废物中的铁器，防止损坏破碎设备或焚烧炉。

④ 湿式 CNT 型永磁圆筒式磁选机　湿式 CNT 型永磁圆筒式磁选机的结构形式分顺流型和逆流型两种，常用的为逆流型，如图 3-49 所示。

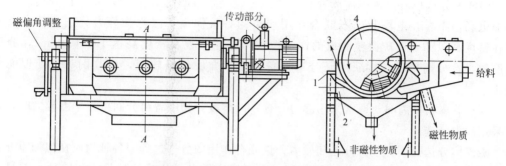

图 3-49　逆流型永磁圆筒式磁选机的构造
1—机架；2—溢流堰；3—槽体；4—磁力滚筒

给料方向和圆筒旋转方向或磁性物质的移动方向相反。物料液由给料箱直接进入圆筒的磁系下方，非磁性物质由磁系左边下方的底板上排料口排出。磁性物质随圆筒逆着给料方向移到磁性物质排料端，排入磁性物质收集槽中。这种磁选机主要适用于粒度不大于 0.6mm 的强磁性颗粒的回收，从钢铁冶炼排出的含铁尘泥和氧化铁皮中回收铁，及回收重介质分选产品中的加重质。

2. 磁流体分选法（MHS）

（1）分选原理

所谓磁流体是指某种能够在磁场和电场联合作用下磁化，呈现似加重现象，对颗粒产生磁浮力作用的稳定分散液。磁流体通常采用强电解质溶液、顺磁性溶液和铁磁性胶体悬浮液。

磁流体分选是利用磁流体作为分选介质，在磁场或磁场和电场的联合作用下产生"加重"作用，按固体废弃物各组分的磁性和密度的差异，或磁性、导电性和密度的差异，使不同组分分离。当固体废弃物中各组分间的磁性差异小，而密度或导电性差异较大时，采用磁流体可以有效地进行分离。

似加重后的磁流体仍然具有液体原来的物理性质，如密度、流动性、黏滞性等。似加重后的密度称为视在密度，它可以通过改变外磁场强度、磁场梯度或电场强度来调节。视在密度高于流体密度（真密度）数倍，流体真密度一般为 1400～1600kg/m³，而似加重后的流体视在密度可高达 19000kg/m³，因此，磁流体分选可以分离密度范围宽的固体废弃物。

磁流体分选根据分离原理与介质的不同，可分为磁流体动力分选和磁流体静力分选两种。

① 磁流体动力分选（MHDS）　MHDS 是在磁场（均匀磁场和非均匀磁场）与电场的联合作用下，以强电解质溶液为分选介质，按固体废弃物中各组分间密度、比磁化率和电导率的差异使不同组分分离。磁流体动力分选的研究历史较长，技术也较成熟，其优点是分选介质为导电的电解质溶液，来源广、价格便宜、黏度较低、分选设备简单、处理能力较大，处理粒度为 0.5～6mm 的固体废弃物时，处理量可达 50t/h，最大可达 100～

600t/h。缺点是分选介质的视在密度较小，分离精度较低。

② 磁流体静力分选（MHSS）　MHSS 是在非均匀磁场中，以顺磁性流体和铁磁体胶体悬浮液为分选介质，按固体废弃物中各组分间密度和比磁化率的差异进行分离。由于不加电场，不存在电场和磁场联合作用产生的特性涡流，故称为静力分选。其优点是视在密度高，如磁铁矿微粒制成的铁磁性胶体悬浮液视在密度高达 19000kg/m³，介质黏度较小，分离精度高。缺点是分选设备复杂，介质价格较高，回收困难，处理能力较小。

要求分离精度高时，通常采用静力分选；固体废弃物中各组分间电导率差异大时，通常采用动力分选。

磁流体分选是一种重力分选和磁力分选联合作用的分选过程。各种物质在似加重介质中按密度差异分离，这与重力分选相似；在磁场中按各种物质间磁性（或电性）差异分离，这与磁选相似。这种方法不仅可以将磁性和非磁性物质分离，而且也可以将非磁性物质按密度差异分离。因此，磁流体分选法在固体废弃物处理和利用中占有特殊的地位。它不仅可以分离各种工业固体废弃物，而且还可以从城市垃圾中回收铝、铜、锌、铅等金属。

（2）分选介质

理想的分选介质应具有磁化率高、密度大、黏度低、稳定性好、无毒、无刺激味、无色透明、价廉易得等特殊条件。

① 顺磁性盐溶液　顺磁性盐溶液有 30 余种，Mn、Fe、Ni、Co 盐的水溶液均可作为分选介质。其中有实际意义的有 $MnCl_2 \cdot 4H_2O$、$MnBr_2$、$MnSO_4$、$Mn(NO_3)_2$、$FeCl_2$、$FeSO_4$、$Fe(NO_3)_2 \cdot 2H_2O$、$NiCl_2$、$NiBr_2$、$NiSO_4$、$CoCl_2$、$CoBr_2$ 和 $CoSO_4$ 等。这些溶液的体积磁化率为 $8 \times 10^{-8} \sim 8 \times 10^{-7}$，真密度为 $1400 \sim 1600 kg/m^3$，且黏度低、无毒。其中 $MnCl_2$ 溶液的视在密度可达 $11000 \sim 12000 kg/m^3$，是重悬浮液所不能比拟的。$MnCl_2$ 和 $Mn(NO_3)_2$ 溶液基本具有上述分选介质所要求的特性条件，是较理想的分选介质。分离固体废弃物（轻产物密度＜$30000 kg/m^3$）时，可选用更便宜的 $FeSO_4$、$MnSO_4$ 和 $CaSO_4$ 水溶液。

② 铁磁性胶粒悬浮液　一般采用超细粒（100Å，1Å＝10^{-10} m）磁铁矿胶粒作分散质，用油酸、煤油等非极性液体介质并添加表面活性剂作为分散剂调制成铁磁性胶粒悬浮液。一般每升该悬浮液中含 $10^7 \sim 10^{18}$ 个磁铁粒子。其真密度为 $1050 \sim 2000 kg/m^3$，在外磁场及电场作用下，可使介质加重到 $2000 kg/m^3$。这种磁流体介质黏度高，稳定性差，介质回收再生困难。

（3）磁流体分选设备及应用

图 3-50 为 J.Shimoiizaka 分选槽构造及工作原理示意。该磁流体分选槽的分离区呈倒梯形，上宽 130mm，下宽 50mm，高 150mm，纵向深 150mm。磁系属于永磁。分离密度较高的物料时，磁系用钐-钴合金磁铁，其视在密度可达 $10000 kg/m^3$。

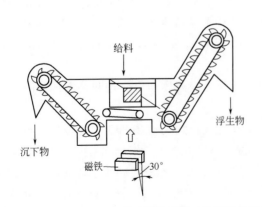

图 3-50　J.Shimoiizaka 分选槽构造及工作原理示意

每个磁体大小为 40mm×123mm×136mm，

2个磁体相对排列，夹角为30°。分离密度较低的物料时，磁系用锶铁铁氧体磁体，视在密度可达 3500kg/m³，图中阴影部分相当于磁体的空气隙，物料在这个区域中被分离。

这种分选槽使用的分选介质是油基或水基磁流体。它可用于汽车的废金属碎块回收、低温破碎物料的分离和从垃圾中回收金属碎块等。

六、电选

1. 电选的基本原理

电力分选过程是在电选设备中进行的。废弃物颗粒的电选分离原理如图 3-51 所示。废料由给料斗均匀给入滚筒上，随着滚筒的旋转，废弃物颗粒进入电晕电场区，由于空间带有电荷，使导体和非导体颗粒都获得负电荷（与电晕电极相反）。导体颗粒一面带电，一面又把电荷传给滚筒，其放电速度快，因此，当废弃物颗粒随着滚筒的旋转离开电晕电场区而进入静电场区时，导体颗粒的剩余电荷少，而非导体颗粒则因放电速度慢，致使剩余电荷多。导体颗粒进入静电场后不再继续获得负电荷，但仍继续放电，直至放完全部负电荷，并从滚筒上得到正电荷而被滚筒排斥，在电力、离心力和重力分力的综合作用下，其运动轨迹偏离滚筒，

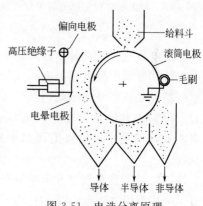

图 3-51　电选分离原理

而在滚筒前方落下。偏向电极的静电引力作用更增大了导体颗粒的偏离程度。非导体颗粒由于有较多的剩余负电荷，将与滚筒相吸，被吸附在滚筒上，带到滚筒后方，被毛刷强制刷下，半导体颗粒的运动轨迹则介于导体颗粒与非导体颗粒之间，成为半导体产品落下，从而完成电选分离过程。

2. 电选设备及应用

（1）静电分选机

这是一种利用各种物质的导电率、热电效应及带电作用的差异而进行物料分选的方法，可用于各种塑料、橡胶和纤维纸、合成皮革、胶卷、玻璃与金属的分离。图 3-52 为分离玻璃和铝粒的静电分离机示意，此装置是美国的一种专利设备，分选颗粒的粒度在 20mm 以下。

设备的工作过程如下。将含有铝和玻璃的废弃物通过电振给料器均匀地送到以 10r/min 速度旋转的带电滚筒上，电极与滚筒水平轴线成锐角安装。电极形成的集中的狭弧状强烈放电和高压静电场，电极电压高达 20～30kV。混合颗粒一旦进入高电场区，即受静电放电作用。铝为良导体，从滚筒电极获得相同符号的大量电荷，因而被滚筒电极排斥落入铝收集槽内；玻璃为非导体，与带电滚筒接触被极化，在靠近滚筒一端产生相反的束缚电荷，被滚筒吸住，随滚筒带至后面被毛刷刷落进玻璃收集槽，从而实现铝与玻璃的分离。利用这种装置可清除玻璃中所含金属杂质的 70%。

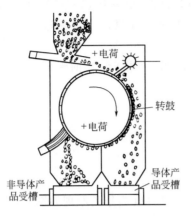

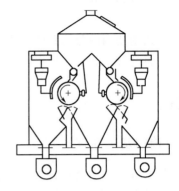

图 3-52　分离玻璃和铝粒的静电分离机示意　　　图 3-53　高压电选机构造及分选原理

（2）高压电选机

高压电选机构造及分选原理如图 3-53 所示。原料均匀给到旋转接地滚筒上，带入电晕电场后，原料中导电性能高的成分由于导电性良好，很快失去电荷，进入静电场后从滚筒电极获得相同符号的电荷而被排斥，在离心力、重力及静电斥力综合作用下落入收集槽口。原料中其他导电性较差的成分能保持电荷，与带相反符号的滚筒相吸，并牢固地吸附在滚筒上，最后被毛刷强制刷落入另外的槽口，从而实现把原料按导电性分离的操作。

该机特点是具有较宽的电晕电场区、特殊的下料装置和防积灰漏电措施，整机密封性能好，采用双筒并列式，结构合理、紧凑，处理能力大，效率高。

七、浮选

1. 浮选原理

浮选是在固体废弃物与水调制的料浆中加入浮选药剂，并通入空气形成无数细小气泡，使欲选物质颗粒黏附在气泡上，随气泡上浮于料浆表面成为泡沫层，然后刮出回收；不浮的颗粒仍留在料浆内，通过适当处理后废弃。

在浮选过程中，固体废弃物各组分对气泡黏附的选择性是由固体颗粒、水、气泡组成的三相界面的物理化学特性所决定的。其中比较重要的是物质表面的湿润性。

固体废弃物中有些物质表面的疏水性较强，容易黏附在气泡上，而另一些物质表面亲水，不易黏附在气泡上。物质表面的亲水、疏水性能，可以通过浮选药剂的作用而加强。因此，在浮选工艺中正确选择、使用浮选药剂是调整物质可浮性的主要外因条件。

2. 浮选药剂

根据药剂在浮选过程中的作用不同，可分为捕收剂、起泡剂和调整剂三大类。

（1）捕收剂

捕收剂能够选择性地吸附在欲选的物质颗粒表面上，使其疏水性增强，提高可浮性，并牢固地黏附在气泡上而上浮。良好的捕收剂应：捕收作用强，具有足够的活性；有较高的选择性，最好只对一种物质颗粒具有捕收作用；易溶于水、无毒、无臭、成分稳定，不易变质；价廉易得。

常用的捕收剂有异极性捕收剂和非异极性油类捕收剂两类。

① 异极性捕收剂　异极性捕收剂的分子结构包含两个基团，即极性基和非极性基。极性基活泼，能够与物质颗粒表面发生作用，使捕收剂吸附在物质颗粒表面；非极性基起疏水作用。

② 非异极性油类捕收剂　非异极性油类捕收剂主要成分是脂肪烷烃（C_nH_{2n+2}）和环烷烃（C_nH_{2n}）。最常用的是煤油，它是分馏温度在 150～300℃ 范围内的液态烃。烃类油的整个分子是非极性的，难溶于水，具有很强的疏水性。在料浆中由于强烈搅拌作用而被乳化成微细的油滴，与物质颗粒碰撞接触时便黏附于疏水性颗粒表面上，并且在其表面上扩展形成油膜，从而大大增加颗粒表面的疏水性，使其可浮性提高。

（2）起泡剂

起泡剂是一种表面活性物质，主要作用在水-气界面上，使其界面张力降低，促使空气在料浆中弥散，形成小气泡，防止气泡兼并，增大分选界面，提高气泡与颗粒的黏附和上浮过程中的稳定性，以保证气泡上浮形成泡沫层。浮选用的起泡剂应具备：a. 用量少，能形成量多、分布均匀、大小适宜、韧性相当和黏度不大的气泡；b. 具有良好的流动性，适当的水溶性，无毒、无腐蚀性，便于使用；c. 无捕收作用，对料浆的 pH 值变化和料浆中的各种物质颗粒有较好的适应性。常用的起泡剂有松油、松醇油、脂肪醇等。

（3）调整剂

调整剂的作用主要是调整其他药剂（主要是捕收剂）与物质颗粒表面之间的作用，还可调整料浆的性质，提高浮选过程的选择性。调整剂的种类较多，按其作用可分为以下4 种。

① 活化剂　其作用称为活化作用，它能促进捕收剂与欲选颗粒之间的作用，从而提高余下物质颗粒的可浮性。常用的活化剂多为无机盐，如硫化钠、硫酸铜等。

② 抑制剂　其作用是削弱非选物质颗粒和捕收剂之间的作用，抑制其可浮性，使其与欲选物质颗粒之间的可浮性差异最大，它的作用正好与活化剂相反。常用的抑制剂有各种无机盐（如水玻璃）和有机物（如单宁、淀粉等）。

③ 介质调整剂　主要作用是调整料浆的性质，使料浆对某些物质颗粒浮选有利，而对另一些物质颗粒的浮选不利。常用的介质调整剂是酸和碱。

④ 分散与混凝剂　调整物料中细泥的分散、团聚与絮凝，以减小细泥对浮选的不利影响，改善和提高浮选效果。常用的分散剂有无机盐类（如苏打、水玻璃等）和高分子化合物（如各类聚磷酸盐）。常用的混凝剂有石灰、明矾、聚丙烯酰胺等。

3. 浮选设备

国内外浮选设备类型很多，我国使用最多的是机械搅拌式浮选机，其构造见图 3-54。大型浮选机每 2 个槽为一组，第一个槽称为吸入槽，第二个槽为直流槽。小型浮选机多为 4～6 个槽为一组，每排可以配制 2～20 个槽。每组有一个中间室和料浆面调节装置。

浮选机工作时，料浆由进料浆管进入，送到盖板与叶轮中心处，叶轮的高速旋转在

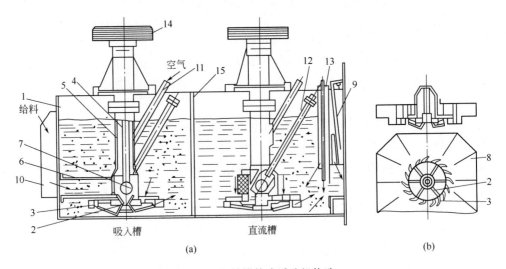

图 3-54　机械搅拌式浮选机构造

1—槽子；2—叶轮；3—盖板；4—轴；5—套管；6—进浆管；7—循环孔；8—稳流板；9,13—闸门；
10—受浆箱；11—进气管；12—调节进气量的闸门；14—皮带轮；15—槽间隔板

盖板与叶轮中心处造成一定的负压，空气由进气管和套管吸入，与料浆混合后一起被叶轮甩出。在强烈的搅拌下气流被分割成无数微细气泡。欲选物质颗粒与气泡碰撞，黏附在气泡上而浮升至料浆表面形成泡沫层，经刮泡机刮出成为泡沫产品，再经消泡脱水后即可回收。

4. 浮选工艺过程

（1）浮选前料浆的调制

主要是固体废弃物的破碎、磨碎等，目的是得到粒度适宜，基本上单体解离的颗粒，进入浮选的料浆浓度必须适合浮选工艺的要求。

（2）加药调整

添加药剂的种类和数量应根据欲选物质颗粒的性质通过试验确定。

（3）充气浮选

将调整好的料浆引入浮选机内，由于浮选机的空气搅拌作用，形成大量的弥散气泡，提供颗粒与气泡碰撞接触的机会，可浮性好的颗粒黏附于气泡上而上浮形成泡沫层，经刮出、收集、过滤脱水即为浮选产品；不能黏附在气泡上的颗粒仍留在料浆内，经适当处理后废弃或做他用。

一般的浮选法大多是将有用物质浮入泡沫产品中，而无用或回收经济价值不大的物质仍留在料浆内，这种浮选法称为正浮选。但也有将无用物质浮入泡沫产品中，将有用的物质留在料浆中的方法，这种浮选法称为反浮选。

固体废弃物中含有两种以上的有用物质，其浮选方法有以下两种。

① 优先浮选　将固体废弃物中有用物质依次选出，成为单一物质产品。

② 混合浮选　将固体废弃物中有用的物质共同选出为混合物，然后再把混合物中有用物质分别分离。

5. 浮选的应用

浮选是固体废弃物资源化的一种重要技术，可用于从焚烧炉灰渣中回收金属以及城市固体废弃物的塑料分选等。

浮选法的主要缺点是有些固体废弃物浮选前需要破碎到一定的细度；浮选时要消耗一定数量的浮选药剂且易造成环境污染；另外，还需要一些辅助工序如浓缩、过滤、脱水、干燥等。因此，在生产实践中究竟采用哪一种分选，应根据固体废弃物的性质，经技术经济综合比较后确定。

泡沫分选是在泡沫浮选基础上发展起来的，也是近年来使用较多的一种浮选技术。泡沫分选过程为：将调制好的固体悬浮液加到发育的泡沫层上，疏水性物质粒子吸附在气泡上，富集于泡沫层中，刮出而成泡沫产品；亲水性物质粒子在重力作用下分选机下部排出而成为非泡沫产品。因而本法实质上就是一种泡沫层过滤法。粒子能否通过泡沫层不在于粒度大小，而在于其浮选性能，疏水性颗粒被泡沫截留，亲水性颗粒则穿过泡沫层而被除去，此过程连续进行而实现分选。

垃圾中的塑料由于成分不同而不适于同时回收，20 世纪 70 年代塑料浮选主要在日本得以发展，但由于当时的石油危机，塑料浮选的应用没有得到推广。然而，随着公众对垃圾问题认识的加强，近年来塑料浮选的研究又获得了推动力。目前欧洲、美国以及日本所进行的各种研究工作主要集中于成分不同而密度近似的 PVC（聚氯乙烯）和 PET（聚乙二醇对苯二甲酸酯，简称聚酯）塑料的分离上。首先将塑料破碎，使 PVC 和 PET 具有相同的粒度分布。为了使 PVC 和 PET 浮选分离，必须使两者中的一个表面亲水，法国的 C. L. 古埃恩等用木质磺酸盐作抑制剂对塑料进行处理，在 4L 大浮选机中试验发现在粒度为厘米级时 PVC 和 PET 产生最佳分离效果。

八、其他分选方法

1. 光学分离技术

这是一种利用物质表面光反射特性的不同而分离物料的方法，现已用于按颜色分选玻璃的工艺中，图 3-55 为其工作原理。

固体废弃物经预先分级后进入料斗。由振动溜槽均匀地逐个落入高速沟槽进料皮带上，在皮带上拉开一定距离并排队前进，从皮带首端抛入光检箱受检。当颗粒通过光检测区时，受光源照射，背景板显示颗粒的颜色或色调，当欲选颗粒的颜色与背景颜色不同时，反射光经光电倍增管转换为电信号（此信号随反射光的强度变化），电子电路分析该信

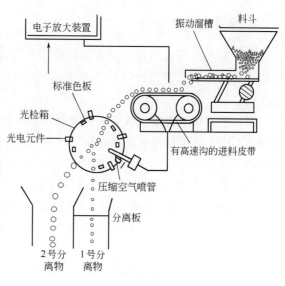

图 3-55　光学分离技术工作原理

号后，产生控制信号驱动高频气阀，喷射出压缩空气，将电子电路分析出的异色颗粒（即欲选颗粒）吹离原来的下落轨道，加以收集。而颜色符合要求的颗粒仍按原来的轨道自由下落加以收集，从而实现分离。

2. 涡电流分离技术

这是一种在固体废弃物中回收有色金属的有效方法，具有广阔的应用前景。

当含有非磁导体金属（如铅、铜、锌等物质）的垃圾流以一定的速度通过一个交变磁场时，这些非磁导体金属中会产生感应涡流。由于垃圾流与磁场有一个相对运动的速度，从而对产生涡流的金属片块有一个推力。利用此原理可使一些有色金属从混合垃圾流中分离出来。作用于金属上的推力取决于金属片块的尺寸、形状和不规整的程度。分离推力的方向与磁场方向及垃圾流的方向均呈90°。图3-56为按此原理设计的涡流分离器。直线感应器中由三相交流电在其绕组中产生一交变的直线移动的磁场，此磁场的方向与输送机皮带的运动方向垂直。当皮带上的物料从感应器下通过时，物料中的有色金属将产生涡电流，从而产生向带侧运动的排斥力。此分离装置由上、下2个直线感应器组成，能保证产生足够大的电磁力将物料中的有色金属推入带侧的集料斗中。当然，此种分选过程带速不宜过高。

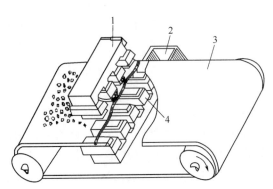

图3-56　涡电流分离技术工作原理
1—直线感应器；2—集料斗；3—皮带；4—感应器

另外，也有利用旋转变化磁场与有色金属的相互作用原理而设计的涡电流分离器。各种类型的涡电流分离器都具有操作简便、耗电量低的特点。在工业发达国家的试验生产中取得了良好的分选效果。

3. 摩擦与弹跳分选

摩擦与弹跳分选是根据固体废弃物中各组分摩擦系数和碰撞系数的差异，在斜面上运动或与斜面碰撞弹跳时产生不同的运动速度和弹跳轨迹而实现彼此分离的一种处理方法。

固体废弃物从斜面顶端给入并沿着斜面向下运动时，其运动方式随颗粒的形状或密度不同而不同，其中纤维状废物或片状废物几乎全靠滑动，球形颗粒有滑动、滚动和弹跳3种运动方式。

当颗粒（不受干扰）在斜面上向下运动时，纤维体或片状体的滑动加速度较小，运动速度较小，所以它脱离斜面抛出的初速度较小，而球形颗粒由于做滑动、滚动和弹跳相结合的运动，其加速度较大，运动速度较快，因此它脱离斜面抛出的初速度较大。

当废弃物离开斜面抛出时，受空气阻力的影响，抛射轨迹并不严格沿着抛物线前进，其中纤维废弃物由于形状特殊，受空气阻力较大，在空气中减速很快，抛射轨迹表现严重的不对称（抛射开始接近抛物线，其后接近垂直落下），故抛射较远。因此在固体废弃物中，纤维状废弃物与颗粒废弃物、片状废弃物与颗粒废弃物因形状不同，在斜面上运动或弹跳时，产生不同的运动速度和运动轨迹，因而可以彼此分离。

摩擦与弹跳分选设备有带式筛、斜板运输分选机及反弹道滚筒分选机等，现就带式筛做一简要介绍。

带式筛是一种倾斜安装带有振打装置的运输带，如图 3-57 所示，其带面由筛网或刻沟的胶带制成。带面安装倾角（α）大于颗粒废弃物的摩擦角，小于纤维废弃物的摩擦角。

废弃物从带面的下半部由上方给入，由于带面的振动，颗粒废弃物在带面上做弹性碰撞，向带的下部弹跳；又因带面的倾角大于废弃物的摩擦角，所以颗粒废弃物还有下滑的运动，最后从带的下端排出。纤维废弃物与带面为塑性碰撞，不产生弹跳，并且带面安装倾角小于纤维废弃物的摩擦角，所以纤维废弃物不沿带面下滑，而随带面一起向上运动，从带的上端排出。在向上运动过程

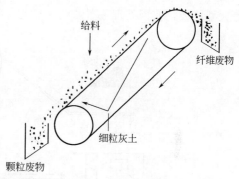

图 3-57 带式筛示意

中，由于带面的振动使一些细粒灰土透过筛孔从筛下排出，从而使颗粒状废弃物与纤维状废物分离。

第五节 城市固体废弃物预处理集成工艺

一、概述

按照城市生活垃圾的组成特性、拟采用的处理处置方式，把各种预处理方法（如焚烧、堆肥和回收等）进行合理集成，可以组合出不同的垃圾预处理系统，可运用于实际的垃圾处理工程中。

垃圾预处理、分离系统的设计，还应考虑到垃圾产生地的一些具体情况。例如，我国的垃圾在进入焚烧厂以前，已经有人将其中有价值的金属、玻璃和塑料类等拣走，因此预处理系统不能完全照搬国外的系统；我国城市生活垃圾中常混入一些大块水泥、钢筋等，这对于焚烧炉的进料和排渣有较大危害，选择预处理方案时应加以重视。

目前应用的城市生活垃圾处理技术和方法有一些共同的特点，包括：预处理基本是"干式"回收有用组分，极少数在工艺过程的结束工序辅以"湿式"回收；通用工艺程序均为原始垃圾破碎→分选→处理→回收；采用综合技术方法进行破碎、分选和回收，很少用单一的方法处理，有些国家还辅以光电等先进技术分离提纯；各处理工艺所能回收的产品有黑色金属、有色金属、纸浆、塑料、有机肥料、饲料、玻璃以及焚烧热等。

二、固体废弃物焚烧预处理工艺

设计焚烧炉预处理系统的主要目的应是提高垃圾热值、去除大块不燃物等，这样就可以保证焚烧炉的正常运行，同时兼顾堆肥需要。

图 3-58 为 100t/d 循环流化床焚烧炉预处理系统示意。系统设备包括双筛网滚筒筛、风选机和手选带以及各类垃圾流动的传送带等，并规划了一台垃圾破碎机，可以处理家具等大型垃圾，使预处理装置成为一个与焚烧炉配套的完整系统。

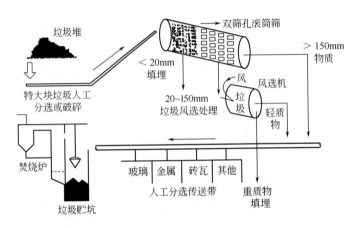

图 3-58　100t/d 循环流化床焚烧炉预处理系统示意

由于可以将部分不燃物在进炉前就处理掉，因此该系统提高了实际焚烧厂的垃圾处理容量和处理性能。预处理系统的初步运用结果表明，通过滚筒筛、风选机、手选线对原生垃圾分类后，可以在进入焚烧炉前就将垃圾分流 30%～50%，避免了许多不燃物质进入炉内。经过预处理，垃圾低位热值从 4000kJ/kg 提升至 6000kJ/kg 以上，提高了垃圾焚烧炉的燃烧稳定性和日处理能力。采用双筛网滚筒筛技术可以将一部分细小的颗粒（<20mm）分离出来，这些物质可以进行堆肥或改善土壤；另一部分中等粒度的颗粒（20mm<ϕ<150mm）经过风选机将塑料类轻物质与一些不燃重物分离，也减少了入炉的垃圾量。将风选出来的轻物质和大于 150mm 的筛上物一起送入手选线，回收一些有价值的物品，如金属、玻璃或包装罐等，增加焚烧厂的收入，同时把大块建筑垃圾、钢筋等拣出，避免对焚烧炉的运行造成危害。

三、固体废弃物有用物质分选回收系统

图 3-59 所示分选回收工艺系统是目前国际上经常采用的典型流程，这个系统分选回收产品主要有：黑色金属，如废铁块、马口铁皮等；有色金属，如铜、铝、锌、铅等；重质无机物，主要为玻璃等；轻质塑料薄膜、布类、纸类等；堆肥粗品。

城市垃圾分选回收系统包括城市生活垃圾收集、运输和分选子系统，分选子系统又包括破碎、筛选、人工分选、重力分选、磁力分选、摩擦与弹跳分选、浮选等方法和技术。该系统分选回收可得到以下产品：轻质可燃物，主要有纸类、塑料、布料等有机物质；金

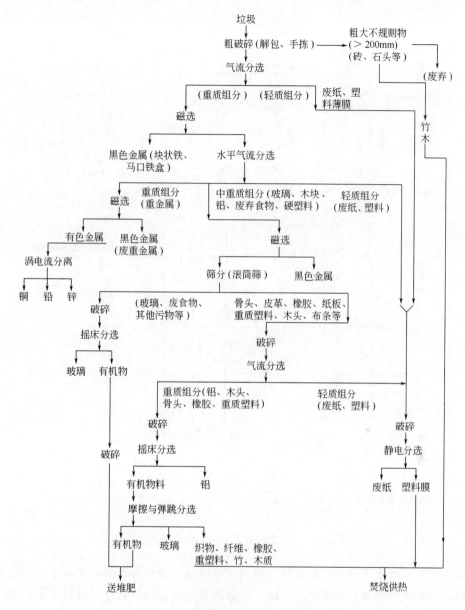

图 3-59 垃圾有用物质分选回收系统

属类，主要为废钢、废铁、废铜、废铝等；玻璃；其他无机物，主要为非金属类。城市生活垃圾分选回收系统工艺流程如图 3-60 所示。

四、原生城市固体废弃物分离系统

图 3-61 是在美国原生城市生活垃圾处理流程。给料先在一台具有双铣刀辊碎机中粗碎，经破碎后的物料排放到传送带上，传送带上有一固定罩，切碎机排出的气体就像风机一样，从罩子下通过，带走轻质料，将重物料留在传送带上。较轻的易燃物料用旋流器回收，并送入压实机中。传送带上的较重的物料通过一台旋带式磁选机，回收钢罐和铁。非

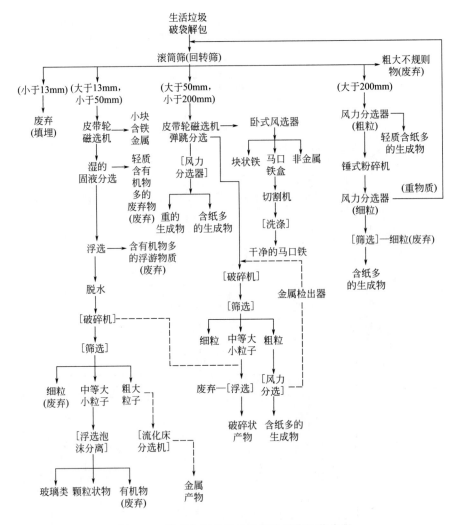

图 3-60　城市生活垃圾分选回收系统工艺流程

磁性物料送入一台水平的空气分级机，得到 3 种产品：轻质易燃物，送入另一个旋流器和压实机；中等重量的物料如玻璃、铝罐、木材和其他重的易燃物；大量的金属，随后用磁选机分成黑色金属和有色金属。

中等重量的物料送入筛网为 1in❶ 的滚筒筛内，筛下物进入跳汰机，在这里大多数食物和其他轻质有机废物（易燃物）与粗粒玻璃分离。跳汰机是该流程中的第一段湿式单元操作。对跳汰机中排出的粗粒玻璃产品进行干燥。用光电分选机按颜色分成火石、琥珀和绿色产品。

滚筒筛的筛上物被碎成 0.5～2in，进入一个特制的空气分级机，轻质易燃物被带入旋流器，重物在底部收集，重物中含有铝和易燃物如木头、橡胶和厚塑料等。用高压电选机将铝与这些易燃物分离。

---

❶　1in＝0.0254m，下同。

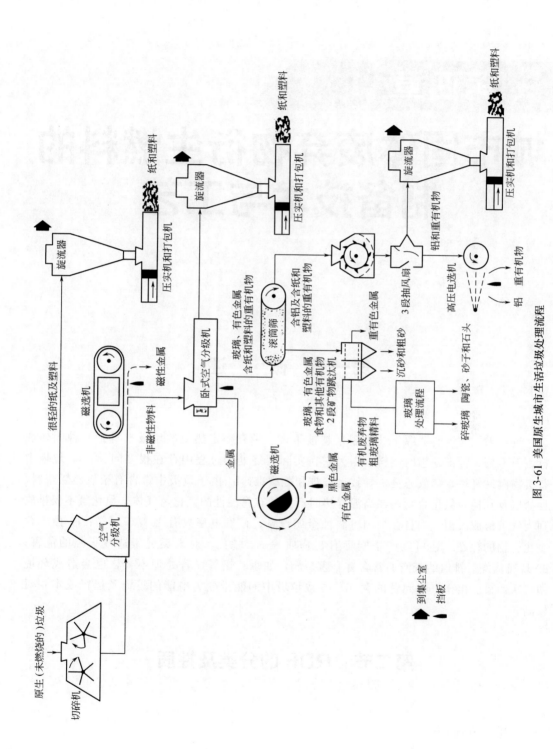

图 3-61 美国原生城市生活垃圾处理流程

第四章

城市固体废弃物衍生燃料的制备技术与工艺

第一节 概　　述

近年来，垃圾的资源化处理越来越被重视。带有一定热值的垃圾本身是一种固体燃料，但不是一种很理想的燃料，因为它在实际焚烧处理过程中存在很多问题：a. 垃圾中有机物极易腐烂，释放恶臭，导致运输难和贮藏难；b. 由于垃圾中常含有聚氯乙烯塑料、食盐以及其他含氯化合物，在高温受热时产生具有腐蚀性的氯化氢气体，氯化氢不仅排放到大气可形成酸雨，而且在炉内可腐蚀金属设备，使发电率只有 $10\% \sim 15\%$；c. 由于含氯化合物的存在，还可能产生剧毒有害物质——二噁英，对人类健康造成很强的危害；d. 垃圾焚烧后排出的灰渣通常含有有害金属，如汞、铅等，若处理不善，也会造成环境的二次污染。由于上述问题的存在，导致垃圾中的能量变为电能的投资及运行成本相对较高。

第二节　RDF 的分类及性质

一、RDF 的概念

"垃圾衍生燃料"一词来自 Refuse Derived Fuel，直译为：源于垃圾的燃料。垃圾衍生燃料是垃圾经分拣、破碎、涡电流除铝、磁选除铁，再破碎、风选、压缩和干燥等工序制成的一种固体燃料。垃圾衍生燃料技术是一种将垃圾经不同处理程序制成燃料的技术。生活垃圾经破碎、分拣、干燥、添加助剂、挤压成型等处理过程，制成固体形态（圆柱条状）燃料，其特点为：大小均匀、所含热值均匀，易运输及储备，在常温下可贮存几个月，且不会腐败。只有废塑料一种可燃废弃物制成的固型燃料可称为再生塑料燃料（Recycle Plastic Fuel，RPF）。

RDF 技术可以追溯到 1973 年。经过 30 多年的发展，技术日趋成熟，已在美国、日本、英国和瑞典等国家大量运用。美国是世界上利用 RDF 发电最早的国家，已有 RDF 发电站 3 处，占垃圾发电站的 21.6%。近年来日本也兴起了建设 RDF 发电站的热潮，日本 NKK、川崎重工、神户制钢等公司展开了 RDF 资源化利用的相关研究。欧美及日本等地区和国家，迄今已将城市生活垃圾（MSW）中间处理技术推向以 RDF 为主的处理方式。意大利在 2003 年将垃圾填埋的处理量从原先的 80% 降至 35%，以 RDF 和其他的处理技术进行处理。可见，RDF 技术极具发展潜力。

我国对 RDF 技术的研究起步较晚，仅有中科院广州能源所、同济大学和清华大学等少数几家单位从事这方面的研究。RDF 生产技术符合我国以科学发展观为指导、加快发展现代能源产业、坚持节约资源和保护环境的基本国策，要促进我国垃圾能源的有效利用，应结合我国国情，加大研究力度，抓住 RDF 垃圾能源领域的新生长点。

二、RDF 的分类

美国材料与实验协会（ASTM）按城市生活垃圾衍生燃料的加工程度、形状、用途等将 RDF 分成 7 类（表 4-1）。

表 4-1　美国 ASTM 的 RDF 分类

分　类	内　容	备　注
RDF-1	仅仅将普通城市生活垃圾中的大件垃圾除去而得到的可燃固体废弃物	
RDF-2	从城市生活垃圾中去除金属和玻璃,粗碎通过 152mm 的筛后得到的可燃固体废弃物	coarse(粗)RDF,c-RDF
RDF-3	从城市生活垃圾中去除金属和玻璃,粗碎通过 50mm 的筛后得到的可燃固体废弃物	fluff(散状)RDF,f-RDF
RDF-4	从城市生活垃圾中去除金属和玻璃,粗碎通过 1.83mm 的筛后得到的可燃固体废弃物	powder(粉状)RDF,p-RDF
RDF-5	从城市生活垃圾分拣出金属和玻璃等不燃物、粉碎、干燥、加工成型后得到的可燃固体废弃物	densified(密实化)RDF,d-RDF
RDF-6	将城市生活垃圾加工成液体燃料	Liquid Fuel(液体燃料)
RDF-7	将城市生活垃圾加工成气体燃料	Gaseous Fuel(气体燃料)

美国现在主要研究的是 RDF-5 以上的 RDF。然而，各个国家分类也存在着差异，如在英国主要使用 3 类 RDF，即 c-RDF、d-RDF 和 f-RDF，f-RDF 是未经硬化的绒状

图 4-1　典型 RDF 成品

RDF，大致相当于 RDF-4。而在瑞士、日本等国，RDF 多指 RDF-5，且其形状为直径 10～20mm、长 20～80mm 的圆柱状，其热值为 14600～21000kJ/kg。典型的 RDF 成品见图 4-1。法国于 20 世纪 80 年代初期首先选用垃圾干品替代天然煤制成了新一代可燃液态 RDF-6。目前，各国用于焚烧发电或热电联产的主要是 d-RDF。

三、RDF 的性质和特点

RDF 的性质随着地区、生活习惯、经济发展水平的不同而不同。RDF 的物质组成一般为：纸 68.0%，塑料胶片 15.0%，硬塑料 2.0%，非铁类金属 0.8%，玻璃 0.1%，木材、橡胶 4.0% 和其他物质 10.1%。各种 RDF 的元素分析和工业分析如表 4-2 所列。

表 4-2　各种 RDF 的元素分析和工业分析

种　类	元素分析（质量分数）/%							工业分析（质量分数）/%			
	C	N	H	O	S	Cl	A	M	A	V	FC
RDF（a）	45.9	1.1	6.8	33.7	n.d	trace	12.3	4.0	12.3	77.8	9.9
RDF（b）	48.3	0.6	7.6	31.6	0.1	0.2	11.6	4.5	11.6	73.4	15.0
RDF（c）	40.8	0.9	6.7	38.9	0.6	0.7	11.4	15.5	11.4	68.1	20.5
RDF（d）	42.2	0.8	6.1	39.9	0.1	0.5	10.4	4.0	10.4	76.4	13.1

注：RDF（a）、RDF（b）、RDF（c）、RDF（d）分别为研究过程中制备的几种 RDF 的代号；n.d 为未检出；trace 为痕量。

经处理而制得的垃圾衍生燃料（RDF），具有未经处理垃圾所不具备的许多优点。

① 防腐性　RDF 的水分为 10%，制造过程加入一些钙化合物添加剂，具有较好的防腐性，在室内保存 1 年无问题，而且不会因吸湿而粉碎。

② 燃烧性　热值高，发热量在 14600～21000kJ/kg 之间，且形状一致而均匀，有利于稳定燃烧和提高效率。可单独燃烧，也可和煤、木屑等混合燃烧。其燃烧和发电效率均高于垃圾发电站。

③ 环保特性　由于含氯塑料只占其中一部分，加上石灰，可在炉内进行脱氯，抑制氯化物气体的产生，烟气和二噁英等污染物的排放量少，而且在炉内脱氯后形成氯化钙，有益于排灰固化处理。

④ 运营性　RDF 可不受场地和规模的限制而生产，生产方便。一般按 500kg 袋装，卡车运输即可，管理方便。适于小城市分散制造后集于一定规模的发电站使用，有利于提高发电效率和进行二噁英等治理。

⑤ 利用性　作为燃料使用时虽不如油、气方便，但和低质煤类似。另外据报道，在日本川野田水泥厂用 RDF 作为水泥回转窑燃料时，其较多的灰分也变成有用原料，并开始在其他水泥厂推广。

⑥ 残渣特性　RDF 制造过程产生的不燃物占 1%～8%，适当处理即可；燃烧后残渣占 8%～25%，比焚烧炉灰少，且干净、含钙量高、易利用、对减少填埋场有利。

⑦ 维修管理特性　RDF 生产装置无高温部，寿命长，维修管理方便，开停方便，利于处理废塑料。而焚烧炉寿命为 15～20 年，定检停工 2～4 周，管理严格，处理废塑料不便，不宜作填埋处理。

但 RDF 应用时也存在如下缺点：a. 与石油或城市煤气相比，提取相对困难（必须要有搬运装置，载重卡车等）；b. 燃烧时发生残留物质问题（由于使用的炉不同，残渣产生量也不同，有必要进行残渣的处理）；c. 必须要有专烧锅炉。

RDF 的特性如表 4-3 所列。

表 4-3　RDF 的特性

要求项目	目　　　标	处　理　方　法
输送性	对于广域处理、多途径使用具有较高的安全性，可作为固体燃料输送	为了防止在输送时破碎，生产时要确保一定的强度和体积密度
贮藏性	能够确保贮藏安全、体积小和供给定量	贮藏、保管时避免腐败和破碎
燃烧性	可以代替其他固体燃料	去除不燃物，使 RDF 具有接近煤炭的发热量，并采取形状均匀化措施
低污染性	和固体燃料一样，燃烧时产生的排放气体和残渣引起的公害较小	去掉不燃物，使 RDF 均质化，并添加煤炭等以实现排放气体的低公害

四、RDF 的质量标准

目前，欧美大多数国家对 RDF 都明确地规定了质量标准。例如意大利对 RDF 的性质提出了热值、不可燃无机质含量、有害元素含量等方面的要求，见表 4-4。由于制定的标准很高，所以大多数燃烧系统稍加改造后可以使用 RDF 作为替代或辅助燃料。

表 4-4　意大利对 RDF 的性质要求

最小低位发热量(Low Heating Value, LHV)/(kcal/kg)	3584	最大 Cr 含量(干基)/(mg/kg)	100
最大水分(质量分数)/%	25	最大可溶性 Cu 含量(干基)/(mg/kg)	300
最大灰分(质量分数,干基)/%	20	最大 Mn 含量(干基)/(mg/kg)	400
最大 Cl 含量(质量分数,干基)/%	0.9	最大 Ni 含量(干基)/(mg/kg)	40
最大 S 含量(质量分数,干基)/%	0.6	最大 As 含量(干基)/(mg/kg)	9
最大挥发性 Pb 含量(干基)/(mg/kg)	200	最大 Cd+Hg 含量(干基)/(mg/kg)	7

第三节　RDF 的生产工艺

不同时期、不同国家和地区根据城市生活垃圾的组成和性质对 RDF 的加工有不同的生产工艺，一般有散状 RDF（f-RDF）加工工艺、粉状 RDF（p-RDF）加工工艺、干燥成型 RDF 加工工艺和经化学处理的 RDF 加工工艺。

一、概述

1. RDF 生产工艺的一般构成

RDF 生产线包括筛分、破碎、成型等一系列工段，通过分离单元操作去除不需要的成分，调节可燃物质含量生产出具有规定特征的 RDF 产品。主要设备包括破碎、分选、干燥、硬化四部分。根据不同的工作原理，破碎机可分为冲击式（适用于石块等脆硬性物质）、挤压式（适用于玻璃等脆性物质）、摩擦式、剪切式（适用于大块物质）等多种类型；分选机可分为筛选（滚筒筛、振动筛、固定筛等）、风选、磁选、电选、手选等；干燥可采用卧式炉或回转窑，燃烧煤油或由 RDF 焚烧炉的废热提供能量；成型设备有螺旋挤压、剪切、对辊等不同类型。实际生产线的构成取决于城市生活垃圾的组成特点，并同时考虑经济可行性以及环境问题。

一般情况下，RDF 生产线以筛分或手工分选开始，先去除垃圾中的大件组分，保证后续设备不会因物料太大而效率下降。在垃圾进入破碎或磨碎段前，需进行磁选/电选和空气分选，分选出其中的金属物质和玻璃等无机物，以避免金属碎片和硬的无机物对破碎或磨碎设备的磨损。如果同时采用破碎和磨碎，需将磨碎设备置于破碎段之后，这样可以使磨碎机保持较高的生产能力，同时还可以降低能耗。破碎或磨碎段后还可再设置滚筒筛，以弥补破碎或磨碎的不足。电选采用高压电流，耗能较大，主要分选金属，如无特殊要求，不宜与磁选共同使用。破碎后的垃圾进入干燥段干燥，干燥过程要配有除臭装置，以免污染环境。最后进行硬化处理，挤压或造粒成型。

对于含水分较多的垃圾，可先对原生垃圾进行干燥处理，再进行分选，这样可以有效去除异物，提高分选精度，制造出优质的 RDF。

垃圾衍生燃料（RDF-5）制备工艺的原避则流程见图 4-2。

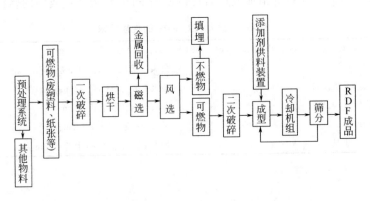

图 4-2　垃圾衍生燃料（RDF-5）制备工艺的原则流程

2. RDF 制备工艺过程结构设计

对 RDF 生产过程进行合理的设计是件非常复杂的事情，因为有许多因素影响设计过程。首先，很难预计随时间、空间的变化而显著变化的城市生活垃圾的确切组成；其次，加工过程所用的设备大多来自矿业等其他工业部门，这不利于城市生活垃圾的处理，系统存在可靠性问题；还有，各种设备的规格已经标准化，很难实现不同单元操作间的正确匹配。所以在建造高产量的生产厂时大多需要平行安装多条生产线。

目前，研究和应用最多的 RDF 是性质非常接近煤的 d-RDF（密实化垃圾衍生燃料），因为较其他类型的 RDF 而言，d-RDF 的能量密度更高，性质也更加稳定。

要生产出高质量的 d-RDF，必须控制好 f-RDF，也就是 d-RDF 原形的加工过程和硬化处理过程。加工过程需将纤维和塑料片破碎到很细，否则将影响 d-RDF 成品的质量，同时要尽可能减少 f-RDF 中的不可燃组分以降低 d-RDF 燃烧过程中灰分的产量。总灰含量应控制在 $10\% \sim 15\%$ 之间，这样可以减小 d-RDF 在制造过程中对造粒机的磨损以及锅炉排渣对锅炉的磨损，但不可燃组分也不能太低，因为那样会增大分选负荷，而且也不利于最后的加压成型。f-RDF 中的水分是 d-RDF 制造过程中的关键因素，至少要控制在 25% 以下，当水分含量减小到 12% 以下时，才能用模子挤压出致密稳定的 d-RDF，如用造粒机，RDF 颗粒的密度可达 $700kg/m^3$。然而，成型时所加压力越大，生产率越低。水分含量增加，成型时摩擦减小，成品颗粒表面就很粗糙，质地松散，易碎。为了保证成品的强度，需向 f-RDF 中加入含水很少的添加剂。按美国能源局的研究结果，效果最好的添加剂是氢氧化钙或石灰。加入氢氧化钙有助于形成高强度、防水的颗粒，而且还可以降低 d-RDF 焚烧过程中的氯腐蚀。

在改变进料组成的情况下，不同生产线的整体性能的变化见表 4-5。可见，相同构成的生产线随城市生活垃圾在进料中的比例减少，即混入塑料或废轮胎可提高 RDF 质量，而且生产成本下降；生产线中不含手工分选，可提高生产效率，还可以明显降低生产成本。

表 4-5　改变进料组成后 d-RDF 生产线的性能

生产线构成	生活垃圾占进料比例/%	效率/%	水分/%	RDF 低位发热量/(kcal/kg)	RDF 生产成本/(欧元/t)	
					高密度	制成颗粒状
T—HS—MS—S—T—M—T—DE/P[①]	80	38.9	7.1	4050	12.71	13.57
S—T—MS—S—T—M—T—DE/P	80	38.6	5.8	4083	11.05	11.92
T—HS—MS—S—T—M—T—DE/P[①]	70	45.8	6.6	4230	11.20	11.93
S—T—MS—M—T—DE/P	70	49.9	7.5	4060	8.21	8.88
T—HS—MS—S—T—M—T—DE/P[①]	60	53.5	7.2	4310	9.75	9.75
S—T—MS—M—T—DE/P	60	56.3	6.9	4225	7.42	7.42
T—HS—MS—S—T—M—T—DE/P[①]	50	59.4	5.13	4499	9.04	9.04
S—T—MS—M—T—DE/P	50	62.8	6.4	4355	6.65	6.65

①适合于为平行混合物生产厂供料的生产线。

注：T—滚筒筛，HS—手工分选，S—破碎，M—磨碎，MS—磁选机，DE—硬化设备，P—造粒机。

3. RDF 制备工艺的物料平衡

RDF 制备工艺的典型流程及其物料平衡见图 4-3。

二、散状 RDF 制备工艺

散状 RDF（f-RDF）是将垃圾通过机械处理和粉碎，制成粉末状，主要用作锅炉辅助

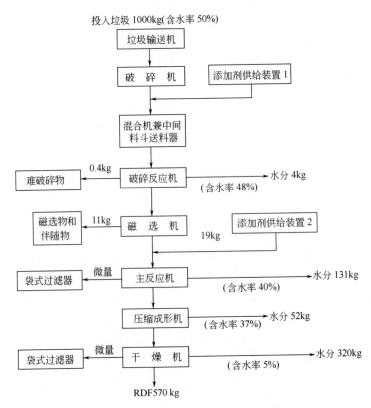

投入垃圾 1000kg(含水率 50%)

垃圾输送机 → 破碎机 ← 添加剂供给装置1 → 混合机兼中间料斗送料器 → 破碎反应机

破碎反应机 →（0.4kg）难破碎物；→ 水分 4kg（含水率 48%）

破碎反应机 → 磁选机 →（11kg）磁选物和伴随物；← 添加剂供给装置2（19kg）

磁选机 → 主反应机 →（微量）袋式过滤器；→ 水分 131kg（含水率 40%）

主反应机 → 压缩成形机 → 水分 52kg（含水率 37%）

压缩成形机 → 干燥机 →（微量）袋式过滤器；→ 水分 320kg（含水率 5%）

干燥机 → RDF 570 kg

图 4-3 RDF 制备工艺的典型流程及其物料平衡

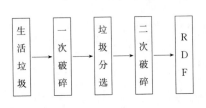

图 4-4 散状 RDF 加工工艺流程示意

燃料和水泥生产燃料。该工艺最早在美国得到应用，加工工艺流程如图 4-4 所示。显然该工艺非常简单。与原生生活垃圾相比具有不含大件垃圾、不含非可燃物、粒度比较均匀和利于稳定燃烧等优点；但是也有许多缺点，如不宜长期贮存、长途运输，否则易于发酵产生沼气、CO、CO_2 和恶臭等，污染环境。

三、粉末 RDF 制备工艺

典型粉末 RDF 加工工艺见图 4-5。

四、干燥成型 RDF 加工工艺

干燥成型 RDF 加工工艺是由美国、欧洲一些国家开发的。其加工工艺流程如图 4-6 所示。城市生活垃圾经粉碎、分选、干燥和高压成型等加工工序后，其最终产品（RDF）的形状一般为圆柱状。它具有适于长期贮存、长途运输、性能较稳定等优点。但也有一些缺点，如不易将城市生活垃圾中的厨余物除去、干燥后短时间内较稳定，长时间贮存后 RDF 易吸湿。本工艺的应用不多。

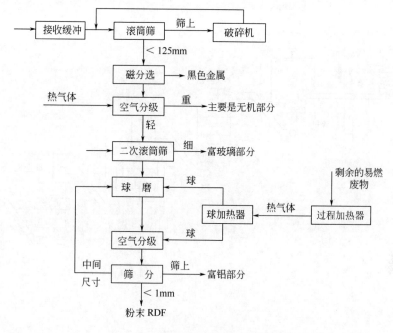

图 4-5 典型粉末 RDF 加工工艺

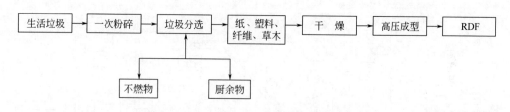

图 4-6 干燥成型 RDF 加工工艺流程示意

五、化学处理 RDF 加工工艺

为了解决干燥成型 RDF 加工工艺中厨余物难除去、长时间贮存时易于变质、易吸湿等不足，在 RDF 制备过程中导入化学处理过程，从而研发出化学处理 RDF 的新工艺。目前主要有 2 种化学处理的工艺。

① 将分拣、破碎的垃圾高密度压缩后加入低活性度的添加剂，然后成型，此工艺适用于小型设施。

② 将分拣、破碎的垃圾中密度压缩后加入高活性度的添加剂，然后成型，此工艺生产的 RDF 性质稳定，适于长期贮存，较适用于小型设施。

图 4-7 为瑞士的卡特热（J-caterl）公司开发的 RDF 生产工艺流程，图 4-8 为日本再生管理公司（RMJ）的 RDF 生产工艺，可以认为这 2 种工艺是目前世界上具有代表性的化学处理 RDF 的生产工艺流程。2 种工艺的基本流程都是：破碎→分选→干燥→添加化学药剂→成型，所不同的是添加化学药剂是在干燥之前或之后。

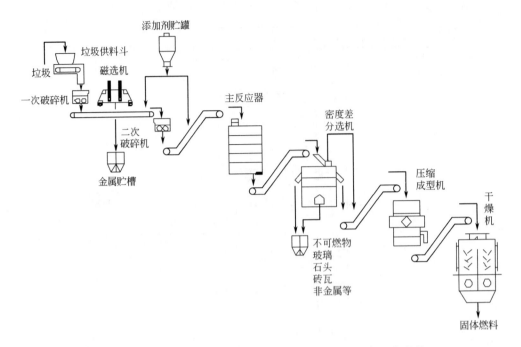

图 4-7 瑞士的卡特热 (J-caterl) 公司开发的 RDF 生产工艺流程

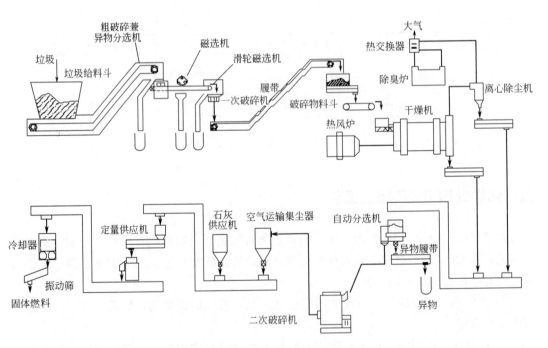

图 4-8 日本再生管理公司 (RMJ) 的 RDF 生产工艺

  瑞士的 J-caterl 法工艺流程的特点是先将含有厨余物、不燃物的生活垃圾进行破碎，然后将金属、无机不燃物分选出去，在余下的可燃生活垃圾中加入垃圾量 3％～5％的生石灰 (CaO) 进行化学处理，最后进行中压成型和干燥，得到直径为 10～20mm、长 20～80mm 的圆柱状、热值为 14600～21000kJ/kg 的 RDF。加入生石灰进行化学处理的化学反应如下。

在混合反应器中的反应为

$$CaO + H_2O \longrightarrow Ca(OH)_2 \tag{4-1}$$

$$Ca(OH)_2 + 垃圾中的有机物 \longrightarrow 有机酸钙盐 + NH_3 \tag{4-2}$$

在干燥机中的化学反应为

$$Ca(OH)_2 + CO_2 \longrightarrow CaCO_3 + H_2O \tag{4-3}$$

向制备 RDF 的原料中加入添加剂的主要作用如下。

① 起防腐剂的作用，使 RDF 长时间贮存时不发臭。

② 减少 RDF 中的氮含量，使 RDF 燃烧时 NO_x 量减少。

③ 起固硫作用和固氯作用，使 RDF 燃烧时烟气中 HCl 和 SO_x 量减少，并遏制二噁英的产生。

另外，从加工工艺的角度来看，加入一些添加剂还有以下优点。

① 通过化学反应，添加剂起了固化作用，成型时不需高压固化设备。

② 压缩成型机的容量降低，动力消耗下降，节约了运行费。

③ 干燥机内塑料等不会熔融或燃烧，干燥机可以小型化，节约了设备投资。

J-caterl 法在日本已被荏原制作所、IHI 公司、三菱商事公司、Fujida 公司等引进，并在札幌市和小山町等地分别建成日处理能力 200t 和 150t 的 RDF 加工厂。

RMJ 法的工艺流程与 J-caterl 法的大致相同，不同之处是前者是先干燥，再加入消石灰添加剂，加入量约为垃圾量的 10%，再进行高压成型；而后者则是先在垃圾含湿的状态下加入生石灰，然后进行中压成型和干燥。此法目前于日本分别在滋贺县和富山县等地建成了 RDF 加工厂。

为了便于比较上述几种主要的 RDF 加工工艺，特将其主要内容列于表 4-6。

表 4-6　经加工成型的各种生活垃圾衍生燃料(RDF)的比较

RDF 的形式		未加入添加剂的干燥成型 RDF	经化学处理的 RDF(加入添加剂)	
			高压成型式	中压成型式
生活垃圾种类		纸、木质材料、塑料类	经分类收集的可燃生活垃圾	经分类收集的可燃生活垃圾
加工工序	分　选		机械分选 除去金属类	机械分选除去金属类
	调　湿	无	无	加入添加剂,贮存一定时间
	破　碎	一次破碎	经两次破碎	经两次破碎
	固形化	压缩成型	干燥＋加入添加剂＋压缩成型	加入添加剂＋压缩成型＋干燥
添加剂	添　加 方　法		向经干燥的生活垃圾中加入低活性化合物	在含有水分的生活垃圾中加活性好的化合物
	作　用		仅是单纯地混合	添加剂溶入水中并向垃圾内部浸透,将垃圾进行杀菌,与其中易腐烂的物质进行化学反应生成稳定的物质
	效　果		不宜长时间贮存	可长时间贮存

RDF 的形式		未加入添加剂的 干燥成型 RDF	经化学处理的 RDF（加入添加剂）	
			高压成型式	中压成型式
成型固化	方　法	一般方式挤压成型	干燥后高压低速挤压成型	添加剂加入后中压高速挤压成型，干燥机中与添加剂和 CO_2 反应并固化
	作　用	高压下物质黏结	高压下物质黏结	软态下成型，添加剂的固化作用黏结
固型燃料	性　能 状　态	性能较稳定	未经特殊混合，质量易波动，有时不易稳定燃烧	混合均匀，质量波动小，可稳定燃烧

六、液态固体废弃物衍生燃料的制备工艺

垃圾的液态处理并不复杂，首先要将固态垃圾中的不可燃物，如金属、砂石、玻璃、陶瓷及各种硬杂物等进行筛选和磁分离，留下富含纸、布、竹木、皮革、塑料及各种食品残渣的可燃垃圾。然后再将可燃垃圾切成小块，在温度为 200℃ 的旋转炉里烘干，经粉碎机碾成微粒，这就是被称为垃圾净化干品的 RDF，RDF 与添加剂和水分充分搅和，便生产出了液态垃圾。

现今常用的液态垃圾添加剂有造纸厂草浆黑液、皮革厂下脚水、漂染厂变色水、豆制厂压榨水、化工厂排水以及电石糊等，而这些均为工厂"三废"，它们的利用又进一步净化了环境。液态垃圾燃烧后，残体无毒无味。

第四节　RDF 制备技术实例

RDF 技术已在美国、日本、欧洲等一些发达国家和地区引起很大重视，其 RDF 的应用范围较广，主要应用在以下几个方面。

（1）中小公共场合

RDF 在公共场合中主要用于温水游泳池、体育馆、医院、公共浴池、老人福利院、融化积雪等方面的供热。

（2）干燥工程

在特制的锅炉中燃烧 RDF，将其作为干燥和热脱臭中的热源利用，目前在日本，RDF 在干燥工程中的应用量一般占总量的 1/4～1/3。

（3）水泥制造

RDF 的燃烧灰一般需要处理，无疑需要增加运行费用。日本为了开发低运行费用的 RDF 应用领域，将 RDF 的燃烧灰作为水泥制造中的原料进行利用，从而取消 RDF 的燃烧灰处理过程，降低运行费用。此技术已受到普遍欢迎，并在几个地方实现了工业化应用。

（4）地区供热工程

在供热工程基础建设比较完备的地区，只需建设专门的 RDF 燃烧锅炉就可以实现 RDF

供热，投资较少。但在供热工程基础比较落后的地区由于费用高，RDF供热则不经济。

（5）发电工程

在燃烧火力发电厂，将RDF与煤混烧进行发电，具有十分经济的优点，受到欢迎。在特制的RDF燃烧锅炉中进行小型规模的燃烧发电，也得到了较快的发展，日本政府从1993年开始研究RDF燃烧发电方案，目前北海道、栃木县、群马县、三重县、滋贺县、高知县、石川县、福冈县等地方政府的积极性很高，并已投资进行RDF燃烧发电厂的建设。

（6）作为碳化物应用

将RDF在隔绝空气的情况下进行热解碳化，将制得的可燃气体进行燃烧作为干燥工程的热源，热解残留物即为碳化物，可作为还原剂在炼铁高炉中替代焦炭进行利用。此技术目前已在几家工厂进行了实际应用。

一、日本RDF制备技术

1. 川崎重工业公司的RDF生产设备

该公司开发的垃圾处理技术以破碎、分选、燃烧、热利用技术为基础，多年来，不断进行包含燃烧试验在内的有关RDF的大规模的研究开发。该公司于1996年建设了20t/d的RDF制造设备，从1997年1月以后，顺利地进行了制造试验。其制备工序见图4-9。

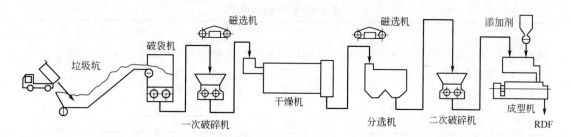

图4-9　川崎重工业公司RDF制备工序

（1）制备工艺概要

整个工艺由破袋、干燥、分选破碎、成型工序构成。各工序处理程序内容如下。

① 破袋工序　将收集到的袋装垃圾破袋并破碎成适宜于干燥的大小。

② 干燥工序　利用高温热风干燥垃圾并除臭。

③ 分选破碎工序　将不适于燃料化的物质（铁、铝、石等）分选、除去、破碎成于成型的大小。

④ 成型工序　为了防止腐败，加添加剂。通过成型成为具有优秀运输性、贮藏性、燃烧性的高密度、高强度RDF燃料。

（2）主要设备规格

垃圾处理能力为2.5t/h；处理垃圾种类为一般废弃物（家庭垃圾）；干燥用燃料为煤油；产品收量为1.25t/h（根据垃圾的水分变动而定）；直径为16mm，长约50mm；产品假密度约为0.6g/cm³；工厂建筑物为钢筋混凝土结构；工厂建筑物总面积为1459m²。

（3）原料垃圾及产品性状

该设备使用城市垃圾连续不断地进行RDF制造试验。原料垃圾性状见表4-7。城市垃圾的性状差异较大，即使是同一天的垃圾样品，其性状也有很大的差异。在该设备中，即使垃圾有很大的变动，产品的质量都能保持一定。RDF 的强度和性状分别见表 4-8 和表 4-9。

表 4-7　原料垃圾性状

项　目	试　料　名	垃圾试料（第 1 次）	垃圾试料（第 2 次）
	试料采样日期	1997 年 2 月 26 日	1997 年 2 月 26 日
	单位容积质量/(kg/m³)	116	175
干燥后的种类、组成/%	纸、布类	60.63	41.57
	乙烯树脂、合成树脂、橡胶、皮革等	28.12	25.51
	木、竹、麦秆、稻草类	1.09	2.24
	厨房垃圾类（动植物残渣、蛋壳、贝壳）	3.91	1.27
	不燃物质类	1.72	21.52
	其他（可通过孔眼，大小约 5mm 筛的物质）	4.53	5.79
物理化学性状	水分/%	45.93	42.23
	可燃成分/%	47.37	38.55
	灰分/%	6.79	19.22
	干物发热量（干基）/J	20180	21562
	高位发热量（湿基）/J	10718	9797
	低位发热量（湿基）/J	8792	7996

表 4-8　RDF 的强度

项　目	试　验　方　法	测　定　结　果
压缩强度	计测在直径方向，压缩至径向 8mm 变形时的压缩力 P [压缩强度＝P/L（L 为 RDF 的长度）]	1304.28N/cm²
落下强度	将 RDF 从 2m 高处往混凝土面进行 4 次自由降落后，挂于 10mm 的网上，用残留于网上的 RDF 比率进行评价	99.1%
硬度	利用古氏硬度计	28.6HG

表 4-9　RDF 的性状

项　目	试　料　名	RDF 试料（第一次）	RDF 试料（第二次）
物理化学性状	水分/%	8.55	8.76
	可燃成分/%	76.62	76.19
	灰分/%	14.83	15.05
	干物发热量（干基）/J	18915	18966
	高位发热量（湿基）/J	17291	17291
	低位发热量（湿基）/J	15910	15870
	元　素	生基体质	
元素质量分数	C/%	41.13	41.00
	H/%	5.25	5.29
	N/%	5.01	0.78
	S/%	0.05	0.14
	Cl/%	0.27	0.15
	O/%	24.91	28.83

（4）防止公害对策

生产试验设备满足设置场所防止公害对策基准值。由于采用以下对策，干燥机排气、工厂房子外的臭气、噪声测定结果符合规制基准值，有效防止公害。

防止污染的主要措施包括：a. 从原料垃圾贮存槽抽吸空气，进行除臭处理，然后排放于大气；b. 对干燥机的排气进行除臭，然后排放于大气；c. 干燥机用煤油作燃料；d. 厂房的各部分有充足的空气，进行除尘、除臭处理后排放于大气；e. 风力分选用的空气采用内部循环方式；f. 工厂所有房屋采用全封闭结构建筑物。

（5）川崎重工业公司 RDF 制造设备的特征

川崎重工业公司 RDF 制造设备的特征主要包括：a. 主要设备放置于屋内，是完全不会产生臭气、噪声、粉尘的干净系统；b. 将分选工序放于干燥工序后面，可进行高精度分选，特别是铝和铁，可确保再资源化的纯度；c. 该设备的 RDF 进行干燥压缩成型，没有臭味，也不会腐败，可长时间保存；d. 由于成型时的压缩力强，RDF 体积密度大、坚固、易于运输和贮藏；e. 采用高效干燥方式，每吨原料垃圾的煤油使用量减少约 60L。

该公司计划将可燃烧 RDF 燃料的内部循环流动床式锅炉扩大至工业化试验规模，设备 RDF 处理量 1t/h，蒸汽发生量 2t/h，蒸汽条件 8612kPa，设置于该公司内，今后将使用该设备进行 RDF 燃料及环境负荷试验。

该公司还将在福冈县大牟田市兴建日本最大规模的 RDF 发电厂。该发电厂将由福冈县、大牟田市以及电源开发公司等单位出资约 90 亿日元兴建，每天将使用 315t 的固体垃圾作为燃料。这些垃圾将来自附近的 28 个市、町、村，能够将 60 万人产生的垃圾变为电力资源。

2. 田熊公司的 RDF 生产设备

为了有效利用城市垃圾的热能，田熊公司从 1994 年起开发 RDF，并建了城市垃圾 RDF 工业化试验规模设备，1996 年开始运行。该公司 RDF 生产设备有以下 2 种。

① 用关东地区 5 个工厂排出的纸、塑料类废弃物作为 RDF 原料　设备系统包含搬运、破碎、分选、衍生燃料化、贮藏、供给、燃烧、热回收、防止公害对策等。所生产的 RDF 热量约为 16329J/kg（由特殊纸、加工纸、黏附制品等杂物的废纸、废塑料、废书类制造），RDF 燃烧量为 1950kg/h（46.8t/d），蒸汽量为 10.9t/d，燃烧方式是流动床式。

② 生活垃圾的 RDF 生产设备　用工厂排出的废弃物如废塑料、纸类等制造 RDF，由于不纯物不多、水分少，用破碎、减容化组合方式的 RDF 设备便可以。但用生活垃圾制造 RDF 的设备必须有提取出生活垃圾中可燃物的设备。日本的生活垃圾包含厨余类，与欧美的垃圾相比，水分值高 50% 左右，所以必须有干燥工序。生活垃圾的平均热量约为 6280J/kg，水分约占 50%。

现在日本以生活垃圾为对象的 RDF 制造方式有 2 种：a. 供给→破碎→初分选→干燥→二次分选→成型；b. 供给→破碎→分选→成型→干燥。

该公司采用第一种方式。该方式在干燥后分选，除异物效果良好，可制造优质 RDF。这是采取将垃圾中的塑料和其他可燃物混合，提高发热量，使塑料熔融，使用黏结剂使其固形化的方式。现在，混入石灰等的方式已成为主流，这样可以抑制有害气体的产生，燃烧时可除去氯。由于燃烧情况有差异，会产生 HCl，所以要有除去 HCl 的排气处理设备。该公司正在运行的工业化试验规模设备及其处理废弃物对象如下。

工业化试验规模设备处理量：3t/d（运转时间 6～10h/d）。

废弃物处理对象：生活垃圾类（以可燃垃圾为对象）和塑料垃圾类。

生活垃圾类（除去水分的物质）：纸屑、木片灰、草类、落叶等。

塑料垃圾类：将不燃烧的塑料、薄的乙烯树脂类垃圾进行破碎分选。

处理生活垃圾类和塑料垃圾类可交替运行。

主要机器：干燥机 500kg/h、预热反应机 100kg/h、成型机 1000kg/h。

生产过程如下。垃圾直接投入料斗，用供给传递机投入破碎机，破碎机使用低速双轴遮断式，刀厚 3.5mm，进行剪切。破碎机也兼做破袋机，破碎后用永磁传送带式磁选机除去铁成分后，在干燥机使水分减到 5％以下（干燥机用卧式炉）为优质的固体成型物，如果水分在 10％以上，水蒸气从成型机喷嘴吹出，成为不能成型的散乱状态，所以在投入干燥机前和干燥后出口要安装连续式水分计，掌握垃圾的水分状态。

干燥热源为煤油，可发生热风和脱臭，干燥后臭气用强循环排气方式导入 750～800℃ 的燃烧带，进行高温脱臭后通过热交换口排出。用于干燥机的热风温度为 300～400℃，可进行温度调整，采用在纸类着火温度以下进行运行管理的循环干燥方式，干燥的热源也可使用生产出来的 RDF。燃烧装置必须安装有防止二噁英发生，除去排气中的 HCl、NO_x 等有害气体的装置和灰处理装置。干燥后的生活垃圾在干燥物贮藏库贮留后，用成型性强的双轴螺旋机压出成型。在成型喷嘴和投入口的中间加入冲模，采用良好的加热混揉方式，使垃圾中的纸类和塑料充分混合。成型的喷嘴直径有 25mm 和 40mm 两种。在成型的过程中，加入生石灰。废塑料等物质在磁分选机后，通过铝分选机和风力风选机除去异物，在塑料贮备库贮存，在预热反应器内加热至 300℃，除去塑料中氯乙烯树脂的氯，进入成型机直接成型。

3. 新明和工业公司和日立金属公司系统

两公司已把以城市垃圾为对象的 RDF 制造、燃烧系统产品化。用收集车分别收集垃圾，并将收集到的可燃性垃圾进行破碎、干燥，挑选出不宜于燃烧的物质，然后压缩成型，制造高密度、可长期贮存的 RDF。

其 RDF 制造设备特点为：a. 干燥后的垃圾用气流搬运，设备布置自由度大，场地小，还可进行风力分选；b. 系统机器及搬运装置为密封结构，可防粉尘、臭气泄漏；c. 在成型之前添加石灰，可降低 RDF 的水分。

RDF 制造设备由于不燃烧垃圾，所以排出的气体以其中蒸发的水蒸气和除臭处理产生的气体为主，不含二噁英和氮氧化物等有害物质。制成的 RDF 水分在 10％以下（湿基）。成型前加入添加剂生石灰，所以为碱性，不易腐败，几乎没有臭味。形状为棒状（直径 15mm，长 30mm 左右），由于压缩成型，崩坏情况微不足道。

RDF 的燃烧一般采用燃煤炉或流动床炉，而新明和工业公司提出了粉碎 RDF，在旋风燃烧器中燃烧的新方法。该燃烧设备的特点为：a. 高负荷高温燃烧，能够使二噁英类物质减少或熔化成灰；b. 粉体燃烧性能良好，状态容易控制，稳定性强；c. 利用旋风器燃烧，使装置小型化。

此外，新明和工业公司和神户大学合作，开发了大幅度降低二噁英类致癌物质的 RDF 小型燃烧设备。新设备将 RDF 粉碎成小粒，预先用燃烧器在过热情况下进行燃烧处理。小粒子与空气的接触面积增加，提高了燃烧效率，可实现高温燃烧。二噁英类物质在低温燃烧的启动和停止时容易产生，在新的燃烧技术中，由于燃烧效率高，在约 1000℃、1m³ 排气中的二噁英质量为 0.44ng，是现有小规模设备排出量的 1/100。排气中的二噁英用过滤器除去，含有二噁英的灰也可直接熔融分解，焚烧时产生的热由锅炉产生热水或蒸汽作热源利用。

4. 日立制作所的产业废弃物衍生燃料装置

该公司在独自制定的环境行动计划中，热衷于减少产业废弃物的问题。作为废弃物减量再资源化对策之一，将工厂废弃的纸屑、木屑、废塑料进行热压缩成型，作燃料使用。可使其再资源化的 RDF 制造设备于 1995 年 10 月投产，成为当时日本国内的先驱者。

设备系统流程如下。收集到的产业垃圾通过料斗、传送器进入粗破碎机进行粗破碎。粗破碎物通过传送带送到网状分选机，将铁屑等金属分别除去后，送到二次破碎机进行细破碎。通过二次破碎物输送带将贮存箱的纸屑、木屑、废塑料等分别送到各自的定量供给机，再送到热压缩成型机，可防止废弃物散落和臭味散发，同时，也可用垂直配管，使装置占地面积减小。从各定量供给机运送到热压缩成型机途中，用石灰供给机加入石灰，中和、控制燃烧时产生的氯气，又可以减轻 RDF 燃烧后的排气对锅炉配管的腐蚀等问题。热压缩成型机用双轴螺旋桨式，加热废弃物，将废塑料熔化作为黏结剂。设备的处理能力为 4.8t/d，RDF 的成分为纸屑约 40%、木屑约 40%、废塑料约 20%。另外，将 RDF 作为锅炉燃料使用，变为蒸汽、高温水的热能，用于蒸汽透平发电或用作热交换器的供冷等也在研讨之中。

5. 其他公司应用情况

住友金属工业公司在广岛炼铁厂建立了 RDF 工业化试验规模设备。将家庭排出的一般垃圾进行细碎，除去金属使其干燥成为高热量的 RDF 燃料。神户制钢所从 1988 年夏天开始进行 RDF 燃料发电的第一次试验。为了使垃圾有效利用，制成 RDF，用本厂运行的锅炉和煤混烧，确认其燃烧特性，并进行燃烧品质试验。该公司用当地的一般垃圾制造 RDF，在达到 50t 以上时，进入发电试验，预计和煤混烧，混烧效率可达到 5%～10%。为减轻焚烧炉燃烧垃圾所产生的二噁英类有害物质，达到消除公害与有效利用废弃物的双重目标，电源开发公司在若松综合事务所开发了发电效率达到 35% 的 RDF 燃烧装置。该装置二噁英等完全被控制，产生率几乎为零。装置已于 1997 年 10 月启动运行，核心技术是三菱重工业公司的外部循环流动床锅炉和住友重机械工业公司的再生再循环系统的活性炭脱硫、脱氮装置。以后将从全国接受 RDF 的供给进行运行，并使其实用化，可完成 (1.5～3)×10⁴ kW 级商业化设备。该公司还投入 35 亿日元在北九州市建设试验发电厂，估计在 100 多万人口的县市所产生的可燃垃圾可兴建（2～3）×10⁴ kW 的 RDF 发电站，并能达到一般火力发电厂的热效率。此外，日本再循环管理中心开发了可使 RDF 高效燃烧，二噁英类物质发生浓度在 0.1ng 以下直至清除的 2 种小型锅炉，努力进行 RDF 制造设备和技术的普及工作。

二、美国 RDF 制备技术

美国也是较早应用 RDF 进行能源化利用的国家，早在 1972 年就生产出用以发电的

RDF，但因为由 RDF 产生的蒸汽对涡轮发动机叶片的腐蚀问题没有得到解决，阻碍了该技术的进一步发展。但现在 RDF 已经是很成熟的技术了，在 2000 年的时候，美国就已经有 26 家大型的 RDF 生产厂，日生产 RDF 达 2700t。美国典型的 RDF 生产系统见图 4-10。

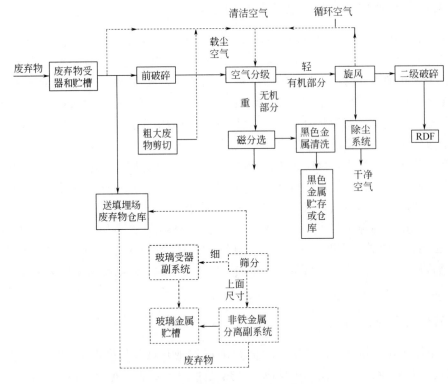

图 4-10 美国典型的 RDF 生产系统

注：实线为确定了的、经常采用的工艺流程的物料方向；虚线为根据不同原料成分、
特点、工艺目标可以选择的工艺环节及相应的物料流向

三、我国的 RDF 制备技术

近年来我国城市生活垃圾中有机可燃组分比例不断增加，垃圾（或经简单处理后的垃圾）的低位发热量基本满足了不添加外来燃料能自行维持燃烧的要求，如深圳市垃圾低位发热量据检测最高可达 7200kJ/kg，北京、上海、广州以及沿海一些大中城市垃圾热值已高于 4500kJ/kg，内地一些中等城市垃圾热值也在 4000kJ/kg 以上，一些小城市的垃圾经筛选等简单预处理后热值也可达到 4000kJ/kg。我国大多数城市土地资源相对缺乏，迫切需求一种减容减量程度高、无害化、处理效果好的垃圾处理技术。RDF 的资源化利用，充分利用了垃圾中蕴藏的大量能源，用于发电或提供生产、生活用能，既解决了垃圾围城、环境污染问题，又节约了能源，形成资源和生态的良性循环，是我国城市固体废弃物资源化利用的适用技术。

RDF 技术必须针对各国垃圾的具体特点。我国垃圾中可燃的有机成分含量虽然呈逐年上升趋势，但普遍比发达国家少，无机不可燃成分特别是灰土砖石成分比发达国家多。

鉴于这个特点，并考虑到 RDF 制备过程的成本，我国在生产 RDF 时可以考虑将垃圾与粉煤适当混合以提高热值，成型可参照工业上已经很成熟的型煤加工工艺。此外，我国垃圾中金属含量非常低，并考虑到经济成本，所以在 RDF 加工过程中可省去电选和磁选。垃圾经过分选、干燥、破碎、成型，最后的 RDF 成品为椭球形颗粒。如果产品进行焚烧处理还需在成型前混入 CaO 或 $Ca(OH)_2$ 添加剂，降低焚烧过程的污染。我国 RDF 生产工艺流程示意见图 4-11。

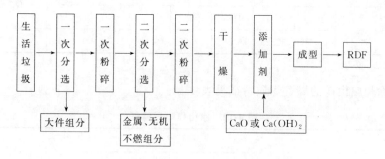

图 4-11　我国 RDF 生产工艺流程示意

四、RDF 制备新工艺

1. 概述

RDF 具有组成均一、能量密度大、燃烧效率高、易于贮存和运输的优点，近年来得到了广泛的研究和应用。目前，对 RDF 的利用方式主要是焚烧并回收部分热能。然而，RDF 焚烧过程存在二噁英污染、高温氯腐蚀以及由此引起的投资大、运行成本高等难题。针对二噁英的生成机理，采用"RDF 低温热解脱氯、热解残渣高温气化"的新工艺，为从根本上消除二噁英污染提供了可能，且能有效阻止炉内高温氯腐蚀。该新工艺的关键环节之一即是制备出理化性质适合热解气化工艺的新型垃圾衍生燃料。

为此，中国矿业大学开发了一种新型 RDF 制备的新技术。该技术在城市生活垃圾中掺混少量煤，采用无黏结剂高压成型工艺室温下制备热解-气化用新型 RDF。

RDF 制备新技术的开发经过了实验室原理研究和工业规模成型机成型研究 2 个阶段。

2. 实验室原理研究

（1）原料及特性

城市生活垃圾样采自徐州市上山垃圾焚烧厂，经过手选、分类、晾晒、筛分并破碎至 3mm 以下。

试验用城市生活垃圾的物质组成和化学组成与性质分别见表 4-10 和表 4-11。从两表中可以看出，城市生活垃圾样中纸、金属、玻璃等含量不高，这与我国城市垃圾在最终进入填埋或焚烧之前，普遍经过了多道人工分拣、回收的实际情况相符；垃圾样的水分与全国的平均水平相比较低，这是由于在采集垃圾时为保证样品的代表性，选取的是经长期积累、混合的陈旧垃圾。垃圾的可燃部分中以 C、H 元素为主；由于垃圾中含较多的塑料，Cl 含量很高；相对 Cl 而言，垃圾中的 N、S 含量较低。

表 4-10　试验用城市生活垃圾的物质组成　　　　　　　单位：%（收到基）

纸	塑料、橡胶	竹木	纤维	金属	玻璃、陶瓷	其他[①]
0.17	20.58	0.76	4.57	1.07	3.35	69.50

① 指渣土、砾石和直径小于 10mm 的筛下物（主要是渣土、砾石等，另有少量果皮壳、木屑等）。

表 4-11　试验用城市生活垃圾的化学组成与性质

	$w_B/\%$									$Q_{net.ad}/(kJ/kg)$
M_{ad}	A_d	V_{daf}	FC_{daf}	C_{daf}	H_{daf}	$O_{daf}^{①}$	N_{daf}	$S_{t.d}$	Cl_d	
10.23	52.80	73.50	26.50	52.29	6.45	37.95	0.18	0.34	1.14	7472.6

① 采用差减法。

煤样系徐州旗山矿的煤，煤质特征见表 4-12。

表 4-12　旗山煤煤质特征

	$w_B/\%$									$Q_{net.ad}/(kJ/kg)$
M_{ad}	A_d	V_{daf}	FC_{daf}	C_{daf}	H_{daf}	$O_{daf}^{①}$	N_{daf}	$S_{t.d}$	Cl_d	
2.31	9.43	38.12	61.88	78.66	4.95	14.53	1.23	0.57	—	29910.5

① 采用差减法。

（2）试验

试验设备采用 SPC-240 型破碎机、NYL2000D 型液压机。试验用成型模具为 ϕ30mm、高 30mm、模面为球形的圆柱形钢模，如图 4-12 所示。

图 4-12　试验用成型模具示意

垃圾可燃部分、煤样及灰土（垃圾中不可燃部分）按设定比例混合后，加入计量的水，陈化 48h 以上，其间不断翻动以确保物料中水分布均匀。为保证得到高质量的 RDF，物料在成型前均经过 25kN 压力预压。然后，把试样装入成型模具，以约（2.4±0.2）MPa/s 的升压速率进行加压，达预定压力后，按预定时间恒压，终经卸压、出模，得到 RDF。

制备后的 RDF 在自然放置 2min、24h、10d 后，分别进行性质测定。迄今我国尚未有测试城市生活垃圾或 RDF 组成和性质的国家标准，但按照国内外目前通行的办法，把 RDF 视为和煤、油页岩等固体燃料相似的含能材料，参照煤的分析方法进行 RDF 的成分分析和性质测定。

参照《工业型煤热稳定性测定方法》（MT/T 924—2003）测定 RDF 的热稳定性；采用《工业型煤落下强度测定方法》（MT/T 925—2003）测定 RDF 的机械强度。在热稳定性试验中，分别以 RDF 焦渣＋6mm 筛上物及－1mm 筛下物占总焦渣的质量分数作为热稳定性的主要指标和辅助指标。在落下试验中，相对标准做了微调，将 RDF 从 2m 高抛下 2 次，落在水泥地板上而不是标准规定的钢板上，分别计算试验前后的 RDF 质量，以＋25mm 筛上物所占质量分数作为落下强度指标。

将部分 RDF-5 破碎，取其中 6～13mm 的颗粒约 500cm³，称量后装入 5 个容积为 100cm³ 的带盖坩埚中。把坩埚在 （850±15）℃ 的马弗炉中加热 30min 后取出冷却、称量、筛分。以粒度大于 6mm 的残焦质量占干馏残焦质量总量的百分数作为热稳定性指标 TS_{+6}，以粒度大于 3mm 的残焦质量占干馏残焦质量总量的百分数作为热稳定性辅助指标 TS_{+3}。

参照煤炭自由膨胀系数的分析方法测定 RDF-5 的黏结性指标，即将装有一定质量的 RDF-5 分析样的专用坩埚放入电加热炉内，按规定的方法加热。所得的焦块与一组带有序号的标准焦块侧形相比较，取其最接近的焦形序号作为测定结果。

RDF-5 的反应活性也比照煤炭活性的分析方法进行。先将 RDF 干馏除去挥发物，筛分并选取一定粒度的焦渣装入管式炉内加热至一定温度，通入 CO_2 与焦渣反应。以被还原成 CO 的 CO_2 百分数 α（％）作为 RDF 的反应活性。

（3）制备过程中 RDF 的影响因素

① 成型压力　试验在含水率 5％、煤配比为 20％、不同的成型压力下，对空气干燥基上山垃圾样进行了成型试验。成型时无恒压时间，对所得 RDF 外观、密度、落下强度的观察及测试结果汇总于表 4-13。

表 4-13　不同压力下 RDF 的外观及性质

成型压力 p/MPa	表 观 性 质①	密度 ρ②/(g/cm³)	落下强度②/％
35	成型差,松散、易破,手轻触可碎	—	—
70	成型较好,表面暗淡,手按可碎	1.45	41.4
106	成型好,表面光滑,手按不易碎	1.47	53.5
140	成型很好,表面光滑,手按不碎	1.50	59.8
180	成型好,表面有胀裂,手按不易碎	1.49	57.1

① 将 RDF 的表观性质按外观、硬度、表面光滑程度及形状分为差，较好，好，很好。
② 制备后 2min 内所测数值。

从表 4-13 中可以发现，在一定范围内，成型压力升高有利于 RDF 质量的提高。混煤垃圾成型的压力下限约在 70MPa，此时 RDF 密度接近或高于 1.45g/cm³。当成型压力到达 180MPa 后，RDF 的干密度和落下强度均开始下降。这是因为，在刚开始加压时，物料所占体积随着压力的增加逐渐减小，但物料颗粒并未发生变形，此时虽能制成一定形状的型块，但强度很差，稍碰即碎。而在成型阶段，压力逐渐增大直到足以使物料颗粒产生形变，这时颗粒进一步密集，粒子之间接触面大大增加，强度随之提高。超过 140MPa 后，压力的继续增加导致了物料中不坚固粒子特别是煤粒及灰土颗粒的破坏，此时物料内部的弹性力开始占主导地位，如成型压力过高（如表 4-13 中的 180MPa），在压力卸除后物料颗粒会出现反弹、RDF 出现胀裂，强度相应下降。图 4-13 给出不同成型压力下的 RDF 照片。

(a) 70MPa　　　　(b) 106MPa　　　　(c) 140MPa　　　　(d) 180MPa

图 4-13　不同成型压力下的 RDF 照片

② 放置时间 由于 RDF 使用以前通常要经过贮存和运输，因而 RDF 尺寸、密度等在室温下的耐久性决定了其实用性。在煤含量 20%、成型压力 106MPa、不同含水率、无恒压时间条件下制备 RDF，测定其轴向膨胀率和干密度随贮存时间的变化，结果如图 4-14 所示。可以看出，膨胀最快发生在产品刚出模后 2min，并且最初含水率越高，膨胀越大。同时，原料含水率为 5% 的 RDF 在测试的 10d 内，持续膨胀，干密度也持续降低，这可能是由于其中的纸吸水膨胀的缘故。

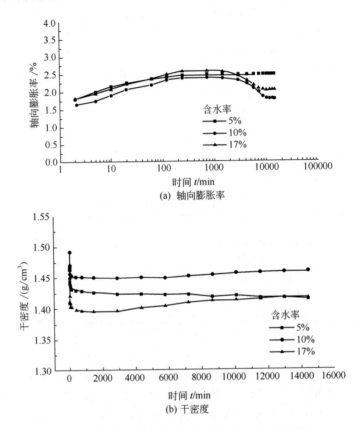

图 4-14 轴向膨胀率和干密度随放置时间的变化

根据单因素试验结果，可以确定影响 RDF 理化性质的主要因素包括成型压力、含水率、灰土含量及煤配比。在此基础上，采用正交试验的方法对成型工艺参数进行了优化，试验条件下 RDF 制备的优化工艺参数可定为成型压力 106MPa、含水率 10%、灰土含量 20%、煤配比 20%。

按最优生产条件补做试验。所得产品的性质列于表 4-14，图 4-15 给出了 RDF 产品的焦渣反应活性。

表 4-14 RDF 产品性质

M_{ad}	A_d	V_{daf}	$S_{t,d}$	Cl_d	干密度 /(g/cm³)	落下强度 /%	抗压强度 /(N/个)	灰熔点 /℃	$Q_{net,ad}$ /(kJ/kg)
2.58	39.04	66.42	0.56	1.18	1.46	78	426	1160	11960.18

（表头第一行："$w_B/\%$" 横跨 M_{ad}、A_d、V_{daf}、$S_{t,d}$、Cl_d 五列）

从表 4-14 可以看出，RDF 产品的落下强度达到了 78%，抗压强度达到 426N/个，灰

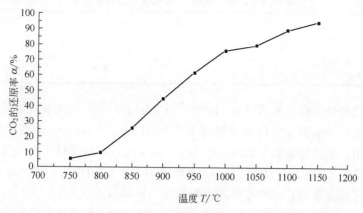

图 4-15　RDF 产品的焦渣反应活性

熔点为 1160℃，满足气化炉入炉原料的质量要求。由图 4-15 可知，RDF 的焦渣反应活性要高于一般的气化烟煤，这也说明用生活垃圾掺煤做成的 RDF 用于热解-气化处理是可行的。

（4）初步结论

城市生活垃圾制备成 RDF 后进行热解-气化处理，是一种城市固体废弃物高效洁净能源化利用技术。试验研究的结果表明，在合适的配料、适宜的工艺条件下，以无黏结剂高压成型工艺制备出冷热强度均符合热解-气化工艺要求的 RDF。采用正交试验的方法对工艺参数优化的结果是：成型压力 106MPa，含水率 10%，灰土含量 20%，煤配比 20%。

3. 工业规模成型机成型研究

城市生活垃圾试样仍取自徐州市上山垃圾焚烧场，并配以徐州旗山煤矿的低变质程度烟煤。

（1）RDF 制备

将采集的具有代表性的城市生活垃圾试样经手选分类、称重并计量，自然干燥，把垃圾样中的"软"成分（纸、塑料、纤维等）和"硬"成分（渣、土等）分别采用剪切式和颚式破碎机破碎到 3mm 以下，然后将破碎后的各成分彻底混合，即制得具有一定热值的"绒毛"状 RDF（f-RDF，即 RDF-1）。

将煤样破碎至 3mm 以下，按一定的比例把 RDF-1 与破碎的煤采用混捏机混合，最后在一定的压力下，采用 20t/h 的工业生产用对辊成型机（如图 4-16 所示）把 RDF-1 和煤的混合物制成尺寸为 25mm 的卵状致密的 RDF（d-RDF，RDF-5）。

（2）垃圾和 RDF 的热值与堆密度

垃圾的 RDF 的低位发热量与堆密度列于表 4-15 中。表中采用加权算术平均法计算配有不同含量煤的 RDF-5 的发热量。

图 4-16　对辊成型机

表 4-15　垃圾和 RDF 的低位发热量与堆密度

试　样	垃圾	RDF(含 10％煤)	RDF(含 20％煤)	RDF(含 30％煤)
$Q_{\text{net,ad}}$/(kJ/kg)	7472.6	9716.3	11960.2	14204.0
堆密度/(kg/m³)	428.3	平均 2360		

　　一般地，当垃圾的低位发热量在 4200～5000kJ/kg 时即可采用焚烧法处理，但若要保证高效洁净焚烧，一般推荐低位发热量高于 6000kJ/kg，并添加少量煤、油等辅助燃料。从表中可以看出，生活垃圾的平均热值约为 7473kJ/kg，直接焚烧需在焚烧过程中添加较多辅助燃料以保证正常的运行状况。将煤与垃圾配合制成的 RDF 平均热值高于 10000kJ/kg，这种燃料不仅可用于焚烧，还有直接用于热解和气化的潜力。

　　另外，表 4-15 中的数据也表明，垃圾制备成 RDF 后，堆密度明显增大，单位体积的能量含量同时大幅度提高。

　　（3）RDF 的跌落强度与掺煤量及成型压力的关系

　　RDF 的跌落强度与掺煤量及成型压力的关系如图 4-17 所示。从图中可以看出，将生活垃圾在无黏结剂的条件下直接冷压成型，即使压力提高到 15MPa（对辊成型机压力站读数，下同），RDF 的跌落强度仍较低，不超过 60％。造成这个情况的原因可能是城市生活垃圾中所含的 PVC、纸、纤维等都是弹性大而成型特性差。虽然提高成型压力可提高 RDF 的强度，但这将增加动力消耗，并且强度提高的幅度也有限。这与以美国典型垃圾成分（塑料、纸）为原料采用冲压式无黏结剂冷压成型时所得的结果相似。

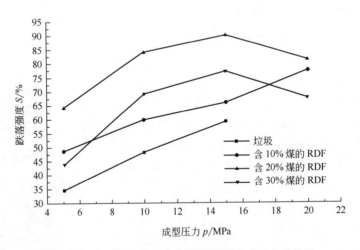

图 4-17　RDF 的跌落强度与掺煤量及成型压力的关系

　　添加部分煤对提高 RDF 强度的效果极为明显：向城市生活垃圾中掺入 20％的煤，在 5MPa 的成型压力下，RDF 的跌落强度即接近 65％，在 15MPa 的成型压力下，RDF 的跌落强度超过了 90％。这对 RDF 的贮存、运输和使用都是极为有利的。

　　从图 4-17 中还可以看出，RDF 的跌落强度主要取决于成型压力，适当提高成型压力可制备高强度的 RDF。然而，RDF 成型过程受多因素影响，RDF 的强度也与垃圾组成、掺煤量等因素有关。图 4-17 明显地表明，以垃圾和掺加 10％ 煤的垃圾-煤混合物为原料制备 RDF 时，在压力达 20MPa 时还没有出现极限压力，而分别掺入 20％和 30％的煤制备 RDF 时，在 15MPa 时就出现极限压力，再增加压力，RDF 的机械强度开始降低。

（4）RDF 的气化工艺性质

① RDF 的黏结性　坩埚膨胀系数（自由膨胀系数）是一种通过测定固体燃料在隔绝空气条件下受热后的膨胀性以及产生胶质体而黏结成块状焦炭的能力来判断黏结性的方法。

RDF 的黏结性对其气化过程影响极大。若 RDF 有很强的黏结性，在气化炉内将会黏结成大块，从而破坏移动床气化炉内气化剂的均匀分布，严重时造成停产。

对 RDF 坩埚膨胀系数测定结果表明，掺有不同含量煤制备的 RDF，坩埚膨胀序数均为 1 左右，不表现出黏结性。

② RDF 的热稳定性　指在高温下 RDF 对热的稳定程度。热稳定性越差，在固定床气化过程中破碎程度越高，细粒颗粒轻则增大炉内阻力和带出物数量，降低气化效率；重则破坏整个气化过程，甚至造成停炉事故。RDF 的热稳定性是其能否应用于气化的重要指标之一。

图 4-18 表明，以 TS_{+6} 和 TS_{+3} 表示的 RDF 的热稳定性随着掺煤量和成型压力的改变

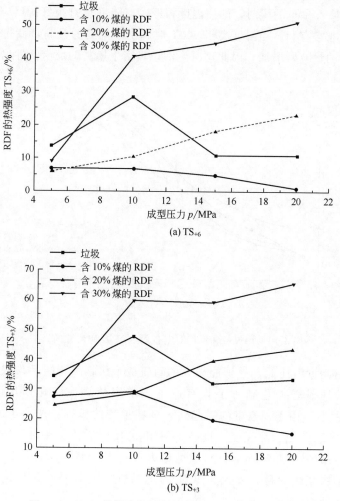

图 4-18　RDF 的热稳定性与掺煤量及成型压力的关系

有相同的变化规律：在 $5\sim20MPa$ 的成型压力范围内，以垃圾和掺有少量（10%）煤制备的 RDF，其热稳定性随成型压力的提高而升高，但在 10MPa 附近出现极限成型压力；以掺煤 20% 以上的垃圾制备的 RDF，其热稳定性在整个试验成型压力范围内均随着成型压力的提高而增大。出现这个规律的原因尚需进一步深入研究才能知晓，目前能做的猜测是垃圾中不同热性质的物质（如塑料、橡胶）和掺入的较高挥发分的煤交互作用的结果。

图 4-18 说明了掺煤量的对制备的 RDF 的热稳定性有较大的影响。对添加 20% 煤的垃圾使用 15MPa 的成型压力可使 TS_{+3} 超过 40%，掺煤 30% 的垃圾以 10MPa 的成型压力就使 TS_{+3} 达到 60% 以上，基本能够满足气化工艺对 RDF 的要求。

③ RDF 的反应活性　直接反映了 RDF 在气化炉中还原层的化学反应能力。此外，反应活性还影响气化过程中 RDF 消耗量、耗氧量及处理后可燃气的有效成分。

RDF 的反应活性均随着反应温度的升高而增大，而且在温度低于 900℃ 时，掺入煤制备的 RDF 的反应活性比仅由垃圾制成的 RDF 有更高的化学反应活性，特别是掺入较多量煤的 RDF 的高反应活性一直保持到 1050℃。煤炭化后产生较多的孔隙结构，这是煤的加入对 RDF 反应活性提高的主要原因。

研究发现当掺入 30% 的煤时，即使温度很低时，RDF 也有很好的反应活性（图 4-19），因此对低温气化非常有利。当温度高于 900℃ 时，由于温度的升高，使得挥发分减少，能起反应的固定炭的量有所增加，因此这时生活垃圾衍生燃料的反应活性增高。

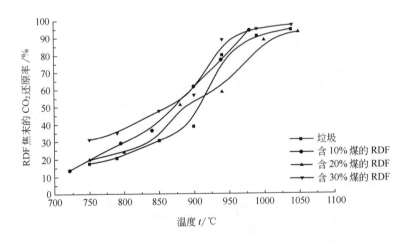

图 4-19　掺煤量和温度对制备的 RDF 反应活性的影响

因此，利用能量消耗低、处理能力大的对辊成型机以城市生活垃圾为原料，采用简洁的无黏结剂冷压成型工艺制备了具有适于固定床焚烧或气化使用特性的 RDF。在 RDF 的制备过程中，掺入一定量的煤起到了一些独特的作用：调节了 RDF 的热值，保证了 RDF 具有满意的冷、热强度，提高了 RDF 的反应活性。在研究条件下，向垃圾中掺入 20%～30% 的煤、15MPa 左右的成型压力（对辊成型机压力站读数）是制备 RDF 的较优条件。值得指出的是，掺入的煤对 RDF 特性（尤其是对热稳定性）的影响机理有待进一步深入研究。

根据技术开发的结果，还可确定这种新型 RDF 制备工艺的原则流程，见图 4-20。

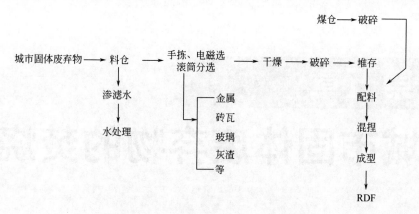

图 4-20　新型 RDF 制备工艺的原则流程

第五章

城市固体废弃物的焚烧

第一节 概 述

燃烧是在供有充足氧化剂的条件下含能物质完全氧化的过程。垃圾焚烧是一种高温热处理技术，以过量的空气与城市生活垃圾在焚烧设备内进行氧化燃烧反应，垃圾废物中的有害有毒物质在 $800\sim1200℃$ 的高温下氧化、热解而被破坏，同时垃圾所含的能量释放出来。

生活垃圾经过焚烧处理，一般体积可减少 $80\%\sim95\%$。一些危险性固体废弃物通过焚烧，可以破坏其有毒有害有机物或杀灭病原菌，达到无害化的目的。许多可燃性生活垃圾含有潜在的能量，可通过焚烧产生热能。热值低的生活垃圾需添加辅助燃料才能燃烧，这会使运行费用增高，如果有条件辅以适当的废热回收装置，则可降低废弃物焚烧成本。生活垃圾焚烧热的利用包括供热和发电。生活垃圾的有效热值高时，焚烧热可用于发电，生活垃圾的有效热值不够大时，焚烧热往往用于热交换器及废热锅炉产生热水或蒸气。另外，焚烧热还可用于预热废弃物本身、预热燃烧空气等。若对回收热能无十分把握，只能暂时放弃热能的利用，服从焚烧废弃物这个主要目的。

热能转化为机械功再转化为电能的过程，热效率不高，焚烧炉-废热锅炉典型热效率是 3%，蒸气透平-发电机系统典型热效率只有 30% 左右，如果采用焚烧炉-蒸气锅炉-透平机-发电机系统回收利用其能量，整个热效率只有 20%。若产生的动力中一部分用于其前端加工系统（破碎、分选），则净输出的动力只占整个热效率的 17.5%。焚烧过程能量平衡如图 5-1 所示。

在焚烧处理城市生活垃圾时，也常常将垃圾焚烧处理前暂时贮存过程中产生的渗滤液和臭气引入焚烧炉焚烧处理。废弃物焚烧厂按其处理规模和服务范围，分为区域集中处理厂和就地分散处理厂，集中处理厂规模大、设备先进、无害化程度高，有利于能源的回收和利用。

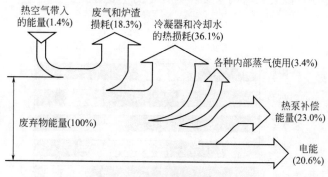

图 5-1　焚烧过程能量平衡

　　废弃物焚烧处理流程及焚烧炉的结构主要由废弃物的种类、形态、燃烧特性和补充燃料的种类来决定，还与系统的后处理以及是否设置废热回收设备等因素有关。一般，对于易处理、数量少、种类单一及间歇操作的废弃物处理，工艺系统及焚烧炉本体尽量设计得比较简单，不必设置废热回收设施。对于数量大的废弃物并需要连续进行焚烧处理时，应尽可能考虑废热回收措施，以充分利用高温烟气的热能。为了安全可靠地回收热能，可将那些低熔点物质预先分出另作处理，则所产生的烟气就比较干净并可减少对废热锅炉等设备的危害。

　　废弃物焚烧后的高温烟气还存在烟气净化问题，这是焚烧处理工艺过程中一个重要的组成部分，有时还成为较难处理的问题。

　　垃圾焚烧、回收能源是今后处理城市生活垃圾的重要发展方向。目前在工业发达国家焚烧已成为城市生活垃圾处理的主要方法之一得到广泛应用。我国也正在加快开发研究的速度，以推进城市垃圾的综合利用。

一、国外城市固体废弃物焚烧技术的发展与应用现状

　　焚烧法处理城市生活垃圾已有 100 多年的历史，但出现有控制的焚烧（烟气处理、余热利用等）只是近几十年的事。与填埋法相比，垃圾的焚烧具有占地小、场地易选、处理时间短、减容减量效果好、无害化程度彻底以及可利用垃圾焚烧余热等优点，在发达国家得到越来越广泛的应用。

　　现代城市生活垃圾的焚烧历史可以追溯到 19 世纪中期的英国。20 世纪 50 年代，西方国家经济的迅速发展也使城市生活垃圾的数量迅速增加。由于垃圾焚烧处理所具有的优异的废弃物减量化效果（体积和重量分别可缩减 70％～90％和 50％～80％），从 60 年代开始加快了焚烧处理城市垃圾的发展速度。到 70 年代，能源危机引起人们对垃圾能量的兴趣，由于焚烧具有利用垃圾中能量的可能，于是垃圾焚烧得到了进一步的广泛使用，而且气体污染净化技术的应用也使焚烧气产生的二次污染大大减轻。进入 90 年代，由于全球经济的飞速发展和城市生活垃圾处理技术的不断提高，各国城市生活垃圾处理方式的比例也发生了明显的变化，传统的填埋法所占的比例开始下降，堆肥法所占的比例基本不变，而焚烧法的应用则出现了较大趋势的提高。图 5-2 给出了 2009 年世界各国和地区城市生活垃圾焚烧所占比重，其中我国垃圾处置方式数据来自《2009 中国环境统计年鉴》，其他国家数据引自《UNSD/UNEP2006 Environment Statistic Data》。从图中可以看出能

源化利用是典型土地资源紧缺型国家废弃物处置的主要方式。

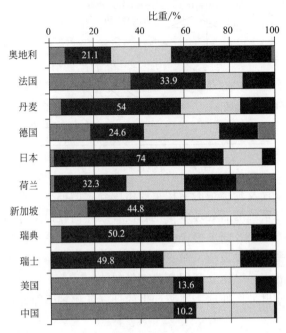

图 5-2　2009 年世界各国和地区城市生活垃圾焚烧所占比重

从 20 世纪 80 年代起，美国政府投资 70 亿美元，兴建了 90 座垃圾焚烧厂，年总处理能力 $3×10^7$ t。至 90 年代，美国已建 402 座垃圾焚烧厂，焚烧率达 18%，到 2000 年又提高到了 40%。至今，美国已建 114 座垃圾电站，总容量达 2650MW，位居世界第一。其中底特律拥有世界上最大的垃圾发电厂，日处理量可达 4000t。夏威夷垃圾发电厂装有 2 台垃圾焚烧炉，日处理能力为 2160t，它们可提供全市 6% 的电力。在过去 6 年运营中，已处理掉 $4.99×10^6$ t 垃圾，相当于全岛垃圾的 90% 以上。同时美国有 15 家焚烧厂使用了垃圾衍生燃料（RDF）作为焚烧炉燃料。

日本 3/4 的垃圾是通过焚烧炉来焚烧的，日本是目前生活垃圾焚烧技术最先进的国家，拥有世界上数量最多的焚烧炉。焚烧炉型主要有炉排炉（比例最大）、流化床焚烧炉和气化熔融炉。2006 年，日本生活垃圾总量为 $5.207×10^7$ t，人均生活垃圾产生量为 1.115kg/d，循环利用总量为 $1.021×10^7$ t，焚烧量为 $3.506×10^7$ t，最终处理量为 $6.8×10^6$ t。2006 年，日本生活垃圾的减量化率为 97.5%，直接填埋处理率为 2.5%，循环利用率为 19.6%。焚烧处理是日本最主要的生活垃圾处理方式，处理量占总产生量的 75% 以上；直接填埋的生活垃圾所占比例不足总产生量的 3%，而且还在逐年下降。今后发展的垃圾填埋场基本上都将作为最终处理厂使用。

1965 年德国只有 7 台垃圾焚烧炉，年处理量为 $7.18×10^5$ t，发电量占全国居民用电量的 4.1%。1985 年，德国的焚烧炉已有 46 台，焚烧垃圾年处理量占该年垃圾生产量的 30%，约为 $8×10^6$ t，产生的电能可供全国人口 34% 的居民用电。在柏林、慕尼黑、汉堡等大中城市，民用电的 10%～17% 来自垃圾焚烧。1995 年德国垃圾焚烧发电的受益人口占比已经达到 50%。2005 年，德国的垃圾焚烧厂数量已经达到 73 座，总处理规模达 $1.7922×10^7$ t/a，焚烧处理比例超过了 55%。在德国的 73 座垃圾焚烧厂中，日处理能力在 300t 以下的共有 12 座，合计处理能力为 $8.2 \times 10^5 t/a$；日处理能力为 $301 \sim 600t$ 的共有 24 座，合计处理能力为 $3.832 \times 10^6 t/a$；日处理能力为 $601 \sim 1000t$ 的共有 21 座，合计处理能力为 $5.543 \times 10^6 t/a$；日处理能力在 1000t 以上的共有 16 座，合计处理能力为 $7.584 \times 10^6 t/a$。

法国 2006 年共有垃圾焚烧厂 128 座，处理城市生活垃圾 12.3Mt/a，法国环保部门于 1992 年 7 月起开始执行废弃物管理政策，回收利用的量明显增加，到 2000 年垃圾焚烧厂有余热利用的已经占到了 86.9%，而没利用的只占 13.1%，从 2002 年开始，法国填埋场只接受经过再循环利用处理并已没有任何使用价值的垃圾。

二、我国城市固体废弃物焚烧技术的发展与应用现状

我国城市生活垃圾焚烧技术始于 20 世纪 80 年代末，在 20 世纪 90 年代后期得到了迅速发展，目前国内正在使用或研究开发新的焚烧炉，或借鉴国外已有的焚烧炉，引进或仿制国外 20 世纪 80 年代的炉型与设备系统；或以一般燃煤锅炉或其他工业炉窑为参照，将这些燃烧技术和工艺移植过来进行垃圾焚烧处理。

2010 年焚烧技术在中国垃圾处置比例为 19.2%，但中国垃圾无害化率仅为 77.9%，仍有 20% 以上的垃圾处于无序管理状态。中国垃圾处置技术应用的发展由自身国情和经济发展水平决定，由过去的填埋占绝对地位，到现在以及未来很长时期内以填埋为主、焚烧技术快速发展，再到未来的垃圾综合利用得到长足发展，基本形成垃圾综合利用、焚烧和填埋垃圾梯级处置的稳定结构。我国垃圾处置技术应用如图 5-3 所示。

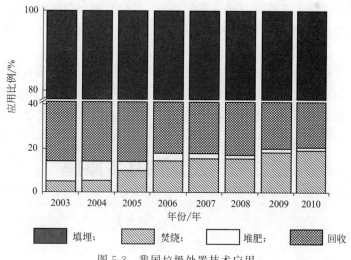

图 5-3　我国垃圾处置技术应用

到 2010 年，我国垃圾焚烧厂数量为 104 家，主要分布在沿海各省，尤其是浙江（22 家）和广东（16 家）最多。这和美国垃圾焚烧厂分布相似。我国垃圾焚烧厂单厂平均处理量为 816t/d，最大处理量为 1500t/d，垃圾发电量在 $250 \sim 300 kW \cdot h/t$ 之间，我国垃圾焚烧炉技术主要有流化床和炉排炉，流化床技术为国内自有技术，炉排炉技术主要引进国外技术和设备。根据统计，中国运行的垃圾焚烧厂中采用流化床技术的焚烧发电厂有 47 座，合计处理能力为 $4.0 \times 10^4 t/d$，发电装机容量超过 1000MW；采用炉排炉技术的焚

烧发电厂有 49 座，合计处理能力为 $4.24 \times 10^4 t/d$，发电装机容量超过 700MW；其余少部分为热解炉和回转窑炉。流化床焚烧炉具有较好的垃圾适应性，在热值不足时可添加辅助燃料，在热值符合要求时停止使用，调节灵活，我国垃圾焚烧炉烟气净化系统主要采用半干法＋活性炭喷射＋布袋。根据《中国履行〈关于持久性有机污染物的斯德哥尔摩公约〉国家实施计划》（NIP）统计，2004 年中国二噁英总排放量为 10.23kg TEQ，其中生活垃圾焚烧量为 580g TEQ，2008 年总排放量降到了 6.45kg TEQ，降低率为 37.0％。根据浙江大学和大连化学物理研究所检测数据，得到中国现阶段生活垃圾焚烧二噁英烟气排放符合国家相关排放标准（1.0ng TEQ/m³）的达标率约为 78.3％，比 2004 年的排放监测达标率（58％）提高了约 20％，其中达到欧盟相关排放标准（0.1ng TEQ/m³）的比率约为 43.5％。

三、垃圾焚烧技术的特点

焚烧技术在处理城市垃圾方面得到如此广泛的应用，是因为它有许多独特的优点：垃圾经焚烧处理后，其中的病原体被彻底消灭，燃烧过程中产生的有害气体和烟尘经处理后达到排放要求，无害化程度高；经过焚烧，垃圾中的可燃成分被高温分解后，一般可减重 80％和减容 90％以上，减量效果好，可节约大量填埋场占地，焚烧筛上物效果更好；垃圾焚烧所产生的高温烟气，其热能被废热锅炉吸收转变为蒸汽，用来供热或发电，垃圾被作为能源来利用，还可回收铁磁性金属等资源，可以充分实现垃圾处理的资源化；垃圾焚烧厂占地面积小，尾气经净化处理后污染较小，可以靠近市区建厂，既节约用地又缩短了垃圾的运输距离，对于经济发达的城市尤为重要；焚烧处理可全天候操作，不易受天气影响；随着对城市生活垃圾填埋的环境措施要求的提高，焚烧法的操作费用可望低于填埋法。

值得指出的是，焚烧法远非完美。焚烧法投资大，占用资金周期长；焚烧对垃圾的热值有一定要求，一般不能低于 3360kJ/kg（800kcal/kg），限制了它的应用范围；焚烧过程中也可能产生较为严重的二噁英问题，必须对烟气投入很高的资金进行处理。

第二节　焚烧的基本原理

一、基本概念

1. 燃烧

通常把具有强烈放热效应、有基态和电子激发态的自由基出现并伴有光辐射的化学反应现象称为燃烧。燃烧可以产生火焰，而火焰又能在合适的可燃介质中自行传播。火焰能否自行传播，是区分燃烧与其他化学反应的特征。燃烧过程伴随着化学反应、流动、传热和传质等化学过程及物理过程，这些过程是相互影响、相互制约的。因此，燃烧过程是一个极为复杂的综合过程。

2. 着火与熄火

着火是燃料与氧化剂由缓慢放热反应，发展到由量变到质变的临界现象。从无反应向稳定的热反应状态的过渡过程即为着火过程；相反，从强烈的放热反应向无反应状况的过渡就是熄火过程。

工业应用的燃烧设备，尽管其特点和要求不同，但它们对启动过程都有共同的要求，即要求启动时迅速、可靠地点燃燃料并形成正常的燃烧工况，且一旦建立后，要求在工作条件改变时火焰保持稳定而不熄火。

影响燃料着火与熄火的因素很多，例如燃料性质、燃料与氧化剂的成分、过剩空气系数、环境压力及温度、气流速度、燃烧室尺寸等，这些因素可分为两类，即化学反应动力学因素和流体力学因素，或叫化学因素和物理因素。着火与熄灭火过程就是这两类因素相互作用的结果。

在日常生活和工业应用中，最常见到的燃料着火方式为化学自燃、热自燃和强迫点燃。

① 化学自燃 这类着火通常不需要外界加热，而是在常温下依靠自身的化学反应发生的。例如金属钠在空气中的自燃，烟煤因长期堆积通风不好而自燃等。

② 热自燃 将一定量的可燃气体混合物放在热环境中使其温度升高。由于热生成速率是温度的指数函数，而热损失只是一个简单的线性函数，因此只要稍微增加反应混合物的温度，其温度上升率就会大大增加。这样当热量生成速率超过损失速率，着火就会在整个容器内瞬间发生，燃烧反应就能自行继续下去，而不需要进一步的外部加热。这就是热自燃着火机理。

③ 强迫点燃 工程上所用的点火方法常为强迫点燃，就是用炽热物体、电火花及热气流等使可燃混合物着火。强迫点燃过程可设想成一炽热物体向气体散热，在边界层中可燃混合物由于温度较高而进行化学反应，反应产生的热量又使气体温度不断升高而着火。

3. 着火条件与着火温度

在一定的初始条件（闭口系统）或边界条件（闭口系统）之下，由于化学反应的剧烈加速，使反应系统在某个瞬间或空间的某部分达到高温反应态（即燃烧态），实现这个过渡的最低条件或边界条件便称为着火条件。着火条件不是一个简单的初温条件，而是化学动力参数和液体力学参数的综合函数。

容器内单位体积的混合气在单位时间内反应放出的热量，简称放热速度 $[Q(G)]$。单位时间内按单位体积平均的混合气向外界环境散发的热量，简称散热速度 $[Q(L)]$。着火的本质问题取决于放热速度 $Q(G)$ 与散热速度 $Q(L)$ 的相互作用及其随温度增长的程度。放热速度与温度呈指数曲线关系，而散热速度与温度呈线性关系。当压力（或浓度）不同时，则得到如图 5-4 所示的一组放热曲线 $[Q(G1)、Q(G2)、Q(G3)]$；当改变混合气的初始温度 $[T(初)]$ 时则得到一组平等的散热曲线 $[Q(L1)、Q(L2)、Q(L3)]$；同样改变 hF/V（h 为对换热系数；F 为容器表面积；V 为容器体积）时，则得到一组不同斜率的散热曲线 $[Q(L'1)、Q(L'2)、Q(L'3)]$。直线 $Q(L'2)$ 与曲线 $Q(G3)$ 相切于点 A。A 点以前放热速度总是大于散热速度，并不需要能量的补充，完全靠反应系统本身的

能量积聚自动达到 A 点。因此 A 点将标志由低温缓慢的反应态到不可能维持这种状况的过渡，点 A 为着火点（热自燃点），$T(a)$ 为着火温度（热自燃温度）。

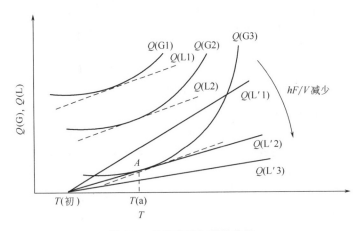

图 5-4　放热曲线与散热曲线

4. 热值

单位质量的垃圾完全燃烧所放出的热量，称为垃圾的发热量或垃圾的热值，以 kJ/kg 或 kcal/kg 计。垃圾的发热量可以通过标准试验测定，即氧弹测热仪测量，或者通过元素组成做近似计算。最常用的方法是将混合垃圾试件分类，求出其组成物的百分比，然后测定各组成物质单一质地的热值，最后采用比例求和的方法得到混合垃圾的热值。

各垃圾成分的发热量有高位发热量（粗热值）和低位发热量（净热值）之分。高位发热量是物料完全燃烧产生的全部热量，即全部氧化释放出的化学能，它包括了燃烧产生的全部水蒸气消耗的汽化热。而实际燃烧过程中，烟气中的水蒸气在炉子范围内，因温度普遍都会高于 100℃，不会出现凝结，因而这部分汽化潜热在实际过程中是不能加以利用的。高位发热量扣除烟气中水蒸气消耗的汽化热，就是低位发热量（或称净热值）。高、低位发热量之间的关系为

$$Q_d = Q_g - 25 \times (9H^y + W^y) \tag{5-1}$$

式中，Q_d 为低位发热量，kJ/kg；Q_g 为高位发热量，kJ/kg；H^y 为垃圾的含氢量，%；W^y 为垃圾的含水量，%。

从上式可以看出，W^y 越高，燃料的 Q_d 越小。焚烧技术中的各种计算采用的都是实际可利用的 Q_d 值。

城市生活垃圾的热值范围变化很大，主要受垃圾中水分 W^y 变化的影响。如果垃圾构成不变，只是因天晴下雨使水分由 W^{y1} 变成了 W^{y2}，其相应低位发热量也由 Q_{d1}^y 变成了 Q_{d2}^y，即

$$Q_{d2}^y = (Q_{d1}^y + 25W_1^y) \times \frac{100 - W_2^y}{100 - W_1^y} - 25W_2^y \tag{5-2}$$

城市生活垃圾能否采用焚烧法处理的最基本条件之一，就是看它的热值能否支持对它自身干燥，并维持一定高的焚烧温度。国外一种简便的判断方法就是用垃圾焚烧组分三元图（图 5-5）来做定性判别。

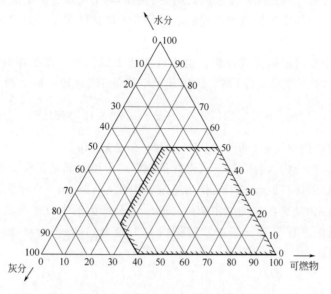

图 5-5　垃圾焚烧组分三元图

图中斜线覆盖部分为可燃区，边界上或边界外为不可燃区。从图中可以看出可燃区的界限值为：$W^y \leqslant 50\%$，$A^y \leqslant 60\%$，$R^y \geqslant 25\%$（R^y 为可燃成分）。可燃区表明垃圾的自身热值可供焚烧过程所需的干燥热量，热解过程热量和焚烧产生的烟气有足够高的温度。不可燃区指焚烧垃圾时必需外加燃料才能进行正常的焚毁。

三元图只是一个粗略的判断方法，对于焚烧工艺和焚烧炉的设计，必须做详细的物质平衡和热量平衡计算。

将粗热值转变成净热值也可以通过式(5-3) 计算。

$$Q_d^y = Q_g^y - 2420 \times \left[H_2O + 9 \times \left(H - \frac{Cl}{35.5} - \frac{F}{19} \right) \right] \tag{5-3}$$

式中，H_2O 为焚烧产物中水的质量分数，％；H、Cl、F 分别为废弃物中氢、氯、氟的质量分数，％。

实际上，焚烧过程是在焚烧装置中进行的。由于空气的对流辐射、可燃部分的未完全燃烧、残渣中的显热以及烟气的显热等原因都会造成热能的损失。因此，焚烧后可以利用的热值应从焚烧反应产生的总热量中减去各种热损失。

垃圾焚烧热的利用包括供热和发电。实践表明，由热能转变为机械功再转变为电能的过程，能量损失很大。因此，垃圾焚烧的热能往往用于热交换器及废热锅炉产生热水或蒸汽。

5. 理论燃烧温度

燃烧反应是由许多单个反应组成的复杂的化学过程，它包括氧化反应、气化反应、离解反应等，在这些单个反应中有放热反应，也有吸热反应。当燃烧系统处于绝热状态时，反应物在经化学反应生成平衡产物的过程中所释放的热量全部用来提高系统的温度，系统最终所达到的温度称为理论燃烧温度，即绝热火焰温度。这个温度与反应产物的成分有关，也与反应物的初温和压力有关。

第五章　城市固体废弃物的焚烧　**115**

绝热火焰温度的计算是比较复杂的，因为它会影响平衡成分的组成，反过来最终产物的平衡成分又会影响理论燃烧温度，它们之间是互为依赖的关系，故对它只能用渐近法计算来求得。

在实际工作中常可根据实践经验，运用近似法加以估算。在温度为25℃、许多烃类化合物燃烧产生净热值为4.18kJ时，约需理论空气量1.5×10^{-3}kg，故

$$m_{st} = 1.5 \times 10^{-3} \times \frac{NHV}{4.18} = 3.59 \times 10^{-4} NHV \tag{5-4}$$

式中，m_{st}为理论空气量，kg；NHV为净热值，kJ/kg。

以上指纯烃类化合物，若含氯，求得数值偏低，但可以满足工程要求。为了进一步简化，常以垃圾及辅助燃料混合物1kg作为基准，因此，$m_w + m_f = 1.0$（m_w为垃圾的摩尔质量，g/mol；m_f为辅助燃料的摩尔质量，g/mol）。产生的主要产物是CO_2、H_2O、O_2及N_2，它们的近似热容在16～1100℃范围内为1.254kJ/(kg·℃)。因此，可用式(5-5)计算绝热火焰温度。

$$NHV = m_p C_p (T - 298) + m_e C_p (T - 298) \tag{5-5}$$

式中，m_p为废气物质的摩尔质量，g/mol；m_e为废气中过量空气的摩尔质量，g/mol；C_p为近似热容，4.18 kJ/(kg·℃)；T为绝热火焰温度，K。

又因为$m_p = 1 + m_{st}$，空气过量率$EA = m_e / m_{st}$，将上面有关值计算得

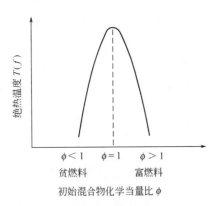

图5-6　绝热火焰温度与初始混合物化学当量比的关系

$$T = \frac{NHV}{1.254 \times [1 + 3.59 \times 10^{-4} NHV(1 + EA)]} + 298 \tag{5-6}$$

$$EA = \frac{\dfrac{NHV}{1.254 \times (T - 298)} - 1}{3.59 \times 10^{-4} NHV} - 1 \tag{5-7}$$

$$NHV = \frac{1.254 \times (T - 298)}{1 - 4.49 \times 10^{-4} \times (1 + EA)(T - 298)} \tag{5-8}$$

绝热火焰温度$T(f)$与初始混合物化学当量比ϕ密切相关，图5-6为绝热火焰温度与初始混合物化学当量比的关系。这里初始混合物化学当量比定义为：实际的（燃料/氧化剂）除以化学当量时的（燃料/氧化剂）。由图可知，当初始混合物按化学当量比相配合时，绝热火焰温度最高。在富燃料（$\phi > 1$）或贫燃料（$\phi < 1$）时，由于稀释效应，都会使$T(f)$降低。实际上，$T(f)$最大值出现在ϕ稍大于1的一侧。原因是系统中氧化剂稍有不足，将使产物的比热降低，$T(f)$上升。

二、焚烧过程

城市生活垃圾焚烧过程比较复杂，通常由干燥、热分解、熔融、蒸发和化学反应等传热、传质过程所组成。一般根据不同可燃物质的种类，分为蒸发燃烧、分解燃烧和表面燃烧3种。而从工程技术的观点看，又可将垃圾的焚烧分为3个阶段：干燥加热阶段；焚烧

阶段；燃尽阶段，即生成固体残渣的阶段。由于焚烧是一个传质、传热等的复杂过程，故这 3 个阶段没有严格的划分界限。从炉内实际过程看，送入的垃圾中有的物质还在预热干燥，而有的物质已开始燃烧，甚至已燃尽了。对同一物料来讲，物料表面已进入焚烧阶段，而内部还在加热干燥。这就是说上述 3 个阶段只不过是焚烧过程的必由之路，实际工况将更为复杂。

1. 干燥加热阶段

城市垃圾的含水率较高，而我国城市垃圾中植物性物质较多，其含水率更显得偏高，一般含水率都高于 30％（指混合垃圾）。如果将大部分无机物除去，即所谓的筛分后的有机垃圾，其含水率还将上升。因此，焚烧时的预热干燥任务很重。对机械送料的运动式炉排炉，从物料送入焚烧炉起到物料开始析出挥发分着火这一段，都认为是干燥加热阶段。随着物料送入炉内的进程，其温度逐步升高，其表面水分开始逐步蒸发，此时，物料温度基本稳定。随着不断加热，物料中水分大量析出，物料不断干燥。当水分基本析出完后，物料温度开始迅速上升，直到着火进入真正的燃烧阶段。在干燥加热阶段，物料的水分是以蒸汽形态析出的，因此需要吸收大量的热量——水的汽化热。

物料的含水率越大，干燥阶段也就越长，从而使炉内温度降低。水分过高，影响炉温降低太大，着火燃烧就困难，此时需投入辅助燃料燃烧，以提高炉温，改善干燥着火条件。有时也可采用干燥段与焚烧段分开设计，一方面使干燥段产生物大量水蒸气不与燃烧的高温烟气混合，以维持燃烧段烟气和炉墙的高温水平，保证燃烧段有良好的燃烧条件；另一方面干燥吸热是取自完全燃烧后产生的烟气，燃烧已经在高温下完成，再取其燃烧产物作为热源，就不致影响燃烧段本身了。

2. 焚烧阶段

物料基本上完成了干燥过程后，如果炉内温度足够高，且又有足够的氧化剂，物料就会很顺利地进入真正的焚烧阶段。焚烧阶段包括 3 个同时发生的化学反应模式。

（1）强氧化反应

燃烧包括产热和发光二者的快速氧化过程。如果用空气作氧化剂，则碳（C）和甲烷（CH_4）的燃烧反应为：

$$C+O_2+3.76N_2 \longrightarrow CO_2+3.76N_2 \tag{5-9}$$

$$CH_4+2(O_2+3.76N_2) \longrightarrow CO_2+2H_2O+7.52N_2 \tag{5-10}$$

以上反应是认为空气中的 N_2 不参加反应，而且干空气组成按容积比为：

$$0.21O_2+0.79N_2 = 1\ 空气 \tag{5-11}$$

或 $$O_2+3.76N_2 = 4.76\ 空气 \tag{5-12}$$

焚烧一个典型废物 $C_xH_yCl_z$，在理论完全燃烧状态下的反应式为：

$$C_xH_yCl_z+[x+(y-z)/4](O_2+3.76N_2) \longrightarrow$$
$$xCO_2+zHCl+(y-z)/2H_2O+3.76\times[x+(y-z)/4]N_2 \tag{5-13}$$

式中，x、y、z 分别为 C、H、Cl 的原子数。

上面列出的几个典型氧化反应都是完全氧化反应的最终结果。其实在这些反应中，还有若干中间反应，即使是碳的反应也还会出现若干型式，如

$$C + O_2 \longrightarrow CO_2$$
$$C + 1/2O_2 \longrightarrow CO$$
$$CO + 1/2O_2 \longrightarrow CO_2$$
$$C + CO_2 \longrightarrow 2CO \qquad\qquad (5\text{-}14)$$
$$C + H_2O \longrightarrow CO + H_2$$
$$C + 2H_2O \longrightarrow CO_2 + 2H_2$$
$$CO + H_2O \longrightarrow CO_2 + H_2$$

（2）热解

热解是在无氧或近乎无氧条件下，利用热能破坏含碳高分子化合物元素间的化学键，使含碳化合物破坏或者进行化学重组。尽管焚烧要求确保有 $50\% \sim 150\%$ 的过剩空气量，以提供足够的氧与炉中待焚烧的物料有效地接触，但仍有不少物料没有机会与氧接触。这部分物料在高温条件下就会进行热解。以常见的纤维素分子为例。

$$C_6H_{10}O_5 \longrightarrow 2CO + CH_4 + 3H_2O + 3C$$

被热解后的组分常是简单的物质，如气态的 CO、H_2O、CH_4，而 C 则以固态形态出现。

在焚烧阶段，对于大分子的含碳化合物（一般的有机固体废弃物）而言，其受热后，总是先进行热解，随即析出大量的气态可燃气体成分，如 CO、CH_4、H_2 或者分子量较小的挥发分。挥发分析出的温度区间在 $200 \sim 800$℃范围内。同一个物料在热解过程不同区间也不相同。因此，焚烧城市混合垃圾时，其炉温维持在多高是恰当的应充分考虑待焚烧物料的组成情况。特别要注意热解过程会产生某些有害的成分，这些成分如果没有充分被氧化（燃烧掉），则必然成为不完全燃烧产物。

（3）原子基团碰撞

焚烧过程出现的火焰，实质上是高温下富有含原子基团的气流，它们的电子能量跃迁，以及分子的旋转和振动产生量子辐射，包括红外的热辐射、可见光以及波长更短的紫外线。火焰的性状取决于温度和气流组成。通常温度在 1000℃左右就能形成火焰。气流包括原子态的 H、O、Cl 等元素，双原子的 CH、CN、OH、C_2 等，以及多原子的基团 HCO、NH_2、CH_3 等极其复杂的原子基团气流。在火焰中，最重要的连续光谱是由高温碳微粒发射的。废弃物组分中的原子基团碰撞还易使废弃物分解。

3. 燃尽阶段

物料在主焚烧阶段进行了强烈的发热、发光氧化反应之后，参与反应的物质浓度自然就减少了。反应生成的惰性物质，气态的 CO_2、H_2O 和固态的灰渣增加。由于灰层的形成和惰性气体比例的增加，剩余的氧化剂要穿透灰层进入物料的深部与可燃成分反应也越困难。整个反应处于不利状况。因此，要使物料中未燃的可燃成分反应燃尽，就必须保证足够的燃尽时间，从而使整个焚烧过程延长。该过程与焚烧炉的几何尺寸等因素直接相关。综上分析，可将燃尽阶段的特点归纳为一句话：可燃物浓度减少，惰性物增加，氧化剂量相对较大，反应区温度降低。要改善燃尽阶段的工况，常采用翻动、拨火等办法来有效地减少物料外表面的灰层，或控制稍多一点的过剩空气量，增加物料在炉内的停留时间等。

在整个焚烧过程中，燃烧结果至少有以下 3 种可能情况。

① 废弃物的主要部分很可能在一级燃烧室就很容易被氧化或被全部破坏，或者一部分废弃物在一级燃烧室被热解，而在第二燃烧室或后燃室达到完全焚毁。

② 很少一部分废弃物由于某种原因，在焚烧过程中逃逸而未被销毁，或只有部分被销毁。在此情况下，原有机有害组分（POHC）一般达不到销毁率要求。

③ 可能会产生一些中间产物，如某些不完全燃烧的排放物。这些中间产物可能比原废物更为有害。在此情况下，不完全燃烧产物（Products of Incomplete Combustion, PIC）很可能超过法定标准。

固体废弃物焚烧过程的内容和进行方式如图 5-7 所示。

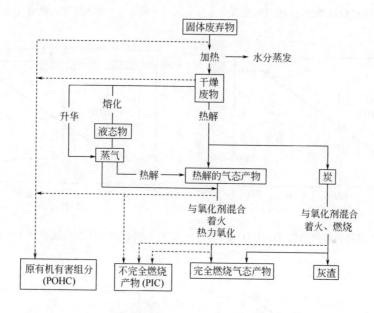

图 5-7　固体废弃物焚烧过程的内容和进行方式

三、热重法研究垃圾的燃烧特性

采用热重法（TGA）可以较为准确地表征城市生活垃圾不同组分的着火及燃烧特性。

由于城市生活垃圾组成的复杂性，对城市生活垃圾燃烧特性的研究可以通过研究其主要成分的燃烧特性达到对原生垃圾中废塑料、废纸、废弃织物类、植物类、厨余类和细粒类等成分的 TG[1]/DTG[2] 曲线、着火温度及其他燃烧特征参数的测定与分析，以确定垃圾组分的开始热分解温度、着火温度、燃尽温度以及平均燃烧速度等重要参数。这六类垃圾燃烧的 TG/DTG 曲线分别如图 5-8～图 5-13 所示。图中 W 为一定温度时垃圾的质量占起始质量的百分数。

---

[1]　TG 为热重分析（thermal gravimetry）。
[2]　DTG 为差热热重分析或微分热重分析（differential thermal gravimetry），即把热重分析的结果（曲线形式）对时间取微分。

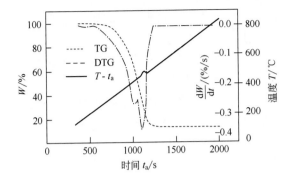

图 5-8　废塑料垃圾燃烧 TG/DTG 曲线

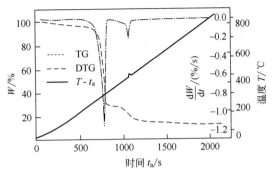

图 5-9　植物类垃圾燃烧 TG/DTG 曲线

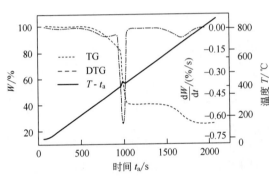

图 5-10　废弃织物类垃圾燃烧 TG/DTG 曲线

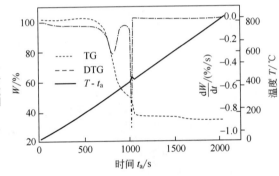

图 5-11　废纸垃圾燃烧 TG/DTG 曲线

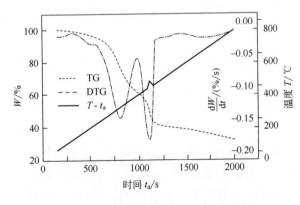

图 5-12　厨余类垃圾燃烧 TG/DTG 曲线

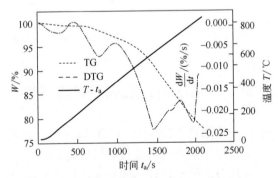

图 5-13　细粒类垃圾燃烧 TG/DTG 曲线

　　从这些曲线图可以看出，塑料类、植物类、织物类、纸张类和厨余类垃圾均存在明显的着火现象，而且植物类垃圾还存在二次着火现象，但细粒类垃圾则无明显的着火现象。不同种类的垃圾对应的不同着火现象与各自的实际组成密切相关，以有机组分为主的塑料类、植物类、织物类、纸张类和厨余类垃圾因其挥发分和固定碳等易燃和可燃物质含量高而易于着火，故具有明显的着火现象，而细粒类主要含有不可燃无机组分，因此无明显的着火现象。

　　城市生活垃圾不同组分的着火温度如表 5-1 所列。

表 5-1 城市生活垃圾不同组分的着火温度

组分	废塑料	植物类	废弃织物类	废纸	厨余类
着火温度/℃	457.92	t_{i1}:324.17 t_{i2}:441.25	413.33	425.00	460.00

注：t_{i1}、t_{i2}分别为垃圾组分的第一次着火温度和第二次着火温度。

表 5-1 表明，城市生活垃圾中可燃物如废塑料、植物类、废弃织物类、废纸和厨余类等的着火温度集中在 300～500℃ 之间，它们的着火由易到难依次为：植物类＞废弃织物类＞废纸＞废塑料＞厨余类。不同的可燃垃圾组分的不同着火温度与各组分的易燃和可燃物种类及含量密切相关。

城市生活垃圾中不同组分燃烧的失重特征参数见表 5-2。从表中的数据可以看出，城市生活垃圾各可燃组分 TGA 试验的平均燃烧速度由大到小依次为：植物类＞废纸＞废塑料＞厨余类＞废弃织物类＞细粒类。

表 5-2 城市生活垃圾中不同组分燃烧的失重特征参数

参　数	废塑料	植物类	废弃织物类	废纸	厨余类	细粒类
t_{10}/℃	254	254	268	266	256	259
W_0/%	96.9	96.4	98.7	96.4	93.7	99.2
t_{1p}/℃	423	339	333	343	339	325
t_{1f}/℃	—	341	382	397	408	409
W_f/%	29.9	85.6	52.8	61.4	97.0	
t_{20}/℃	—	436	382	397	408	409
t_{2p}/℃	458	441	414	427	460	609
t_{2f}/℃	523	454	442	435	491	747
W_{20}/%	13.0	18.8	40.9	37.5	42.0	83.9
t_{30}/℃	—	—	607	—	—	747
t_{3p}/℃			696			833
t_{3f}/℃			779			＞885
W_{2f}/%			25.6			＜78.5

注：t_{10}、t_{1p}、t_{1f}对应 DTG 曲线上第一个峰的起始温度、峰值温度和终了温度；W_0、W_f对应 TG 曲线上第一个峰物质的起始质量分数和终了质量分数；t_{20}、t_{2p}、t_{2f}对应 DTG 曲线上第二个峰的起始温度、峰值温度和终了温度；t_{30}、t_{3p}、t_{3f}对应 DTG 曲线上第三个峰的起始温度、峰值温度和终了温度；W_{20}、W_{2f}对应 TG 曲线上第二个峰物质的起始质量分数和终了质量分数。

不同垃圾组分间的燃烧特性差异是由各自组成特点决定的。一般情况是垃圾组分中的易燃和可燃成分含量越高，其对应的燃尽温度越低，燃烧速度越快；反之，若难燃和不可燃成分越多，其对应燃尽温度较高，燃烧速度越慢。

四、焚烧产物、焚烧效果评价与标准

1. 垃圾焚烧的产物

可燃的固体废弃物基本是有机物，由大量的碳、氢、氧元素组成，有些还含有氮、硫、磷和卤素等元素。这些元素在焚烧过程中与空气中的氧起反应，生成各种氧化物或部分元素的氢化物。

① 有机碳的焚烧产物是 CO_2 气体。

② 有机物中氢的焚烧产物是 H_2O；若有氟或氯存在，也可能有它们的氢化物生成。

③ 固体废弃物中的有机硫和有机磷，在焚烧过程中生成 SO_2 或 SO_3 以及 P_2O_5。

④ 有机氮化物的焚烧产物主要是气态的 N_2，也有少量的氮氧化物生成。

⑤ 有机氟化物的焚烧产物是 HF。

⑥ 有机氯化物的焚烧产物是 HCl。

⑦ 有机溴化物和碘化物焚烧后生成 HBr 及少量 Br_2 以及元素碘。

⑧ 根据焚烧元素的种类和焚烧温度，金属在焚烧后可生成卤化物、硫酸盐、磷酸盐、碳酸盐、氢氧化物和氧化物等。

2. 垃圾焚烧效果评价

（1）焚烧效果

在实际的燃烧过程中，由于操作条件不能达到理想效果，致使垃圾燃烧不完全。不完全燃烧的程度反映焚烧效果的好坏，评价焚烧效果的方法有多种，有时需要 2 种甚至 2 种以上的方法才能对焚烧效果进行较全面的评价。评价焚烧效果的方法一般有目测法、热灼减量法及一氧化碳法等。

① 目测法　是通过肉眼观察垃圾焚烧产生的烟气的"黑度"来判断焚烧效果，烟气越黑，焚烧效果越差。

② 热灼减量法　是根据焚烧炉渣中有机可燃物的量（即未燃尽的固定碳）来评价焚烧效果的方法。热灼减量指生活垃圾焚烧炉渣中的可燃物在高温、空气过量的条件下被充分氧化后，单位质量焚烧炉渣的减少量。热灼减量越大，燃烧反应越不完全，焚烧效果越差；反之，焚烧效果越好。利用热灼减量表示的焚烧效率的计算公式如下。

$$E_S = \left(1 - \frac{W_L}{W_f}\right) \times 100 \tag{5-15}$$

式中，E_S 为焚烧效率，%；W_L 为单位质量生活垃圾焚烧炉渣的热灼减量，kg；W_f 为单位质量生活垃圾中的可燃物量，kg。

③ 一氧化碳法　一氧化碳是生活垃圾焚烧烟气中的不完全燃烧产物之一，常用烟气中 CO 的含量来表示焚烧效果。烟气中的 CO 含量越高，垃圾的焚烧效果越差；反之，焚烧反应进行得越彻底，焚烧效果越好。用烟气中 CO 含量表示的焚烧效率计算公式如下。

$$E_g = \frac{C_{CO_2}}{C_{CO} + C_{CO_2}} \times 100 \tag{5-16}$$

式中，E_g 为焚烧效率，%；C_{CO_2} 为烟气中的 CO_2 含量，%；C_{CO} 为烟气中的 CO 含量，%。

（2）有害有机废弃物焚烧效果要求

有害有机废物经焚烧处理后，要求达到以下 3 个标准。

① 主要有害有机组分破坏去除率　主要有害有机组分（principle organic hazardous constituents，POHC）的破坏去除率（destruction and removal efficiency，DRE）要达到 99.99% 以上。DRE 定义为从废弃物中除去的 POHC 的质量分数，即：

$$DRE(\%) = \frac{W_{POHC进} - W_{POHC出}}{W_{POHC进}} \times 100 \tag{5-17}$$

式中，$W_{POHC进}$ 和 $W_{POHC出}$ 分别为焚烧炉进出口处 POHC 的质量分数，%。

对每个指定的 POHC 都要求达到 99.99% 以上。

② HCl 排放量　HCl 的排放量应符合从焚烧炉烟囱排出的 HCl 量在进入洗涤设备之前小于 1.8kg/h 的要求，若达不到这个要求，则经过洗涤设备除去 HCl 的最小洗涤率为 99.0%。

③ 烟气颗粒物含量　烟囱的排放颗粒物应控制在 $183mg/m^3$，空气过量率为 50%。

3. 垃圾焚烧烟气排放标准

城市生活垃圾在焚烧过程中会产生新的污染物，处理不当就可能造成二次污染。

对焚烧设施排放的大气污染物控制项目大致包括 4 个方面：a. 烟尘，常将颗粒物、黑度、总碳量作为控制指标；b. 有害气体，包括 SO_2、HCl、HF、CO 和 NO_x；c. 重金属元素单质或其化合物，如 Hg、Cd、Pb、Ni、Cr、As 等；d. 有机污染物，如二噁英，包括多氯代二苯并-对-二噁英（PCDDs）和多氯代二苯并呋喃（PCDFs）。

我国目前关于废物焚烧处理的标准有 2 个行业标准：《生活垃圾焚烧污染控制标准》（GWKB—2000）和适用于医疗垃圾焚烧的《医疗垃圾焚烧环境卫生标准》（CJ 3036—1995）。有关危险废物和城市垃圾焚烧处理环境保护的标准正在制定中。

我国垃圾焚烧烟气污染物的主要排放指标汇总于表 5-3。

表 5-3　我国垃圾焚烧烟气污染物的主要排放指标

标　准	SO_2	NO_x	CO	HCl	烟尘
GWKB—2000/(mg/m^3)	≤260	≤400	≤150	≤75	80
CJ 3036—1995/(kg/h)	11.0	6.0	120.0	0.4	200

国外城市垃圾焚烧污染物排放标准中的主要指标见表 5-4。

表 5-4　国外城市垃圾焚烧污染物排放标准中的主要指标

指　标	欧共体（1989 年）	荷兰（1989 年）	瑞士（1990 年）	瑞典（1990 年）	法国（1990 年）	丹麦（1990 年）	韩国	新加坡
参考标准	11%O	11%O	12%O	10%O	9%O			12%O
监测要求	日平均	时平均	日平均	月平均	日平均	年平均		
颗粒物/(mg/m^3)	30	5	20	20	—	35	300	200
CO/(mg/L)	100	50	—	100	130	—	400	1000
HCl/(mg/L)	50	10	20	30	65	100	25	200
HF/(mg/L)	2~4	1	—	—	2	2	10	—
SO_2/(mg/L)	300	40	50	—	330	300	1800	—
NO_x/(mg/L)		70	80	—	—	—	250	1000
Ⅰ类金属(Cd、Hg)/(mg/L)	共 0.2	各 0.05	各 0.1	Hg0.08	Hg0.1	—	Hg1.0	各 10
Ⅱ类金属/(mg/L)	(Ni+As) 0.1	—	—	—	—	—	As3	As20
Ⅲ类金属/(mg/L)	(Pb+Cr+Cu+Mn)5.0	—	—	—	—	Pb1.4	Pb30,Cr1	Pb20,Cu20,Sb10
PCDDs/PCDFs/(ng TEQ/m^3)	—	0.1	—	0.1	—	—	—	—

五、城市固体废弃物焚烧影响因素

影响城市生活垃圾焚烧过程的因素有许多，但主要因素是：城市生活垃圾的性质、停留时间、燃烧温度、湍流度、空气过量系数等。其中停留时间（time）、焚烧温度（temperature）和湍流度（turbulence）被称为"3T"要素，是反映焚烧炉性能的主要指标。

1. 停留时间

废弃物中有害组分在焚烧炉内处于焚烧条件下，该组分发生氧化、燃烧，使有害物质变成无害物质所需的时间称为停留时间。停留时间直接影响焚烧的完善程度，停留时间也是决定炉体容积尺寸的重要依据。

为了使生活垃圾能在炉内完全燃烧，需要其在炉内有足够的停留时间。一般认为，生活垃圾需要的停留时间与其固体颗粒的平方近似成正比，固体粒度越细，与空气的接触面越大，燃烧速度就越快，垃圾在炉内的停留时间也就越短。生活垃圾燃烧所需要的停留时间与含水量也有一定的关系，一般来说垃圾含水量越大，干燥所需的时间越长，其在炉内的停留时间也就越长。此外，停留时间还有一层意思就是指燃烧烟气在炉内所停留的时间。燃烧烟气在炉内停留时间决定了气态可燃物的完全燃烧程度。一般来说，燃烧烟气在炉内停留的时间越长，气态可燃物的完全燃烧程度就越高。

应尽可能根据工业性试验的结果来获得特定城市垃圾完全焚烧所需要的停留时间的数据。对缺少试验手段或难以确定废弃物焚烧所需停留时间的情况，以下几个经验数据可供参考：对于垃圾焚烧，如温度维持在850～1000℃之间，有良好搅拌与混合，使垃圾的水分易蒸发，燃烧气体在燃烧室的停留时间为1～2s；对于一般有机废液，在较好的雾化条件及正常的焚烧温度条件下，焚烧所需的停留时间在0.3～2s之间，而较多的实际操作表明停留时间为0.6～1s；含氰化合物的废液较难焚烧，一般需较长时间，约3s；对于废气，除去恶臭的焚烧温度并不高，其所需的停留时间不需太长，一般在1s以下。例如在油脂精制过程中产生的恶臭气体，在650℃焚烧温度下只需0.3s的停留时间，即可达到除臭效果。

2. 焚烧温度

城市生活垃圾的焚烧温度一般是指其焚烧所能达到的最高温度。由于垃圾焚烧原料和焚烧目的等方面的特殊性，垃圾的焚烧温度具有特指的概念，即垃圾焚烧温度是指城市生活垃圾中的有害组分在高温下氧化、分解直至破坏所需达到的温度。垃圾的焚烧温度比其着火温度高得多。

城市生活垃圾的焚烧温度越高，燃烧速度越大，有毒可燃物分解得越彻底，垃圾焚烧得越完全，焚烧效果越好。一般来说生活垃圾的焚烧温度与生活垃圾的燃烧特性有直接的关系，生活垃圾的热值越高、水分越低，焚烧温度也就越高。通常要求生活垃圾的焚烧温度高于800℃。

一般来说，提高焚烧温度有利于废弃物中有机毒物的分解和破坏，并可抑制黑烟的产生。但过高的焚烧温度不仅增加了燃料消耗量，而且会增加废弃物中金属的挥发量及氮氧化物的数量，引起二次污染。因此不宜随意确定较高的焚烧温度。

垃圾焚烧的合适温度与垃圾在焚烧设备内的停留时间相关联，一般由在一定的停留时间下达到完全焚烧的试验结果确定。大多数有机物的焚烧温度范围在 $800\sim1100℃$ 之间，通常在 $800\sim900℃$ 之间。

以下经验数值可供参考：对于废气的脱臭处理，采用 $800\sim950℃$ 的焚烧温度可取得良好的效果；当废物粒子在 $0.01\sim0.51\mu m$ 之间，并且供氧浓度与停留时间适当时，焚烧温度在 $900\sim1100℃$ 即可避免产生黑烟；含氯化物的废弃物焚烧，温度在 $800℃$ 以上时，氯气可以转化为氯化氢，回收利用或以水洗涤除去，低于 $800℃$ 会形成氯气，难以除去；含有碱土金属的废弃物焚烧一般控制在 $800℃$ 以下，因为碱土金属及其盐类一般为低熔点化合物，当废弃物中灰分较少不能形成高熔点炉渣时，这些熔融物容易与焚烧设备的耐火材料和金属零件发生腐蚀而损坏炉衬和设备；焚烧含氰化物的废弃物时，若温度达 $850\sim900℃$，氰化物几乎全部分解；焚烧可能产生氮氧化（NO_x）的废弃物时，温度控制在 $1500℃$ 以下，过高的温度会使 NO_x 急骤产生；高温焚烧是防治 PCDDs 与 PCDFs 的最好方法，估计在 $925℃$ 以上这些毒性有机物即开始被破坏，足够的空气与废气在高温区的停留时间可以再降低破坏温度。

3. 湍流度

要使垃圾燃烧完全，减少污染物形成，必须使垃圾与助燃空气充分接触、燃烧气体与助燃空气充分混合。湍流度是表征垃圾和空气混合程度的指标。其值越大，垃圾和空气的混合程度越高，有机可燃物的燃烧反应也就越完全。

城市生活垃圾燃烧炉内的高湍流环境是靠燃烧空气的搅动来达到的，加大空气供给量、采用适宜的空气供给方式，可以提高湍流度，改善传热与传质的效果，有利于垃圾的完全燃烧。

为增大固体与助燃空气的接触和混合程度，扰动方式是关键所在。焚烧炉所采用的扰动方式有空气流扰动、机械炉排扰动、流态化扰动及旋转扰动等，其中以流态化扰动方式效果最好。

中小型焚烧炉多数属固定炉床式，扰动多由空气流动产生，包括以下 2 种。

① 炉床下送风 助燃空气自炉床下送风，由废弃物层空隙中窜出，这种扰动方式易将不可燃的底灰或未燃碳颗粒随气流带出，形成颗粒物污染，废弃物与空气接触机会大，废弃物燃烧较完全，焚烧残渣热灼减量较小。

② 炉床上送风 助燃空气由炉床上方送风，废弃物进入炉内时从表面开始燃烧，优点是形成的粒状物较少，缺点是焚烧残渣热灼减量较高。

二次燃烧室内氧气与可燃性有机蒸气的混合程度取决于二次助燃空气与燃烧气体的相互流动方式和气体的湍流程度。湍流程度可由气体的雷诺数决定。雷诺数低于 10000 时，湍流与层流同时存在，混合程度仅靠气体的扩散达成，效果不佳；雷诺数越高，湍流程度越高，混合越理想。一般来说，二次燃烧室气体速度在 $3\sim7m/s$ 之间即可满足要求。如果气体流速过大，混合度虽大，但气体在二次燃烧室的停留时间会降低，反应反而不易完全。

4. 城市生活垃圾的性质

城市生活垃圾的热值、组分、含水量、尺寸等是影响其焚烧效果的主要因素。热值越高，燃烧过程越易进行，燃烧效果越好。垃圾尺寸越小，单位比表面积越大，燃烧过程中垃圾与空气的接触越充分，传热传质的效果越好，燃烧越完全。

5. 过剩空气系数

在实际的燃烧系统中，仅供给理论空气量，氧气与可燃物质无法完全达到理想程度的混合及反应。为使燃烧完全，需要加上比理论空气量更多的助燃空气量，以使废弃物与空气能完全混合燃烧。

过剩空气系数（m，%）用于表示实际空气与理论空气的比值，定义为

$$m = \frac{A}{A_0} \tag{5-18}$$

式中，A_0 为理论空气量；A 为实际供应空气量。

过剩空气系数对城市生活垃圾的燃烧状况有很大的影响，供给适量的过剩空气系数是有机可燃物完全燃烧的必要条件。增大过剩空气系数既可以提供过量的氧气，又可以增加焚烧炉内湍流度，有利于生活垃圾的燃烧。但过剩空气系数过大又有一定的副作用，过剩空气系数过大既降低了炉内燃烧温度，又增大了垃圾燃烧烟气的排放量。

常见燃烧设备的过剩空气系数见表 5-5。

表 5-5　常见燃烧设备的过剩空气系数　　　　　　　　　单位：%

燃　烧　设　备	过剩空气系数	燃　烧　设　备	过剩空气系数
小型锅炉及工业炉（天然气）	1.2	大型工业窑炉（燃油）	1.3～1.5
小型锅炉及工业炉（燃料油）	1.3	废气焚烧炉	1.3～1.5
大型工业锅炉（天然气）	1.05～1.10	液体焚烧炉	1.4～1.7
大型工业锅炉（燃料油）	1.05～1.15	流动床焚烧炉	1.31～1.5
大型工业锅炉（燃煤）	1.2～1.4	固体焚烧炉（旋窑，多层炉）	1.8～2.5
流动床锅炉（燃煤）	1.2～1.3		

六、固体废弃物焚烧热平衡及热效率

1. 垃圾焚烧热平衡

从能量转换的观点来看，焚烧系统是一个能量转换设备，它将垃圾燃料的化学能通过燃烧过程转化成烟气的热能，烟气再通过辐射、对流、导热等基本传热方式将热能分配交换给工质或排放到大气环境。焚烧系统热量的输入与输出可用图 5-14 简要说明。

在稳定工况条件下，焚烧系统输入输出的热量是平衡的，即

$$Q_{r,w} + Q_{r,a} + Q_{r,k} = Q_1 + Q_2 + Q_3 + Q_4 + Q_5 + Q_6 \tag{5-19}$$

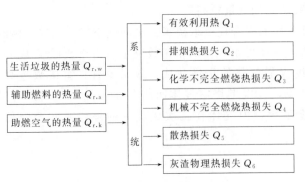

图 5-14　焚烧系统热量的输入与输出

式中，$Q_{r,w}$ 为生活垃圾的热量，kJ/h；$Q_{r,a}$ 为辅助燃料的热量，kJ/h；$Q_{r,k}$ 为助燃空气的热量，kJ/h；Q_1 为有效利用热，kJ/h；Q_2 为排烟热损失，kJ/h；Q_3 为化学不完全燃烧热损失，kJ/h；Q_4 为机械不完全燃烧热损失，kJ/h；Q_5 为散热损失，kJ/h；Q_6 为灰渣物理热损失，kJ/h。

（1）输入热量

① 生活垃圾的热量 $Q_{r,w}$　在不计垃圾的物理显热情况下，$Q_{r,w}$ 等于送入炉内的垃圾量 W_r(kg/h)与其热值 Q_{dw}^y(kJ/kg)的乘积。

$$Q_{r,w} = W_r Q_{dw}^y \tag{5-20}$$

② 辅助燃料的热量 $Q_{r,a}$　若辅助燃料只是在启动点火或焚烧炉工况不正常时才投入，则辅助燃料的输入热量不必计入。只有在运行过程中需维持高温，一直需要添加辅助燃料帮助焚烧炉的燃烧时才计入，此时

$$Q_{r,a} = W_{r,a} Q_a^y \tag{5-21}$$

式中，$W_{r,a}$ 为辅助燃料量，kg/h；Q_a^y 为辅助燃料热值，kJ/kg。

③ 助燃空气的热量 $Q_{r,k}$　按入炉垃圾量乘以送入空气量的热焓计。

$$Q_{r,k} = W_r \beta (I_{rk}^0 - I_{vk}^0) \tag{5-22}$$

式中，β 为送入炉内空气的过剩空气系数；I_{rk}^0、I_{vk}^0 分别为随 1kg 垃圾入炉的理论空气量在热风和自然状态下的焓值，kJ/kg。

以上助燃空气热量只有用外部热源加热空气时才能计入。若助燃空气的加热是焚烧炉本身的烟气热量，则该热量实际上是焚烧炉内部的热量循环，不能作为输入炉内的热量。对采用自燃状态的空气助燃，此项为零。

（2）输出热量

① 有效利用热 Q_1　有效利用热是其他工质在焚烧炉产生的热烟气加热时所获得的热量。一般被加热的工质是水，它可产生蒸汽或热水。

$$Q_1 = D(h_2 - h_1) \tag{5-23}$$

式中，D 为工质输出流量，kg/h；h_1、h_2 分别为进出焚烧炉的工质热焓，kJ/kg。

② 排烟热损失 Q_2　由焚烧炉排出烟气所带走的热量，其值为排烟容积 $W_{r,w} V_{py}$（m³/h，标准状态下）与烟气单位容积的热容之积，即：

$$Q_2 = W_{r,w} V_{py} (\partial C_{py} - \partial C_0) \times \frac{100 - q_4}{100} \tag{5-24}$$

式中，$W_{r,w}$ 为单位时间入炉垃圾的质量，kg/h；V_{py} 为单位质量的垃圾在燃烧过程中烟气的产生量（标准状态下），m³/kg；∂C_{py}、∂C_0 分别为排烟温度和环境温度下烟气单位容积的热容量（标准状态下），kJ/m³；q_4 为垃圾燃烧过程中因机械不完全燃烧引起的热损失，%；$\frac{100 - q_4}{100}$ 为因机械不完全燃烧引起实际烟气量减少的修正值。

③ 化学不完全燃烧热损失 Q_3　由于炉温低、送风量不足或混合不良等导致烟气成分中一些可燃气体（如 CO、H_2、CH_4 等）未燃烧所引起的热损失即为化学不完全燃烧热损失。

$$Q_3 = W_r (V_{CO} Q_{CO} + V_{H_2} Q_{H_2} + V_{CH_4} Q_{CH_4} + \cdots) \times \frac{100 - q_4}{100} \tag{5-25}$$

式中，V_{CO}、V_{H_2}、V_{CH_4}分别为1kg垃圾产生的烟气所含未燃烧可燃气体容积，m^3；Q_{CO}、Q_{H_2}、Q_{CH_4}分别为燃烧烟气中因含有可燃物CO、H_2、CH_4而损失的热量，kJ/h。

④ 机械不完全燃烧热损失Q_4　这是由垃圾中未燃或未完全燃烧的固定碳所引起的热损失。

$$Q_4 = 32700W_r \times \frac{A^y}{100} \times \frac{C_{lz}}{100 - C_{lz}} \tag{5-26}$$

式中，A^y为垃圾的应用基灰分含量，%；C_{lz}为炉渣中含碳百分比，%。

⑤ 散热损失Q_5　散热损失为因焚烧炉表面向四周空间辐射和对流所引起的热量损失。其值与焚烧炉的保温性能和焚烧炉焚烧量及比表面积有关。焚烧量小，比表面积越大，散热损失越大；焚烧量大，比表面积越小，其值越小。

⑥ 灰渣物理热损失Q_6　垃圾焚烧所产生炉渣的物理显热即为灰渣物理热损失。若垃圾为高灰分、排渣方式为液态排渣、焚烧炉为纯氧热解炉，则灰渣物理热损失不可忽略。

$$Q_6 = W_r \alpha_{lz} \frac{A^y}{100} c_{lz} t_{lz} \tag{5-27}$$

式中，α_{lz}为垃圾所含的灰分转化为灰渣的比例，%；c_{lz}为炉渣的比热容，kJ/(kg·℃)；t_{lz}为炉渣温度，℃。

2. 垃圾焚烧的燃烧效率和热效率

垃圾在焚烧过程中的效果可用燃烧效率和热效率来反映。要获得理想的燃烧效率和热效率，就必须控制好影响燃烧过程的基本因素。

（1）燃烧效率

垃圾在焚烧过程中有完全燃烧和不完全燃烧2种情况。完全燃烧是指垃圾中可燃质成分（C、H、S）燃尽，使其中的潜在热量全部释放出来。不完全燃烧可分为化学性不完全燃烧和机械性不完全燃烧。燃烧时垃圾中可燃质没有得到足够的O_2或与O_2接触不良，因而燃烧产物中还含有一部分能燃烧的可燃质如H_2、CO等随烟气排走，这叫化学性不完全燃烧。燃烧时垃圾中可燃质未能燃尽就从炉栅间隙中掉落，有些夹在灰渣中被排出或夹在烟气中被带出，这叫机械性不完全燃烧。

垃圾完全燃烧的程度用燃烧效率来衡量。所谓燃烧效率是指垃圾在燃烧时，实际发出的热量与理论上应该产生的热量之比值。垃圾实际产生的热量是其低位发热量减去化学不完全燃烧及机械不完全燃烧损失，垃圾理论上产生的热量即垃圾的低位发热量Q_d^y，当锅炉使用热空气或用蒸汽吹送燃料时，理论上应该产生的热量即为送入锅炉的热量Q_r。燃烧效率为：

$$\eta_r = \frac{Q_r - Q_3 - Q_4}{Q_r} \times 100 \tag{5-28}$$

式中，η_r为燃烧效率，%；Q_r为送入锅炉的热量，kJ/kg；Q_3为化学不完全燃烧损失，kJ/kg；Q_4为机械不完全燃烧损失，kJ/kg。

（2）热效率

考虑垃圾燃烧时，应考虑给予加热物体的有效利用热、排气带走的热量、灰渣带走的热量和炉子的散热等。只有使热损失的总和为最小，才能使加热物体获得最大的有效利用热。因此，热效率既要考虑到燃烧，又要考虑到装置的传热情况。

垃圾焚烧锅炉的热效率η（%）是锅炉的有效利用热量占输入热量的百分比，即：

$$\eta = q_1 = \frac{Q_1}{Q_r} \times 100 \qquad\qquad (5-29)$$

值得指出的是，由于垃圾焚烧过程中经常需要添加辅助燃料，Q_r 应该包括垃圾本身的发热量和辅助燃料的发热量两部分。

第三节　焚 烧 设 备

一、固体废弃物焚烧方式

根据垃圾在焚烧炉内焚烧过程的基本原理和特点，垃圾焚烧方式主要分为悬浮燃烧、沸腾燃烧、层状燃烧和多室燃烧。在垃圾发电站项目的论证过程中，会遇到有关焚烧方式选择的问题，选择的基础是对典型的焚烧方式进行初步的分析和比较。

1. 悬浮燃烧

悬浮燃烧不设炉排，燃料垃圾粉碎得很细，随空气流送入炉中，迅速着火呈悬浮状态燃烧。由于燃烧反应面积很大，与空气混合良好，所以燃烧迅速，燃烧效率也远比层燃炉高。由于燃料在炉中停留时间较短，为保证燃尽，需配置比层燃炉更大的炉膛容积。

悬浮燃烧具有炉温高、燃烧安全等优点，但对于垃圾燃料，选择悬浮燃烧时，有以下因素需考虑。

① 对垃圾的预处理费用高　从原始混合垃圾到 RDF，要经过初级破碎、磁选、筛分、化学处理、再破碎、再筛分、气力分选、热力处理等过程。

② 对具有一定高热值、一定量可燃物的垃圾，制取 RDF 才有意义　例如，美国制备的 RDF 中可燃物占 78.5%，高位发热量为 16000kJ/kg；我国南方城市一种热值为 6280kJ/kg 的垃圾中，可燃物仅占 38.8%、灰分占 25.87%、水分占 39.8%。显然，用于制取 RDF，所得 RDF 量不多，且分选遗留较多不可燃物和水分，需再处理。

③ 在悬浮燃烧方式下，燃料颗粒处于稀相状态，燃料颗粒与空气体积之比在 1∶10000 的数量级，炉内燃料储量少，故对燃料品质及工况事故等很敏感，给燃烧调整带来一定难度。

2. 沸腾燃烧

沸腾燃烧是将小尺寸的垃圾（一般 <8mm）送到炉算上，在炉排下经布风板或风帽吹入空气，使垃圾在炉算上一定高度的空间内（沸腾段）上下翻腾地猛烈燃烧，少量细粉被烟气带到悬浮段内燃烧，灰渣由沸腾段上界面的溢流口自动排出，烟气则加热受热面。

用作流化床燃料的垃圾尺度变化范围很大，在 0~20cm 之间。显然，要将原始垃圾制成沸腾床的燃料，也要有较严格的破碎、筛分过程。沸腾炉的最大特点是炉内热容大，可燃用较低热值的垃圾；炉温低，炉内停留时间长，适于炉内固硫反应，可在炉内加入 $CaCO_3$、CaO 等，缓解硫化物对余热锅炉高温受热面的高温腐蚀及对大气的二次污染。

采用流化床燃烧时必须考虑到的因素：a. 垃圾含水量大，约 40%，宜用深床层；b. 垃圾尺寸范围大，宜采用上部供料方式；c. 采用内循环方式，增加燃料在浓相床层内停留时间并强化其横向扩散混合；d. 宜将层燃炉与沸腾炉相结合，实际上构成多室燃烧方式。

3. 层状燃烧

层状燃烧亦称火床燃烧，火床炉的显著特点是有炉排（炉箅），把垃圾放在炉箅上，形成均匀的、有一定厚度的料层。主气从炉箅下送入，绝大部分垃圾粒间没有相互运动，在火床上燃烧，只有一小部分粉垃圾被吹到炉膛内形成悬浮燃烧，燃烧生成的热烟气加热受热面，灰渣从炉箅上排出。根据炉箅的特点，可将层燃炉分为燃料层不动的固定炉排炉、燃料层在炉排上移动的往复推动或振动炉排炉、燃料层与炉排一起移动的链条炉等。

层燃炉对入炉垃圾的尺寸有一定的要求，太小的燃料颗粒易被空气吹走，太大的燃料块则不易燃烧完全。因此，对于层燃炉，垃圾也宜进行初步的破碎和分选，但这已比悬浮和沸腾燃烧的预处理简单得多。同时，层燃炉还有炉内停留时间长、炉内燃料储量多等优点。

对于热值较低的垃圾，可用烟气再循环预热烘干，按辐射和对流原理设计低而长的前后拱，一次风推迟配风并配合二次风，焚烧炉区域不布置水冷壁管，往复炉排运动松动燃料层并上下引燃等强化燃烧的措施。因此，在垃圾焚烧炉中，层燃方式被广泛采用。用得较多的层燃方式有马丁炉和多（两）段燃烧炉。

4. 多室燃烧

所谓多室燃烧，即将垃圾焚烧过程的各个阶段分别在焚烧设备内的不同空间进行。这样做的好处是显而易见的，因为垃圾燃烧的不同阶段对氧化剂（空气）的需求量不同，多室燃烧既能保证垃圾的充分、洁净燃烧，同时又能使焚烧设备的燃烧效率和热效率均达到一定的水平。

在一次燃烧过程中，不供应全部所需空气，只供应能将固定碳素燃烧的空气，依靠燃烧气体的辐射、对流传热等将垃圾干馏，在二次或三次燃烧过程中将干馏气体、臭气、有害气体等完全燃烧的设备称为多室垃圾焚烧炉。图 5-15 为多室垃圾焚烧炉。一般而言，处理燃烧气体量较多的物质时多使用本类炉。在生产垃圾处理领域，多采用多室燃烧炉。

实际焚烧过程中，多室燃烧可采取将不同焚烧设备组合应用的方法，如"层燃炉＋沸腾炉"，也有专门开发的多室燃烧设备。

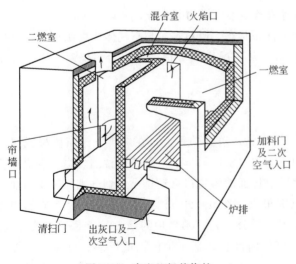

图 5-15　多室垃圾焚烧炉

控气式（Controlled Air Oxidation，CAO）焚烧炉是加拿大开发的控制空气燃烧技术。控气式焚烧炉的特点是由一个一燃室和一个二燃室两部分组成，分两段燃烧。操作过程中严格控制进入一燃室和二燃室的空气量。引入一燃室的助燃空气量恰好用来满足为燃烧提供热量，典型值为理论助燃空气量的 70%～80%。贫氧条件下燃烧产生的含有易燃组分的裂解气体在二燃室中燃烧，二燃室的设计为完全去除裂解气中的有机物提供了足够的停留时间。同一燃室一样，严格控制量的气体被引入二燃室。不过在富氧的情况下，140%～200% 的理想配比的气体被引入以维持完全燃烧。与其他焚烧方式相比较，一燃室中焚烧废弃物的气体量小、速度低。气体的低速和废弃物的几乎不湍流使得气流带走的颗粒物数量最少。完全燃烧在二燃室中完成，产生的废气清洁且几乎不含颗粒物质，如烟尘和烟灰。通常可以满足排气标准而不必使用附加的空气净化装置，如涤气器或袋滤器等。

温度通常是控制一燃室和二燃室中的气流的判据。在理想配比下，反应温度随着气量的增大而升高。提供的气体越多，发生的燃烧反应越多，就有更多的热量被释放出来，使温度更高。因此，在供气量少于完全氧化的需氧量的一燃室，其运行控制如下：温度升高时减小进气量；温度降低时增大进气量。二燃室是为完全焚烧设计的，其供气量多于理想配比的供气量。在理想配比的状况下，可燃物质会完全燃烧。过量的气体会使裂解气体熄灭，也就是说，会降低尾气的温度。因此，二燃室的运行控制如下：温度升高，增大进气量；温度降低，减小进气量。

5. 典型焚烧方式的比较

表 5-6 给出了几种典型垃圾焚烧方式的比较。

表 5-6　几种典型垃圾焚烧方式的比较

焚烧方式	工艺特点	燃料要求	燃烧稳定性	燃烧速度	燃尽率	预处理费	燃烧调整难易	腐蚀污染控制	初投资
RDF悬浮燃烧	破碎，分选 $d_c<1.2cm$	要求可燃成分高，热值大	较差，宜与其他燃料混烧	很快	高	很高	难	难	大
沸腾炉	破碎，分选 $d_c=20cm$	可适于低热值垃圾	很好	较快	高	高	较难	容易	较大
马丁炉	初步破碎，分选 d_c 可达几百厘米	$Q_{DW}>3500$ kJ/kg	一般宜采用强化燃烧	较慢	较低	较低	较易	较难	较大
二段燃烧	先预热烘干；后燃烧反应	$Q_{DW}>3500$ kJ/kg	一般	慢	较低	较低	较易	较难	较小
层燃-沸腾燃烧	先经层燃炉后进沸腾炉	可适于较低热值垃圾	好	一般	较高	较高	较难	较易	大
CAO系统	先预热燃烧气化，分解再气相燃烧	可适于低热值垃圾	较好	慢	高	低	难	较难	较大

注：d_c 为垃圾（RDF）的平均尺寸；Q_{DW} 为垃圾的热值。

从表中可以看出，不同的焚烧方式有各自的特点，对入炉燃料有不同的要求。目前我国城市垃圾的基本情况是：一方面垃圾未分装分倒，其中不可燃物质和水分较多，热值也不太高，难以制成高热值的燃料；另一方面垃圾大量裸露堆放，成为公害，需迅速处理，而在预处理上又难以像西方发达国家一样，投入大量的资金。因此，宜发展对垃圾成分、热值要求不十分苛刻的，预处理费用少的焚燃技术，如层燃炉（马丁炉、两段炉）、CAO系统等，而暂不宜发展 RDF 悬浮燃烧、沸腾炉等。

二、焚烧炉

在当今高度工业化的时代，城市垃圾焚烧技术面临着许多新情况和新问题：在经济发达国家，城市垃圾堆积密度小、热值高且灰分和水分较低；垃圾焚烧排放标准日益严格，特别是要求烟气中有害物质的排放得到有效的控制。除了烟尘之外，垃圾焚烧烟气中主要的有害物质有 CO、SO_x、NO_x、有机碳以及多氯代芳香化合物（以二噁英、呋喃为代表）。通过对燃烧技术的改进和焚烧过程的调整，这些物质的产生和排放可以在一定程度上得到控制。相比较而言，在 20 世纪 50 年代以前仅对垃圾焚烧炉的烟尘排放以及最低焚烧温度有过限制。规定最低焚烧温度（如 800℃）目的在于将产生刺激性气味的有害物质在炉子中充分燃尽；从焚烧炉投资和运行经济性的角度来看，其最低焚烧量应为 3～25t/h。

因此，现代垃圾层燃焚烧系统应该满足以下要求：拨火作用强，以保证整个炉排面上垃圾的均匀充分燃烧并防止结渣。影响炉排拨火作用的主要因素有：a. 炉排的型式；b. 炉排运动的方式和强度；c. 炉排倾角和垃圾在炉排面上的移动方向等。为了保证垃圾的及时引燃、充分燃烧和燃尽，炉排应分成干燥引燃区、主焚烧区和灰渣燃尽区 3 个区域，燃烧设备应该具有对经常发生的垃圾成分（水分或者热值）突然出现波动情况的适应能力。当垃圾成分发生波动时，焚烧炉垃圾给料量以及一次风量及其分布和温度均应及时准确地予以调节；对燃烧空气（一次风和二次风）进行预热；具有投入某些添加剂的可能性，以降低某些有害物质如二噁英、NO_x 和 SO_x 的排放量；将整个燃烧过程划分为垃圾焚烧阶段和烟气中可燃有害物质的燃烧阶段，后一阶段烟气的燃尽需要足够的空气。在垃圾焚烧阶段需限制燃烧空气量，以避免炉膛温度的强烈波动以及产生过多飞灰；保证较低的灰渣和飞灰含碳量（1%～3%），燃尽良好。

1. 分类

目前在世界各地应用的垃圾焚烧炉有很多种。焚烧炉可按焚烧室的结构分类，也可按炉型分类。垃圾焚烧技术经历了将近 130 年的发展过程，技术和设备已经日臻完善并得到了广泛的应用。现代垃圾焚烧炉的主要形式和垃圾焚烧系统主要有以下几类。

（1）垃圾层燃焚烧系统

如采用滚动炉排、水平往复炉排和倾斜往复炉排（包活顺推和逆推倾斜往复炉排）等。层燃焚烧方式的主要特点是垃圾无需严格的预处理，滚动炉排和往复炉排的拨火作用强。比较适用于低热值、高灰分的城市垃圾的焚烧。

（2）流化床式焚烧系统

其特点是垃圾的悬浮燃烧，空气与垃圾充分接触燃烧效果好。但是流化床燃烧需要颗粒大小较均匀燃料，同时也要求燃料给料均匀，故一般难以焚烧大块垃圾。因此流化床式焚烧系统对垃圾的预处理要求严格，由此限制了其在工业废弃物和城市垃圾焚烧领域的发展。

（3）旋转筒式焚烧炉

其特点是将垃圾投入连续、缓慢转动的筒体内焚烧直到燃尽，故能够实现垃圾与空气的良好接触和均匀充分的燃烧。西方国家多将这种焚烧炉用于有毒、有害工业垃圾的处理。

2. 固定炉排炉

如图 5-16 所示，炉内设有固定炉排，垃圾在没有搅拌的情况下完成燃烧。除了图示的水平式固定炉排炉外，还有倾斜式固定炉排炉以及圆弧曲面式固定炉排炉。

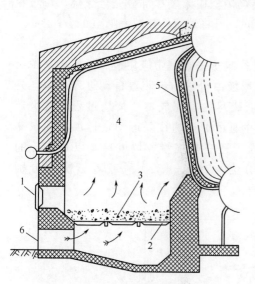

图 5-16　固定炉排垃圾焚烧炉

1—炉门；2—炉排；3—燃烧层；4—炉膛；

5—汽锅管束；6—灰门

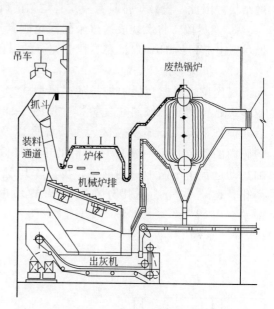

图 5-17　机械炉排垃圾焚烧炉

固定炉排炉造价低廉，但因对垃圾无搅拌作用等，燃烧效果较差，易熔融结块，所以焚烧炉渣的热灼减率较高。在早期有使用固定炉排炉来焚烧生活垃圾的实例，但近期应用很少。

3. 机械炉排炉

机械炉排炉（图 5-17）的发展历史最长，应用实例也最多。

（1）机械炉排炉的燃烧过程

机械炉排炉可大体分为：干燥段、燃烧段和燃尽段三段。各段的供应空气量和运行速度可以调节。

① 干燥段　垃圾的干燥包括：炉内高温燃烧空气、炉侧壁以及炉顶的放射热的干燥；从断排下部提供的高温空气的通气干燥；垃圾表面和高温燃烧气体的接触干燥；部分垃圾

的燃烧干燥。

利用炉壁和火焰的辐射热,垃圾从表面开始干燥,部分产生表面燃烧。干燥垃圾的着火温度一般在200℃左右。如果提供200℃以上的燃烧空气,干燥的垃圾便会着火,燃烧便从这部分开始。垃圾在干燥带上的滞留时间约为30min。

② 燃烧段　这是燃烧的中心部分。在干燥段垃圾干燥、热分解产生还原性气体,在本段产生旺盛的燃烧火焰,在后燃烧段进行静态燃烧(表面燃烧)。燃烧段和后燃烧段的界线称为燃烧完了点。即使是垃圾特性变化,也应通过调节炉排速度而使燃烧完了点位置尽量不变。垃圾在燃烧段的滞留时间约为30min。总体燃烧空气的60%~80%在此段供应。为了提高燃烧效果,均匀地供应垃圾,垃圾的搅拌混合和适当的空气分配(干燥段、燃烧段和燃尽段)等极为重要。空气通过炉排进入炉内,所以空气容易从通风阻力小的部分流入炉内。但空气流过多部分会产生"烧穿"现象,易造成炉排的烧损并产生垃圾的熔融结块。因此,设计炉排具有一定且均匀的风阻很重要。

③ 燃尽段　将燃烧段送过来的固定碳素及燃烧炉渣中未燃尽部分完全燃烧。垃圾在燃尽段上滞留约1h,保证燃尽段上充分的滞留时间,可将炉渣的热减率降至1%~2%。

(2) 机械炉排焚烧炉

现代垃圾层燃焚烧炉炉排的主要型式之一是往复炉排,其中应用最广泛的应数单级或多级布置的顺推倾斜往复炉排(见图5-18)。垃圾由机械给料装置自动进入炉膛,先后在炉排上经过干燥引燃区、主焚烧区以及灰渣燃尽区,完成整个焚烧过程,垃圾在炉膛内的停留时间一般为1h。借助于炉排倾角并通过炉排的往复运动,垃圾在向灰斗的运动过程中不断地得到翻搅,拨火作用强。为了适应焚烧量、垃圾种类以及成分的变化,燃烧空气量及其分布均可调节,并可分为一次风、二次风或者三次风分别配给。

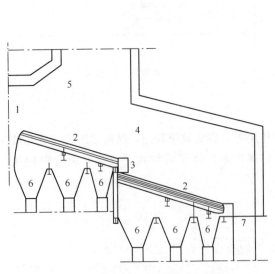

图 5-18　顺推倾斜往复炉排垃圾焚烧炉

1—垃圾给料;2—顺推倾斜炉排;3—炉排台阶;4—炉膛;
5—燃尽室;6—一次风室;7—出渣灰井

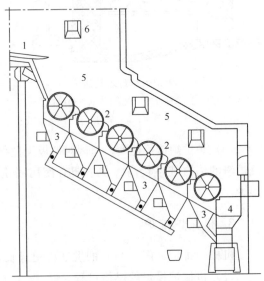

图 5-19　滚动炉排垃圾焚烧炉

1—垃圾给料;2—滚动炉排;3—一次风室;
4—渣井;5—炉膛;6—燃尽室

德国 EVT 公司的垃圾焚烧系统是采用顺推倾斜往复炉排的典型例子,其特点在于采用一个链条炉排来保证垃圾的均匀和连续输送。通过对链条炉排传送速度的无级调节，使得焚烧炉能够对垃圾热值的波动做出灵活的反应，有利于燃烧工况的调节。

滚动炉排也是一种前推式炉排，一般由倾斜布置的多个滚筒组成，见图 5-19。滚筒在液压装置的作用下做旋转运动，使得滚筒上的垃圾在燃烧过程中形成波浪式的运动，从而使垃圾得到充分的搅拌，拨火作用强，燃烧充分。

该类焚烧炉炉膛的设计合理地结合了滚动炉排的特性和垃圾焚烧的特点，前面的几个滚筒为垃圾的干燥和燃烧区，能使高水分、低热值的垃圾迅速得到干燥并及时着火。低热值的垃圾在前拱高温辐射的作用下，形成垃圾焚烧所必需的高温区域，以使垃圾充分燃烧并减少有害物质的产生和排放；在后拱的作用下，火焰和高温烟气直接冲刷后面滚筒燃尽段上的垃圾，以促使垃圾的进一步燃尽。

逆推倾斜往复炉排的典型代表是德国马丁公司的炉排，其与前推倾斜往复炉排的不同之处在于炉排片的运动方向与垃圾运动方向相反，见图 5-20。因此，采用逆推倾斜往复炉排可使来自主焚烧区的灼热灰渣与干燥引燃区中的垃圾更加充分地混合，有利于垃圾的引燃。可见，这种炉排更加适用于水分高、热值低的垃圾的焚烧。

城市生活垃圾含有可燃和不可燃两大部分，其中可燃部分包括废弃纸张、破布、竹木、皮革、塑料和动植物残余物等，而不可燃部分为各类废弃金属、砂石、玻璃陶瓷碎片等。我国城市消费水平较低，垃圾不可燃成分比例较高，热值远低于发达国家；但是我国城市生活水平正在不断提高，城市垃圾正向着含水率降低、可燃成分逐渐增加的趋势发展；中等以上城市的垃圾热值一般在 $2512 \sim 4605kJ/kg$，个别地区已达 $3349 \sim 6280kJ/kg$，已达到或接近垃圾焚烧的要求（热值不小于 $3350kJ/kg$）。

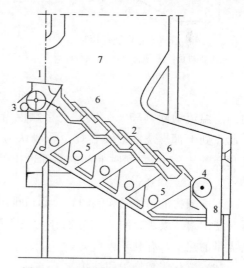

图 5-20　逆推倾斜往复炉排垃圾焚烧炉
1—垃圾给料；2—逆推倾斜炉排；3—炉排驱动装置；4—滚筒闸；5—一次风室；6—炉膛；
7—燃尽室；8—渣井

应该引起注意的是，我国城市生活垃圾中不可燃成分比例大、垃圾热值低、水分含量高，而且其成分因地域、季节、城市消费水平以及年份的不同而变化；因此要求垃圾焚烧设备对于垃圾成分的变化特别是水分和热值的变化具有很强的适应性，可以根据垃圾成分的波动对燃烧过程进行及时、有效的调整，以保证垃圾的及时引燃和稳定燃烧。自 1985年深圳市从日本引进马丁式垃圾焚烧炉以来，我国珠海、广州等城市也相继采用了国外垃圾层燃焚烧系统，上海浦东新区生活垃圾焚烧厂也将引进法国公司提供的倾斜往复炉排焚烧炉，应该通过引进国外先进设备，积累运行经验，逐步消化国外先进技术，再结合我国的实际情况，开发和研制适合我国国情的垃圾焚烧设备。

4. 流化床焚烧炉

流化床以前用来焚烧轻质木屑等，近年来开始用于焚烧污泥、煤和城市生活垃圾，特

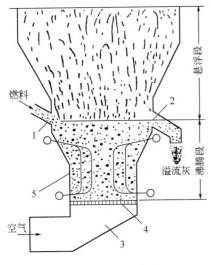

图 5-21　流化床焚烧原理

1—进料口；2—溢流口；3—风口堆；
4—布风板；5—埋管

别适用于焚烧高水分的污泥类等固体、半固体废弃物。

（1）流化床的焚烧原理

流化床的焚烧原理如图 5-21 所示。根据风速和垃圾颗粒的运动而分为固定层、沸腾流动层和循环流动层。

① 固定层　气体速度较低，垃圾颗粒保持静态，气体从垃圾颗粒间通过（如炉排炉）。

② 沸腾流动层　气体速度超过流动临界点的状态，颗粒中产生气泡，颗粒被搅拌产生沸腾状态。

③ 循环流动层　气体速度超过极限速度，气体和颗粒激烈碰撞混合，颗粒被气体带着飞散（如燃煤发电锅炉）。

流化床焚烧炉主要是沸腾流动层状态。一般将垃圾粉碎到 20cm 以下再投入炉内，垃圾和炉内的高温流动砂（650～800℃）接触混合，瞬时气化并燃烧。未燃尽成分和轻质垃圾一起飞到上部燃烧室继续燃烧。一般认为上部燃烧室的燃烧占 40% 左右，但容积却为流化层的 4～5 倍，同时上部的温度也比下部流化床层高 100～200℃，通常也称其为二燃室。

不可燃物沉到炉底和流动砂一起被排出，然后将流动砂和不可燃物分离，流动砂回炉循环使用。垃圾灰分的 70% 左右作为飞灰随着燃烧烟气流向烟气处理设备。流动砂可保持大量的热量，有利于再启动炉。

（2）流化床焚烧炉的结构

典型流化床焚烧炉如图 5-22 所示。这是一个圆柱形容器，底部装有多孔板，板上放置载热体砂，作为焚烧炉的燃烧床。空气（或其他气体）由容器底部喷入，砂子被搅成流态物质。废弃物被喷入燃烧床内，由于燃烧床内迅速的热传递而立刻燃烧，烟道气燃烧热即被燃烧床吸收。燃烧时砂床和废弃物之间进行热传递。常用燃烧床的温度在 760～890℃之间。固体废弃物在燃烧床中由向上流动的空气使其呈悬浮状态，直到烧尽，烧成的灰由烟道气带到炉顶排出炉外。在燃烧床中要保持一定的气流速度（一般为 1.5～2.5m/s）。气流速度过高会使过多的未燃烧废弃物被烟道气带走。

流化床有炉体小、焚烧炉渣的热灼减率低（约 1%）、炉内可动部分设备少的优点。此外，流化床燃烧炉焚烧时固体颗粒激烈运动，颗粒和气体间的传热、传质速度快，因而处理能力大，炉子结构简单，适用于气态、液态、固体废弃物的焚烧。

但与机械炉排炉相比，流化床焚烧炉有以下缺点：比机械炉排炉多设置流动砂循环系统，且流动砂造成的磨损比较大；燃烧速度快，燃烧空气的平衡较难，较易产生 CO，为使燃烧各种不同垃圾时都保持较合适的温度，必须调节空气量和空气温度；炉内温度控制较难。

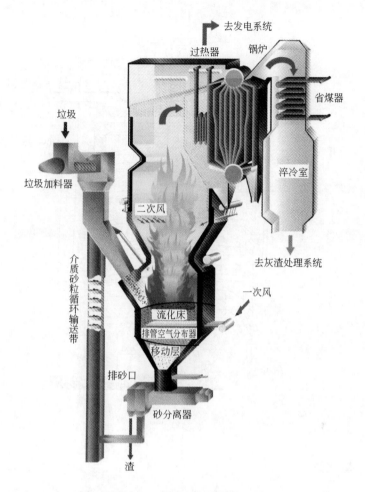

图 5-22　典型流化床焚烧炉

5. 多膛式焚烧炉

多膛式焚烧炉如图 5-23 所示。这种炉型是一个衬以耐火材料的直立圆筒形炉。内部一般分 6 层（或 6 段），最多 12 层，每层是一个炉膛。炉子配有一个放置的空心中心轴。上有水平堆料片，废弃物从上部炉膛送入，由堆料片推动废弃物横过炉膛表面，经过一个洞口未完全燃烧的废弃物从这里掉到下面，废弃物经过炉子时从一个炉膛掉到另一个炉膛，并被烧掉，灰渣落入炉子底部由此运走。

空气由中心轴下端鼓入，被预热后进入炉膛。炉子可以分为 3 个作业带，顶部还用来烘干废弃物，在 310～540℃ 范围内将废弃物水分降至 45%～50%。中部燃烧带温度为 760～980℃，废弃物在此燃烧。最后是灰渣冷却（温度 260～560℃）被运走，其体积约缩减 90%。

多炉膛焚烧炉结构炉复杂，可以用于处理各种形式的可燃废弃物，特别适合焚烧低值废料。废弃物在炉内停留时间长，能完全燃烧。焚烧能力只有同尺寸流化床焚烧炉的 1/3，因此只有在特别需要用这种设备时才在工业上有所应用。

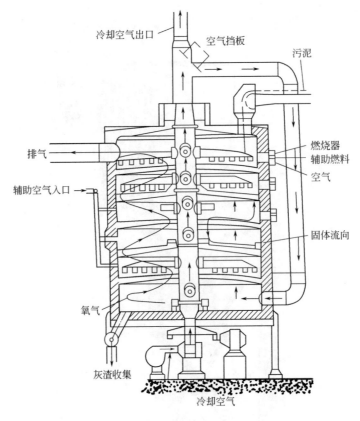

图 5-23　多膛式焚烧炉

冷却空气出口　空气挡板　污泥　排气　燃烧器　辅助燃料　空气　辅助空气入口　固体流向　氧气　灰渣收集　冷却空气

6. 转窑式焚烧炉

回转窑可处理的垃圾范围广，特别是在焚烧工业垃圾的领域内应用广泛。用于焚烧城市生活垃圾的最主要的目的是为了提高炉渣的燃尽率，将垃圾完全燃尽以达到炉渣再利用时的质量要求。这种情况时，回转窑一般安装在机械炉排炉后。

回转窑是一个带耐火材料的水平圆筒，由 2 个以上的支撑轴轮支持。由齿轮驱转的支撑轴轮或由链长驱动绕着回转窑体的链轮齿带动窑炉旋转。回转窑的倾斜角度可以通过上下调整支撑轴轮来调节，一般为 2%～4%。从一端投入垃圾，当垃圾到达另一端时已被燃尽成炉渣。圆筒转速可调，一般为 0.75～2.50r/min。处理垃圾的回转窑的长度和直径比一般为 (2∶1)～(5∶1)。燃烧温度在 890～1600℃ 范围内。

一般回转窑内设计为平滑结构。但有的设计，特别是处理粒状垃圾（粉矿、粉末）时，会在炉内设置翼板或桨状搅拌器以促进垃圾的前进、搅拌和混合。

典型转窑式焚烧炉如图 5-24 所示。

转窑式焚烧炉主要有以下几种形式。

① 顺流炉和逆流炉　根据燃烧气体和垃圾前进方向是否一致分为顺流炉和逆流炉。处理高水分垃圾选用逆流炉，助燃器设置在回转窑前方（出渣口方），而高挥发性垃圾常用顺流炉。

② 熔融炉和非熔融炉　炉内温度在 1100℃ 以下的正常燃烧温度域时，为非熔融炉。

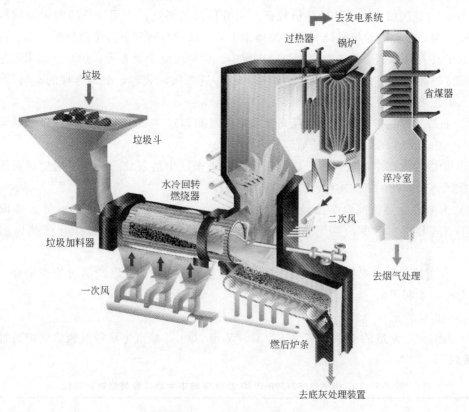

图中标注：去发电系统、过热器、锅炉、省煤器、垃圾、垃圾斗、水冷回转燃烧器、淬冷室、垃圾加料器、二次风、去烟气处理、一次风、燃后炉条、去底灰处理装置

图 5-24　典型转窑式焚烧炉

当炉内温度达 1200℃ 以上，垃圾将会熔融。

　　③ 带耐火材料炉和不带耐火材料炉　最常用的回转窑一般是顺流式且带耐火材料的非熔融炉。

　　转窑式焚烧炉是大型设备，占地多、运转费用高，在固体废弃物及污泥的焚烧上已在许多地方得到应用。

三、国内制造的垃圾焚烧炉

　　1993 年珠海市环卫处为处理城市生活垃圾，在珠海市筹建了一座 3×200t/d 锅炉配 6000kW 发电机组的垃圾发电厂，委托无锡锅炉厂承担垃圾焚烧锅炉设备的设计和制造。该项目引进了美国 Tampella Power 公司的垃圾焚烧技术，锅炉总体性能设计由美方负责，技术设计、施工设计由无锡锅炉厂承担并负责制造锅炉本体设备，炉排引进美国 Detroil Stoker 公司的四阶梯顺推式往复炉排。

　　（1）锅炉结构

　　锅炉为单锅筒、自然循环次中压锅炉，采用前吊后支型式，锅炉为半露天布置。推料装置、炉排及蒸汽-空气加热器均引进美国 Detroil Stoker 公司产品。3 个炉室均为膜式水冷壁结构。尾部竖井布置省煤器和卧式空气预热器。每组过热器、省煤器及空气预热器烟气进口处均设置蒸汽吹灰器。锅炉出渣采用马丁出渣机。

（2）锅炉设计特点

① 针对我国城市生活垃圾热值较低、水分偏高的特点，采用较长的四阶梯顺推式往复炉排，保证足够的垃圾燃烧时间，垃圾由上一个阶梯翻转到下一个阶梯时松动、搅拌垃圾，利于其着火、燃尽；选取较高的一次风温，促使垃圾干燥着火；炉膛下部采取绝热结构以维持炉膛高温；合理配置前、后炉拱和前、后二次风装置，组织合理的空气动力场，确保入炉垃圾及时着火、充分燃烧。

② 布置较高的炉膛，使烟气在高温区停留时间超过 2s（850℃以上），以消除垃圾燃烧后烟气中所产生的二噁英和呋喃等有害物质。

③ 炉内设置多个烟气回程，以利于收集排放烟气中的灰粒。减少了烟尘对对流受热面的磨损，又降低了锅炉本体出口的烟尘浓度。

④ 为避开受热面高温腐蚀温度区域，过热器布置在相对较低的烟温区。选取相对较高的省煤器进水温度、空气预热器进风温度和锅炉排烟温度，以防止受热面的低温腐蚀。

⑤ 在过热器、省煤器、空气预热器处均布置蒸汽吹灰器，以清洁对流受热面，提高受热面的有效利用率。

（3）锅炉性能

无锡锅炉厂制造的 UG-10.5/2.57/370-W 型 200t/d 城市生活垃圾焚烧锅炉特性如表5-7 所列。

表 5-7 UG-10.5/2.57/370-W 型 200t/d 城市生活垃圾焚烧锅炉特性

性 能	指 标	性 能	指 标
锅炉设计规范额定蒸发量	10.5t/h	锅炉使用燃料城市生活垃圾	不分拣
额定蒸汽压力	2.57MPa	热空气温度	322℃
额定蒸汽温度	370℃（可在 350～380℃间波动）	排烟温度	219℃
给水温度	121℃	垃圾处理量	200t/d(8.33t/h)
		计算热值 Q_d^y	5066kJ/kg
垃圾热值适用范围	3979～6281kJ/kg	垃圾水分 W^y	45%～55%

四、主要垃圾焚烧炉比较

不同型式的垃圾焚烧炉采用的燃烧方式各异，其适用的垃圾种类、预处理的要求、配套工艺的复杂性、二次污染物产生的数量、处理能力、投资和运行费用等均不相同。3 种常用炉型的比较见表5-8。

表 5-8 3 种常用炉型的比较

比较项目	机械炉排焚烧炉	流化床焚烧炉	转窑式焚烧炉
焚烧原理	将生活垃圾供到炉排上，助燃空气从炉排下供给，垃圾在炉内分干燥、燃烧和燃尽带	垃圾从炉膛上部供给，助燃空气从下部鼓入，垃圾在炉内与流动的热砂接触进行快速燃烧	垃圾从一端进入且在炉内翻动燃烧，燃尽的炉渣从另一端排出
应用范围	过去应用最广的生活垃圾焚烧技术	20 年前开始使用，目前几乎不再建设新厂	处理高水分的生活垃圾和热值低的垃圾常采用

比较项目	机械炉排焚烧炉	流化床焚烧炉	转窑式焚烧炉
处理能力	1200t/d	150t/d	200t/d
前处理	一般不需要	入炉前需粉碎到20cm以下	一般不要
烟气处理	烟气含飞灰较高、除二噁英外，其余易处理	烟气中含有大量灰尘，烟气处理较难	烟气除二噁英外，其余易处理
二噁英控制	燃烧温度较低，易产生二噁英	较易产生二噁英	较易产生二噁英
炉渣处理设备	设备简单	设备复杂	设备简单
燃烧管理	比较容易	难	比较容易
运行费	较便宜	较高	较低
维修	方便	较难	较难
燃烧炉渣	需经无害化处理后才能被利用		
减量比	10：1	10：1	10：1
减容比	37：1	33：1	40：1

第四节　固体废弃物焚烧系统与工艺

完整的城市生活垃圾焚烧厂包括垃圾贮存及进料系统、焚烧系统、废热回收系统、灰渣收集与处理系统、烟气处理系统等。

一、垃圾焚烧处理的原则流程

垃圾焚烧处理的原则流程示于图 5-25。垃圾用垃圾车载入厂区，经地磅称量，进入倾斜平台，将垃圾倾入垃圾贮坑，由吊车操作员操纵抓斗，将垃圾抓入进料斗，再由垃圾加料器加入炉内。垃圾在炉内依次经过干燥、高温引燃、燃烧，最后烧成灰烬，落入冷却设备，通过输送带经磁选回收废铁后，送入灰烬贮坑，再送往填埋场。燃烧所用空气分为一次及二次空气，一次空气以蒸汽预热，对垃圾层助燃；二次空气加入的目的主要是充分

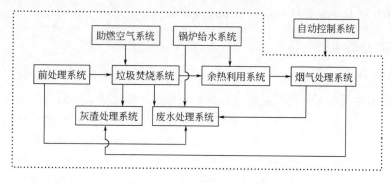

图 5-25　垃圾焚烧处理的原则流程

注：虚线是可选工艺环节

氧化废气，并控制炉温不致过高，以避免炉体损坏及氮氧化物的产生。炉内温度一般控制在850℃以上，以防未燃尽的气态有机物自烟囱逸出而造成臭味，因此垃圾低位发热量低时，需喷油助燃。高温废气经锅炉冷却，用引风机抽入酸性气体去除设备，去除酸性气体后进入布袋集尘器除尘，再经加热自烟囱排入大气扩散。锅炉产生的蒸汽以汽轮发电机发电后，进入凝结器，凝结水经除气及加入补充水后，返送锅炉；蒸汽产生量如有过剩，则直接经过减压器再送入凝结器。

图5-26是大型炉排式城市垃圾焚烧设备典型构成。

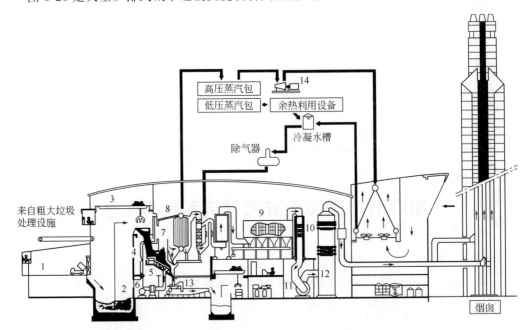

图5-26　大型炉排式城市垃圾焚烧设备典型构成

1—投入阶段；2—垃圾贮坑；3—垃圾吊车；4—加料器；5—炉排；6—鼓风机；
7—焚烧炉本体；8—锅炉；9—袋式过滤器；10—脱硝反应塔；11—引风机；
12—洗烟塔；13—挤压灰装置；14—汽轮发电机

二、城市固体废弃物焚烧厂系统构成

大型城市生活垃圾焚烧厂一般包括下面8个系统。

1. 贮存及进料系统

生活垃圾焚烧厂前处理系统的功能即为生活垃圾的接收和贮存。一般情况下，生活垃圾由垃圾运输车运入垃圾焚烧厂先经过称重系统称量并做记录，然后经垃圾卸料平台和卸料口倒入垃圾贮坑。如果有大件，在倒入贮坑前需要用大件垃圾粉碎机进行粗碎。生活垃圾贮存的目的是将原生垃圾在贮坑中进行脱水，吊车抓斗在贮坑中对垃圾进行搅拌使垃圾组分均匀并脱掉部分泥砂。垃圾贮坑的容积设计一般以能贮存3～5d的垃圾焚烧量为宜。

本系统由垃圾贮坑、抓斗、破碎机、进料斗及故障排除和监视设备组成。垃圾贮坑提供了垃圾贮存、混合及去除大型垃圾的场所，一座大型焚烧厂通常设有一座贮坑，负责为

3~4座焚烧炉供料。每座焚烧炉均有一进料斗，贮坑上方通常由1~2座吊车及抓斗负责供料，操作人员由监视屏幕或目视垃圾由进料斗滑入炉体内的速度决定进料频率。若有大型物卡住进料口，进料斗内的故障排除装置亦可将大型物顶出，落回贮坑。操作人员亦可指挥抓斗抓取大型物品，吊送到贮坑上方的破碎机破碎，以利进料。

2. 焚烧系统

城市生活垃圾焚烧厂的焚烧系统是焚烧厂最主要、最关键的系统。它决定了整个焚烧厂的工艺流程和设备结构。垃圾焚烧系统一般由焚烧炉（装置）、给料机、助燃空气供给设备、辅助燃料供给及燃烧设备、添加试剂供给设备及炉渣排放与处理装置等组成。

焚烧炉本体内的设备主要包括炉床及燃烧室。每个炉体仅有一个燃烧室。炉床多为机械可移动式炉排构造，可让垃圾在炉床上翻转及燃烧。燃烧室一般在炉床正上方，可提供燃烧废气数秒钟的停留时间，由炉床下方往上喷入的一次空气可与炉床上的垃圾层充分混合，由炉床正上方喷入的二次空气可以提高废气的搅拌时间。

3. 废热回收系统

从垃圾焚烧炉中排出的高温烟气必须经过冷却处理后，才能够向外排放。方法一般是采用余热回收利用和喷水冷却。目前为了使生活垃圾焚烧时产生的热量能回收利用，以达到垃圾处理能源化的目的，发达国家均安装余热锅炉进行余热发电或供热。

利用余热锅炉回收高温烟气中的余热，方式一般有3种：利用余热进行发电；生活蒸汽或热电联用；提供热水。

生活垃圾焚烧回收热量系统的原则流程如图5-27所示。

城市生活垃圾焚烧厂余热锅炉按余热锅炉和垃圾焚烧炉的设计结构和布置情况，一般可以分为烟道式余热锅炉和一体式余热锅炉。烟道式余热锅炉与通常意义上的余热锅炉基本相同，生活垃圾在焚烧炉炉膛和二次燃烧室中已燃烧完毕，进入余热锅炉的烟气只是进行热交换，降低烟气温度，产生蒸汽或热水。一体式余热锅炉则是余热锅炉与焚烧炉组合为一体，具有较大炉膛，锅炉的水冷壁往往构筑成生活垃圾焚烧炉的燃烧室。

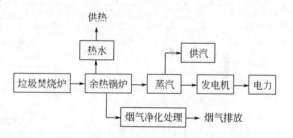

图 5-27　生活垃圾焚烧回收热量系统的原则流程

垃圾焚烧厂中燃料（垃圾）-空气-烟气流程见图5-28，从中可以看出余热利用的途径。

4. 发电系统

由锅炉产生的高温高压蒸汽导入发电机后，在急速冷凝的过程中推动了发电机的涡轮叶片，产生电力，并将未凝结的蒸汽导入冷却水塔，冷却后贮存在凝结水贮槽，经由饲水泵再打入锅炉炉管中，进行下一循环的发电工作。在发电机中的蒸汽亦可中途抽出一小部分作次级用途，例如助燃空气预热等工作。饲水处理厂送来的补充水则可注入饲水泵前的除氧器中，除氧器则以特殊的机械构造将溶于水中的氧去除，防止路管腐蚀。

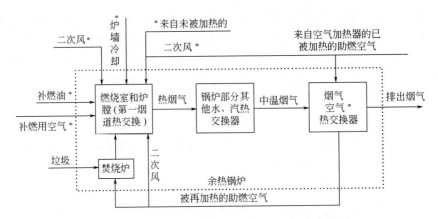

图 5-28 垃圾焚烧厂中燃料（垃圾）-空气-烟气流程

注：＊为系统备选方案；虚线框内所含各工艺环节在实际
过程中完全包含在焚烧锅炉内

垃圾焚烧厂以汽轮机发电为目的的水、汽流程见图 5-29。

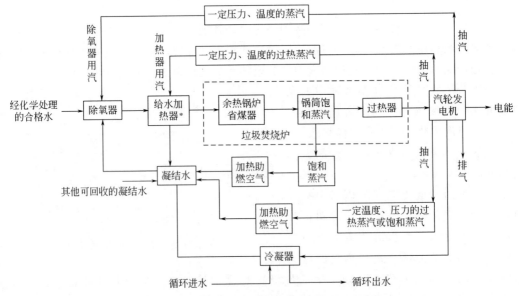

图 5-29 垃圾焚烧厂以汽轮机发电为目的的水、汽流程

注：＊为系统备选方案

目前国内垃圾焚烧发电项目主要经济指标见表 5-9。

表 5-9 国内垃圾焚烧发电项目主要经济指标

项目名称	总投资/万元	日处理垃圾量/t	装机容量/kW	日处理每吨垃圾投资/万元	每千瓦容量投资/万元	垃圾日发电量/(kW/t)	焚烧炉型
上海浦东生活垃圾焚烧厂	67000	1000	17000	67	3.94	17	炉排炉
北京朝阳高安屯生活垃圾焚烧电厂	68000	1300	25000	52.34	2.72	19.2	炉排炉
天津双港垃圾焚烧电厂	60700	1200	18000	50.58	3.37	15	炉排炉
杭州锦江绿色能源有限公司	20000	800	12000	25	1.67	15	流化床炉

5. 饲水处理系统

饲水处理系统主要工作为处理外界送入的自来水或地下水，将其处理到纯水或超纯水的品质，再送入锅炉水循环系统。其处理方法为高级用水处理程序，一般包括活性炭吸附、离子交换及反渗透等单元。

6. 废气处理系统

从炉体产生的废气在排放前必须先行处理到排放标准，早期常使用静电集尘器去除悬浮颗粒，再用湿式洗烟塔去除酸性气体（如 HCl、SO_x、HF 等）。近年来则多采用干式或半干式洗烟塔去除酸性气体，配合滤袋集尘器去除悬浮微粒及其他重金属等物质。

关于垃圾焚烧厂烟气处理的原理、工艺方法等，详见第十章。

7. 废水处理系统

城市生活垃圾焚烧厂废水主要来自垃圾渗滤水和洗车废水。垃圾卸料平台地面清洗水、灰渣处理产生的废水、锅炉排污水、淋洗和冷却烟气的废水等。生活垃圾焚烧厂废水按照所含有害物的种类分为有机废水和无机废水。这2种废水采用不同的处理方法和处理流程。废水处理系统一般由数种物理、化学及生物处理单元组成，其工艺流程如图5-30所示。

由锅炉排放的废水、员工生活废水、实验室废水或洗车废水，可以综合在废水处理厂一起处理，达到排放标准后再放流或回收再利用。

8. 灰渣收集及处理系统

由焚烧炉体产生的底灰及废气处理单元所产生的飞灰，有些厂采用合并收集方式，有些则采用分开收集方式。国外一些焚烧厂将飞灰进一步固化或熔融后，再合并底灰送到灰渣掩埋场处置，以防止沾在飞灰上的重金属或有机性毒物产生二次污染。

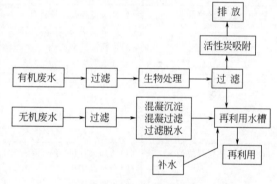

图 5-30　垃圾焚烧厂废水处理工艺流程

一些城市垃圾焚烧厂还必须有专门的垃圾预处理系统，如城市垃圾衍生燃料焚烧厂和采用流化床焚烧炉的垃圾处理厂。

三、垃圾焚烧厂的类型

一般来说，低位发热量小于3300kJ/kg的垃圾属低发热量垃圾，不适宜焚烧处理；低位发热量介于3300～5000kJ/kg的垃圾为中热值垃圾，适宜焚烧处理；低位发热量大于5000kJ/kg的垃圾属高热值垃圾，适宜焚烧处理并回收其热能。

按垃圾是否进行预处理，城市垃圾焚烧厂可分为混烧式垃圾焚烧厂和垃圾衍生燃料焚烧厂两大类。混烧式垃圾焚烧厂采用的焚烧炉主要有控气式、水墙式、旋转窑式及流化床 4 类，其中尤以采用各种大型专利机械炉排的水墙式焚烧炉应用最广；垃圾衍生燃料焚烧厂则不需要采用大型专利炉排的焚烧炉。这几种类型的垃圾焚烧炉因其构造、特性及处理容量不同，各有其优缺点，适用范围也不尽相同，如表 5-10 和表 5-11 所列。

表 5-10 5 种垃圾焚烧炉型式的比较

比较项目	机械焚烧水墙式	模组式	旋转窑式	垃圾衍生燃料式	流化床式
地区	欧洲、美国、日本	美国、日本	美国、丹麦	美国	日本
目前处理容量	>200t/d	<200t/d	>200t/d	>1000t/d	<180t/d
设计、制造及操作维护	已成熟	已成熟	供应商有限	供应商有限	供应商有限
前处理设备	除巨大垃圾外不分类破碎	炉体小，无法处理巨大垃圾	除巨大垃圾外不需分类破碎	需全套的前处理	需分类破碎至 5cm 以下
垃圾处理性	佳	垃圾与空气混合效果较差	佳	佳	佳

表 5-11 各种城市垃圾焚烧炉的优缺点

焚烧炉种类	优　点	缺　点
机械炉床水墙式焚烧炉（混烧式焚烧炉）	(1)适用大容量(单座容量 100～500t/d) (2)未燃部分少，公害易处理，燃烧安定 (3)控管容易，余热利用高	(1)造价高，操作及维修费高 (2)需连续运转，操作运转技术高
旋转窑式焚烧炉	(1)垃圾搅拌及干燥性佳 (2)可适用中、大容量(单座容量 100～400t/d) (3)可高温安全燃烧 (4)残灰颗粒小	(1)连接传动装置复杂 (2)炉内的耐火材料易损坏
控气式焚烧炉	(1)适用中、小容量(单座容量 150t/d) (2)构造简单 (3)装置可移动、机动性大	(1)燃烧不完全 (2)燃烧效率低 (3)使用年限短 (4)平均建造成本较高
垃圾衍生燃料焚烧炉	(1)适用大容量(单座容量 200～750t/d) (2)余热利用高 (3)可资源回收	(1)造价昂贵 (2)设备构造多且复杂 (3)操作运转技术高 (4)不适合含水率高的垃圾
流化床式焚烧炉	(1)适用中容量(单座容量 50～200t/d) (2)燃烧温度较低(750～850℃) (3)热传导佳 (4)公害低 (5)燃烧效率佳	(1)操作运转技术高 (2)燃料的种类受到限制 (3)进料颗粒小(约 5cm 以下) (4)单位处理量所需动力高 (5)炉床材料冲蚀损坏

四、城市垃圾-煤流化床混烧工艺

1. 技术背景

目前大多数城市都在寻求垃圾的卫生处理方式，目前填埋、焚烧、堆肥各有优势。堆肥的剩余物需要焚烧和填埋，而焚烧的残余灰渣需要填埋，最佳的方式是垃圾综合利用处理。通过垃圾分类或采用机械化分拣，将垃圾分成可堆肥的生物质类、可焚烧发电的塑料类、可填埋的灰渣类以及可再利用的物资类等，然后分别处理。由于经济条件所限，目前我国仍采用单纯填埋、堆肥或焚烧等。由于我国大型城市多处于人多地少的东部地区，填埋用地缺乏，因此焚烧制能技术处理垃圾是一种很好的选择。

煤与垃圾混烧发电是国外垃圾能源化利用技术的起点。与单纯烧垃圾相比，混烧技术能保证燃烧稳定，提高发电效率，有利于投资回收，同时减少了垃圾焚烧炉的建设成本和投资。目前，我国城市生活垃圾的热值普遍较低，焚烧时工况不稳，二次污染难以控制。垃圾-煤混烧是一个很好的选择方案。

流化床燃煤技术的较大规模研究与应用已有几十年的历史。它的主要特点是燃料适应性好、燃烧效率高，可采用几乎任何含 C、H 和 S 的燃料；另外，流化床属低温燃烧，床温在 $800\sim900$℃之间，NO_x 排放量很低；通过添加石灰石，可实现床内脱硫，保证较低的 SO_x 排放。

流化床技术根据不同的气流速度可分为鼓泡流化床、循环流化床和内旋流（内循环）流化床等。其中鼓泡流化床和循环流化床已有较大规模的应用，技术较为成熟。而内旋流流化床是一种新型高效低污染流化床技术，它通过非均匀布风在砂床内形成大尺度的内循环流动，可以使燃料迅速地在床内均匀扩散，特别适于尺寸不一、形状各异的燃料，充分发挥了流化床燃料适应性好的优点。内旋流流化床不但可用来烧煤，还可用来焚烧垃圾，或采用煤和垃圾混烧的方式发电。

近年来国外重视采用流化床技术焚烧垃圾，特别是内旋流流化床，认为该技术适合形状各异、尺寸不一的混合垃圾。流化床锅炉的燃料适用性很好，因此在设计时可以考虑采用煤和垃圾的混合燃烧方式。当收集的垃圾量不够多时，焚烧炉可以灵活地通过添加煤来保证满负荷运行，以确保锅炉的发电和焚烧厂的收益。

垃圾的组成特点是高挥发分、低固定碳、高水分（收到基水分达 $40\%\sim60\%$）、低热值（低位发热量为 $3000\sim5000kJ/kg$）。垃圾的组成特点决定了其燃烧特性与煤不同，焚烧时由于水分的影响，着火比较困难，而着火后在短期内挥发分大量析出，容易造成后期的燃烧不完全现象。流化床焚烧炉采用高温砂床作为蓄热体，可保证垃圾中水分的快速蒸发并维持床温基本稳定。床面上部的二次风可有效保证挥发分和有机物质完全燃尽和破坏。

2. 技术可行性

一般当垃圾低位发热量高于 $4200kJ/kg$ 时即可进行焚烧处理，但若要保证燃烧效率很高且排放清洁，国外一般推荐热值高于 $6000kJ/kg$，由于垃圾热值随来源、季节等因素大幅度波动，因此在没有辅助燃料时燃烧不够稳定，难以控制有害气体的生成与排放，造成环境污染。目前我国城市垃圾的低位发热量一般在 $3000\sim4200kJ/kg$，如果采用纯烧垃圾的方式，就要添加较多的辅助燃油，增加运行成本。

采用与煤混烧的方案，可以将煤与垃圾配成有一定热值的混合燃料，使其低位发热量高于 $6000kJ/kg$，保证燃烧稳定，同时简化了燃烧系统。当焚烧炉建成后，随垃圾热值的逐年增长，可以逐渐减少煤的用量，保证了较长时间垃圾处理能力不会下降。加入的少量劣质煤不但提高了炉内的燃烧温度，而且降低了 CO 的排放浓度，有利于有害有机物的分解并防止二噁英类物质的生成与排放。

按我国目前的垃圾热值状况，在达到良好焚烧效果的前提下，混合燃料中的煤量尚需在10％以上，而随着我国城市垃圾热值的增大，混合燃料中的煤量即可逐渐减少，而垃圾量则可增加。当垃圾热值增到6000kJ/kg以上时，就可单纯焚烧垃圾，不用再采用混合燃料。

3. 经济可行性

从经济可行性方面看垃圾-煤混烧技术，一是由于采用混烧方式大大提高了燃料的热值并能减轻HCl带来的高温腐蚀问题，因此可以产生较高参数的蒸汽（如中温中压蒸汽）来驱动汽轮机发电，从而提高了垃圾发电效率，可达20％以上；二是从建造成本来说，在发电量相同的情况下，采用混烧技术大大降低了投资成本。如建造一座日处理垃圾量500t/d的混烧发电机组，按煤和垃圾的质量比为1∶5计算，可以产生相当于12MW的电力，而如果采用纯烧垃圾，500t/d的垃圾量仅可发出6MW的电力，而垃圾处理能力相同的混烧炉与纯烧垃圾炉的投资规模和建设周期相当，可见，混烧发电机组的每千瓦投资额约为纯烧垃圾机组的1/2，显然，通过售电回收投资成本的焚烧发电厂愿意选择混烧的发电方式。

垃圾焚烧厂的经济收入有售电收入和垃圾处理收费2种。为了比较不同煤与垃圾混合比例下的焚烧发电厂收益情况，计算的基础为：焚烧发电功率12MW，自用电耗15％，每千瓦设备投资额8300元，煤价200元/t，其他资金0.104元/(kW·h)，计算时取煤和垃圾的低位发热量分别为22358kJ/kg和4500kJ/kg。考虑到发电收入、垃圾处理收费补贴、运行成本（电、煤、石灰等耗费，人员工资，流动资金）、设备投资（包括还贷付息）等因素，采用下式对焚烧厂每发1kW·h电的总收益进行粗略的估算。

$$焚烧厂收益＝上网电价＋垃圾收费－运行成本－设备投资$$

图5-31为改变垃圾收费时焚烧厂总收益与混烧比例的关系。可见随着混合燃料中垃圾比例的增加，焚烧厂从纯烧煤时的负效益逐渐增加到正效益，混烧垃圾越多，收益越大，这是由于垃圾收益在焚烧厂总收益中所占比例逐渐增加。垃圾收费对于焚烧厂的收益影响较大。随着垃圾处理费的增加，开始时收益曲线变化较缓，等垃圾混合比例超过50％后，收益曲线陡然上升。以我国目前的垃圾热值，混烧比例为80％～90％，在垃圾收费为50元/t的情况下，焚烧厂收益可达0.07～0.177元/(kW·h)。随着我国垃圾热值的增加，混烧比例不断增加并最终实现纯烧垃圾，那时的焚烧厂收益将相当可观。

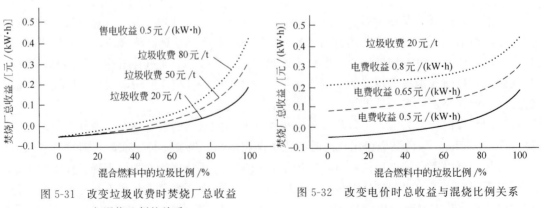

图5-31 改变垃圾收费时焚烧厂总收益
与混烧比例的关系

图5-32 改变电价时总收益与混烧比例关系

图 5-32 为改变电价时总收益与混烧比例关系。可见电价对于焚烧厂的收益影响更大。随着电价的增加，对于纯烧煤的情况，收益从电价为 0.5 元/(kW·h) 时的 -0.05 元/(kW·h) 增至电价为 0.65 元/(kW·h) 时的 0.08 元/(kW·h)，净增 0.13 元/(kW·h)；而对于纯烧垃圾的情况，收益从 0.18 元/(kW·h) 增至 0.31 元/(kW·h)，净增值仍为 0.13 元/(kW·h)。这与图 5-31 的情况不一样，该图中当垃圾收费从 20 元/t 增至 50 元/t 时，纯烧垃圾的利益净增长 0.12 元/(kW·h)，而纯烧煤时的收益净增长为 0。由此可见，盲目增加电价不利于鼓励焚烧垃圾，在保证正常收入的同时，焚烧厂可能会降低混烧垃圾的比例。因此，适当增加垃圾处理收费有利于鼓励焚烧厂更多地混烧垃圾。

4. 在污染物控排方面的优势

一般煤和垃圾中含有有害元素硫、氮、氯及较多灰分等，它们会在燃烧过程中释放出来并生成污染性物质。表 5-12 给出了我国典型垃圾和煤的组成特性比较（应用基）。从表中可以看出，两者的灰分和氮含量相当，而煤中的硫含量远大于垃圾，氯含量却远小于垃圾。

表 5-12　我国典型垃圾和煤的组成特性比较(应用基)　　　　　　　　　单位：%

组成	M	A	FC	H	O	N	S	Cl
垃圾	50	25	14	2	8	0.65	0.05	0.3
煤	4.9	26.77	59.67	2.89	2.83	1.04	1.9	0.01

图 5-33 给出了污染物原始排放浓度随混烧比例的变化情况。所谓原始排放是指仅有除尘设备（除尘效率 99%）情况下，未采用任何针对垃圾燃料的炉膛二次风特殊设计（降低 CO 排放）以及烟气处理后污染物排放。显然，除 SO_x 随垃圾比例增加而减少外，NO_x、HCl、CO 和颗粒物均增加很多，尤其是 HCl 排放增加最多。值得注意的是，虽然煤和垃圾中的灰分和 N 含量接近，但颗粒物和 NO_x 排放量却增加，这是由于单位质量垃圾焚烧产生的烟气量只有煤燃烧产生烟气量的 1/3 左右，因此垃圾焚烧产生的污染物排放浓度远大于相同污染元素含量下煤燃烧的结果。

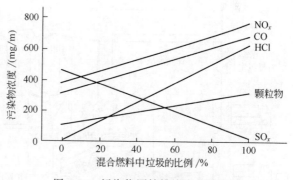

图 5-33　污染物原始排放浓度随混烧比例的变化情况

由于垃圾是一种对环境有害的废弃物，因此各国都制定了严格的焚烧炉环保标准。目前国际上的标准是需将污染物控制在以下水平：CO<150mg/m³，NO_x<350mg/m³，SO_x<300mg/m³，HCl<60mg/m³，颗粒物<100mg/m³，汞<0.2mg/m³，镉<0.2mg/m³，铅<0.2mg/m³；二噁英和呋喃类<0.1ng TEQ/m³，林格曼黑度<1 级。

对于我国目前的垃圾，混烧比例宜小于 90%；与纯烧煤相比，混烧时除 SO_x 外，其余污染物排放均有所增加，但混烧有利于提高燃烧温度，破坏二噁英类物质的生成。

目前，垃圾-煤混烧技术无疑是当前解决我国垃圾处理问题的一种经济可行的方法，具有较强的应用需求。然而，如果采用 RDF 制作技术，那么垃圾热值可增加 1 倍，考虑到经济的发展，我国十年后的垃圾热值可能在 6000kJ/kg 以上，达到良好焚烧的程度。因此，从技术和社会进步的角度看，垃圾-煤混烧技术是一种"过渡"技术。

第五节　城市生活垃圾焚烧厂实例

一、深圳市垃圾焚烧厂

深圳市垃圾焚烧厂为我国首座现代化的垃圾处理厂，设计处理能力为 150t/d，总处理能力为 300t/d。该厂于 1985 年 11 月破土动工，1988 年 6 月试车成功，同年 11 月正式投产，总投资 4729 万元。

1. 垃圾焚烧工艺流程及说明

城市垃圾由专用车辆运进厂内，经称重系统称量后，卸入容量为 2000m³ 的垃圾池中。在地顶装有 2 台抓斗式起重机，可供垃圾的倒垛、拌和以及送料之用。

工艺流程如图 5-34 所示。料斗中的垃圾由滑槽下落至焚烧炉的送料器上，此送料器

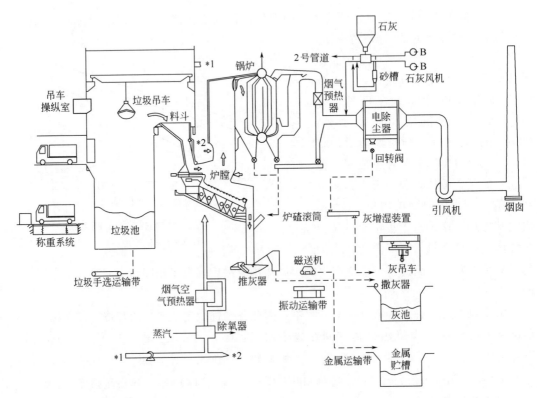

图 5-34　深圳垃圾焚烧厂工艺流程（＊1 为烟气处理 1 号线，＊2 为烟气处理 2 号线）

依据燃烧控制盘的指令做往复运动，将垃圾输进上斜呈 26°的炉排，通过炉排的活动，可使垃圾依次进入干燥区、燃烧区和燃尽区。经充分燃烧后，不含有机质的垃圾灰渣由炉排端部的圆筒落入满水的推灰器内，在此熄火降温后被推至振动式传送带，于是，灰渣中的金属物因受振而分离外露，通过磁选机可将铁件吸出另作处理。

燃烧过程中产生的灰分，粒径较大者会受气流的离心作用而自行落入灰斗，再通过不同途径进入灰池；其细小的粉尘和喷入烟道的石灰末（人工加入，用以中和 HCl）则随烟气进入静电除尘器，最后也被送入灰池中。

供燃烧之用的空气由鼓风机自垃圾池上方吸取，经 2 次预热（先由蒸汽式空气预热器加热至 160℃，再经烟气式空气预热器提温至 260℃）后，以 4kPa（400mmH$_2$O）的风压由炉排下方吹进炉膛。不经加热的二次空气直接由鼓风机出口处引出，而自设在炉膛拱处的两排喷嘴吹入炉内，风量可根据燃烧情况进行调节。

燃烧过程产生的高温烟气（温度在 800～900℃之间）流经废热锅炉，通过热交换放热后降温至 380℃左右，再经烟气式空气预热器的热交换，进一步降至静电除尘器所要求的工作温度（250～280℃），此后被净化的烟气由引风机通过烟囱排入大气。

2. 主工艺系统

垃圾焚烧的工艺系统，主要有如下几种。

① 垃圾接收系统　垃圾接收站备有由五段输送机组成的手选装置，并有称量能力为 20t 的称量设备，能自动计量并打印。

② 垃圾储运系统　设有垃圾池（容量为 2000m^3）、桥式抓斗吊车、监视料斗料位的工业电视机等，并配备自动计量打印装置。

③ 垃圾焚烧系统　焚烧炉主体包括料斗、送料器和内部的炉排、炉膛等，燃烧时，当炉温达 600℃后，垃圾能够自燃而无须喷油做助燃处理。

④ 炉渣运输系统　备有推灰器、振动输送带、磁送机、灰渣坑及灰渣吊车等。

⑤ 通风系统　由鼓风机（风量 520m^3/min）、风管（直径 1m）和引风机（风量 1440m^3/min）所组成，助燃空气经两次预热；这对热值低、水分大的垃圾燃烧起着重要作用。

⑥ 蒸汽系统　备有高、低压冷凝器，前者的作用为调节高压蒸汽，使其压力稳定；而后者用以处理汽轮机尾气。

⑦ 烟气冷却、处理和热能回收系统　在废热锅炉中，备有热交换器及烟气式空气预热器，可使高温烟气冷却，并备有石灰喷入装置（供中和氯化氢等酸性气体）和静电除尘器，在烟气排管中还设有监测仪表。

⑧ 发电和配电系统　备有背压式汽轮发电机组（500kW），可供自用并向市电网送电。还备有变压器（1250kVA）及开关柜等电器。

⑨ 备用电源系统　配置一台柴油发电机组（200kW），当突发停电时，可在 7s 内自行启动并供电；同时装有应急电源，以保证停电时的照明和自控仪表正常运行。

⑩ 计算机及自控系统　焚烧厂全部运行管理除垃圾、灰渣吊车需现场操作外，均集中在中央控制室运行。

⑪ 运行管理系统　所有运行人员除分管的设备需进行巡视和现场记录外，大多集中在中央控制室通过观察仪表了解情况。当设备运行出现异常时，报警系统会立即发出蜂鸣

信号，同时指示灯显出故障处所，并指示运行人员进行判断和调节处理。

⑫ 废液处理系统　装有成套的提升、过滤、加压及雾化设施，可对垃圾渗滤液进行喷入炉膛的高温处置。还装有下水管网系统，可将灰渣连同锅炉排出的废水输往处理厂进行处理。

3. 焚烧炉

采用马丁型活动式炉排（即机械炉排）垃圾焚烧炉，炉宽约 3m，炉床长约 6.5m。由于这种炉型特别是它的燃烧室设计有较长的干燥区，通过连续多年的运行情况，非常适合焚烧含水量高达 50％和低热值（3300kJ/kg 左右）的深圳垃圾。另外，此炉排下面风室的配置和各风室风门的设计均有独到之处，垃圾在炉排上移动过程中依次经过干燥、燃烧和燃尽 3 个阶段而被彻底燃烧。

二、浦东垃圾焚烧厂

2001 年年底，我国第一个处理能力达 1000t/d 的大型城市生活垃圾焚烧厂在浦东新区投入试运行并成功并网发电，这意味着我国生活垃圾焚烧技术的应用已进入了一个全新的阶段。

1. 垃圾产量和性质

根据浦东新区环卫局统计，1996 年的每日 1727.9t 生活垃圾中居民垃圾占 75％，近年产量基本稳定；集市垃圾历年来有所下降；而商业垃圾近年呈增长趋势。新区管委会决定利用法国政府贷款，采用法国引进技术，建造生活垃圾焚烧厂，以解决浦东新区生活垃圾的长久出路问题。

1996～1997 年浦东新区生活垃圾平均水分和平均低位发热量见表 5-13，组分平均值见表 5-14。

表 5-13　1996～1997 年浦东新区生活垃圾平均水分和平均低位发热量

测定项目	居民	工商企事业	中转站	混合组分样①
平均水分/％	59.57	47.08	45.13	56.45
平均低位发热量/(kJ/kg)	4813.46	7713.87	5668.70	5538.56

① 混合组分样系根据居民与工商企事业单位垃圾量所占的比例，经加权后计算所得，热值分析采样时间为 11～12 月，略高于全年平均值（为 1.05～1.1 倍）。

表 5-14　1996～1997 年浦东新区生活垃圾组分平均值　　　　　　单位：％

来　源	垃圾组分平均值(质量分数)								
	纸类	塑料	竹木	布类	厨余物	果皮	金属	玻璃	渣石
居民	8.43	12.83	0.80	2.82	60.00	11.04	0.61	2.49	0.97
商业办公	31.90	22.91	0.77	0.58	30.64	6.58	1.53	5.01	0.08
工厂	27.35	16.44	0.38	3.95	34.15	7.60	2.11	6.42	1.60

2. 焚烧厂工艺设计方案

(1) 基本设计参数

处理规模为1000t/a，设计热值为6060kJ/kg，波动范围为4600～7500kJ/kg；烟气排放标准系引进国外（法国）现行欧盟（89）标准（表5-15）。

表 5-15　垃圾焚烧厂烟气排放标准及可能达到的烟气排放量

污染物名称	欧盟排放标准[①] /(mg/m³)	期望值 /(mg/m³)	污染物名称	欧盟排放标准[①] /(mg/m³)	期望值 /(mg/m³)
粒状污染物	30	<20	HF	2	—
HCl	60	<30	NO_x	200	242
SO_2	300	<200	汞及其化合物	0.01	0.01
CO	50	<50	镉及其化合物	0.50	0.05

① 为标准状态下数值。

(2) 工艺方案

① 工艺原理流程　浦东垃圾焚烧厂工艺原理流程见图5-35。

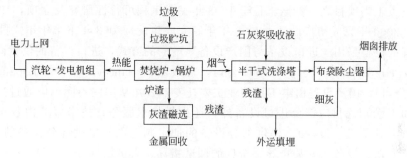

图 5-35　浦东垃圾焚烧厂工艺原理流程

② 生产线配置　根据焚烧厂各设备及附属设施在使用期限内正常运转并能达到各项设计参数的要求，每炉每年平均需要1个月左右的时间进行维修保养，因此通常配置2条以上的垃圾焚烧处理线。

该厂生产线配置为：垃圾焚烧处理生产线（包括烟气净化）3条，汽轮发电机组2组。

③ 主要工艺参数　单台焚烧炉处理能力15.2t/h（最大达16.7t/h）；炉排型式SITY-2000倾斜往复阶梯式机械炉排；每条生产线年最大连续运行时间8000h；锅炉型式角管式自然循环锅炉；单台锅炉蒸发量29.3t/h；单线烟气量70000m³/h；汽轮发电机组铭牌功率8500kW/套。

3. 工艺特点

① 采用的SITY-2000垃圾焚烧炉排技术，是从最早应用于垃圾焚烧的马丁炉排发展改进而来，适应低热值、高水分垃圾的焚烧，在设计热值及处理规模范围内基本不用添加助燃油，便可保证焚烧炉内温度高于850℃，燃烧烟气在高温区停留2s，以彻底分解去除类似二噁英、呋喃等有机有害物质，使焚烧对大气的影响减少到最低程度。同时，为确保夏季处理过低热值垃圾时也能达到上述处理指标，焚烧炉配有辅助燃油系统。

② 整个工厂的热平衡系统设计思路独特，如锅炉进水温度提高至130～135℃，焚烧

炉一次风进炉温度达 220℃，从而使整个工艺可获得较高的热效率，尽可能多地发电上网，提高运行经济效益。按现设计水平每年可向电网供电约 $1.1×10^8 kW·h$。

③ 生活垃圾（不包括大件垃圾）不用经过任何预处理（指破碎、分类等），可直接进炉焚烧。

④ 采用 DCS 集散系统，使生产控制达到了现代化的水平。

⑤ 在烟气净化工艺中，预留了脱氮装置接口，现有的半干法＋布袋除尘器工艺配置，可适应将来更高的环保要求。

按垃圾焚烧厂日均处理 1100t，工厂运行寿命 30 年及国内配套人民币由浦东新区财政无偿投入测算，每吨垃圾处理总成本随外汇还本付息的费用从投产初期的约 250 元/t 逐年递减，30 年平均垃圾处理成本约为 150 元/t，运营成本约为 100 元/t。

三、上海江桥生活垃圾焚烧厂

1. 工程概况

上海江桥生活垃圾焚烧厂位于上海市嘉定区江桥镇境内（普陀区与嘉定区交界处），是上海市重点工程项目之一。该工程于 1998 年完成工程可行性研究及立项，1999 年开始正式实施，2000 年完成初步设计，2002 年年底完成建设，2003 年下半年正式投入运行。

该工程的设备采用"进口设备与国产设备"配套的方式，进口设备的供货商为西班牙 Babcock Wilcox Espanola 公司（BWE 公司，现改名为 Babcock Wilcox Espanola 公司或简称 BBE 公司），国产设备由本工程的业主委托专业公司从国内不同单位通过招投标的方式采购。BBE 公司除供应部分进口设备外，还提供技术服务，技术服务内容包括全厂的基本设计（尤其是工艺设计）；提供部分设备的加工制造图；提供部分设备的基本参数、设备的加工监造、设备的安装指导、全厂的调试指导、人员培训等。

该工程总投资预算约人民币 7.5 亿元。资金筹措由两部分组成，一部分为西班牙政府贷款，共计 3210 万元；其余资金由国内通过多种渠道自筹解决。

该工程分二期实施，一期厂程规模为 1000t/d，最终规模为 1500t/d。一期工程设置 2 条日处理能力为 500t 的垃圾焚烧线，设置 2 台额定功率为 12MW（最大功率为 15MW）的中压凝汽式汽轮发电机组。为此，二期工程将增设一条日处理生活垃圾 500t 的垃圾焚烧线。最终配置为"三炉二机"，总发电能力将达到 25MW。

2. 垃圾组成与性质

江桥生活垃圾焚烧厂处理的生活垃圾的成分、元素组成与特性及主要工艺性质分别见表 5-16～表 5-18。

表 5-16　生活垃圾成分

垃圾成分	纸张	塑料	木竹	纤维	厨余物	果皮	金属	玻璃	渣石
质量百分比/%	8.77	13.5	1.29	1.9	53.23	14.1	0.73	5.15	1.27

表 5-17　生活垃圾元素组成与特性/%

元素	C	H	O	N	S
组成	19.75	1.56	9.61	0.48	0.28

表 5-18　生活垃圾的主要工艺性质

性质	含水量/%	容重/(t/m³)	灰分/%	低位发热量/(kJ/kg)	
				设计值	变化范围
数值	56	0.3	12.4	6280	4200～9200

3. 设计排放标准

上海江桥生活垃圾焚烧厂烟气排放暂执行技术和设备出口国的垃圾焚烧厂烟气排放标准（1992 年欧盟标准），见表 5-19。

表 5-19　上海江桥生活垃圾焚烧厂烟气排放标准限值[①]

污染物名称	1992 年欧盟标准($O_2$11%)/(mg/m³)	国家标准(GWKB 3—2000,$O_2$11%)/(mg/m³)	本厂执行标准($O_2$11%)/(mg/m³)	
			保证值	期望值
颗粒物	30	80	30	<20
HCl	50	75	50	<30
HF	2	—	2	<1
SO_x	300	260	300	<150
NO_x	—	400	—	<350
CO	100	150	100	<50
TOC	20	—	20	<20
Hg 及其化合物	0.1	0.2	0.1	0.05
Cr 及其化合物	0.1	0.1	0.1	<0.1
重金属	6	Pb1.6	6	<1
二噁英类	—	1ng/m³	<0.1ng/m³	<0.1ng/m³
烟气黑度	—	1(林格曼)		

① 为标准状态下数值。

污水排放执行上海市地方标准《污水综合排放标准》（DB 31/199—1999）中的三级标准：COD_{Cr} 300mg/L；BOD_5 150mg/L；SS 400mg/L；pH 值为 6～9。

4. 工艺流程及布置

（1）工艺流程

焚烧厂工艺系统由多个分系统组成，各系统之间紧密相关。各分系统的功能如下。

① 焚烧系统　包括垃圾称重计量及加料、焚烧、燃烧空气预热、锅炉回收热能、炉渣处理等工艺过程。焚烧炉采用倾斜往复式机械移动炉排，炉排液压驱动。锅炉形式为卧式、自然循环，包括 3 个垂直通道和 1 个水平通道，水中通道内有蒸发器、过热器、省煤器等换热设备。垃圾经过焚烧系统后，炉渣进入贮存池中，最终运至老港填埋场处置；焚烧产生的高温烟气与锅炉内部的水/汽热介质发生热交换，产生蒸汽，进入后续的汽机系统发电；锅炉出口烟气进入后续的烟气浮化系统处理。

② 烟气净化系统　烟气净化采用喷雾反应净化＋袋式除尘＋活性炭喷射的流程，包括石灰浆液配制、喷雾反应、袋式除尘、活性炭喷射、灰渣输送及贮存等工艺过程。烟气经过烟气冷化系统处理后，经引风机、烟囱排入大气；灰渣运往位于上海市嘉定区的危险废弃物填埋厂处理。

③ 汽轮发电机及热力系统　包括中压凝汽式汽轮机、发电机、主蒸汽系统、水/汽循环及冷凝系统、旁路及高温冷凝系统、循环冷却水系统等。主蒸汽系统由主蒸汽集箱、锅炉启动蒸汽集箱、中压蒸汽集箱和低压蒸汽集箱组成。锅炉出来的蒸汽首先进入蒸汽集箱，然后进入汽轮发电机系统，做功后的蒸汽冷凝后回用；锅炉启动蒸汽集箱在锅炉启动时，蒸汽参数未达到设定条件的情况下使用。抽汽方式为非调整抽汽，一级抽汽进入中压蒸汽集箱，作为空气预热器一段的热源；二级抽汽进入低压蒸汽集箱，作为除氧器的热源。中压蒸汽集箱与主蒸汽集箱相连，可保证中压蒸汽集箱中的蒸汽参数要求；低压蒸汽集箱与中压蒸汽集箱，可保证低压蒸汽集箱中的蒸汽参数要求。冷凝水进入锅炉给水箱，经给水泵、省煤器进入锅炉内。常压冷凝器和高温冷凝器均采用水冷经新槎浦河水净化后作为冷却水，冷却水循环再用。

④ 自动控制系统　焚烧厂生产过程采用分散控制系统（DCS），在中央控制室进行集中监视控制。DCS由过程控制级和操作管理级组成，可对焚烧过程、锅炉、烟气净化过程、汽轮发电系统、水汽系统及其他辅助工艺系统进行实时、在线监测/视与控制，使全厂在最佳工艺条件下运行。操作管理级包括操作员站、报警站、工程师站等，中央控制室内设模拟盘，显示全厂的运行工况。

⑤ 辅助工艺系统　包括化水处理系统、压缩空气系统、燃油供应系统、理化分析与检修系统。化水处理系统采用离子交换工艺，将自来水浮化后作为锅炉的补给水；压缩空气系统供给仪表用气和设备用气；燃油系统用于辅助燃料（柴油）的贮存和输送；理化分析室可对焚烧厂常规的技术指标进行定时跟踪监测；检修系统用于设备的维护、更新等。

⑥ 电气系统　焚烧厂内设35kV开关站1座，用于发电上网及异常情况下从电网倒送电。

⑦ 污水处理系统　垃圾贮存池内的渗滤水采用回喷焚烧的处理工艺，其他生产过程产生的污水经污水处理系统处理达标后排放。

（2）工艺布置

焚烧厂采用焚烧线和汽轮发电系统分开布置的方式，二者通过联廊相接。焚烧线位于焚烧工房内，3条线平行布置，依次分为卸料区、贮存区、焚烧区、烟气净化区。

5. 主要技术参数

（1）规模

一期工程日处理垃圾量1000t，2条线，单条线处理规模500t/d；二期工程日处理垃圾量1500t，增加1条处理规模500t/d焚烧线。汽机系统由2台汽轮机及发电机组成，一期工程完成，单机装机容量12MW年处理生活垃圾量：一期工程 3.3328×10^5 t，二期工程达到 4.995×10^5 t。

（2）垃圾坑容积

容积约为19000m³，可贮存5d的垃圾量。

（3）垃圾低位发热量的范围

变化范围为 1000～2200kcal/kg；设计值为 1500kcal/kg。

（4）炉排

生产厂商：德国 Steinmüller 公司（现为 BBP 公司）；炉排种类：倾斜式往复机械炉排；处理能力：单台炉 500t/d；炉床倾角：12.5°；炉排面积：86m²；机械负荷：242kg/(m²·h)；热负荷：422kW/(m²·h)。

（5）燃烧空气

一次空气：流量 57000m³/h，风温 25℃，二段预热，蒸汽加热。

二次空气：流量 24200m³/h，风温 150～225℃（根据垃圾热值确定）。

预热特点：二段光管型换热。

加热介质：一段汽机一级抽汽预热，二段锅炉饱和蒸汽加热。

换热面积：一次空气预热器换热面积约为 799m²，二次空气预热器换热面积约为 348m²。

（6）余热锅炉

蒸汽参数：出口 400℃/4.15MPa；供水温度 130℃；汽包尺寸 ϕ1500mm×7000mm；换热面积 6760m²；烟气流量 88670m³/h；出口温度 190℃/240℃。

（7）汽轮发电机

型式为中压凝汽式；蒸汽参数是进口 390℃/4.0MPa；装机容量为单台 12MW。

（8）旋转雾化器

转速 15000r/min；烟气流量 93000m³/h；$Ca(OH)_2$ 喷射能力 215kg/h。

（9）喷雾反应器

直径 ϕ8500mm；筒体高度 10m；烟气停留时间≥10s。

（10）袋式除尘器

滤袋规格 ϕ127mm×5650mm；袋数为每台除尘器 1008 个；袋材 Rayton/Rayton。

（11）引风机

额定风量（标准状态下）：11700m³/h。

四、美国佛罗里达州棕榈滩 RDF 焚烧厂

该焚烧厂为垃圾衍生燃料（RDF）焚烧厂，并设有垃圾资源分选车间，图 5-36 为其工艺流程，垃圾分选和 RDF 生产工艺特点是多段破碎与人工和机械分选相结合的分选工艺。全厂处理量可达 2000t/d 以上，3 条生活垃圾分选处理线每年可处理 $6.24×10^5$t 生活垃圾。

在 RDF 焚烧厂，垃圾分选处理和 RDF 衍生燃料的生产方式为生活垃圾在处理前先人工挑出巨大垃圾及废轮胎，然后进入粗碎单元，破碎后的产品经磁选机选出铁磁性物质，再进入筛分（选）机进行物料分级和分离。大于 15cm 的物料（已可作为 RDF）进行二次破碎（细破）后再进行分级闭路精筛选，筛下产品即为品质较佳的小颗粒 RDF，再送到 RDF 贮存槽。5～15cm 间的重质物流进入人工分选台手选出铝罐、塑料瓶后，作为 RDF 送到 RDF 贮存槽。为增加 RDF 的产率，小于 5cm 的物流则进入风选系统，通过二级气流分选回收轻质物质，作为 RDF 送到 RDF 贮存槽；重质残留物多为无机物，进行资源化

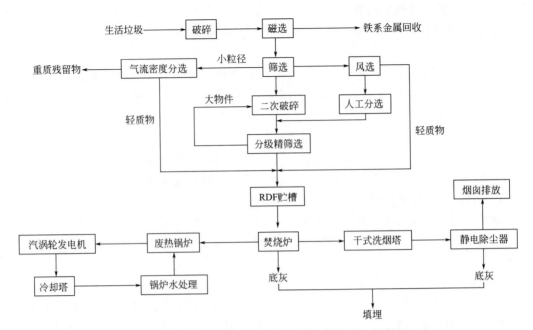

图 5-36　美国佛罗里达州棕榈滩 RDF 焚烧厂工艺流程

利用或填埋处理。巨大垃圾（包括木质旧家具）则用巨大垃圾破碎机进行破碎，并经磁选机回收铁性物质后，根据实际情况并入相应的生活垃圾物流中进入后续处理或直接作为 RDF（如木质旧家具）。挑出的轮胎经轮胎破碎机细碎后直接成为 RDF。

第六章

城市固体废弃物热解技术

第一节 概　　述

一、热解技术简介

　　垃圾热解是利用有机物的热不稳定性，在无氧或缺氧条件下受热分解的过程。热解原指有机物在严格缺氧条件下加热分解的过程。实际科研生产时，在固体废弃物处理中，除间接加热隔氧热分解外，有时需在热解炉中通入部分空气、氧或蒸汽等气化剂，使固体废弃物发生部分燃烧以提供整个热解过程所需热量，同时改变产物比率，提高可燃气产率。这种方式与充分供氧、废弃物完全燃烧的焚烧过程是有本质区别的。

　　热解与焚烧法是完全不同的 2 个过程，焚烧（燃烧）是放热反应，热解是吸热过程。焚烧的产物主要是二氧化碳和水；而热解的产物主要是可燃的低分子化合物，气态的有氢、甲烷、一氧化碳，液态的有甲醇、丙酮、乙酸、乙醛等有机物及焦油、溶剂油等，固态的主要是焦炭或炭黑。焚烧产生的热能，量大的可用于发电，量小的只可供加热水或产生蒸汽就近利用。而热解产物是燃料油及燃料气，可以多种方式回收利用，其能源回收性好，便于贮藏及远距离输送，这也是热解处理技术最优越、最有意义之处。

　　将热解技术用于固体废弃物资源化，具有以下优点：a. 可以将固体废弃物中的有机物转化为以燃料气、燃料油和炭黑为主的贮存性能源；b. 由于是缺氧分解，排气量少，有利于减轻对大气环境的二次污染；c. 废弃物中的硫、重金属等有害成分大部分被固定在炭黑中；d. NO_x 的产生量少。实践表明，这是一种有前途的固体废弃物处理方法，热解可用于城市生活垃圾、废塑料、废橡胶、农业固体废弃物的处理。

二、城市固体废弃物热解技术的发展

　　热解应用于工业生产已有很长的历史，木材和煤的干馏、重油裂解生产各种燃料油等

早已为人们所熟知，但将热解应用到固体废弃物制造燃料，还是受石油危机对工业化国家经济冲击影响，于20世纪70年代初期才开始研究。

1. 美国

美国是最早开展城市固体废弃物热解处理的国家。早在1929年美国就对垃圾进行了高温分解的试验研究。1967年凯兹（Kisser）和弗拉德曼（Friedman）进行了均质有机废弃物高温分解试验。随后进一步对非均质废弃物如城市固体废弃物进行了高温分解研究。图6-1为高温热解典型试验装置。试验证明，垃圾热解产生的气体可以用作锅炉的燃料。

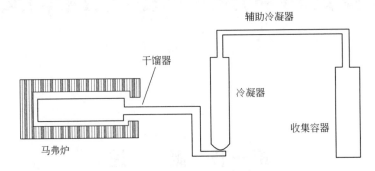

图6-1　高温热解典型试验装置

随后，霍夫曼（Hoffman）和费茨（Fitz）在实验室中使用一种干馏系统来高温分解典型的城市生活垃圾。研究结果表明，高温分解产物包括气体、焦木酸、焦油及各种形式的固体残渣（炭渣）。研究还证明了高温分解反应一旦开始，它就能自动维持下去，因为反应产物可以作为加热热解系统的能源。1970年，山奈（Sanner）证实了从城市生活垃圾得到的能量足够向高温分解过程提供充分热能，而无需任何辅助燃料。

1970年，随着美国将《固体废弃物法》改为《资源再生法》，原来由多个部门分管的固体废弃物处理处置技术的开发统一划归美国国家环保局（EPA），各种固体废弃物资源化首端处理和末端处理的系统得到广泛开发。其中，热解技术作为从城市垃圾中回收燃料气和燃料油等贮存性能源再生能源新技术的研究也得到大力推进。

在各企业和研究机构开发的诸多热解中，EPA首先选中了以有机物气化为目标的回转窑式Landgard系统，并于1975年2月在Baltimore市投资建成了热处理能力为1000t/d的生产性设施。城市垃圾经破碎后投入回转窑，通过辅助燃料燃烧产生的热量进行分解，最终回收可燃性气体。但是，由于种种原因，该系统最长只连续运行了30d，最后改成了处理能力为600t/d的垃圾焚烧炉。

EPA选中的以有机物液化为目标的热解技术是Occidental Research Corporation（ORC）开发的Occidental系统，并于1977年在圣地亚哥州建成了处理能力为200t/d的生产性设施。该系统分为垃圾预处理和热解系统两部分。城市垃圾经一次破碎、分选、干燥后，再经二次破碎投入反应器，与在反应器内循环流动的灰渣在450～510℃混合接触数秒，使之分解为油、气和炭黑。该种技术最终并没有实现工业化生产。

20世纪80年代后期，美国能源部（Depaertment of Energy，DOE）推出了一套对城市生活垃圾实施资源和能源再利用的技术开发计划，其中包括以生活垃圾为原料制造中低热值燃料气或NH_3、CH_3OH等化学物质的气化热解技术。

2. 欧洲

欧洲国家在世界上最早开发了城市垃圾焚烧技术，并将垃圾焚烧余热广泛用于发电和区域性集中供热。但是，焚烧过程对大气所造成的二次污染特别是二噁英污染一直是人们关注的热点。为了减少垃圾焚烧所造成的二次污染，配合广为实行的垃圾分类收集，欧洲各国也建立了一些以垃圾中的纤维素物质（如木材、庭院废物、农业废弃物等）和合成高分子物质（如废塑料、废橡胶等）为对象的热解实验性装置，其目的是将热解作为焚烧处理的辅助手段。在欧洲，主要根据处理对象的种类、反应器的类型和运行条件对热解处理系统进行分类，研究不同条件下产物的性质和组成，尤其重视各种系统在运行上的特点和问题。

欧洲运行的固体废弃物热解系统以 10t/d 以下规模居多，以城市垃圾为处理对象的大部分设施主要是生产气体产物，伴生的油类凝聚物通过后续的反应器进一步裂解。也有若干系统热解产物直接燃烧产生蒸汽。例如，在 Kinner 系统中采用的以热解气体为燃料的蒸汽发电机；Sarberg-Fernwarme 开发的热解系统为了提高热解气的品质，采用了纯氧氧化，在该系统中还包括了在 150℃下分馏热解气体的过程。使用最多的反应器类型是竖式炉，间接加热的回转窑和流化床余热得到一定程度的开发。

3. 加拿大

加拿大的热解技术研究主要是围绕农业废物等生物质，特别是木材的气化进行的。加拿大政府于 20 世纪 70 年代末期，开始了利用大量存在的废气生物质资源为目的的研发计划，相继开展了利用回转窑、流化床对生物质进行气化和催化剂存在下高温液化木材的研究。

4. 日本

日本对城市生活垃圾热解技术的研究是从 1973 年实施的 Star Dust'80 计划开始的，该计划的中心内容是利用双塔式循环流化床对城市生活垃圾中的有机物进行气化。随后又开展了利用单塔式流化床对城市生活垃圾中的有机物液化回收燃料油的技术研究。

新日铁的城市生活垃圾热解熔融技术最早实现工业化。首先，于 1979 年 8 月在釜山市建成了 2 座处理能力为 50t/d 的设备，接着又于 1980 年 2 月在茨木市建成了 3 座 150t/d 的移动床竖式炉，迄今已连续运行了 20 多年，1996 年又在该市兴建了二期工程。该系统是将热解和熔融一体化的设备，通过控制炉温，使垃圾在同一炉体内完成干燥、热解、燃烧和熔融。干燥温度约为 300℃，热解段温度为 300～1000℃，熔融段温度为 1700～1800℃。城市生活垃圾在干燥段受热水分蒸发后，逐渐移至热解段，通过控制炉内的缺氧条件，使垃圾中有机物热解转化为可燃性气体，该气体导入二次燃烧室进一步燃烧，并利用其产生的热量进行发电。由于灰渣熔融后形成玻璃体，使垃圾的体积大大减少，重金属等有害物质也完全固定在固相中，可以直接回填处置和作为建材加以利用。只是由于灰渣熔融所需热量仅靠固定在固相中的炭黑还不够，还需通过添加焦炭来保证燃烧熔融段的温度。

5. 中国

我国对城市生活垃圾处理处置的研究起步较晚。随着《中华人民共和国固体废物污染环境防治法》的出台，对固体废弃物的处理和处置研究也快速发展起来。

清华大学与太原烽亚机电设备有限公司采用试验 LSF 立式炉热解垃圾，热解气体进行二次燃烧；浙江大学与宁波海曙机电工具研究所试验研究垃圾沸腾锅炉；广东环境卫生研究所研制垃圾裂解气化炉等工程都取得了一定的成效。中国科学院广州能源研究所的喷流-移动床垃圾衍生燃料（RDF）热解燃烧技术正准备投入生产性试验。

第二节　热解的基本原理

热解反应所需的能量取决于各种产物的生成比，而生成比又与加热的速度、温度及原料的粒度有关。低温-低速加热条件下，有机物分子有足够时间在其最薄弱的接点处分解，重新结合为热稳定性固体，而难以进一步分解，固体产率增加；高温-高速加热条件下，有机物分子结构发生全面裂解，生成大范围的低分子有机物，产物中气体组成增加。对于粒度较大的原料，热解时要达到均匀的温度分布需要较长的传热时间，其中心附近的加热速度低于表面的加热速度，热解产生的气体和液体也要通过较长的传质过程，这期间将会发生许多二次反应。

固体废弃物热解能否得到高能量产物取决于原料中 H 转化为可燃气体与水的比例。表 6-1 对比了用 $C_6H_xO_y$ 表示的各种固体燃料组成。美国城市垃圾的典型组成为 $C_{30}H_{48}O_{19}N_{0.5}S_{0.05}$，其 H/C 值低于纤维素和木材。日本城市垃圾的典型组成为 $C_{30}H_{53}O_{14.6}N_{0.34}S_{0.02}Cl_{0.09}$，其 H/C 值高于纤维素。表 6-1 的最后一栏表示原料中 H_2 与 O_2 结合成 H_2O 后，所余 H 元素与 C 元素的比值，对于一般的固体燃料，均在 0.5 左右。美国城市垃圾的 H/C 值位于泥炭和褐煤之间，日本城市垃圾的 H/C 值则高于所有固体燃料。

表 6-1　用 $C_6H_xO_y$ 表示的各种固体燃料组成

固体燃料	$C_6H_xO_y$	H_2 与 O_2 结合成 H_2O 后的 H/C	固体燃料	$C_6H_xO_y$	H_2 与 O_2 结合成 H_2O 后的 H/C
纤维素	$C_6H_{10}O_5$	0.06/6=0.01	半无烟煤	$C_6H_{2.3}O_{0.14}$	2.0/6=0.33
木炭	$C_6H_{8.6}O_4$	0.6/6=0.1	无烟煤	$C_6H_{1.5}O_{0.07}$	1.4/6=0.23
泥炭	$C_6H_{7.2}O_{2.6}$	2.0/6=0.33	城市垃圾	$C_6H_{9.64}O_{3.75}$	2.14/6=0.36
褐煤	$C_6H_{6.7}O_2$	2.7/6=0.45	报纸	$C_6H_{9.12}O_{3.93}$	1.2/6=0.20
半烟煤	$C_6H_{5.7}O_{1.1}$	3.0/6=0.5	塑料薄膜	$C_6H_{10.4}O_{1.06}$	8.28/6=1.4
烟煤	$C_6H_4O_{0.53}$	2.94/6=0.49	厨余物	$C_6H_{9.93}O_{2.97}$	4.0/6=0.67

但在实际的城市垃圾热解过程中，还同时发生 CO、CO_2 等其他产物的生成反应，因此，不能以此来简单地评价城市垃圾的热解效果。有机物的成分不同，整体热解过程开始的温度也不同。例如，纤维素开始解析的温度在 180～200℃之间，而煤的热解开始温度也随煤质的不同在 200～400℃之间不等。从热解开始到结束，有机物都处在一个复杂热裂解过程中，不同的温度区间所进行的反应过程不同，产物的组成也不同。总之，热解的实质是有机物大分子裂解成小分子析出的过程。

一、基本概念

1. 垃圾的热解反应

垃圾的热解是一个极其复杂的化学反应过程，它包含大分子的键断裂、异构化和小分子的聚合等反应过程。这一过程可以用下式来表示。

有机垃圾 $\longrightarrow$ 气体（H_2、C_xH_y、CO、CO_2、NH_3、H_2S、HCN、H_2O、SO_2 等）＋有机液体（焦油、芳烃、煤油、有机酸、醇、醛类等）＋炭黑、灰渣

例如，纤维素热解的化学反应式可以写为

$$3C_6H_{10}O_5 \xrightarrow{\text{加热}} 8H_2O + C_6H_8O + 3CO_2 + CH_4 + H_2 + 8C \tag{6-1}$$

其中 C_6H_8O 为焦油。

有机物的热稳定性取决于组成分子的各原子的结合键的形成及键能的大小，键能大的难断裂，其热稳定性高；键能小的易分解，其热稳定性差。一些有机物的化学键能见表 6-2。

表 6-2 一些有机物的化学键能　　　　　　　　　单位：kJ/mol

化 合 物	键 能	化 合 物	键 能
$C_芳$—$C_芳$	2057	$C_芳$—$C_脂$	332
$C_芳$—H	425	$C_脂$—$C_脂$	297
$C_脂$—H	435	CH_2—CH_3 (蒽环取代)	251
苯—CH_2↓CH_3	301	苯—CH_2—苯	339
CH_2↓CH_3 (萘取代)	284	苯—CH_2↓CH_2—CH_2—苯	284
Cl—$C_脂$	341	$CH_3CH_2CH_2$—OH	382

烃类化合物热稳定性一般规律如下。

① 缩合芳烃，芳香烃，环烷烃，烯烃，炔烃，烷烃。

② 芳烃上侧链越长的侧链越不稳定，芳环数多侧链也越不稳定。

③ 缩合多环芳烃的环数越多，其热稳定性越大。

垃圾的热解过程中键的断裂主要方式如下。

① 结构单元之间的桥键断裂生成自由基，其主要是—CH_2—、—CH_2—CH_2—、—CH_2—O—、—O—、—S—、—S—S—等，桥键断裂后易成自由基碎片。

② 脂肪侧链受热易裂解，生成气态烃，如 CH_4、C_2H_6、C_2H_4 等。

③ 含氧官能团的裂解，含氧官能团的热稳定性顺序为：—OH≥C＝O＞—COOH＞—OCH_3。羧基稳定性低，200℃开始分解，生成 CO_2 和 H_2O。羰基在 400℃左右裂解生成 CO，羟基不易脱除，到 700℃以上，有大量 H 存在，可氢化生成 H_2O。含氧杂环在 500℃以上也可能断开，生成 CO。

④ 垃圾中低分子化合物的裂解是以脂肪化合物为主的低分子化合物的裂解，其受热后可分解成挥发性产物。

2. 一次热解产物的二次热解反应

垃圾热解的一次产物，在析出过程中受到二次热解。二次热解的反应有裂解反应、脱氢反应、加氢反应、缩合反应、桥键分解反应等。

(1) 裂解反应

$$C_2H_6 \longrightarrow C_2H_4 + H_2 \tag{6-2}$$

$$C_2H_4 \longrightarrow CH_4 + C \tag{6-3}$$

$$CH_4 \longrightarrow C + 2H_2 \tag{6-4}$$

$$\text{(乙苯)} \longrightarrow \text{(苯)} + C_2H_4 \tag{6-5}$$

(2) 脱氢反应

$$C_6H_{12} \longrightarrow \text{(苯)} + 3H_2 \tag{6-6}$$

$$\text{(二苯基甲烷结构)} \longrightarrow \text{(蒽)} + H_2 \tag{6-7}$$

(3) 加氢反应

$$\text{(苯酚 OH)} + H_2 \longrightarrow \text{(苯)} + H_2O \tag{6-8}$$

$$\text{(甲苯 CH}_3\text{)} + H_2 \longrightarrow \text{(苯)} + CH_4 \tag{6-9}$$

$$\text{(苯胺 NH}_2\text{)} + H_2 \longrightarrow \text{(苯)} + NH_3 \tag{6-10}$$

(4) 缩合反应

$$\text{(萘)} + C_4H_6 \longrightarrow \text{(蒽)} + 2H_2 \tag{6-11}$$

$$\text{(苯)} + C_4H_6 \longrightarrow \text{(萘)} + 2H_2 \tag{6-12}$$

(5) 桥键分解反应

$$-CH_2- + H_2O \longrightarrow CO + 2H_2 \tag{6-13}$$

$$-CH_2- \ + \ -O- \longrightarrow CO + H_2 \tag{6-14}$$

3. 垃圾热解中的缩聚反应

垃圾热解的前期以裂解反应为主，而后期则以缩聚反应为主。缩聚反应对垃圾的热解生成固态产品（半焦）影响较大。胶质体固化过程的缩聚反应，主要是在热解生成的自由基之间的缩聚，其结果生成半焦。

半焦分解，残留物之间缩聚，生成焦炭。缩聚反应是芳香结构脱氢。苯、萘、联苯和乙烯参加反应，如

$$\longrightarrow \qquad +4H_2 \qquad\qquad (6\text{-}15)$$

具有共轭双烯及不饱和键的化合物，在加成时进行环化反应，如

$$CH_2=CH-CH=CH_2 + CH_2=CH-R \longrightarrow \qquad\qquad (6\text{-}16)$$

由以上可见，热解将会产生 3 种相态的物质：气相产物主要是水、C_xH_y、CO 和 CO_2；液相产物主要是焦油和燃料油，还有乙胺、丙酮、甲醇等；固相产物为炭黑和废弃物中原有的惰性物质。

$$\text{含碳的固体物质} \xrightarrow{\text{加热}} \begin{cases} CH_4、H_2、H_2O、CO、CO_2、NH_3、H_2S、HCN、HCl 等 \\ \text{分子量小的有机气体或液体} \\ \text{分子量大及分子量中等的有机液体} \\ \text{多种有机酸和芳香族化合物} \\ \text{（焦油、燃油及某些芳香族化合物）} \\ \text{炭渣} \end{cases}$$

总之，在通常的工作温度下，真正的高温分解过程（不是气化）是吸热反应（要求热量输入）。废弃物需加热以分馏可挥发的化合物。高温分解时热量还使碳和水起反应，如下所示。

$$C+H_2O \longrightarrow H_2+CO$$
$$C+2H_2O \longrightarrow CO_2+2H_2$$
$$C+CO_2 \longrightarrow 2CO$$

4. 快速热解反应

在传统的慢速热解技术基础上发展起来的快速热解，其过程可以分为 3 个阶段：在开始阶段，物料被以 $100\sim1000℃/s$ 的升温速度快速加热，并经历某种物理化学活化后进入第 2 阶段；活化了的物料进入激烈的等温分解，析出大量挥发物，包括可燃气、烃蒸气和水，而残留物在第 3 阶段继续二次裂解。

快速热分解机理与常规热解有着迥然不同的情况，因而决定了两者在对物料的要求、

产品的分布、数量等方面也必然不同。快速热解的特点是：a.分解快，转化深度大，析出产品的碳氢值高，体现了裂解占主要地位；b.烯烃和粗苯多，酚也较多，焦油质量好，组分集中；c.反应温度越高，气体产率越大；d.物料适应面广；e.固体残渣挥发分含量低，反应活性高，具有新的结构特点。快速热分解对于燃料的进一步转化和利用有着极其重大的意义和广泛的经济价值。

在一般情况下，城市生活垃圾高温分解过程中有机化合物转换成焦木酸、可燃气体、水和炭渣。表6-3是1t城市生活垃圾在大约870℃温度下，进行高温分解的产物。此过程所产生的气体，按数量由多至少的顺序排列为 H_2、CO、CH_4、C_2H_4，这些气体混合物是一种很好的燃料。由于每克垃圾的热值为6390～10230J/g，而大约只有2560J/g的热量用于自动维持分解过程连续进行，所以剩余的热量成为这个过程的副产品。

表6-3 1t城市生活垃圾的热解产物

可燃气体	液体	焦油	硫酸铵	固体残渣
510m³	430L	1.9L	11kg	70kg

反应过程也产生液体物质，如油类、焦油、焦木酸和水。油类和焦油也是有价值的燃料，焦木酸是化学成分复杂的混合物。固体残渣（炭渣）是种轻质炭素物质，其发热值范围为12800～21700J/g，含硫很低，这种炭渣在制成"煤球"后也是一种很好的燃料。

5. 其他反应

虽然上述这些方程式说明了分解过程，但它们并不能确切表明所有的化学反应，因为在城市生活垃圾中，绝大部分碳不是自由状态存在的。还有可能发生水-煤气转变的反应，当反应器中的 CO 和 H_2O 相遇时起反应并生成 CO_2 和 H_2；还存在另一个重要的二次反应是 C 和 O_2 形成 CO_2；当 C 和 H_2 结合时便产生 CH_4。

$$CO+H_2O \longrightarrow CO_2+H_2+Q \tag{6-17}$$

$$C+O_2 \longrightarrow CO_2+Q \tag{6-18}$$

$$C+2H_2 \longrightarrow CH_4+Q \tag{6-19}$$

如果反应器在大气压力和较低温度下运行，也能产生少量的 CH_4。但是如果反应器温度很高，这些反应产生的热量很多，足以使整个分解反应成为放热过程。

如前所述，高温分解过程可以认为是一种物料的化学变化。这种化学变化是由物料在 O_2 不足的气氛中燃烧，并由此产生的热作用引起的。这个工艺还可以看成是破坏性蒸馏、热分解或炭化过程。正如破坏性蒸馏的寓意，挥发产物（来自可以分解的有机物）是从那些非挥发性物质中蒸馏出来的。

6. 垃圾热解产物

（1）热解产物与分布

城市生活垃圾热解产生的物质包括气体、液体和固体残渣3个部分。

① 气体　主要是 H_2、CH_4、CO、CO_2 及其他各种气体。

② 液体　由含乙酸、丙酮、酒精和复合碳水化合物的液态焦油或油的化合物组成。如果再进行一些附加处理，可将其转换成低级的燃料油。

③ 固体残渣　炭以及垃圾本身含有的惰性物质。

例如，纤维素（$C_6H_{10}O_5$）的热分解反应如下，其中产生了固体炭。

$$3C_6H_{10}O_5 \longrightarrow 8H_2O+C_6H_8O+2CO+2CO_2+CH_4+H_2+7C \qquad (6\text{-}20)$$

液态焦油或油化合物用 C_6H_8O 表示。热分解生成物与温度有关。理论上热分解油的热值约为 20000kJ/kg，而气体的热值为 26000kJ/m³。

（2）城市生活垃圾在热解处理中的产气特性研究

原生城市生活垃圾热解的各种产物中，以气态物对垃圾能源化利用的意义最为重大。因此，对垃圾热解过程中的气体产生量、产生速率、影响因素等规律的了解就具有明显的重要性。

城市生活垃圾是组成极其复杂的混合物，且随着时间、空间的变化而变化。因此，直接研究城市生活垃圾混合物的热解产气特性，既困难也不科学，生活垃圾试样的代表性与重复性难以保证。

为此，可采用这样的方法解决这个难题。先研究垃圾主要成分的热解产气特性，然后对研究结果采用某种适宜的方式加以"加和"，进而对生活垃圾的总体热解产气特性进行把握。

对城市生活垃圾中 6 种主要成分（报纸、纸板、木块、青菜、PVC、PE）热解试验的结果，可以说明垃圾成分、热解终温等因素对其热解气体产物的瞬时及累积产气量、热解气体成分、热解气体热值的影响。城市生活垃圾主要成分的化学组成与发热量见表 6-4。

表 6-4　城市生活垃圾主要成分的化学组成与发热量

成　分	元素分析/%					工业分析/%				$Q_{b,ad}/(kJ/kg)$
	C_{ad}	H_{ad}	N_{ad}	S_{ad}	O_{ad}	M_{ar}	A_{ad}	V_{ad}	FC_{ad}	
报纸	36.12	5.37	0.09	0.17	45.61	10.25	2.39	74.15	13.21	32186.5
纸板	38.60	4.90	0.21	0.17	34.08	9.281	12.76	65.56	12.40	14074.8
木块	40.32	4.68	0.18	0.06	36.99	14.83	2.94	69.41	12.82	15855.5
青菜	4.39	0.33	0.57	0.07	5.27	86.86	2.51	8.60	2.30	201.1
PVC	34.24	3.85	0.17	0.08	46.43	0.28	14.95	64.88	19.89	15854.6
PE	83.70	14.12	0.07	0.19	0.22	0.28	1.42	98.30	0.00	44152.0

图 6-2 表示的是垃圾主要成分在 700℃ 快速加热方式下的产气率。从图中可以看出，聚乙烯（PE）的产气率最大，纸板、报纸、木块、布的产气率适中，青菜、轮胎、聚氯乙烯（PVC）的产气率较小。比较图 6-2 和表 6-4 可以发现，垃圾中各成分的产气率与其

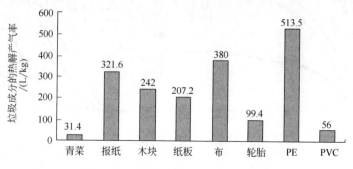

图 6-2　垃圾主要成分的热解产气率

化学构成有关,挥发分大的物料产气率大,反之则小。

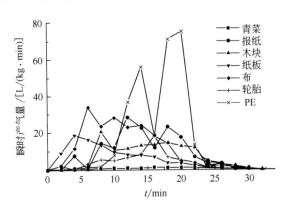

图 6-3 生活垃圾主要成分在
热解过程中的瞬时产气量

图 6-3 给出了生活垃圾主要成分在热解过程中的瞬时产气量。从图中可以看出,青菜和轮胎在整个热解过程中产气较为平稳;木块、报纸、纸板和布的产气有变化,且基本趋势都为热解初期的瞬时产气量较大,达到一个最大值后就趋于平稳并逐渐减小。PE 的曲线变化最大,热解初期产气很慢,从第 10min 起产气迅速加快,直至达到峰值后迅速减小。

热解终温是垃圾热解过程的重要参数之一。从累计产气量曲线可以对各物料在不同工况下的产气量大小有一个大致了解,瞬时产气量曲线则可以真正反映出各物料在整个热解反应过程中的瞬时产气变化,而这两方面的信息可以较为全面地概括各物料的产气特性。由图 6-3 可以初步确定各物料的最佳热解终温,如轮胎在 700℃ 和 800℃ 时的产气量变化不大,热解终温定在 700℃ 可以节省能源。布在 600℃ 和 700℃ 时产气量变化也不大,热解终温定在 600℃ 可以节省能源。

图 6-4 和图 6-5 给出了 PE、青菜、布、轮胎这 4 种物料分别在 500℃、600℃、700℃

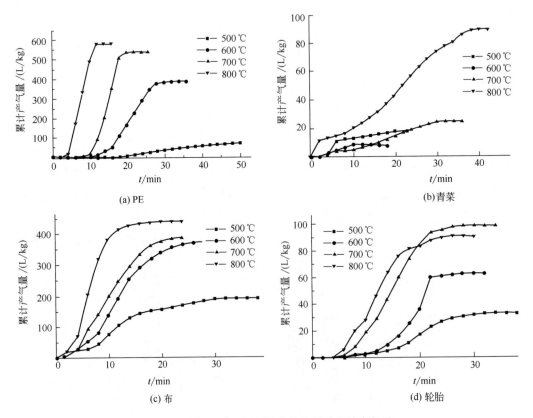

图 6-4 城市生活垃圾不同成分热解时累计产气量

和 800℃时热解累计产气量曲线和瞬时产气量曲线。由图 6-4(a) 和图 6-5(a) 可以看出，PE 的产气量大、热解时间短，且瞬时产气量直上直下，规律明显。500℃时比较特殊，产气量很小，热解时间也很长。

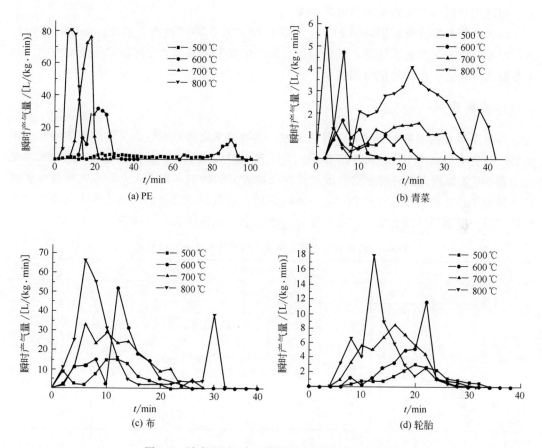

图 6-5　城市生活垃圾不同成分热解时瞬时产气量

由图 6-5(a) 可以看出，在 500～600℃，CO_2 的含量逐渐下降，而 CO 的含量逐渐增加，这是因为在低温热解时温度相对较低，物料经过脱水后，生成水和架桥部分的次甲基键反应，导致 CO 产量增加，CO_2 产量减少。在 700～800℃，CO 的含量又开始下降，这是由于高温时 C 原子数较大的烃类化合物开始裂解（从曲线上也可看出，C_mH_n 的含量在逐渐减少）及水煤气的还原反应，导致 CO 产量减少。由图 6-5(b) 可以看出，H_2 和 C_mH_n 的变化趋势总是相反，这主要是由于裂解、脱氢反应和氢化反应交替进行。

二、热解过程参数控制

热解反应所需的能量取决于各种产物的生成比，而生成比又与加热的速度、温度和原料的粒度等有关。低温-低速加热条件下，有机质有足够的时间在其最薄弱的接点处分解，重新结合为热稳定性固体，而难以进一步分解，固体产率增加；高温-高速加热条件下，有机物分子结构发生全面裂解，生成大范围的低分子有机物，产物中气体组成增加。对于颗粒较大的原料，要达到均匀的温度分布需要较长的时间，其中心附件的加热速度低于表面的加热速度，热解产生的气体和液体也要通过较长的传质过程，这期间将会发生许多二次反应。

城市生活垃圾热解能否得到高能量产物，与原料中的氢转化为可燃气体与水的比例有关，而这个比例与上述的各种原因又有关。

因此热解高温分解需要注意的几个关键的参数有：加热速度，温度，湿度，热解时间，废弃物成分，预加工处理，气化剂以及所产生的气体与炭渣之间相对的流动方向。每个参数都直接影响产物的混合和产率。

1. 热解速率

热解速率直接影响生活垃圾热解的机理。热解速率直接影响生活垃圾热解的历程。不同的热解速率下城市生活垃圾中有机质大分子键裂位置都不同，其热解产物也同时发生变化。表 6-5 为垃圾高温分解加热速度对产物气体成分的影响，图 6-6 为旧报纸高温分解副产品和加热速度的关系。这些数据，一方面说明在较低的和较高的加热速度下气体产量都很高；另一方面说明随着加热速度的增加，水分和有机液体的含量减少。

表 6-5　垃圾高温分解加热速度对产物气体成分的影响

气体组成与产量	升温速率/(K/min)							
	800	130	80	40	25	20	13	10
O_2/%	15.0	19.2	23.1	21.2	25.1	24.7	25.7	22.9
CO/%	42.6	39.6	35.2	36.3	31.3	30.4	30.1	29.5
CO_2/%	0.9	1.6	1.8	2.5	2.3	2.1	1.3	1.1
H_2/%	17.9	9.9	12.15	10.0	15.0	13.7	16.9	22.0
CH_4/%	17.5	21.7	20.0	20.0	20.1	19.9	21.5	20.8
N_2/%	6.1	8.1	7.7	6.0	6.6	8.2	8.3	5.4
热值/(MJ/m³)	13.8	14.1	13.2	13.2	13.2	12.3	13.7	14.1
产气量/(m³/t)	343	324	212	192	210	204	227	286

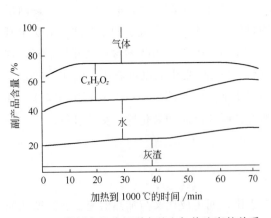

图 6-6　旧报纸高温分解副产品和加热速度的关系

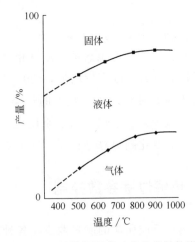

图 6-7　垃圾热解温度对产品产量的影响

2. 温度

热解反应器的关键控制变量是温度。热解产品的产量和成分可由控制反应器的温度来有效地改变。随着高温分解温度的增加，气体产量成正比增加，但各种酸、焦油、固体炭渣相应减少。图 6-7 所示为垃圾热解温度对产品产量的影响。工作温度不仅影响气体产量也影响气体质量，如表 6-6 所列。

表 6-6　垃圾热解温度对气体质量的影响　　　　　　　　单位：%

气体成分	热解温度			
	480℃	650℃	815℃	925℃
H_2	5.58	16.58	28.55	32.48
CH_4	12.43	15.91	13.73	10.45
CO	33.5	30.49	34.12	35.25
CO_2	44.77	31.78	20.59	18.31
C_2H_4	0.45	2.18	2.24	2.43
C_2H_6	3.03	3.06	0.77	1.07
总计	99.74	100.00	100.00	99.99

　　热分解的温度不同，热分解后所得的产物和产量也不同，并且物性也不一样。分解的温度高，挥发分的产量增加，油、碳化物相应减少；另外，分解温度不同，挥发分成分也发生变化，温度越高，燃气中低分子碳化物 CH_4、H_2 等也增加。对于大多数的固体废弃物来说，热解温度在 800～900℃ 之间时，都可以认为它的热解为热化解燃气化过程，这时废弃物的热解产物主要是气态的小分子挥发分。并且由于垃圾中可燃物的可燃基中，挥发分高达 70%～80%，垃圾的燃烧主要取决于挥发分的燃烧。在较高的温度下热解可使挥发分大量、快速地析出，而且析出的是有利于燃烧的小分子烃类气体。另外，高温下热解，也可使燃烧后的固态残余物大大减少，降低对它处理的难度。因此，垃圾焚烧炉炉膛温度应该在 800℃ 以上，燃烧才比较合理。所以，无论是对垃圾焚烧段的完全燃烧，还是对无害化、减容化来说，炉膛高温的效果应该是明显的。

3. 含水量

　　炉料的含水量对最终产品也有影响。对不同的物料来说其变化很大，单一物料其变化较小。我国城市生活垃圾的含水量一般在 40% 左右，有时超过 60%。这部分水在热解前期的干燥阶段（105℃前）总是要先失去。但是预烘干炉料因需另外耗能而比较昂贵。含水量越低，将材料加热到工作温度所需的时间越短。

　　燃料中的不可燃成分中的水分分两部分，即内在水分和外在水分。外在水分以机械方式附着于物料表面，该水分受外界环境影响较大，外界环境主要是指物料放置的环境温度、湿度和放置时间。这部分水分易除去，直接通过蒸发扩散的传质过程，在常温常压、湿度 65% 的环境中 24h，即可失去。内在水分则是指由于毛细作用吸附的水和以化学键能的形式存在的结合水。毛细作用吸附的水与外部环境蒸汽的分压有关。当环境温度较高、湿度较低时，毛细管内水蒸气的分压大于环境的蒸汽分压，水蒸气即通过毛细管向环境扩散，直至内外分压平衡为止。分子结合水则必须将物料破碎细化后，高温下使键断裂，使其释放水分。

　　水分是垃圾处理过程中一个重要的物性参数，它决定着垃圾焚烧的效率以及发热量和腐蚀程度等主要环节，必须严格控制。含水量大的垃圾发热量低、不易着火、能源利用率不高，而且在燃烧过程中水分的汽化要吸收热量，并降低燃烧室温度，使热效率降低，还易在低温处腐蚀设备。对于含水量大的垃圾需要进行预干燥处理，含水量大的垃圾也不利于运输。

试验测得的数据表明，含水量较高的主要以植物型垃圾为主。我国一般大中城市的纸张、织物、生物厨余类占生活垃圾的水分的 $20.7\%\sim56.0\%$，而有机化合物类仅占 $0.6\%\sim1.5\%$。所以，由于我国生活垃圾的含水量较高，一般在 12% 以上，若算上外来水分这个因素，这个值还应高得多。

4. 物料尺寸

物料的形状、尺寸和均匀性关系到物料的升温速度和温度的传递，以及气流流动和热解是否完全。尺寸越大，物料间隙越大，气流流动阻力小，有利于对流传热，辐射换热空间大，也有利于辐射换热，减小了物料与环境的热传递阻力，但此时物料本身的内热阻增大，内部温度均匀得慢。尺寸越大，物料热解所需的时间越长，若减短热解时间，则热解不完全。物料尺寸在工程上又关系到预处理装置的动力消耗。因此，综合考虑物料尺寸与热解和动力消耗的关系，是选择较佳物料尺寸的合理思路。

5. 物料停留时间

停留时间主要影响产气的完全和装置的处理能力。物料由初温上升到热解温度，以及热解都需要一定的时间。若停留时间不足，则热解不完全；若停留时间过长，则装置处理能力下降。

6. 废弃物的成分和预处理的方法

影响高温分解产物的另外一个因素是废弃物的成分和预处理的方法。城市生活垃圾一般可以用来生产燃气、焦油及各种液体，但固体残渣比大部分工业废弃物产生的残渣少。可以预料，较小的颗粒尺寸将促进热量传递，从而使高温分解反应更加容易进行。

三、热解动力学分析

热分析动力学是指用化学动力学的知识解析用热分析方法测得的物理量（如质量、温度、热量、模量、尺寸等）的变化速率与温度的关系。这种动力学分析不仅可用于研究各类反应，也可用于各类转变和物理过程。

热解动力学分析一般是借助于热重分析、差热分析等仪器得到热重曲线（TG）、微分热重曲线（DTA）、差示扫描热量曲线（DSC）进而分析其动力学的一种方法。热重试验数据处理方法有微分法和积分法。采用微分法来处理试验数据，其优点是简单方便，不足之处是要用到 DTG 曲线，DTG 曲线的影响因素复杂，易增大数据处理的误差。

1. 热重动力学的基本表达式

对于固体分解反应 $A(s) \longrightarrow B(s) + C(g)\uparrow$，假定反应在整个反应温度内是等动力学的，且反应为简单反应（基元反应），应用 Arrhenius 定律，最终反应速度方程可写为

$$\frac{d\alpha}{dT} = \frac{A}{\phi} e^{-\frac{E}{RT}} (1-\alpha)^n \tag{6-21}$$

式中，α 为反应分解掉的反应物份数（又称反应度）；A 为指前因子（或频率因子），1/s；E 为活化能，kJ/mol；R 为气体常量，为 8.314J·mol/K；T 为绝对温度，K；ϕ 为升温速率，K/s；n 为反应级数；t 为时间，s。

式(6-21)是垃圾热解热重动力学微分法和积分法的最基本式，A、E 和 n 是要求解的动力学参数。

2. 差减微分法（Freeman-Carroll 法）计算垃圾热解动力学参数

对式(6-1)两边取对数，并将其微分，经整理可得到

$$\frac{d\lg \dfrac{d\alpha}{dT}}{d\lg(1-\alpha)} = n - \frac{E}{2.303R} \times \left[\frac{d\left(\dfrac{1}{T}\right)}{d\lg(1-\alpha)} \right] \tag{6-22}$$

将式(6-22)采用差减微分法简化即得

$$-\frac{E}{2.303R} \times \frac{\Delta\left(\dfrac{1}{T}\right)}{\Delta\lg C} = \frac{\Delta\lg\left(\dfrac{dC}{dt}\right)}{\Delta\lg C} - n \tag{6-23}$$

式中，C 为反应物的浓度，对热解 TG 曲线来说就是在时间 t 时反应物的剩余质量；$\dfrac{dC}{dt}$ 为在时间 t 时的质量损失速率；其余参数同前。

因此，由热分析曲线若干点的质量损失率、质量损失速率、温度的倒数，求出相邻点间的差值，由 $\left[\dfrac{\Delta\lg\left(\dfrac{dC}{dt}\right)}{\Delta\lg C} - \dfrac{\Delta\left(\dfrac{1}{T}\right)}{\Delta\lg C} \right]$ 作图，求得直线的斜率 $-\dfrac{E}{2.3R}$ 和截距 n，就可确定活化能和反应级数。

3. 积分法计算垃圾热解动力学参数

将符号做如下变化：

$$C = 1 - x \tag{6-24}$$

$$(1-x)^n = g(x) \tag{6-25}$$

$g(x)$ 是 x 的某种函数，具体形式依反应机理而定，对简单反应而言，此即为失重率。由式(6-21)得到

$$-\int_1^C \frac{dC}{C^n} = \int_0^x \frac{dx}{g(x)} = G(x) = \frac{A}{\phi} \int_0^T e^{-E/RT} dT \tag{6-26}$$

令 $y = E/RT$，则式(6-26)成为

$$G(x) = \frac{AE}{\phi R} \int_0^\infty \frac{e^{-y}}{y^2} dy \tag{6-27}$$

$$= \frac{AE}{\phi R} \left(\frac{e^{-y}}{y} \int_0^\infty \frac{e^{-y}}{y^2} dy \right)$$

$$= \frac{AE}{\phi R} P(y)$$

$P(y)$ 的近似值可查表，该数表 Doyle 在 1961 年就已给出，后来 Flynnj 又做了修正。House 通过对式(6-26) 右端 $\int_0^T e^{-E/RT}\mathrm{d}T$ 的数值积分，提出比以往更为精确的 $-\lg P(y)$ 值，计算到小数点后 5 位，数值范围是：$E=20\mathrm{kcal/mol}$，$25\mathrm{kcal/mol}$，$30\mathrm{kcal/mol}$，…，$100\mathrm{kcal/mol}$ 和 $T=300\mathrm{K}$，$350\mathrm{K}$，$400\mathrm{K}$，…，$1000\mathrm{K}$，这对一般收集情况来说，是 E、T 值最常用的范围。

4. 垃圾热解动力学分析

采用热重分析仪研究生活垃圾热解可以求得反应动力学参数，进而为建立热解综合模型提供一定的基础数据。迄今采用热重方法已进行了贫煤与生物质混合物的热解特性研究、垃圾衍生燃料（RDF）热重试验、垃圾典型组分热重试验。

城市生活垃圾典型组分的热解动力学参数（高温区段）汇总于表 6-7。

表 6-7　城市生活垃圾典型组分的热解动力学参数（高温区段）

垃圾组分名称	加热速率/(℃/min)	温度区间/℃	活化能 E/(kJ/mol)	指前因子 A/(1/min)
废橡胶	10	690～780	168.1	3×10^8
	20	700～780	174	8×10^8
	50	690～860	114	5×10^5
废塑料	10	420～550	49.06	360
	20	450～550	86.24	2×10^{-6}
	50	430～550	67	2×10^5
废纸	10	380～920	34.97	0.069
瓜皮	10	380～920	3.313	0.166
化纤	10	400～700	1.923	0.253
废皮革	10	390～880	2.423	0.222
杂草	10	490～940	3.673	0.232
植物类厨余物	10	900～700	27.15	1.377
	50	500～980	1.706	1.051
落叶	10	480～920	6.363	0.217
	50	530～960	1.131	1.662

第三节　热解工艺及设备

一、热解工艺分类

一个完整的热解工艺包括进料系统、热解炉、回收净化系统、控制系统等部分。其中热解炉是整个工艺的核心，热解过程就在热解炉中发生。不同的热解炉类型往往决定了整个热解反应的方式以及热解产物的成分。

热解工艺由于供热方式、产物状态、热解炉结构等方面的不同，有不同的分类方法，按热解温度可分为高温热解、中温热解和低温热解；按供热方式可分为直接（内部）供热和间接（外部）供热热解；按热解炉的结构可分为固定床、流化床、移动床和旋转炉热解等，不同的热解炉又有不同的燃烧床条件、物料流方向，故有流化态燃烧床热解炉、反向物流可移动床热解炉等，这些热解炉与对应的焚烧炉结构和特性是相似或相同的。按热解产物的聚集状态不同，可分为气化法、液化法和炭化法热解；按热解与燃烧反应是否在同一设备中进行，可分为单塔式和双塔式热解。另外，按反应废弃物成分可分为城市固体废弃物热解、污泥热解；按生成产品可分为热解造气、热解造油等。但在实际生产中，热解工艺通常按供热方式、热解温度或生成产品进行分类。

1. 按供热方式分类

（1）直接加热法

直接加热法是指供给被热解物的热量是被热解物（所处理的废弃物）部分直接燃烧或者向热解炉提供补充燃料时所产生的热。由于燃烧需提供氧气，因而就会产生 CO_2、H_2O 等惰性气体混在热解可燃气中，稀释了可燃气，结果降低了热解气的热值。如果采用空气作氧化剂，热解气体中不仅有 CO_2、H_2O，而且含有大量的 N_2，更稀释了可燃气，使热解气的热值大大降低。因此，采用的氧化剂是纯氧、富氧或空气，其热解得到的可燃气热值是不同的。直接加热法的设备简单，可采用高温，其处理量和产气率也较高，但所产气的热值不高，作为单一燃料还不能直接利用。由于采用高温热解，需认真考虑 NO_x 的产生和控制。

（2）间接加热法

间接加热法是将被热解的物料与直接供热介质在热解炉中分离的一种方法，可利用墙式导热或中间介质（热砂料或熔化的某种金属床层）来传热。墙式导热因存在热阻大、难以采用更高的热解温度、熔渣会包覆和腐蚀传热壁面等问题而受限。采用中间介质传热，也存在固体传热、物料与中间介质分离困难等问题。但综合比较，中间介质传热较墙式导热方式要好。间接加热法的主要优点在于其产品的品位较高，可当成燃气直接燃烧利用。一般而言，除流化床技术外，间接加热不可能采用高温热解方式，其物料被加热的性能较直接加热差，从而延长了物料在热解炉里的停留时间，因此间接加热法每千克物料所产生的燃气量和产气率大大低于直接法。但间接加热法可较少地考虑 NO_x 的产生。

2. 按热解温度分类

（1）高温热解

高温热解的热解温度一般都在 1000℃以上，高温热解的加热方式几乎全是直接加热法，如果采用高温纯氧热解工艺，热解炉中的氧化-熔渣区段的温度可高达1500℃，从而将热解残留的惰性固体（金属盐类及其氧化物和氧化硅等）熔化，以液态渣形式排出热解炉，经水淬后形成玻璃态颗粒。这样可大大减少固态残余物的处理，同时这种粒化的玻璃态渣可作为建筑材料的骨料进行资源化利用。

（2）中温热解

中温热解的热解温度一般在 600～700℃之间，主要用在比较单一的物料作能源和资源回收的工艺上。如用废轮胎、废塑料热解成类重油物质。所得到的类重油物质既可作能源，又可作化工初级原料。低温热解的热解温度一般在 600℃以下，采用这种方法，可用农业、林业和农业产品加工后的废弃物生产低硫低灰的炭，生产出的炭视其原料和加工的深度不同，可作不同等级的活性炭和工业原料。

3. 按生成产品分类

热解造油一般采用500℃以下的温度，在隔氧条件下使有机物裂解，生成燃油。热解造气是将有机废弃物在较高温度下转变成气体燃料，通过对反应温度、加热时间及气化剂的控制，产生大量的可燃气，这些气体经净化回收装置可加以利用或贮存于罐内。

二、常用热解设备

1. 固定床热解炉

图6-8为一典型的固定燃烧床热解炉。经选择和破碎的城市生活垃圾从炉顶加入。炉内物料与气体界面温度为100~350℃。物料通过床层向下移动，床层由炉算支持。在炉的底部引入预热的空气或O_2，此处温度通常为980~1650℃。

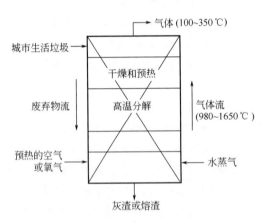

图6-8　典型的固定燃烧床热解炉

这种热解炉的产物包括从底部排出的熔渣（或灰渣）和从顶部排出的气体。排出的气体随后冷却到什么程度取决于这种气体将进行怎样的使用。

为达到最好的加热效果，气态反应剂流向与燃料流方向相反。但也有一些反应器采用同流方向或横过流（交叉流）向，获得了很好的热效率。

在固定床热解炉中，维持反应进行的热量是由部分原料燃烧提供的。

固定燃烧床热解炉的设计有足够机动性以适应各种废弃物燃料。燃料的粉碎情况、粘成饼状的趋势、灰渣熔化的温度及材料的反应能力都是重要的设计因素。在理想情况下，使用不结饼的、尺寸均匀的燃料可以使整个反应器的气体达到理想而均匀的分布，并可以使高温分解过程的效率更高。

2. 旋转窑

最普通的高温分解反应器是一种间接加热旋转窑，在这里蒸馏容器是与O_2完全隔绝的，图6-9是一个间接加热旋转窑。主要设备是一个稍为倾斜的圆筒，它慢慢地旋转，因此可以使废弃物移动通过蒸馏容器到卸料口。蒸馏容器由金属制成，而燃烧室则由耐火材料砌成。分解反应所产生的气体的一部分在蒸汽发生器外壁与燃烧内壁之间的空间里进行燃烧。这部分热量用来加热废弃物。因为在这类装置中热传导非常重要，所以分解反应要求废弃物必须破碎较细，尺寸一般要小于2in（1in≈2.54cm，下同），以保证反应进行完全。

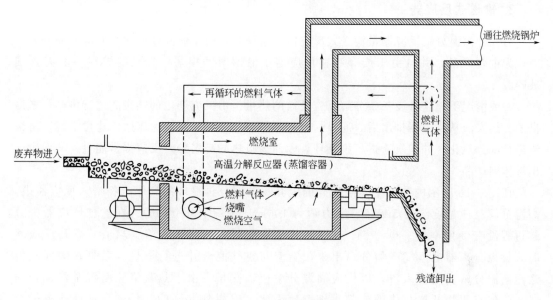

图 6-9　间接加热旋转窑

从旋转窑产生的燃料气体,其成分在相对平衡时的百分比可以从一些收集到的研究数据中得出。表 6-8 为从典型的间接加热旋转窑得到的高温分解气体的成分,表 6-9 为这类旋转窑高温分解过程和材料平衡。

表 6-8　从典型的间接加热旋转窑得到的高温分解气体的成分　　　单位:%

成　　分	CO	CO_2	CH_4	H_2	C_2H_4
体积分数	35	20.4	19.6	16.3	8.7

表 6-9　间接加热旋转窑高温分解过程和材料平衡　　　单位:kg

入　料	出　料		C	H	O	惰性气体	总计
输入	可燃物		235.9	31.7	186.0		453.6
	水分			25.2	201.6		226.8
	惰性气体					226.8	226.8
	小计		235.9	56.9	387.6	226.8	907.2
输出	炭渣		77.1	1.8	11.8	226.8	317.5
	有机液体		97	10.8	21.5		129.3
	燃料气体	CO_2	13.1		35		48.1
		CO	23.3		31.1		54.4
		H_2		1.8			1.8
		C_2H_4	11.7	1.9			13.6
		CH_4	13.7	4.5			18.2
		小计	61.8	8.2	66.1		136.1
	水蒸气	废水气		25.2	201.6		226.8
		高温分解		10.9	86.6		97.5
		小计		36.1	288.2		324.3
	总计		235.9	56.9	387.6	226.8	907.2

3. 输送式反应器

另一种高温分解反应器是输送式反应器。这种装置的工作温度通常是使液体部分的生产作为主要产品，并且由于废弃物在反应器中滞留时间很短，进入的炉料一般需要细破碎。

一般情况下，这种设备中分解反应所需的热量是由反应产生的热炭渣进行再循环来提供的。热炭渣从反应器排出后，通过一个外部的流化床，并对流化床通以适量空气，将炭渣进行部分氧化，并使炭渣进行再循环，因而为吸热的高温分解反应提供能量，从而生产出液体副产品。

在图6-10所示的装置中，经破碎的废弃物被部分再循环的气体产物带入反应器中。高温分解反应温度约为500℃，压力约为100kN/m²（表压1atm）。在这种反应器中分解过程没有使用空气、O_2、H_2 或任何其他催化剂。当固体残渣（炭渣）离开反应器时，旋风分离器把蒸气产物分离出来，炭渣与空气混合并进行燃烧。燃烧着的残渣再送至高温分解反应器入口，以供应高温分解所需热量。由于热灰渣流是混乱流动，而且入炉的有机物及热灰渣颗粒都很细微，因此可以得到良好的热传递，从而使有机物快速分解。

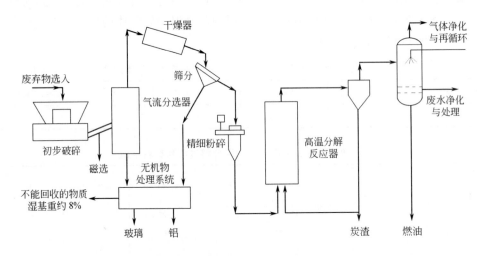

图6-10　输送式高温分解系统原则流程

当固体残渣与其他高温分解的产物分开后，蒸汽产物迅速进行激冷。这就阻止了大的油分子进一步裂解，以致形成不合要求的产物。最终产品是热解油、气体和水。

在工作温度为500℃时，典型产物的一次分布如表6-10所列。产品产量和产品的组成，特别是炭渣和可燃气是随高温分解的温度和在反应器中的滞留时间而变化的。这些产量表示了高温分解反应器的流出物，但不包括载热气体和热灰渣，因此不能代表反应过程的总产品产量。事实上在工作过程中气体产物用作传输炉料的介质进行再循环，并且最后进行燃烧来给反应器提供热量。如上述得出的炭渣也进行燃烧，为高温分解提供热量。高温分解产生的液体产物所需的黏度用混以适量反应产生的水来达到。

表 6-10　高温分解输送式反应器典型产物的一次分布　　　　　单位：%

产　　物	质　量　分　数			
炭渣（20%） 高位发热量 19100kJ/kg	C	48.8	N	1.1
	H	3.3	Cl	0.3
	S	0.1	O	13.1
	灰分	33.0	合计	100
燃油（40%） 高位发热量 24600kJ/kg	C	57.0	N	1.1
	H	7.7	Cl	0.3
	S	0.2	O	33
	灰分	0.5	合计	100
气体（30%） 高位发热量 15MJ/m³	物质的量分数			
	H_2	12	C_2H_6	3
	CO	37	C_xS	3
水（10%）	CO_2	37	H_2S	0.8
	CH_4	6	HCl	0.2

在生成油的这种高温分解过程中，送入废物量的大约 38% 以有用物质形式被回收，大约 44% 在过程中消耗掉，剩余 18% 是残余物，运去填埋，部分残余物成为排出的水。

形成油类产物的反应器有某些优点胜过生产气体的反应器。虽然生产气体可能获得更多能量，但是产油热解炉有突出特点，包括：a. 每单位体积所含能量高于从废弃物得到的任何其他能量形式；b. 需要的贮存容积小，运送给较远地方的消费者也较为方便；c. 通常比搬运固体燃料方便得多。

第四节　固体废弃物热解技术的应用

随着人们生活水平的提高，垃圾中可燃组分日趋增加，纸张、塑料、合成纤维等占有很大比重。因此，热解城市垃圾，回收燃料油、燃料气是一种新的垃圾能源回收技术。

城市垃圾热解产物主要是热值较低的燃气，若供用户使用需进一步提高热含量。压缩环节使燃气压力提高 150 倍，用水蒸气在固定床催化热解炉中除去 CO_2、H_2S 等酸气，净化的燃气进行甲烷化，使 H_2、CO_2 和 CO 在高压下合成甲烷（CH_4），反应式为：

$$CO + 3H_2 \xrightarrow{\text{催化剂}} CH_4 + H_2O \tag{6-28}$$

$$CO_2 + 4H_2 \xrightarrow{\text{催化剂}} CH_4 + 2H_2O \tag{6-29}$$

城市垃圾的热解技术可以根据其装置的类型分为：a. 移动床熔融炉方式；b. 回转窑方式；c. 流化床方式；d. 多段炉方式；e. Flush Pyrolysis 方式。其中，回转窑方式和

Flush Pyrolysis 方式作为最早开发的城市垃圾热解处理技术，代表性的系统有 Landgard 系统和 Occidental 系统，多段炉主要用于含水率较高的有机污泥的处理。流化床分单塔式和双塔式 2 种，其中双塔式流化床已经达到工业化生产规模。移动床熔融炉方式是城市垃圾热解技术中最成熟的方法。代表性的系统有新日铁系统、Purox 系统、Torrax 系统。下面介绍几种主要的热解技术。

一、废塑料的热解

废塑料是含有多种高分子化合物的混合物。随着废塑料中所含高分子化合物种类、化合物分解温度的不同，其分解产物的组成也不同，因而有以燃料油为主的液化工艺、以燃料气为主的气化工艺及回收炭黑的炭化工艺。全部以塑料为原料的处理工艺，基本上采用油化法。用粗选城市垃圾为原料多采用气化法，对含聚氯乙烯（PVC）、聚乙烯醇（PVA）等废塑料的原料最好能回收炭化物质。

图 6-11 是日本川崎重工开发的聚烯烃浴塑料热解流程。它是利用 PVC 脱 HCl 的温度比聚乙烯（PE）、聚丙烯（PP）和聚苯乙烯（PS）分解温度低这一特点，将 PE、PP、PS 在 380～400℃熔融，形成熔融液浴，分解温度低的 PVC 首先脱除 HCl，气化，之后 PE、PP、PS 再逐渐分解。分解产物主要有 HCl、CO、N_2、H_2O 及 $C_1 \sim C_{30}$ 的烃类化合物，其中 $C_1 \sim C_4$ 为气体、$C_5 \sim C_6$ 为液体、$C_7 \sim C_{30}$ 为油脂状，经冷却塔、水洗塔回收油品及 HCl，气体经碱洗后作为燃料气燃烧供给热解所需的热量。

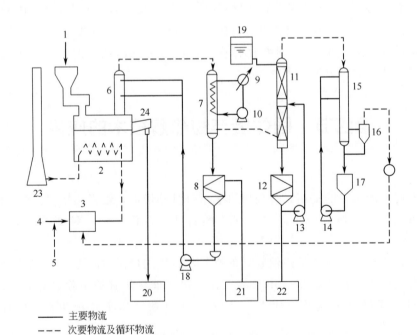

图 6-11　日本川崎重工开发的聚烯烃浴塑料热解流程

1—加料；2—聚烯烃浴热分解炉；3—燃烧室；4—轻质油；5—空气；6—重质油分离塔；

7—轻质油分离塔；8—轻质油槽；9—热交换器；10,13,14,18—泵；11—HCl 吸收塔；

12—HCl 贮槽；15—洗涤塔；16—除雾器；17—NaOH 水溶液贮槽；19—给水贮槽；

20—残渣；21—轻质油；22—盐酸；23—烟囱；24—再加热室

二、污泥的热解

废水的生化法处理过程中会产生大量污染，城市下水污泥的排放量也很大。对于这些污泥，一般先经脱水处理形成脱水泥饼，然后再用其他方法进一步处理，污泥的热解处理便是其中最重要的一种。特别是将城市垃圾和污泥联合热解，可以更有效地回收热能并进一步转化为电能，以满足大型水处理场所需的能源，因此可以预料，污泥的热解处理将是今后污泥处理的主要发展方向。从 20 世纪 70 年代开始，热解技术作为从城市垃圾和工业固体废弃物等可燃性固体废弃物回收能量的技术得到了广泛的开发。但是，对于具有负热值的污泥，该技术的应用不能以回收能量为主要目的，其重点主要放在解决焚烧存在的问题，即实现污泥的节能型、低污染处理。

污泥热解炉型通常采用竖式多段炉，为了提高热解炉的热效率，在能够控制的二次污染物质（Cr^{6+}、NO_x）产生的范围内，尽量采用较高的燃烧率（空气比 0.6～0.8）。此外，热解产生的可燃气体及 NH_3、HCN 等有害气体组分必须经过二燃室以实现其无害化，通常情况下，HCN 的热解温度在 800～900℃之间，还应对二燃室排放的高温气体进行预热回收。回收预热的方法主要有利用余热预热二燃室助燃空气。

其中，脱水泥饼的干燥、热解炉助燃空气的预热对热量消耗相对较少，回收预热应主要用于脱水泥饼的干燥。考虑到直接热风干燥方式需要对干燥排气进行处理，干燥方式最好采用蒸汽间接加热装置。二燃室高温排气的预热通过余热锅炉产生蒸汽用于干燥设备的热源。这种污泥干燥-热解系统工艺流程见图 6-12。

在该系统中，泥饼首先通过间接式蒸汽干燥装置干燥至含水率 30%，直接投入竖式多段热解炉内，通过控制助燃空气量（部分燃烧方式），使之发生热解反应。将热解产生的可燃性气体和干燥器排气混合进入二燃室高温燃烧，通过附设在二燃室后部的预热锅炉产生蒸汽，提供泥饼干燥的热源。

该系统的处理能力换算成含水 75% 的泥饼为 5t/d，运行结果表明：a. 采用间接式蒸汽干燥装置没有因为污泥的黏着造成干燥性能下降，总传热系数为 586～1381kJ/(m²·h·℃)[140～330kcal/(m²·h·℃)]；b. 采用部分燃烧的热解方式不生成 Cr^{6+}，对污泥的减量效果与焚烧相当，热解炉的适宜操作条件为对应污泥可燃成分的空气比 0.6，热解温度 900℃，炉床负荷 25kg/(m²·h)，炉内平均停留时间 60min；c. 对于系统排出的尾气在湿式处理前进行二次燃烧，可以消除排气及排水中的有害成分。

三、新日铁垃圾热解熔融系统

该系统是将热解和熔融一体化的设备，通过控制炉温和供氧条件，使垃圾在同一炉体内完成干燥、热解、燃烧和熔融。干燥段温度约为 300℃，热解段温度为 300～1000℃，熔融段温度为 1700～1800℃，其工艺流程见图 6-13。垃圾由炉顶投料口进入炉内，为了防止空气的混入和热解气体的泄漏，投料口采用双重密封阀结构。进入炉内的垃圾在竖式炉内由上向下移动，通过与上升的高温气体换热，垃圾中的水分受热蒸发，逐渐降至热解段，在控制的缺氧状态下有机物发生热解，生成可燃气和灰渣。有机物热解产生可燃性气体导入二燃室进一步燃烧，并利用尾气的余热发电。灰渣进一步下移进入燃烧区，灰渣中

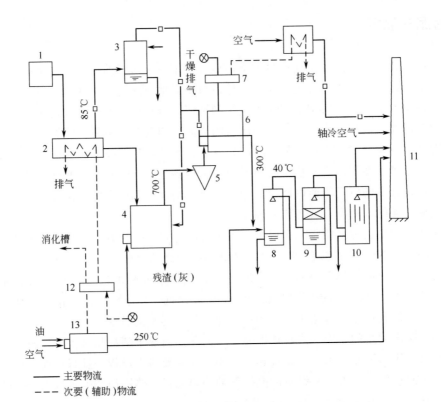

图 6-12　污泥干燥-热解系统工艺流程

1—加料器；2—干燥机；3—除湿塔；4—热分解炉；5—旋流器；6—废热锅炉；7,12—蒸汽室；
8—清洗塔；9—吸收塔；10—电除尘器；11—烟囱；13—专用锅炉

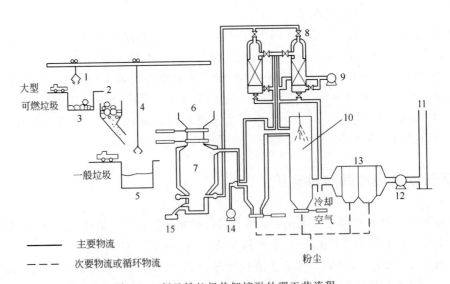

图 6-13　新日铁垃圾热解熔融处理工艺流程

1—吊车；2—破碎机；3—大型垃圾贮槽；4—吊车；5—垃圾贮槽；6—投入口；7—熔融炉；
8—热风炉；9—鼓风机；10—喷水冷却器（或锅炉燃烧室）；11—烟囱；
12—引风机；13—电除尘器；14—燃烧用鼓风机；15—熔融渣槽

残存的热解固相产物炭黑与从炉下部通入的空气发生燃烧反应，其产生的热量不足以满足灰渣熔融所需温度，通过添加焦炭来提供碳源。

灰渣熔融后形成玻璃体和铁，体积大大减少，重金属等有害物质也被完全固定在固相中。玻璃体可以直接填埋处置或作为建材加以利用，磁分选出的铁也有足够的利用价值。热解得到的可燃性气体的热值为 $6276\sim10460kJ/m^3$（$1500\sim2500kcal/m^3$）。

四、Purox 系统

Purox 系统由美国 Union Carbide Corp. 开发，又称 U. C. C. 纯氧高温热分解法。该系统的工艺流程如图 6-14 所示。

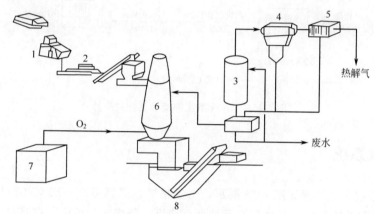

图 6-14　Purox 系统工艺流程

1—破碎机；2—磁选机；3—水洗塔；4—电除尘器；5—气体冷凝器；
6—热解炉；7—产气装置；8—出渣装置

Purox 系统也采用竖式热解炉，破碎后的垃圾从塔顶投料口进入并在炉内缓慢下移。纯氧由炉底送入首先到达燃烧区，参与垃圾燃烧。垃圾燃烧产生的高温烟气与向下移动的垃圾在炉体中部相互作用，有机物在还原状态下发生热解。热解气向上运动穿过上部垃圾层并使其干燥。热解残渣在炉的下部与 O_2 在 1650℃的温度下反应，生成金属块和其他无机物熔融的玻璃体。熔融渣由炉底部连续排出，经水冷后形成坚硬的颗粒状物质。底部燃烧产生的高温气体在炉内自下向上运动，在热解段和干燥段提供热量后，以 90℃的温度从炉顶排出。该气体含有 30%～40%的水分，经过洗涤操作去除其中的灰分和焦油后加以回收。净化气体中含有 75%左右的 CO 和 H_2，其比例约为 2:1，其他气体组分（包括 CO_2、CH_4、N_2 和其他低分子烃类化合物）约占 25%，热值约为 11168kJ/m³（2669kcal/m³）。

采用这种工艺有机物几乎全部分解，热分解温度高达 1650℃，由于不是供应空气而是采用纯氧，NO_x 发生量很少。垃圾减量较多，为 95%～98%；突出的优点是对垃圾不需要或只需要简单的破碎和分选加工，即可简化预处理工序。主要问题是能否供给廉价的氧气。

Union Carbide 公司 1970 年在纽约州的 Tarrytown 建成了处理能力为 4t/d 的中试装置，1974 年在西弗吉尼亚州的 South Charleston 建成了处理能力为 180t/d 的生产性装置。

进入 20 世纪 80 年代，该公司又将该系统的单炉处理能力提高到 317t/d。

　　该系统主要的能量消耗是垃圾破碎过程和 1t 垃圾热解需要的 0.2t O_2 的制造过程。该系统每处理 1kg 垃圾可以产生热值为 11168kJ/m³（2669kcal/m³）的可燃性气体 0.712m³，该气体以 90％的效率在锅炉中燃烧回收热量，系统总体的热效率为 58％。Purox 系统的能量及物料衡算见图 6-15。

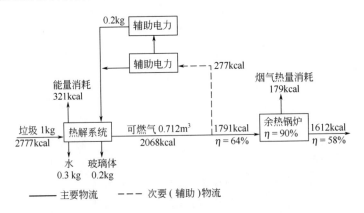

图 6-15　Purox 系统的能量及物料衡算

五、Torrax 系统

　　Torrax 系统工艺流程如图 6-16 所示，由气化炉、二燃室、一次空气预热器、热回收系统和尾气净化系统构成。垃圾不经预处理直接投入竖式气化炉中，在其自重的作用下由上向下移动，与逆向上升的高温气体接触，完成干燥、热解过程，在塔底部灰渣中的炭黑与从底部通入的空气发生燃烧反应，其产生的热量使无机物熔融转化为玻璃体。垃圾干燥

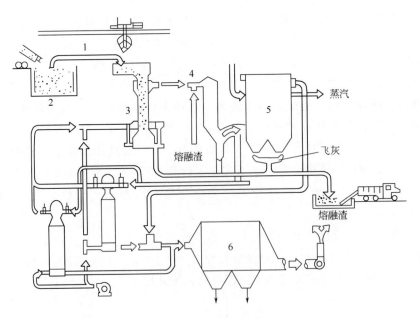

图 6-16　Torrax 系统工艺流程

1—吊车；2—垃圾槽；3—热解炉；4—燃烧室；5—余热锅炉；6—电除尘器

和热解所需的热量由炉底部通入的预热至1000℃的空气和炭黑燃烧提供。熔融残渣由炉底连续排出，经水冷后变为黑色颗粒。

热解气体导入二燃室，在1400℃条件下使可燃组分和颗粒物完全燃烧，二燃室出口气体的温度为1150～1250℃，部分用于助燃空气的预热，其余通过废热锅炉回收蒸汽。通过废热锅炉和空气预热器的尾气，再由静电除尘器处理后排放。

最早的Torrax系统是1971年由EPA资助在纽约州的Eire County建造的处理能力为68t/d的中试装置，除了城市垃圾的处理以外，还进行过城市垃圾与污泥混合物的处理，包括废油、废轮胎和PVC的热解处理试验。进入20世纪80年代，在美国的Luxemburg建设了处理能力为180t/d的生产性装置，并向欧洲推出了该项技术。

该系统的能量衡算如图6-17所示。垃圾热值的35%左右用于助燃空气的加热和设施所需电力的供应，提供给余热锅炉的热量达57%，即相当于垃圾热值的大约37%作为蒸汽得到回收。

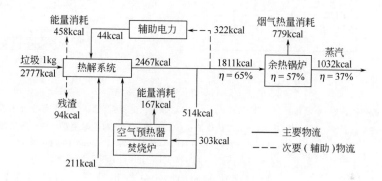

图6-17　Torrax系统的能量衡算

六、Occidental系统

该系统的工艺流程如图6-18所示。首先将垃圾破碎至76.2mm以下，通过磁选分离出铁金属，再通过分选将垃圾分为重组分（无机物）和轻组分（有机物）。利用热解气体的热量将轻组分干燥至含水率4%以下，通过二次破碎装置使有机物粒径小于3.175mm，再由空气跳汰机分离出其中的玻璃等无机物，作为热解原料。热解设备为一不锈钢筒式反应器，有机原料由空气输送至炉内。热解反应产生的炭黑加热至760℃后返回至热解反应器内，提供热解反应所需的热源，热解反应在炭黑和垃圾的混合物通过反应器的过程中完成。热解气体首先通过旋风分离器分离出新产生的炭黑，再经过80℃的急冷分离出燃料油。残余气体的一部分用于垃圾输送载体，其余部分用于加热炭黑和送料载气的热源。产生的热解由中含有较多的固体颗粒，经旋风分离后，贮存于油罐。

分选出来的重组分经滚筒筛分离成3部分：粒径小于12.7mm的进入玻璃回收系统；粒径在12.7～102.8mm（0.5～4.0in）之间的进入铝金属回收系统；粒径大于102.8mm的重新返回至一次破碎装置。玻璃的回收采用气浮分选，垃圾中玻璃的回收率约为77%。铝的回收采用涡电流分选方式，铝的回收率达到60%。

得到的热解油的平均热值约为24401kJ/kg（5832kcal/kg），低于普通燃料油的热值

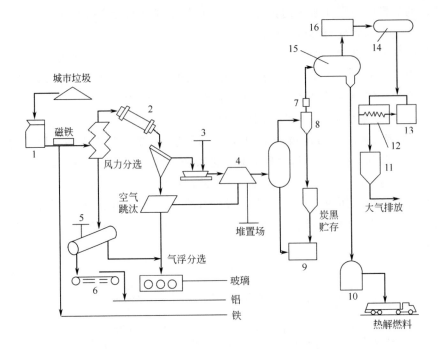

图 6-18　Occidental 系统工艺流程

1—破碎机；2—干燥器；3—二次破碎机；4—热解装置；5—滚筒筛；6—AL 涡流分选器；

7—冷却管；8—旋风分离器；9—炭黑燃烧器；10—油罐；11—布袋除尘器；12—换热器；

13—后燃烧器；14—压缩机；15—油气分离器；16—气体净化装置

[42400kJ/kg(10134kcal/kg)]，这是由热解油中 C、H 含量较低，而 O 含量较高的原因所至。其黏度也较普通燃料油高，在 116℃下可以喷雾燃烧。

　　Occidental 系统从利用垃圾生产贮存性燃料这一点来看，是一种非常有意义的技术，但由于炭黑产生量太大（约占垃圾总质量的 20%，含有总热值 30% 以上的能量），大部分热量都以炭黑的形式损失，系统的有效性没有得到充分发挥。今后，应进一步开展炭黑作为燃料或其他原料利用的研究。

七、Landgard 系统

　　Landgard 系统由 Monsanto Enviro-Chem System Inc. 开发，工艺流程见图 6-19。垃圾经锤式破碎机破碎至 10cm 以下，放在贮槽内，用油压活塞送料机自动连续地向回转窑送料，垃圾与燃烧气体对流而被加热分解产生气体。空气用量为理论用量的 40%，使垃圾部分燃烧，调节气体的温度在 730～760℃之间，为了防止残渣熔融，需保持在 1090℃以下，每千克垃圾约产生 1.5m³（标准状态下）气体，发热量（标准状态下）为 (4.6～5.0)×10³kJ/m³。热值的大小与垃圾组成有关。焚烧残渣由水封熄火槽急冷，从中可回收铁和玻璃。热解产生的气体在后燃室完全燃烧，进入废热锅炉可产生 47atm（1atm≈101325Pa，下同）的蒸汽用于发电。此分解流程由于前处理简单，对垃圾组成适应性大，装置构造简单，操作可靠性高。

　　美国 Maryland 州的 Baltimore 市由 EPA 资助建设的日处理 1000t 的实验工厂，处理

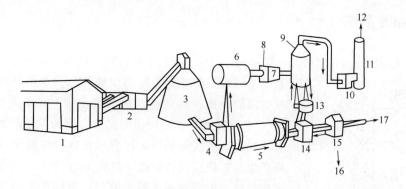

图 6-19　Landgard 系统工艺流程

1—垃圾贮藏库；2—破碎机；3—贮槽；4—进料装置；5—回转窑；6—后燃室；
7—废热锅炉；8—蒸汽；9—气体洗涤器；10—风机；11—烟囱；12—清洁气体；
13—沉淀浓缩装置；14—水冷；15—磁选机；16—铁系金属；17—残渣

能力为该市居民排出垃圾总量的 1/2。窑长 30m，直径为 60cm，转速为 2r/min，二次燃烧产生的气体用 2 个并列的废热锅炉回收 91000kg 的蒸汽。

八、Garrett 系统

该法由 Garrett Research and Development 公司开发，工艺流程见图 6-20。垃圾从贮藏坑中被抓斗吊起送上皮带输送机，由破碎机破碎至约 5cm 大小，经风力分选后干燥脱水，再筛分以除去不燃组分。不燃组分送到磁选及浮选工段，在浮选工段可以得到纯度为 99.7% 的玻璃，回收 70% 的玻璃和金属。由风力分选获得的轻组分经二次破碎成约 0.36mm 大小，由气流输送入管式分解炉。该炉为外加热式热分解炉，炉温约为 500℃、常压、无催化剂。有机物在送入的瞬间即行分解，产品经旋风分离器除去炭末，再经冷却后热解油冷凝，分离后得到油品。气体作为加热管式炉的燃料。由于是间接加热得到的，油、气发热量都较高 [油的热值为 $3.18 \times 10^4 kJ/L$，气的热值（标准状态下）为 $1.86 \times 10^4 kJ/m^3$]。1t 垃圾可得 136L 油、约 60kg 铁和 70kg 炭（热值 $2.09 \times 10^4 kJ/kg$）。

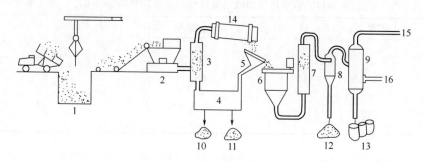

图 6-20　Garrett 系统工艺流程

1—垃圾坑；2——次破碎机；3—风力分选器；4—金属及玻璃处理系统；5—筛网；
6—二次破碎机；7—管式热分解炉；8—旋风分离器；9—冷却塔；10—玻璃；
11—金属；12—炭黑；13—热分解油；14—干燥器；15—循环气体；16—排水

九、Battelle 系统

该工艺是由 Battelle Pacific Memorial Institute 的 Pacific Northwest 实验室开发的，其工艺流程见图 6-21。经适当破碎除去重组分的城市垃圾从炉顶的气锁送料器进入热解炉，从炉底送入约 600℃的空气-水蒸气混合气，炉子的温度由上到下逐渐增加。炉顶为预热区，依次为热分解区和气化区。垃圾经过各区分解后产生的残渣经回转炉栅从炉底排出。空气-水蒸气与残渣换热使排出的残渣温度接近室温，热解产生的气体从炉顶出口排出。炉内的压力为 700mmH$_2$O（70Pa）。生成的气体含 N$_2$ 43%、H$_2$ 和 CO 均为 21%、CO$_2$ 12%、CH$_4$ 1.8%、C$_2$H$_6$ 和 C$_2$H$_4$ 在 1%以下。由于含大量的 N$_2$，热值非常低，为 3770～7540kJ/m^3。存在问题是垃圾进料不均匀，有时会出现偏流、结瘤等现象。另外，熔融渣出料也较困难。

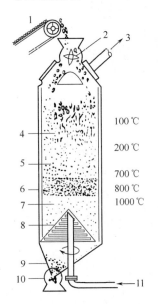

图 6-21 Battelle 系统工艺流程
1—废塑料；2—气锁送料器；3—产生气体出口；4—干燥预热区；5—热分解区；6—碳化物气化区；7—灰堆积区；8—旋转炉栅；9—收灰槽；10—气锁式排灰装置；11—空气-水蒸气进口

几种热解方法的比较如下。

美国 Columbia 大学的技术中心，对从城市垃圾回收能量的方法进行比较和评价。比较主要从对环境的影响、运转的可靠性和经济可行性几个方面进行，经济比较结果见表 6-11。以每日处理 1000t 为基准，以日元计算，投资金额假设 15 年偿还，年息 7%。从经济比较结果来看，以 Purox 系统处理费用最低，而 Garrett 系统的处理费用最高。尽管从产生的液态燃料易于贮藏和输送这一点来看，Garrett 系统有其优点，但因其生产的胶黏性高、辐射性强，在贮藏过程中有聚合的倾向，不能混掺于油中，而且回收的气体热值低，使用受到限制。Torrax 系统也有同样的缺点。在这几种系统中以 Purox 系统最好，对环境影响小，运转简单，产品适应面广，其净处理费用也不高，大约与纽约市填埋处理同样量的垃圾费用相当。

表 6-11 城市垃圾回收能量方法的经济比较（1000t/d）　　单位：日元/t

比 较 项 目	Landgard 系统	Garrett 系统	Torrax 系统	Purox 系统
投资额	645	657	485	687
偿还费	2151	2184	1644	2280
运转费	3606	3683	3273	3576
运转费总额	5757	5877	4917	5856
回收资源折价	3930	2835	2070	4668
净处理费用	1827	3042	2847	1188

热解是一种不可逆的化学变化，是在缺氧的气氛里进行的吸热反应。废弃物焚化技术已经有了较长时间的连续发展，从 19 世纪末期人们就已开始了对它的研究。但处理废弃物的热解技术发展历史却短得多。虽然热解工艺在用烟煤生产焦炭方面已成功地应用了若干年，但垃圾热解的研究一直到 20 世纪 60 年代才迅速赶了上来。从那时起废弃物热解系

统由于受到一种刺激而迅速发展，这就是人们要寻找一种比焚化过程对环境更加安全的废弃物处理方法。热解工艺的第二个重要优点是废弃物中的有机物转化成可利用的能量形式，其经济性非常好。

从废弃物得到的固体燃料一般灰分含量至少 10%，而这种合成的液体燃料的灰分含量远低于 1%，因而几乎可以在任何场合下燃烧。

热解油中含氧量较高。该油大约 60% 是可溶于水的，这样有利于运输，因为它可以降低油的黏度。这种油微呈酸性，因此对低碳铜有腐蚀性。酸性基本上来自高温分解形成的羧酸，部分来自 HCl，它由经常存于废弃物中的有机氯化物所形成。氧含量也影响分解油的黏度。如果这种油保持在较高的温度，经过一定时间，油的黏度将不可逆地增加，从而使运输性能恶化。

第五节　固体废弃物热解产物加工

在热解或气化的过程中有许多种产品，前面已提到的有高温分解油、固体炭渣及排出的某些气体等。在固定式燃烧床反应器中，用氧进行部分氧化的高温分解反应所产生的气体也可以转换成甲烷、甲醇或氨，也可以直接用作发电厂的燃料。使用方法如下。

① 产生的气体转换成甲烷，把气体提高到管道煤气的品质水平，以便并入已有的公用煤气管道分配系统。

② 用来发电，这里将气体用作传统的燃气轮机系统的燃料。

③ 转换成甲醇，在这里气体在催化作用下转换。

④ 转换成氨，在这里气体同纯氮相混合，在催化剂作用下即可转成氨，是一种高质量的化肥。

下面说明这种气体产物的多种用途。

一、甲烷转换

甲烷转化工艺流程见图 6-22。在这个过程中，气体几乎是在大气压力下生产出来的，而后通过废热锅炉，再通过一个碱液清洗器以便消除 HCl、残余硫化物和一些 CO_2。此后清洗过的气体通过一个大的甲烷发生器，它主要由一系列固定式反应床构成，即催化反应器。在催化反应床上，有水在流动，同时进行产生 CH_4 的反应。这种反应床是放热的，而且气体温度达到 540～650℃。在这个反应中进给气体与产品气体的体积比约为 4∶1。

实际生产经验证明，这种方法在输入气体成分变动范围较大时也能生产出高质量的 CH_4。一旦对本系统做出完善的经济分析，即将证明这种方法是一种很令人满意的生产 CH_4 的方法。

二、甲醇转换

如果希望把气体转换成甲醇，则首先将气体中的 CO 和 H_2（通常比例约为 5∶3）在一

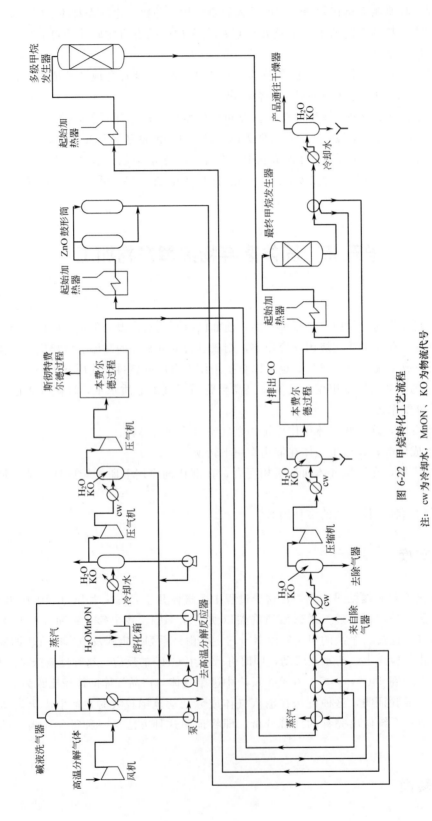

图 6-22 甲烷转化工艺流程

注：cw 为冷却水，MnON，KO 为物流代号

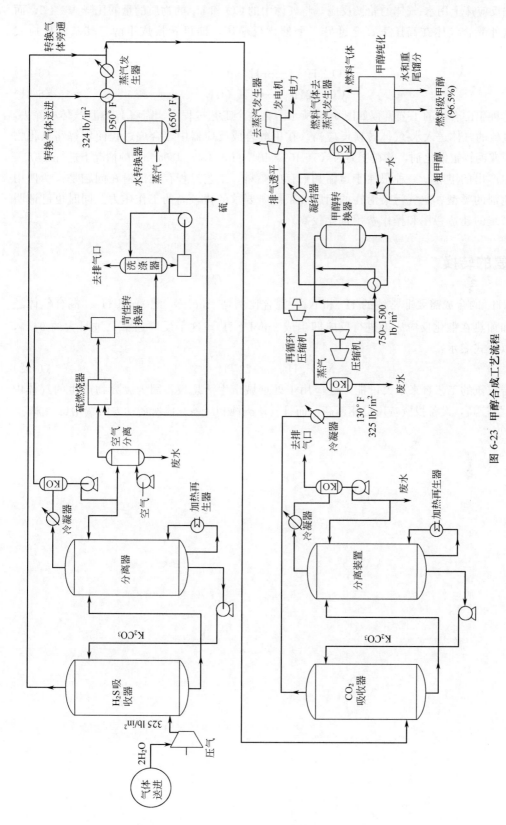

图 6-23 甲醇合成工艺流程

注：1lb = 0.4535923^7kg，1in = 0.0254m，$x°\,F = \frac{5}{9}(x-32)°C$，KO 为物流代号

个催化反应床上用水-气体的轮换反应，将气体中的 CO 和 H_2 的物质的量的比降为 1：2；而后将这种混合气体在高压下，穿过另一个催化反应床，即可转换成甲醇。其基本反应式如下。

$$CO + H_2O \longrightarrow H_2 + CO_2 \qquad (6-30)$$
$$CO + 2H_2 \longrightarrow CH_3OH \qquad (6-31)$$

这种甲醇合成的工艺流程如图 6-23 所示。在这个工艺过程中，需将 H_2S 从气体中除去，将脱过硫的气体送入水-气体转换反应器。在甲醇合成反应器中，合成过程使用锌铬氧化物催化剂或铜锌银催化剂，并在压力为 $(5 \sim 15) \times 10^6 N/m^2$（$50 \sim 150atm$）的情况下进行反应。

生产出的甲醇是一种很便于运输和贮存的燃料。工艺过程存在的潜在问题是：所使用的氧化剂的类型、空气污染潜在的问题和系统所要求的比较高的工作压力。同时也已证明这种系统的建造费用和操作费用都比较高。

三、氨的转换

NH_3 的合成需要非常纯的 H_2 和 N_2，混合比例是 1mol N_2 配 3mol H_2。混合气体经压缩和加热在催化反应床上进行反应即生成 2mol NH_3。这个反应通常只进行大约 94%，一般以下式表示：

$$N_2 + 3H_2 \longrightarrow 2NH_3 \qquad (6-32)$$

合成氨的工艺看来不大可能广泛应用于处理城市生活垃圾，因为废弃物产生的气体中 CO 含量较高，设备投资费用也相当高，而且气体提纯和压缩气体所需动力的费用也很多。

第七章

城市固体废弃物的气化

第一节 概　　述

随着城市化进程的加速，城市生活垃圾的产量和堆积量均在逐年增加，垃圾产量的不断增加及其造成的环境污染已成为各国所共同面临的问题，对其无害化和资源化处理已成为促进经济和生态环境达到可持续发展的重要措施之一。目前我国城市垃圾处理以填埋为主、堆肥和焚烧为辅，但填埋占地面积大、易造成二次污染（重金属污染 Cd、As、Hg、Pb 等）、释放有毒有害气体（包括剧毒的二噁英污染，以及 HCl、SO_2、SO_2 等酸性气体）、污染地下水、滋生病菌等；堆肥成本高、肥效低，且产品市场性差、有安全隐患；焚烧在环保和资源利用方面具有明显的优势，在国内外得到了较好的发展，但焚烧过程中，特别是炉排层燃方式生成大量的酸性气体如 HCl、HF、SO_2、NO_x 等，这些腐蚀性极强的酸性气体易造成锅炉受热面高温腐蚀，使材料耐热性降低，蒸汽压力和温度等参数较低，致使发电效率低，一般在 10％以下，最先进的垃圾发电厂的发电效率也只有 10％～15％，从而影响了能量利用效率，越来越多地受到人们的重视。

垃圾气化技术因控制污染效果好、减容效果显著、资源回收率高，被誉为最佳且行之有效的垃圾处理方法，是焚烧最具潜力的替代技术之一。垃圾气化是将垃圾中有机成分（主要是碳）在还原气氛下与气化剂反应生成燃气（CO、CH_4、H_2 等）的过程，一般是通过部分燃烧反应放热提供其他制气反应的吸热。气化反应的产物为燃气和灰分，其目标产物为单一的气态燃气。理想情况下，燃气中包含了气化原料中的所有能量，而实际的能量转化率为 60％～90％。图 7-1 为典型垃圾气化流程。

气化技术是一种新型的垃圾处理技术，与常规的处理方法相比，气化具有能源回收率高、二次污染小、烟气量小、后处理设备简单，且气化与熔融技术的结合使得在对垃圾的有机成分加以利用的同时，可以对无机成分进行稳定化、无害化和资源化利用，从而根本上解决了二噁英和重金属等二次污染问题。

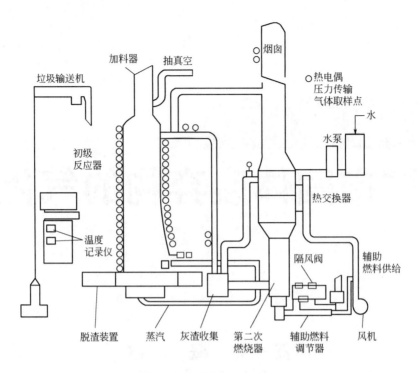

图 7-1　典型垃圾气化流程

第二节　城市固体废弃物气化基本原理

一、固体燃料的气化原理

1. 气化原理

　　与煤相比，城市生活垃圾的含碳量较低，而 H/C 和 O/C 比相当高，从而使其具有较高的挥发分含量，但热值比一般煤炭低。此外，由于城市生活垃圾中 N、S 等元素含量较少，这样在热转化过程中由 N 和 S 成分所形成的污染排放量相对较低，同时其固定碳的活性比煤高得多。这些特点决定了城市固体废弃物更适于气化。

　　在气化过程中，主要发生以下反应：

$$C + O_2 \longrightarrow CO_2 + 393.8 MJ/kmol \tag{7-1}$$

$$2C + O_2 \longrightarrow 2CO + 231.4 MJ/kmol \tag{7-2}$$

$$C + H_2O \longrightarrow CO + H_2 - 131.5 MJ/kmol \tag{7-3}$$

$$C + 2H_2O \longrightarrow CO_2 + 2H_2 - 90.0 MJ/kmol \tag{7-4}$$

$$C + CO_2 \longrightarrow 2CO - 162.40 MJ/kmol \tag{7-5}$$

$$C + 2H_2 \longrightarrow CH_4 + 74.9 MJ/kmol \tag{7-6}$$

$$CO + H_2O \longrightarrow CO_2 + H_2 + 41.0 MJ/kmol \tag{7-7}$$

　　可燃气体主要由吸热反应产生，而维持吸热反应进行的热量由放热反应提供。当气化炉在常压下以空气为气化介质，通常只能得到低热值燃气（$4.2\sim5.04\text{MJ/m}^3$），典型组分为 $10\%CO_2$、$20\%CO$、$15\%H_2$ 以及 $2\%CH_4$，其余为 N_2。

2. 气化方法的分类

固体燃料气化的方法很多，可根据其特点进行分类，见表 7-1。

表 7-1　固体燃料气化方法分类

分 类 依 据	气 化 方 法
热源	外热式、内热式和热载体气化法
气化剂	空气煤气、混合煤气、半水煤气和水煤气等
垃圾在气化剂中的运动状态	移动床、流化床、熔融床、气流床等
排渣方式	固态排渣、液态排渣
气化压力	常压气化、加压气化（中压 $0.7\sim3.5\text{MPa}$，高压$>7.0\text{MPa}$）
垃圾和气化介质的相对运动方向	并流气化、逆流气化
操作方式	连续式、间歇式或循环式气化

3. 影响垃圾气化的重要因素

为了保证垃圾气化处理过程能够正常进行，一些影响气化反应和气化系统的重要因素应当予以注意。

① 垃圾原料的粒径分布　垃圾原料的粒径对于确保其在气化炉内均匀流动、不发生阻塞十分重要。此外，垃圾原料的粒径也应保证固体颗粒间的热量传递能够充分进行。

② 垃圾原料的含水量　随着垃圾中水分含量的增加，干燥所需的热量也不断增加，从而使气化的热效率降低。在实际应用中，水分含量应控制在 $10\%\sim20\%$。

③ 垃圾原料中的灰分　垃圾中灰分的含量以及灰分的化学组成对于气化过程都非常重要。灰分的化学组成直接影响其在高温环境下的表现。例如熔化的灰渣会在气化炉内造成积灰和结渣，从而会阻塞排渣，也可能造成严重的系统故障。

④ 垃圾原料中的挥发分　在受热过程中，垃圾原料分解为挥发性气体和焦炭。与煤相比，垃圾的挥发分含量较高（将近 80%）。

⑤ 垃圾原料的热值　垃圾的热值随时间和地点的不同有比较大的差别。垃圾热值是衡量垃圾中有机可燃物含量的一个重要标志。它不仅是决定垃圾是否可以用热处理方法进行处置的前提，也是垃圾处理装置设计及运行的依据。

⑥ 垃圾的组分　对于城市生活垃圾的气化而言，气化原料的组分是一个十分关键的因素，它直接影响所生产的燃气的成分以及气化过程中产生的灰渣的数量和类型。组分均一的气化原料可以使产生的可燃气体的成分保持稳定，从而有利于燃气的使用。垃圾的组分往往波动较大，因此应采取适当的措施保证气化系统运行的稳定和可靠。

二、气化方式

固体燃料的气化过程通常发生于固定式燃烧床、流化床或悬浮床等系统中，而且也同垃圾与气体在初级反应器中的接触方式有关。在固定式燃烧床装置中，燃料缓缓向下移动穿过反应器，同时与外逸的气体相接触。在流化床中，气化介质促使燃料流态化。而在悬浮床系统中，实际是气化介质携带着燃料一起前进。

1. 固定床气化法

固定床（移动床）气化技术较为成熟，已由常压发展到加压，由固态排渣发展到液态排渣。其气化炉种类很多。以发生炉煤气的生产为例进行说明，这种炉型及其变种是目前国内城市生活垃圾气化过程最常采用的形式。

发生炉煤气是指空气煤气和混合发生炉煤气。空气煤气使用最早，由于煤气热值低，逐渐被淘汰。现在广泛使用的是混合发生炉煤气（通称发生炉煤气），用于熔炉、加热炉、电站等。

气化原料（煤、焦炭、RDF）从炉顶上部装入，原料层及炉渣层由下部炉栅支撑，空气和水蒸气混合物作气化剂，由炉底给入，经炉栅均匀分配，与料层移动方向相反，二者不断接触发生热化学反应，反应产生的煤气从上部出口导出，气化反应后残存的炉渣由下部炉栅灰盆排出。正常气化过程中，由下至上床层可分为 5 个区域，如图 7-2 所示。

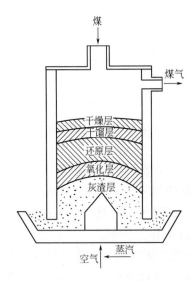

图 7-2　固定床煤气焚烧炉原理

① 灰渣层　靠近炉算区，起预热气化剂及保护炉算不被烧坏的作用。该区温度较低。气化剂从炉底进入，经灰渣层进行热交换，使灰温降低，气化剂温度升高。

② 氧化层　是气化过程主要区域。在氧化层中主要发生氧化反应，O_2 逐渐耗尽或基本耗尽，生成 CO_2，放出大量的热，为还原区提供热源和 CO_2 还原剂。该区是发生炉温度最高的区域，通常达 1000～1300℃。

③ 还原层　是 CO_2 和水蒸气被还原为 CO 和 H_2 的区域。还原层和氧化层一起称为气化层，是化学反应最强烈的区域。该区域内的料层称为有效炭层。还原层可分为第一还原层和第二还原层。第一还原层主要进行 3 个吸热反应。

$$2C+O_2 \longrightarrow 2CO-Q \tag{7-8}$$

$$C+H_2O \longrightarrow CO+H_2-Q \tag{7-9}$$

$$C+2H_2O \longrightarrow CO_2+2H_2-Q \tag{7-10}$$

第二还原层，由于热量被吸收使温度降低，除剩余的 CO_2 和少量的水蒸气与碳进行一些反应外，还进行下列反应。

$$CO+H_2O \longrightarrow CO_2+H_2+Q \tag{7-11}$$

④ 干馏层　还原层产生的气体随热量的消耗和温度的下降进入干馏层。干馏层温度为 700～800℃，该层基本上不发生上述气化反应，但固体燃料中挥发分产生热裂解（干馏），形成甲烷、焦油等物质。

⑤ 干燥层　生成的热煤气和原料进行热交换，燃料得到预热，水分蒸发。

最终制得含有 CO、H_2、N_2，少量 CO_2、CH_4、O_2 及烃类化合物的发生炉煤气，出口热煤气温度达 400～600℃，冷却净化后供使用。

典型固定床煤气发生炉见图 7-3。

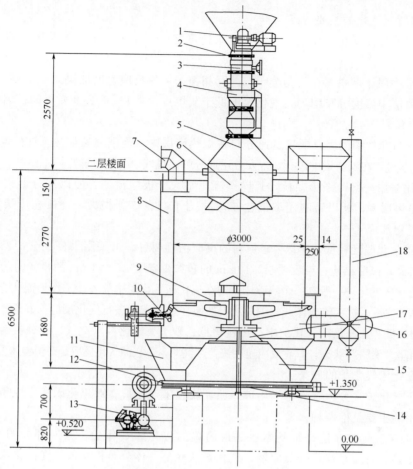

图 7-3 典型固定床煤气发生炉

1—加煤机传动装置；2—伸缩节；3—插板阀；4—加煤机；5—加煤机座；6—五通；7—空气入口管；
8—炉体；9—炉算；10—炉算传动装置；11—灰盘；12—蜗轮装置；13—灰盘传动装置；
14—炉算润滑装置；15—支座；16—防爆阀；17—中间支座；18—饱和空气管

注：单位为 mm

2. 流化床气化炉

具有一定粒度的固体燃料，当通过燃料颗粒之间的气流速度相当低时，燃料层保持静止状态，此时进行的气化为固定床气化。当气流速度继续增加至某一值时，微细颗粒之间会产生分离现象，少量颗粒在很小的范围内振动或游动，燃料层由静止向流动转化。气流速度进一步提高，全部微细颗粒被吹起，但悬浮于气流之中而被吹出，此时即为流化状态，这时的气流速度称为临界流化速度（U_{mf}）。

自从固体流态化技术发展以后，流态化气化方法就开始应用。这是小颗粒及粉状燃料气化的有效方法。由于气化原料表面积很大，气固两相接触良好，炉温又均匀，从而可以大大提高气化强度。可用空气-水蒸气、富氧空气-水蒸气、氧气-水蒸气作为气化剂，在常压或高压条件下根据需要选择不同的炉型，制取合成原料气或低、中、高热值燃料气。

小颗粒沸腾床气化采用常压气化，原料粒度<10mm，以水蒸气-空气或水蒸气-氧气

作气化剂。

（1）沸腾床气化的主要特点

① 气流速度控制在临界流化速度和极限速度之间，床内气流速度及床层阻力处于稳定状态。

② 床层中固体燃料颗粒均匀分布，并互相撞击，故反应速度加快。

③ 沸腾层中温度分布均匀，气化温度低于灰熔点，在850～1100℃之间。因此，煤气出口温度较高。

④ 进入气化炉中的燃料颗粒迅速分布在炽热床层中，受到突然加热。这样，燃料颗粒的干燥和干馏过程在反应层中进行，挥发分迅速分解，煤气中甲烷和酚类含量很少，不含油分。

⑤ 气化炉中一部分细小颗粒，其操作流速常大于极限流速，使以灰分形式带出来的气化燃料损失增大，所以碳利用率仅达65％。为了减少该项损失，往往在床层适当部位引入二次气化剂。

⑥ 由于气化温度较低，所以要求原料的反应活性要好，可采用水分8％～12％的褐煤；要求灰熔点高，以防结渣；粒度要求＞10mm的颗粒少于5％，＜1mm的粉状物含量要低。

垃圾流化床气化炉一般有一个热砂床，即在流化床气化炉中放入砂子作为流化介质，首先将砂床加热，之后，进入流化床气化炉的物料便能在热砂床上进行气化反应，并通过反应热保持流化床的温度。在流化床气化炉中，物料颗粒、砂子、气化剂（空气）充分接触，受热均匀，在炉内呈"沸腾"状态，气化反应速度快，产气率高，它的气化反应是在恒温床上进行的。

（2）流化床气化炉的分类

流化床气化炉又分为鼓泡床气化炉、循环流化床气化炉、双流化床气化炉和携带床气化炉。常用的主要是前两种。

① 鼓泡床气化炉　这是最基本也是最简单的流化床气化炉，其原理如图7-4所示。鼓泡床气化炉只有一个流化床反应器，气化剂从底部气体分布板吹入，在流化床上同生物质原料进入气化反应，生成的气化气直接由气化炉出口送入净化系统中，反应温度一般控制在800℃左右。鼓泡床流化速度较慢，比较适于颗粒较大的生物质原料，而且一般必须增加热载体。总的来说，鼓泡床气化由于存在着飞灰和夹带炭颗粒严重、运行费用较大等问题，它不适于小型气化系统，只适于大中型气化系统，所以小型的流化床气化技术在垃圾能源利用中很难有实际意义。

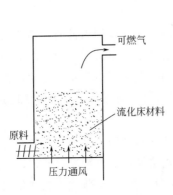

图7-4　鼓泡床气化炉原理

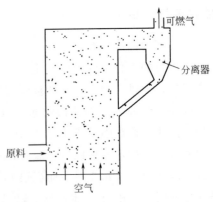

图7-5　循环流化床气化炉原理

② 循环流化床气化炉　图7-5为循环流化床气化炉原理。它与鼓泡床气化炉的主要区别

是在气化气出口处设有旋风分离器或滤袋式分离器，循环流化床流化速度较高，使产出中含有大量固体颗粒。在经过旋风分离器或滤袋分离器后，通过料脚，使这些固体颗粒返回流化床，继续进行气化反应，这样提高了碳的转化率。循环流化床气化炉的反应温度一般控制在700～900℃之间。它适用于较小的生物质颗粒，在大部分情况下可以不必加流化床热载体，所以运行最简单，但它的炭粒回流难以控制，在炭粒回流较少的情况下容易变成低速率的携带床。

鼓泡床气化炉与循环流化床气化炉的特性及气化指标的比较分别见表 7-2 和表 7-3。循环流化床气化炉的操作特性见表 7-4。从表中可见，循环流化床气化炉的运行速度远大于临界流化速度及自由沉降速度，而鼓泡床气化炉的运行速度大于临界流化速度却小于自由沉降速度，以免固体颗粒带出，而循环流化床气化炉是固体颗粒带出后再循环回床内，以保持流化床密度。

表 7-2　鼓泡床气化炉与循环流化床气化炉特性比较

炉　型	原料	平均直径 /mm	临界流化速度 V_1/(m/s)	运行速度 V_0/(m/s)	自由沉降速度 V_t/(m/s)	V_0/V_1	V_0/V_t
循环流化床气化炉	木粉	0.329	0.12	1.4	0.4	11.7	3.5
鼓泡床气化炉	稻壳	0.47	0.37	0.74	0.85	2	0.87

表 7-3　鼓泡床气化炉与循环流化床气化炉气化指标比较

炉　　型	尺寸(直径×高) /mm×mm	生产强度 /(kJ/m²)	气体热值 /(kJ/m³)	气化效率 /%
循环流化床气化炉	410×4000	1900	7100	75
鼓泡床气化炉	150×3050	920	5925	67

表 7-4　循环流化床气化炉的操作特性

颗粒直径/μm	流化速度	加料量	当量比	反应温度 /℃	颗粒平均停留时间/min	气体平均停留时间/s
150～360	3～5 倍自由沉降速度	40～500	0.18～0.22	600～850	5～8	2～4

（3）流化床气化炉在垃圾处理中的应用

流化床反应器同样可以用于高温分解和部分氧化的气化反应。工作温度通常低于形成熔渣的温度，一般为 200～980℃。从反应器排出的气体是很热的，必须从这些气流中回收热量以便更有效地利用反应器产生的能量。流化床气化炉见图 7-6。

流化床系统的优点是不像固定式燃烧床那样受垃圾结饼性能的影响。而且，其操作受到燃料反应性能的影响很大，要求反应性能比较高，因为必须防止燃料在未适当气化之前就随气流流失。在流化床的工艺过程中，控制温度以避免灰渣熔化也是必要的，这种反应器确有易于控制温度的优点。这种设备还能处理含灰分量很高非常细小的废弃物燃料。它还能处理含水量较高或含水量波动大的废弃物燃料。因过程中的反应速度特别快，设备的尺寸要比典型的固定床反应器小得多。

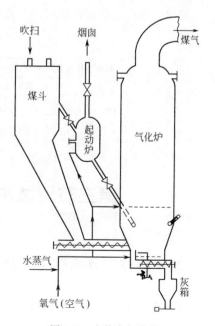

图 7-6　流化床气化炉

这种设备的缺点是未气化燃料的损失大，生成的气体带走的热量较多。热损失可由在工作温度下气体同燃料在燃烧床中近似的热平衡进行计算。虽然此气体所含热量经常可以在废热锅炉中进行回收，但在系统中这部分热量的可利用性不如在固定式燃烧床反应器中那么高。

由于热损失，这种反应器可能需要辅助燃料（多于工艺过程要求的或实际情况所需者）来保持设备正常运转。要使流化床处理工艺广泛应用于城市生活垃圾，还要对各种工艺的应用进行进一步研究。

3. 悬浮式气化炉

最近发展起来的处理城市固体废弃物的很有潜力的气化方法之一，是应用悬浮反应器。在反应器中，燃料悬浮于气化介质之中，而且气化反应主要取决于介质的特性。挥发物质迅速氧化，因此气体产物中通常不含焦油和其他燃油，CH_4 也很少。图 7-7 是这种气化炉原理。

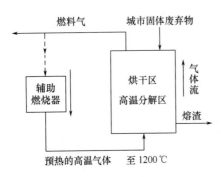

图 7-7　悬浮式气化炉原理

悬浮式气化炉的最重要的特性是它实际能燃烧任何类型的燃料。因燃料颗粒在气体介质中是不连续的，因此不存在燃料的特殊处理问题。悬浮式气化炉的主要缺点是每次仅能处理少量燃料，并且颗粒必须是很细小的（除非气体再循环速度很高）。物料和气体的流向相同，因此效率较低。同向流和燃料浓度低造成反应速度相对比较低，且燃料转换也是一个问题。

三、固体废弃物气化工艺流程

城市固体废弃物气化原则工艺流程见图 7-8。

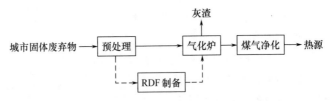

图 7-8　城市固体废弃物气化原则工艺流程

第三节　城市固体废弃物气化新工艺

一、城市固体废弃物气化熔融技术

城市固体废弃物气化熔融技术是近几年来美国、德国、日本等发达国家为了解决城市固体废弃物焚烧处理过程中产生二噁英类毒性物质的问题而提出的一种新型技术。这个技术实际上包含有垃圾在 450~640℃ 温度下的气化和含炭灰渣在 1300℃ 以上的熔融燃烧 2 个过程，并将这 2 个过程有机地结合起来形成一个整体。

1. 基本原理

（1）流程

城市生活垃圾气化熔融技术的工艺流程见图 7-9。

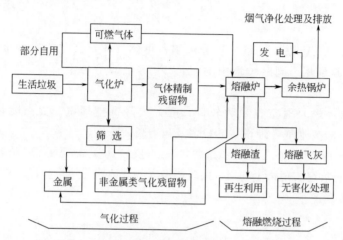

图 7-9　城市生活垃圾气化熔融技术的工艺流程

（2）影响因素

城市生活垃圾气化是将含有有机可燃物的垃圾在部分 O_2 存在的条件下利用热能使化合物的化合键断裂，由大分子量的有机物转变为小分子量的 CO、H_2、CH_4 等可燃气体。由于城市生活垃圾是一种混合物，不同物质的热分解温度不尽相同，气化行为也不尽相同，垃圾成分和水分很难稳定、变化幅度较大，因而其气化过程很难控制，其操作条件也比传统的焚烧要复杂得多，要求也要高得多。一般来说，影响生活垃圾气化的主要因素有垃圾含水量、组成和热值、空气供给量等。

① 垃圾含水量的影响　垃圾含水量和气体得率的关系如图 7-10 所示。单位质量生活垃圾产生气体产物的量（即气体得率）根据垃圾含水含量而变化，但变化不明显。不过垃圾含水量过大，使垃圾的气化过程因热平衡困难，需大量的辅助燃料。

为了提高垃圾气化产物中 H_2 的比例，以提高气体产物的热值，通常在垃圾气化过程中通入一定量的水蒸气，使垃圾中的 C 和热解产生的 CO_2 与水蒸气发生水煤气反应。

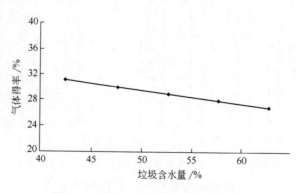

图 7-10　垃圾含水量和气体得率的关系

② 垃圾组成和热值等的影响　城市生活垃圾是一种成分复杂的混合物，其组成随地区、生活水平的不同而变化。一般来说，城市垃圾中的塑料等高分子化合物含量越高，其热值越高，气化时其气体产物中 H_2、CH_4 等高热值的气体含量增加，气体产物的热值相

应增大，气体产物的得率也随着提高。

③ 空气供给量的影响　生活垃圾气化由于工艺不同，有的是在绝氧的情况下进行的，此时产生的气体产物的热值较高；有的则是在供空气的情况下进行的，此时产生的气体产物的热值由于气体产物中含有大量的 CO_2 和 N_2，使可燃气体的热值大大下降。一般来说，空气供给量与可燃气体的热值成正比，此外，供纯氧所制得的可燃气体热值比供空气时的要高。

2. 特点

① 生活垃圾先在还原性气氛下热分解制备可燃气体，其中的有价金属没有被氧化，利于有价金属回收利用，同时垃圾中的 Cu、Fe 等金属不易生成促进二噁英类形成的催化剂。

② 热分解气体燃烧时空气系数较低，能大大降低排烟量、提高能量利用率、降低 NO_x 的排放量、减少烟气处理设备的投资及运行费。

③ 含炭灰渣在高于 1300℃ 的高温熔融状态下进行燃烧，能扼制二噁英类毒性物的形成，熔融渣被高温消毒后可实现再生利用，同时能最大限度地实现垃圾减容、减量化。

3. 工艺

（1）工艺分类

生活垃圾气化熔融技术的分类较多，按其气化过程的加热方式可分为外热式气化熔融焚烧技术和内热式气化熔融焚烧技术，如图 7-11 所示。

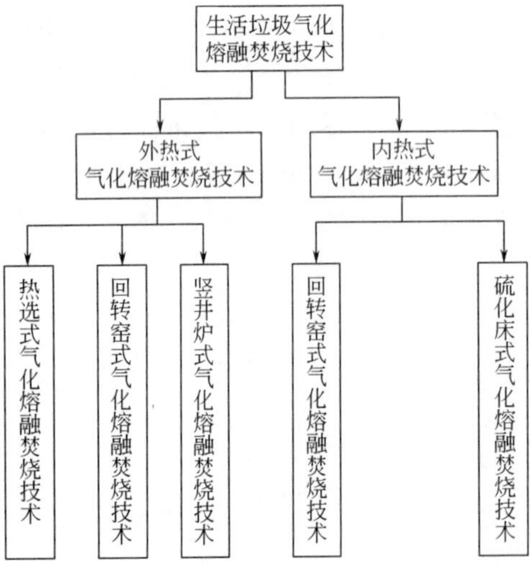

外热式气化熔融焚烧技术是指生活垃圾在气化时置于密闭的容器中，在绝热的条件下，热量由反应器的外界通过器壁进行传递，垃圾被间接加热而发生分解气化，然后再对气化残留物进行熔融焚烧处理。因为不伴随燃烧反应，有机气化生成的气体纯度高，可达到 $15000 \sim 25000 kJ/m^3$ 的高热值可燃气。内热式气化熔融技术是指生活垃圾在气化时将其中的可燃物及部分热解可燃物在还原性气氛的容器中部分燃烧放出热量，利用此热量使垃圾的气化过程得以进行，垃圾气化后再对气化残留物进行熔融焚烧处理。因为伴随燃烧反应，有机气化生成的气体中含有 CO_2 和 N_2，通常垃圾气化可得到 $4000 \sim 8000 kJ/m^3$ 的低热值可燃气，但使用纯氧进行气化时，可得到 $12000 \sim 20000 kJ/m^3$ 的低热值可燃气。

图 7-11　生活垃圾气化熔融技术分类

生活垃圾气化熔融技术分类

├─ 外热式气化熔融焚烧技术
│　├─ 热选式气化熔融焚烧技术
│　├─ 回转窑式气化熔融焚烧技术
│　└─ 竖井炉式气化熔融焚烧技术
└─ 内热式气化熔融焚烧技术
　　├─ 回转窑式气化熔融焚烧技术
　　└─ 硫化床式气化熔融焚烧技术

（2）外热回转窑式生活垃圾气化熔融工艺

生活垃圾气化熔融焚烧技术由于是由气化和熔融焚烧 2 个过程组成，因而外热回转窑式生活垃圾气化熔融焚烧技术尽管垃圾气化过程的设备主要是外热式回转窑（炉），但由于后续熔融焚烧设备可有不同的配备形式，故整个气化熔融焚烧技术的工艺及设备也就不尽相同。

图 7-12 所示的外热回转炉式生活垃圾气化熔融工艺及设备的特点是：生活垃圾首先经粉碎机粉碎，然后在干燥炉中进行干燥，干燥炉的热源则是回转式气化炉中作为外加热热源加热垃圾后温度已降低的中低温热气体，干燥炉的排气分别供给熔融炉的二次燃烧室和热风炉，垃圾经干燥后在外热式回转气化炉中进行热解气化；气化炉制得的热解气化可燃气体分别供给熔融炉的二次燃烧室和气化炉本身，供给气化炉本身用的可燃气体在热风炉中燃烧加热进入气化炉并作为气化炉外热源的热气体；气化残留物经残渣分选机选出有价金属后，其余残留物供给熔融炉进行熔融焚烧；此技术中的熔融炉则是采用回转式表面熔融炉；熔融炉的熔融渣经水淬后可进行有效再生利用，经二次燃烧室完全燃烧后的高温烟气经余热锅炉进行余热回收利用（如发电或供热）；从余热锅炉中排出的烟气为了防止二噁英类毒性物在 400～500℃ 的烟温下重新合成，经急冷塔将烟温急速冷至 200℃ 以下，再经烟气收尘器进行净化处理后排向大气。该技术经日本几家垃圾处理厂实际检测证明，二噁英类的排放在 0.01（标）ng/m³ 以下。

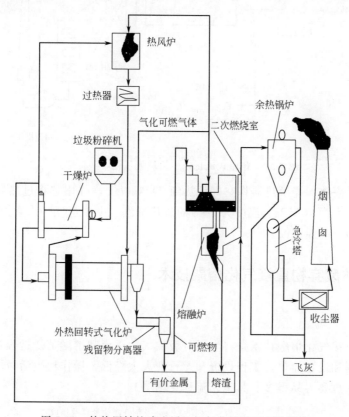

图 7-12　外热回转炉式生活垃圾气化熔融工艺及设备

（3）流化床生活垃圾气化熔融

目前在日本具有代表性的荏原式流化床生活垃圾气化熔融焚烧炉见图 7-13。

图 7-13 所示的焚烧炉的工艺及设备特点是：生活垃圾置于温度为 500～600℃ 的流化床内进行气化，流化床中的空气过剩系数保持在 0.1～0.3 之间，流化床气体产物与气体随带的未燃物、飞灰一起进入立式（竖式）旋涡熔融炉，在约 1350℃ 的温度下进行熔融燃烧，熔融燃烧室中的空气过剩系数为 1.3，为了能使整个工艺顺利进行，生活垃圾的热值要求在 6000kJ/kg 以上。为了使该工艺的余热发电效率达到 30％ 以上，特在熔融炉二

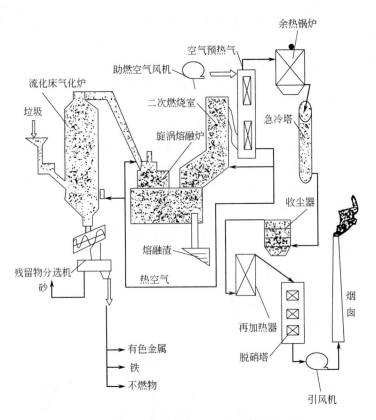

图 7-13　荏原式流化床生活垃圾气化熔融焚烧炉

次燃烧室中安装高效陶瓷换热器将空气预热到 700℃ 以上，并用它将过热器中的过热蒸汽加热，可得到压力为 10MPa、温度为 50℃ 的过热蒸汽。由于空气中未含有 HCl 等腐蚀物质，因而不必担心高温腐蚀。

二、城市固体废弃物直接气化熔融技术

1. 概述

生活垃圾直接气化熔融技术是将生活垃圾的气化过程和熔融焚烧过程置于一个设备中进行，工艺过程和设备简单，工程投资和运行费大大降低，操作比生活垃圾两步法气化熔融焚烧处理技术也要容易得多。其工艺流程见图 7-14。

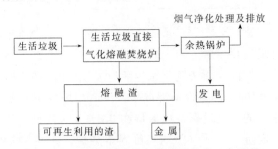

图 7-14　生活垃圾直接气化熔融技术工艺流程

生活垃圾直接气化熔融技术的工艺设备分类方法很多。按生活垃圾气化熔融炉的结构

形式不同进行分类，一般分为回转窑式、竖井炉式、高炉型、等离子体式、氧气顶底复合吹式等。这里以典型的生活垃圾直接气化熔融焚烧技术——回转窑式生活垃圾直接气化熔融技术做一简单介绍。

2. 回转窑式生活垃圾直接气化熔融技术

回转窑式生活垃圾直接气化熔融燃烧技术首先由美国的 ABB 公司和欧洲的 VONROLL 公司研制并拥有，此后日本的住友公司、日立造船公司也引进了此技术并在日本建成了几个垃圾处理厂。典型的回转窑式生活垃圾直接气化熔融技术工艺流程如图 7-15 所示。该技术的特点是：先将生活垃圾与石灰石一道加入回转窑，生活垃圾在回转窑的前端先被干燥，到了回转窑的中部后垃圾被部分燃烧和热分解气化；气化残留物在回转窑的后端进行熔融焚烧；回转窑一般用重油喷嘴进行助燃，回转窑后端最高温度可达 1350℃；气体产物从回转窑进入竖式二次燃烧室，在二次风旋涡搅动下完全燃烧，二次燃烧室出口处烟气温度可达 1000℃；烟气进入余热锅炉进行余热回收利用后排向烟气净化系统进行净化；熔融渣和金属从渣口中排出并被水急速冷却，被冷却的熔融渣和金属经分选机分选出金属和无机残渣，金属回收利用，无机残渣则作为建材。该技术目前最大的处理能力可达 300t/d。

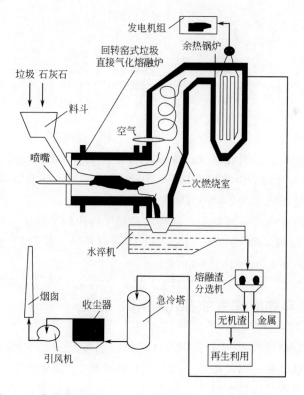

图 7-15 典型的回转窑式生活垃圾直接气化熔融技术工艺流程

第八章
城市固体废弃物填埋气能源化利用

第一节 概　述

目前，城市垃圾处理方法主要有卫生填埋、堆肥、焚烧等。其中，卫生填埋法因具有投资费用低、处理量大、所需设备少、技术要求低等特点而成为我国城市垃圾处理的主要方式，我国70%以上的城市生活垃圾都是采用填埋处理，并且卫生填埋将在很长一段时间内作为城市生活垃圾处理的主要方式和最终手段。

在填埋场中，垃圾中的有机物在厌氧环境和微生物作用下发生一系列复杂的化学反应而产生的气体称为垃圾填埋场气体（Landfill Gas，LFG），简称填埋气。其主要成分是CH_4（50%～60%）和CO_2（40%～50%）。

一、城市固体废弃物填埋气能源化利用的意义

一直以来，垃圾填埋气被视为有害气体，容易引发危险，主要包括：甲烷以5%～15%体积比与空气混合极易引起爆炸；挥发性有机物及二氧化碳溶入地下水，造成地下水源硬度升高；甲烷温室效应是二氧化碳的21倍，加剧全球变暖；填埋气的逸出，容易导致填埋场及附近植物根部缺氧死亡；某些填埋气的组分能致癌及引起其他疾病产生等。研究表明：每吨垃圾填埋后可以产生$300m^3$左右的填埋气，如此大量的填埋气若不采取适当的方式进行收集处理，会对环境和人类的生命造成危害。但同时，填埋气中的甲烷又是一种极有利用价值的能源物质，甲烷含量占填埋气总量的50%～60%，热值约为20（标）MJ/m^3，是一种利用价值较高的清洁燃料。典型的生活垃圾每千克可产生0.065～

0.44m³ 填埋气，全国每年的城市生活垃圾将产生至少（1~7）×10¹⁰ m³ 的填埋气。由于含有大量甲烷，填埋气的高位热值可达 15600~19500kJ/m³，比高炉煤气的热值还高，与焦炉煤气的热值相当，具有较高的能量价值。填埋场的填埋气是一种现成、方便、较容易获得、可连续供应的可再生能源。如果对垃圾填埋气进行回收利用，既可减少温室气体的无序排放，消除环境污染，又可回收能量，变废为宝，起到双重效果，实现生活垃圾的资源化。

发电是填埋气最广泛的资源化利用方式之一。用填埋气发电时，可使用一般的燃气发电机组或专用的沼气发电机组，技术比较成熟，对电网的要求不高。填埋气用于发电时可以短时间内储存起来，当电力不足时用于发电，具有很好的调峰能力，具有一定的商业竞争力。除了传统的发电方式，填埋气也可作为燃料电池的燃料，通过电化学反应发电。利用填埋气发电时还需综合考虑安装维修费用、污染物排放以及垃圾填埋场的规模、地点、产气量等因素。

二、国外城市固体废弃物填埋气能源化利用概况

美国 1984 年收集居民垃圾 $2×10^7$ t，平均每个居民 520kg。这些垃圾主要部分（约 94%）运往全国 9284 个填埋场，到 1995 年年初，美国垃圾填埋场的总量增加到 23000 个，其中 20% 以上填埋场容积为 $1×10^6$ t 或更多。1999 年，Berenyi 对美国 327 个垃圾填埋场的填埋气利用现状调查显示，约 71% 的填埋气用于发电。经美国专家计算证明：利用容积 $1×10^6$ t 以上的垃圾填埋场制取生物气是能获利的。以填埋约 $2×10^6$ t 以上的垃圾填埋场为最适宜。

在纽约的一个 60m×90m 地段的垃圾填埋场，每昼夜从 100 个钻探井中撮 110000m³ 生物气，其净化和干燥后的燃烧热量为 36453kJ/m³。该生物气直接进入气体分配网同天然气混合，输送到用户那里。储备人工燃料公司为保证从郊区填埋场稳定获取生物气进行了成功的试验，从而保证向总煤气管道网提供生物气 6000m³/d。在南卡罗来纳州建立了垃圾填埋场生物气制取装置。该填埋场面积达 $1.2×10^5$ m²，深 12m，这个填埋场的生物气通过 18 个气体收集井收集，而后利用吸附剂进行干燥和净化。

意大利专家检验证明：垃圾填埋场产生的生物气中主要成分有 CH_4（49%~52%）、CO_2（30%~32%）、N_2（14%~19%）、O_2（1%~4%）、H_2（0.01%~0.05%），此外，还含有 S（27mg/m³）、H_2S（13mg/m³）、H_2SO_4（0.5~2.4mg/m³），生物气燃料热量为 16.7~19.4MJ/m³，密度为 1.14~1.16kg/m³。

印度经过研究分析之后指出，在 pH 值为 6.7~7.0、含水量在 50% 左右、温度为 30~40℃，以及垃圾中没有对甲烷菌有毒的物质条件下，垃圾中有机物的分解状况是产生生物气的最佳条件。当含水量低于 20% 时，生物气的产量会急剧下降。

德国海尔部隆市垃圾卫生填埋场回收填埋生物气体可达 1000m³/h，在填埋场扩建后，填埋气体产量可上升到 2000m³/h。这些气体被输送到该市的热电厂或各医院的供热系统。

法国 Valorga 公司研制出一套甲烷气化设备，其主体为消化池，向池内送入经分选磨碎混合的消化反应物，使可降解物质厌氧发酵，能够产生 60%~65% 的甲烷气体。该公司随后按这一模式建立了第一座工业化生产工厂。该厂年处理 $1.5×10^4$ t 垃圾，平均 60t/d，它采用了厌氧发酵系统加快了消化过程，缩短了发酵时间，每天生产大约 2000m³ 的生物气。气体经脱水、脱硫、压缩后进入供气管网。从法国国内的实践来看，每吨垃圾经 Valorga 处理工艺，平均可以得到 110~125m³ 的生物气。

俄罗斯公用事业科学研究院设计了塔式生物气净化和干燥装置，该装置由带盖的金属外壳、重叠式可更换的吸附剂吊筐和中央通风筒构成。生物气经过有对称孔洞的中央通风管进入吊筐和吸附剂之间的空间，气体经过吸附剂层排入装置外壳和吊筐之间的圆形空间，进而再移向排出管，随着硫的聚集，吸附剂的活力降低，当硫的浓度达到 30%～40% 的时候，要更换吸附剂。这套装置高 3～3.5m，直径为 1～1.5m，有 5 个装有吸附剂的吊筐，吸附剂吊筐高度为 10～12cm，该装置净化和干燥生物气的能力为 250～500m³/h。

三、我国城市固体废弃物填埋气能源化利用现状

我国 LFG 开发利用始于 20 世纪 80 年代，经过 20 多年的发展，垃圾填埋气资源化水平与规模已有显著提高。特别是随着 1997 年《京都议定书》的签订，全球政府间温室气体减排合作不断深入，为我国垃圾填埋气资源化开发提供了先进经验和大量的资金回报，极大地刺激了垃圾填埋气利用工作的开展。截至 2010 年 12 月，我国已有 53 个垃圾填埋气利用项目得到了国家发改委批准，并与国外政府或公司签订了垃圾填埋气利用及温室气体减排量交易协议，CH_4 总减排量可达 $7.512×10^6 t/a$。目前，北京、上海、杭州、南京等地垃圾填埋场相继建立了填埋气发电工程，填埋气回收与利用设施不断完善，并获得了良好的经济效益。1998～2010 年，我国垃圾填埋气发电总装机容量变化情况如图 8-1 所示。

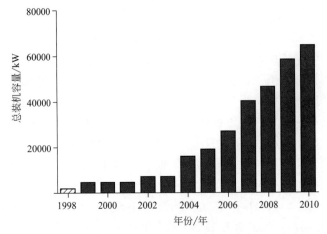

图 8-1　1998～2010 年我国垃圾填埋气发电总装机容量变化情况

我国垃圾填埋气源化开发利用，一方面受到"清洁发展机制"的推动；另一方面与国家相关政策的大力支持密不可分。2002 年 11 月 18 日，《中国城市垃圾填埋气体收集利用国家行动方案》出台，国家鼓励私营企业和国际商业企业参加垃圾填埋气收集发电项目并给予优先支持，极大地推动了国内垃圾填埋气资源化开发；2006 年 1 月 1 日《中华人民共和国可再生能源法》正式实施，随后国家又相继出台了《可再生能源发电有关管理规定》《可再生能源发电价格与费用分摊管理试行办法》《关于可再生能源发展专项资金暂行管理办法》和《电网企业全额收购可再生能源电量监管办法》等法律法规，明确了生物质发电电价优惠、上网电量全额收购和电力调度优先等鼓励政策。这些国家法规的相继出台为垃圾填埋气开发利用提供了可靠的政策保障，使我国垃圾填埋气资源化回收项目数量及垃圾填埋气电装机总容量都有了迅速增长。

和发达国家相比，我国城市生活垃圾的特点是：垃圾中的食品等容易降解的成分含量高，通常高于50%；含水率相对较大，一般在40%～60%之间；C/N较低，约为20∶1，所以垃圾填埋气的产气速率高于国外。我国投入使用较早的城市生活垃圾填埋气回收利用项目如表8-1所列。

表8-1　我国城市生活垃圾填埋气回收利用项目

填埋场名称	投入使用年份/年	回收利用方式
杭州天子岭生活垃圾填埋场	1998	发电
广州大田山生活垃圾填埋场	1999	发电
南京水阁填埋场	2002	发电
鞍山羊耳峪生活垃圾填埋场	2003	用作汽车燃料
马鞍山生活垃圾填埋场	2003	医疗燃烧燃料
无锡桃花山生活垃圾填埋场	2004	发电
北京阿苏卫生活垃圾填埋场	2004	发电
北京安定卫生填埋场	2005	渗滤液蒸发燃料

在今后的若干年内，填埋气体回收利用的关键技术和设备将是一个重要的研究方向，并且将体现在如下方面：a. 新型高效垃圾填埋气燃烧发电机和发电系统的开发及优化运行；b. 新型高效垃圾填埋气火炬燃烧系统的开发及优化运行；c. 垃圾填埋气提纯工艺（如变压吸附、膜分离）等的研究；d. 垃圾填埋气燃烧热能用于填埋场渗滤液蒸发浓缩系统的开发。

第二节　填埋气的产生机理

一、填埋气的产生过程

垃圾填埋降解过程可大致分为下面几个阶段。

在垃圾填埋的初期，好氧微生物起主导作用，好氧微生物将垃圾堆体中的氧和部分有机物转化为简单的碳水化合物、CO_2 和 H_2O，并放出热量。放出的热量可以使垃圾堆体的温度达到70～90℃，但通常由于垃圾堆体中没有足够的氧气，其温度要低于这一数值。这一阶段的主要产物是 CO_2 和 H_2O，由于 CO_2 易溶于水而生成碳酸，因此这一阶段的渗滤液呈弱酸性。

随着氧的消耗，垃圾堆体转变为厌氧环境，厌氧微生物起主导作用。碳水化合物、蛋白质、脂肪水解为糖，并进一步分解为 CO_2、H_2、氨和有机酸。在这一阶段，垃圾堆体的温度降为30～50℃。该阶段主要的气体产物为 CO_2 和 H_2，其浓度组成可达到80%的 CO_2 和20%的 H_2。

在厌氧条件下，水解产生的有机酸在微生物作用下转化为乙酸及其衍生物、CO_2 和 H_2。CO_2、H_2 和碳水化合物在微生物作用下可直接转化为乙酸，因此，这一阶段中，CO_2 和 H_2 的含量开始下降，较低的 H_2 水平将有利于甲烷菌的生长。由于有机酸的大量产生，该阶段渗滤液的 pH 值可达4甚至更低，且渗滤液中溶解了大量的金属离子。

这一阶段是填埋气产生的主要阶段，持续时间最长，可达数十年甚至上百年。有机酸及其衍生物在甲烷菌的作用下，转化为 CH_4 和 CO_2。典型的填埋气组成为 60% 的 CH_4 和 40% 的 CO_2。在这一阶段有两种甲烷菌非常活跃，一种是中温甲烷菌，其活跃的适宜温度为 30～35℃；另一种为嗜热甲烷菌，其活跃的适宜温度为 45～65℃。因此，在 30～65℃ 的温度范围内均可产生填埋气。随着有机酸不断转变为 CH_4 和 CO_2，pH 值上升到 7～8。另外，H_2 和 CO_2 在微生物作用下亦可直接转化为 CH_4 和 H_2O。因此，在这一阶段 H_2 的浓度可以降到很低的水平。

随着垃圾堆体内各种有机酸在产生 CH_4 和 CO_2 的过程中被耗尽，垃圾降解进入氧化阶段，新的好氧微生物取代厌氧微生物并建立起好氧环境，好氧微生物将残余的 CH_4 氧化为 CO_2 和 H_2O。

填埋气主要产生于填埋垃圾废物中有机物组分的生化分解，包括好氧状态下产生的气体，也包括厌氧状态下产生的气体。垃圾的填埋一般是采用一层垃圾一层覆土的方式交替进行，因此，垃圾的状态都经历一个由好氧到厌氧的过程。在填埋的初期，由于垃圾的空隙中含有较为充足的氧气，好氧微生物快速繁殖，对垃圾进行有氧分解，分解后的产物为 CO_2、H_2O 等简单的无机物。

在这一阶段，产生的填埋气主要成分为 CO_2 及少量的 NH_3 的水蒸气，并且由于这一阶段持续较短（一般为几天到十几天），对环境的影响较小。

对环境影响较大的填埋气主要产生在厌氧阶段。当垃圾被覆盖后。空隙中的氧气逐渐被消耗掉，垃圾中有机物分解的状态也过渡到厌氧状态。可将厌氧过程分为水解酸化阶段、产甲烷阶段、稳定化阶段 3 个阶段。水解酸化阶段起主要作用的微生物通称为水解产酸细菌，水解产酸细菌首先将高分子化合物（如类脂物、多糖、蛋白质和核酸等）水解，然后再将其转化为低分子量的中间有机化合物，例如甲酸、乙酸。CO_2 是这一阶段产生的主要气体，少量的 H_2 也在这一阶段产生。第 2 阶段为产甲烷阶段，在此阶段作用的微生物主要为产甲烷细菌，它们将第一阶段产生的 H_2、CO_2 及低碳有机酸转化为 CH_4。其中 CH_4 一般占产气总体积的 50% 以上。它的性质和特点影响了填埋气的主要性质。虽然在此阶段 CH_4 和有机酸的产生仍同时进行，但有机酸的形成速率会明显较低。第 3 阶段，当第 3 阶段中大部分可交接有机物转化成 CH_4 和 CO_2 后，填埋气的产生速率显著降低，填埋场处于相对稳定阶段。

上述几个阶段并不是绝对孤立的，它们既相互作用又互为依托，有时还发生一些交叉。各个阶段的持续时间则根据不同的废弃物、填埋场条件而有所不同，各个阶段的反应都在同时进行。

二、填埋气发酵

发酵在微生物生理学中的定义是：在没有外加氧化剂的条件下，被分解的有机物作为还原剂被氧化，而另一部分有机物作为氧化剂被还原的生物学过程。

现代工业则把利用微生物生产菌体、酶或各种代谢产物的过程（不论这些过程是在厌氧条件或有氧条件下发生的）都称为发酵（或消化）。从环境污染治理的角度来说，发酵是指以废水或固体废弃物中的有机污染物为营养源，创造有利于微生物生长繁殖的良好环境，利用微生物的异化分解和同化合成的生理功能，使得这些有机污染物转化为无机物质和自身的细胞物质，从而达到消除污染、净化环境的目的。从填埋气生产技术的角度来说，发酵是指在厌氧条件下，利用厌氧微生物（特别是产甲烷细菌）新陈代谢的生理功能，将有机物转化成填埋气的整个工艺生产过程。

厌氧发酵过程中所涉及的微生物种类繁多，原料也十分复杂，因而它的物理化学变化比其他微生物发酵过程要复杂得多。虽然在 CH_4 的产生过程中存在某些原生质，但在整个发酵过程中最重要的有机物是细菌。产甲烷细菌最适于在厌氧环境中生长，是因为在厌氧条件下存在各种有机底物发酵产生的电子受体 CO_2，如果环境中存在氧、硝酸盐、硫酸盐等电子受体，这一过程便不会发生或受到抑制。

填埋气发酵现象作为一种微生物过程普遍存在于自然界里。凡是存在有机物和一定水分的地方，只要供氧条件不好或有机物含量多，都会有填埋气产生，同时伴有 CO_2 和 H_2S 等气体产生。一般最常发生填埋气发酵过程的有沼泽淤泥，海底、湖底和江湾的沉积物、污泥，粪坑，牛及一些反刍动物的胃，以及废水、污泥和城市固体废弃物的贮存堆放构筑物。

填埋气发酵过程虽然普遍存在于自然界中，但人们对参与这一过程的微生物的研究和认识还不很深入。其原因极为复杂，如填埋气发酵是一种多种群多层次的生物过程，种群多，关系复杂，难以分清楚；有些种菌群之间呈互营共生性，分离鉴定的难度大；在厌氧条件下培养和鉴定细菌的技术复杂。

从生态学角度来看，填埋气发酵系统有稳定系统和不稳定系统之分。上面已提到，填埋气发酵是多菌群多层次的混合发酵过程，构成了一个复杂的生态系统。当进行间歇性发酵（一次性加料发酵）时，随着最初的基质不断向中间产物转移，生活在其中的微生物组成及优势种群也随之不断变更，因而形成了一个不稳定的生态系统。当进行连续发酵（连续进料和排料）时，由于基质组成和环境条件基本稳定，微生物组成和优势种群相对稳定，从而会形成一个比较稳定的生态系统。只有稳定的填埋气发酵生态系统才能提供一个比较理想的研究填埋气发酵微生物生物种群的场所。但实际上，由于原料的组成和控制发酵的条件千差万别，以及接种物的来源各不相同，故许多研究人员提供的有关填埋气发酵微生物种群的资料不尽一致，有时还存在冲突的地方。

目前关于填埋场气体发酵有以下共识。在填埋气发酵系统中，数量最多、作用最大的微生物是细菌；真菌（丝状真菌和酵母）虽也能存活，但数量很少，作用尚不十分清楚；藻类和原生动物偶有发现，但数量较少，难以发挥重要作用，特别是在固体废弃物中几乎不存在；细菌以厌氧菌和兼性厌氧菌为主；参与有机物逐级填埋气发酵降解的细菌主要有三大类群，依次为水解发酵细菌、产氢产乙酸细菌、产甲烷细菌。此外，还存在着一种能将产甲烷细菌的一组基质（CO_2/H_2）横向转化为另一种基质（乙酸）的细菌，称为同型产乙酸细菌。

有机物的填埋气发酵过程主要经过液化（水解）、酸化（包括酸化前阶段和酸化后阶段）及气化 3 个阶段，具体过程如下。

首先，不溶性大分子有机物（如蛋白质、纤维素、淀粉、脂肪等）经水解酶的作用，在溶液中分解为水溶性的小分子有机物（如氨基酸、脂肪酸、葡萄糖、甘油等）。随之，这些水解产物被发酵细菌摄入细胞内，经过一系列生化反应，将代谢产物排出体外，由于发酵细菌种群不一，代谢途径各异，故代谢产物也各不相同。众多的代谢产物中，仅无机的 CO_2 和 H_2 及有机的甲酸、甲醇、甲胺和乙酸等可直接被产甲烷细菌吸收利用，转化为 CH_4 和 CO_2。其他众多的代谢产物（主要是丙酸、丁酸、戊酸、乳酸等有机酸，以及乙醇、丙酮等有机物质）不能为产甲烷细菌直接利用。它们必须经过产氢产乙酸细菌进一

步转化为 H_2 和乙酸后，方能被产甲烷细菌吸收利用，并转化为 CH_4 和 CO_2。

在第一阶段中，不溶性大分子有机物经过水解而溶入水中，使颗粒状的各种可见物变成均质的溶液。在第二阶段接连发生 2 次产酸过程，使溶液酸度增加，pH 值下降。在第三阶段，有机物中的碳最终以 CH_4 和 CO_2 等气态产物的形式释放到空气中，因之除去了溶液中赖以构成 COD 和 BOD 的主要元素"有机碳"。

根据有机物在填埋气发酵过程中所要求达到的分解程度的不同，可将填埋气发酵工艺分为甲烷发酵和酸发酵两大类，即前者以甲烷为主要发酵产物，后者以有机酸为主要发酵产物。

三、填埋气发酵的生化反应过程

填埋气发酵系统中，发酵细菌最主要的基质是纤维素、淀粉、脂肪和蛋白质。这些复杂有机物首先在水解酶的作用下分解为水溶性的简单化合物，其中包括单糖、甘油、高级脂肪酸及氨基酸等。这些水解产物再经发酵细菌的胞内代谢，除产生无机的 CO_2、NH_3、H_2S 及 H_2 外，主要转化为一系列的有机酸和醇类物质而排泄到环境中去。这些代谢产物中最多的是乙酸、丙酸、丁酸、乙醇和乳酸等，其次是戊酸、己酸、丙酮、丙醇、异丙醇、丁醇、琥珀酸等。表 8-2 为垃圾填埋场产甲烷菌数量。

表 8-2　垃圾填埋场产甲烷菌数量

天数/d	细菌数量[①]			pH 值	CH_4/%	CO_2/%	羧酸/(mg/L)
	产酸菌	甲烷菌	纤维素分解菌				
0	2.4		2.8	2.4	7.5	0	0
7	2.45	2.2	0	6.1	0	96	11.41
20	2.2	4.4	2.6	5.7	0.8	72.1	51.96
27	3.3	6.1	2.2	6.0	3.8	86.0	78.25
34	2.0	6.2	2.3	6.2	21.4	82.5	103.63
41	2.2	4.8	2.2	6.2	27.4	61.2	95.07
48	4.5	7.1	3.5	6.3	46.7	49.88	82.27
69	4.6	8.4	5.1	7.9	64.9	34.1	55.69
90	6.2	8.9	5.6	8.4	63.8	36.2	20.52
111	7.6	8.7	5.4	8.2	58.1	41.9	0

① 数值为每克垃圾中细菌数的以 10 为底的对数值。

发酵细菌所进行的生化反应受两方面因素的制约：一方面是基质的组成及浓度；另一方面是代谢产物的种类及其后续生化反应的进行情况。

基质浓度大时，一般均能加快生化反应的速率。基质组成不同时，有时会影响物质的流向，形成不同的代谢产物。

代谢产物的积累一般会阻碍生化反应的顺利进行，特别是发酵产物中有 H_2 产生（如丁酸发酵）而又出现积累时。因此，保持发酵细菌与后续的产氢产乙酸细菌和产甲烷细菌的平衡和协同代谢是至关重要的。

一般而言，发酵细菌利用有机物时，首先在胞内将其转化为丙酮酸，然后根据发酵细菌的种类和环境条件（如 H_2 分压、pH 值、温度等）的不同而形成不同的代谢产物。

1. 基本营养型有机物的厌氧生物降解

自然界能广泛供微生物作营养基质的有机物，称为基本营养型有机物，如大分子的淀粉、纤维素、脂肪、蛋白质以及其水解产物等。生物残体、生物排泄物及生活污水、生活垃圾中广泛存在这类有机物，是造成需氧性环境污染的主要原因。这类有机物广泛存在于自然界，是绝大多数微生物的主要营养基质。基本营养型有机物的可生化性很好，属于易生物转化的有机物。

在厌氧条件下，只要营养要素（如 N、P、K 等）的配比合适，环境条件（温度、pH 值等）相宜，微生物就能很好地利用这些基质进行生长繁殖，而且不受有机物浓度的限制。代谢产物随参与的微生物种类和反应条件（如浓度、温度、pH 值、H_2 分压等）的不同而有较大差异。有机物中的主要元素是 C、H、O、N、P 等，由于生化反应是在厌氧条件下进行的，因而这些元素最终组合成 CH_4、CO_2、H_2O、NH_3、H_2S 等。

广义的碳水化合物包括除蛋白质及脂类以外的一大群有机物，如淀粉、纤维素、木质素、果胶质、半纤维素、己糖、戊糖、有机酸、植物碱等。木质素是微生物极难降解的有机物，其余均可生物降解。纤维素、淀粉以及它们的水解产物葡萄糖和进一步降解的产物有机酸和醇等是最常存在于废水中的碳水化合物，因而选择对纤维素和淀粉的水解及其水解产物的填埋气发酵过程予以介绍，以对此类有机污染物的厌氧生物降解规律有一个基本的了解。

2. 纤维素 $[(C_6H_{10}O_5)_n]$ 的水解

植物原始结构中的纤维素分子含 1400～10000 个葡萄糖基，分子量用黏度法测定为 20 万～30 万，用超速离心法测定则超过 100 万。棉纤维中约含 90% 以上的纤维素，木、竹、麦秆、稻草中也含有大量的纤维素。在纺织印染、人造纤维、木材加工、制浆造纸、无烟火药、纤维塑料等工业排放的废水中含有较多的纤维素，同时它是生活污水以及城市生活垃圾中的重要成分。

纤维素是可以生物降解的化学物质，但在原始植物纤维中，它与木质素、半纤维素、果胶质等伴生在一起，由于木质素是极难降解的化学物质，从而造成了生物降解原始植物纤维的极大困难。在加工工业中，为了取得纯净的纤维素，一般均采用机械或化学法将伴生物从纤维素周围剥离或溶出。经加工后的纤维素容易被微生物降解。

纤维素的生物水解反应分两步进行，依次生成纤维二糖和葡萄糖。

$$2(C_6H_{10}O_5)_n + nH_2O \xrightarrow{\text{纤维素酶}} nC_{12}H_{22}O_{11} \tag{8-1}$$
$$\quad\;\;\text{淀粉} \qquad\qquad\qquad\qquad\quad \text{纤维二糖}$$

$$C_{12}H_{22}O_{11} + H_2O \xrightarrow{\text{纤维二糖酶}} 2C_6H_{12}O_6 \tag{8-2}$$
$$\text{纤维二糖} \qquad\qquad\qquad\qquad \text{葡萄糖}$$

3. 淀粉 $[(C_6H_{10}O_5)_n]$ 的水解

废水或城市生活垃圾中的淀粉是易被微生物降解的有机污染物。食品、纺织、印染、发酵等工业废水、生活污水及生活垃圾中经常有多量的淀粉及其水解产物存在。

水解淀粉的酶称为淀粉酶，大致分为 α-淀粉酶、β-淀粉酶、淀粉-1,6 糊精酶和淀粉-1,4（1,6）葡萄糖苷酶 4 种。在这 4 种酶的共同作用下，淀粉水解的最终产物均是葡萄糖，其反应如下。

$$2(C_6H_{10}O_5)_n + nH_2O \xrightarrow{\text{淀粉酶}} nC_{12}H_{22}O_{11} \tag{8-3}$$
$$\quad\;\;\text{淀粉} \qquad\qquad\qquad\qquad\quad \text{麦芽糖}$$

$$C_{12}H_{22}O_{11} + H_2O \xrightarrow{\text{麦芽糖酶}} 2C_6H_{12}O_6 \qquad (8\text{-}4)$$

麦芽糖 　　　　　　　　　　　葡萄糖

4. 葡萄糖 ($C_6H_{12}O_6$) 的降解

在填埋气发酵过程中，葡萄糖经过糖酵解的 EMP 途径转化成丙酮酸后，进一步的转化方式随参与代谢的微生物种类和环境条件（温度、pH 值、浓度等）的不同而异。研究表明，菌种不同，形成的产物不尽相同。同一菌种在不同环境条件下，也会形成不同的填埋气发酵产物。例如，瘤胃月形单胞菌可将糖酵解产物的丙酮酸进一步转化为不同的产物，其反应如下：

$$CH_3COCOO^- + 2NADH + 2H^+ \longrightarrow CH_3CH_2COO^- + 2NAD^+ + H_2O \qquad (8\text{-}5)$$

丙酸

$$\Delta G^{\ominus} = -87.0\text{kJ}$$

$$CH_3COCOO^- + CH_3COO^- + NADH + H^+ \longrightarrow CH_3CH_2CH_2COO^- + NAD^+ + HCO_3^-$$

丁酸

$$\qquad (8\text{-}6)$$

$$\Delta G^{\ominus} = -77.4\text{kJ}$$

$$CH_3COCOO^- + HCO_3^- + 2NADH + 2H^+ \longrightarrow {}^-OOCCH_2CH_2COO^- + 2NAD^+ + 2H_2O$$

琥珀酸

$$\qquad (8\text{-}7)$$

$$\Delta G^{\ominus} = -66.9\text{kJ}$$

$$CH_3COCOO^- + NADH + H^+ + H_2O \longrightarrow CH_3CH_2OH + NAD^+ + HCO_3^- \qquad (8\text{-}8)$$

乙醇

$$\Delta G^{\ominus} = -38.9\text{kJ}$$

$$CH_3COCOO^- + NADH + H^+ \longrightarrow CH_3CHOHCOO^- + NAD^+ \qquad (8\text{-}9)$$

乳酸

$$\Delta G^{\ominus} = -25.1\text{kJ}$$

就以上反应的热力学条件来看，由丙酮酸形成丙酸的生化反应最易进行，因而首先形成丙酸；当丙酸有所积累时便形成了丁酸；以后依次形成琥珀酸、乙酸和乳酸。

另外，除甲醇、甲胺、甲酸和乙酸外，其他的有机酸、醇和酮等代谢产物均不能被产甲烷细菌吸收利用。因此，在填埋气发酵系统中，它们被产氢产乙酸细菌进一步降解为 CH_3COOH 和 H_2。例如

$$CH_3CH_2OH + H_2O \longrightarrow CH_3COOH + 2H_2 \qquad (8\text{-}10)$$

$$\Delta G^{\ominus} = +19.2\text{kJ}$$

$$CH_3CH_2COOH + 2H_2O \longrightarrow CH_3COOH + 3H_2 + CO_2 \qquad (8\text{-}11)$$

$$\Delta G^{\ominus} = +76.1\text{kJ}$$

以上反应均为吸热反应，只能在充分降低氢分压的条件下进行，这一任务在厌氧条件下有甲烷菌完成。乙酸的进一步厌氧转化反应如下。

$$CH_3COOH \longrightarrow CH_4 + CO_2 \qquad (8\text{-}12)$$

总之，葡萄糖进行厌氧生物转化的主要结果是：第一，排入水环境中的最终代谢产物为各种各样的有机物，如乙酸、丙酸、丁酸、乳酸、琥珀酸、乙醇、丙醇、丁醇、丙酮等，这些物质本身都具有 COD 值，因此需氧性污染指标（BOD、COD）的脱除率不高；

第二，化学能的释放很不彻底。

5. 半纤维素的降解

半纤维素是由木糖、甘露糖和葡萄糖等组成的低聚合度的化学物质，它是 20℃下在 17.5％～18％的氢氧化钠溶液里浸泡纤维素而析出的那部分物质。半纤维素经水解后生成木糖、甘露糖和葡萄糖。它们和葡萄糖一样，先转化为中间产物丙酮酸，然后进一步转化为其他简单有机物。

6. 果胶质的降解

果胶质的水解产物是甲醇和糖醛酸。糖醛酸可进一步被发酵细菌和产氢产乙酸细菌降解。甲醇为产甲烷细菌吸收利用。

7. 油脂的厌氧生物降解

油分为动物油、植物油和矿物油三大类，动植物油的主要成分是脂肪酸和甘油酯，矿物油的主要成分是烃类化合物。动植物油统称脂肪油、油脂或脂肪。这里将介绍动植物油，矿物油将在非基本营养型有机物的厌氧生物降解部分介绍。

油脂是易降解的化学物质，但经常滞后于糖和蛋白质。油脂是甘油和高级脂肪酸构成的甘油三酯。常温时呈液态的称为油，呈固态的称为脂，在自然界比较稳定，微生物对其吸收利用的速度比较缓慢。

在微生物胞外酶——脂肪酶的作用下，脂肪首先被水解为甘油和脂肪酸，甘油（丙三醇）在微生物细胞内，除被微生物吸收利用转化为细胞物质外，主要被分解为丙酮酸。丙酮酸在厌氧条件下，进一步分解为丙酸、丁酸、琥珀酸、乙醇和乳酸等。

脂肪酸在微生物细胞内通过 β-氧化，使碳原子两个两个地从脂肪酸链上不断地断裂下来，形成乙酰辅酶 A（$CH_3CO\text{-}SCoA$）。在厌氧条件下，乙酰辅酶 A 再转化为乙酸等低分子有机物。

8. 蛋白质的厌氧生物降解

蛋白质是由多种氨基酸组合而成的高分子化合物，是生物体的一种主要组成物质及营养物质，广泛存在于肉类加工厂、屠宰场、制革厂、食品加工厂等排出的工业废水、生活污水及城市生活垃圾中。

蛋白质的降解分两个阶段，第一阶段为胞外水解阶段，第二阶段为胞内分解阶段。在胞外水解阶段，蛋白质在蛋白酶的催化下逐步分解成氨基酸，其步骤如下。

$$蛋白质 \xrightarrow{蛋白酶（内肽酶）} 蛋白胨 \xrightarrow{蛋白酶（内肽酶）} 多肽 \xrightarrow{肽酶（外肽酶）} 氨基酸$$

在此水解过程中，首先由内肽酶作用于蛋白质大分子内部的肽键（—CO—NH—）上，使其逐步水解断裂，直至形成小片段的多肽；然后由外肽酶作用于多肽的外端肽键，每次断裂出一个氨基酸。

氨基酸是分子中同时含有氨基（—NH_2）和羧基（—COOH）的有机化合物，通式是 H_2N—R—COOH。根据氨基酸连接在羧酸碳原子上的位置（R—$\overset{\gamma}{C}$—$\overset{\beta}{C}$—$\overset{\alpha}{C}$—COOH）不同，可分为 α-氨基酸、β-氨基酸、γ-氨基酸。α-氨基酸是组成蛋白质的基本单元，有 20

余种。有几种氨基酸除含有 C、H、O、N 外，还含有 S。

氨基酸是水溶性物质，可被微生物吸收进细胞内。大部分氨基酸用于细胞物质的合成，少部分则通过脱氨基作用、脱羧基作用生成 NH_3、CH_3COOH、CO_2、H_2S 及胺等物质。

9. 尿素及尿酸的生物降解

尿素 $[CO(NH_2)_2]$ 是存在于生活污水、饲养场废液以及农田用水中的能构成 COD 值的污染物，同时也是营养性污染物。尿素能在微生物的尿素酶催化下，水解生成无机的碳酸铵，因其很不稳定，故很快分解为 NH_3 及 CO_2。

$$CO(NH_2)_2 + 2H_2O \xrightarrow{\text{尿素酶}} (NH_4)_2CO_3 \tag{8-13}$$

$$(NH_4)_2CO_3 \longrightarrow 2NH_3 + CO_2 + H_2O \tag{8-14}$$

尿酸在微生物作用下最终转化为尿素和乙醛酸。

10. 非基本营养型有机物的厌氧生物降解

非基本营养型有机物指基本营养型有机物以外的所有有机物。例如工业废水中常见的烃类、酚类、腈类、农药、表面活性剂等。

一般而言，微生物能够降解的有机物种类繁多。据估计，在好氧条件下，除为数不多的一些合成有机物外，微生物可以降解绝大多数的有机物。但是，在厌氧条件下，微生物降解非基本营养型有机物的能力非常差，有相当多的合成有机物不能被微生物吸收利用。但是，在基本营养型有机物存在的填埋气发酵系统中，加入一定浓度的某些非基本营养型有机物，会增加总产气量，表明这些有机物在一定程度上被厌氧微生物吸收利用和降解了。

四、甲烷形成理论

甲烷形成阶段是填埋气发酵中最关键的生理生化反应过程。在这一阶段产甲烷细菌将乙酸、H_2、CO_2 转化成 CH_4，由于在固体废弃物中存在含氮和含硫化合物，因而在厌氧降解过程中有 NH_3 和 H_2S 产生。其主要理论体系有二氧化碳还原理论、甲基形成甲烷理论等。

1. 二氧化碳还原理论

第一步，由醇的氧化使 CO_2 还原形成 CH_4 及有机酸。

$$2CH_3CH_2OH + {}^*CO_2 \longrightarrow 2CH_3COOH + {}^*CH_4 \tag{8-15}$$

$$4CH_3OH \longrightarrow 3{}^*CH_4 + CO_2 + 2H_2O \tag{8-16}$$

这是 Stadtman、Barker 用同位素 ${}^{14}CO_2$ 使乙醇和丁醇氧化，产生带同位素 ${}^{14}C$ 的 CH_4，证明 CH_4 可由 CO_2 还原形成。

第二步，脂肪酸有时用 H_2O 作还原剂或供氢体，产生甲烷。

$$CO_2 + 2C_3H_7COOH + 2H_2O \longrightarrow CH_4 + 4CH_3COOH \tag{8-17}$$

第三步，利用 H_2 使 CO_2 还原成 CH_4。

$$CO_2 + 4H_2 \longrightarrow CH_4 + 2H_2O \tag{8-18}$$

这是由索根（Soehgen）及费舍尔（Fisher）观察到的。

范尼尔认为，在所有条件下，CH_4 都是从 CO_2 还原而产生的，并采用一个通式来表示。

$$4H_2A \longrightarrow 4A + 8H \tag{8-19}$$

$$CO_2 + 8H \longrightarrow CH_4 + 2H_2O \tag{8-20}$$

总式：
$$4H_2A + CO_2 \longrightarrow 4A + CH_4 + 2H_2O \tag{8-21}$$

式中，H_2A 代表任何可能提供 H_2 的有机或无机化合物。

范尼尔的理论是基于他对"奥氏甲烷杆菌"的甲烷形成研究提出的。当时的研究认为：一级醇转化为相应的酸，二级醇转化成相应的酮，在此过程中伴随发生由 CO_2 还原成 CH_4 的过程。

1930 年，布伦特等的工作证实了"奥氏甲烷杆菌"实际上是产甲烷菌 M.O.H 与 S 菌的共生培养物。并且证明了 S 菌不能产生甲烷，而只能将乙醇氧化为乙酸和 H_2，只有产甲烷菌 M.O.H 才能将 S 菌产生的 H_2 还原 CO_2 形成 CH_4。这项研究为 Van Niel 理论提供了证据。实际上以后许多有价值的试验资料都与之相符合。事实上，在现在已知的甲烷菌中，都有一个共同的生理生化特征，就是利用 H_2 还原 CO_2 生成 CH_4。因此，至今能真正获得公认的产甲烷菌的基质只有 CO_2 和 H_2，即

$$4H_2 + CO_2 \longrightarrow CH_4 + 2H_2O \tag{8-22}$$

2. 甲基形成甲烷理论

这一理论是由布塞维尔（Busuwell）和梭罗（Sollo）等应用同位素示踪研究了 CH_4 的形成过程后提出的，他们认为 CH_4 的形成不一定经由 CO 途径，而可以直接从有机物的甲基直接形成 CH_4。施大特曼（Stadtman）和巴克尔（Barker）及庇涅（Pine）和维施尼（Vishnise）分别于 1951 年和 1957 年用 C 示踪原子标记乙酸的甲基碳原子，结果甲烷的碳原子都标记上了同位素 C，CO_2 则没有标上，证明 CH_4 是由甲基直接生成。

$$^{14}CH_3COOH \longrightarrow CH_4 + CO_2 \tag{8-23}$$

后来巴克尔（Barker）及庇涅（Pine）用氘（D）做标记进行了如下试验。

$$CD_3COOH + H_2O \longrightarrow CD_3H + CO_2 + H-O-H \tag{8-24}$$

$$CH_3COOH + D_2O \longrightarrow CH_3D + CO_2 + H-O-D \tag{8-25}$$

这些同位素示踪试验表明，乙酸中的甲基并不先形成 CO_2 之后再还原成 CH_4；而是首先从乙酸上脱下甲基与 H_2O 中的 H 结合，生成 CH_4。

此外还发现，在 H 和 H_2O 存在时，巴氏甲烷八叠球菌（*Methanosarcina barkerii*）与甲酸甲烷杆菌（*Methanobacterium formicicum*）能将 CO 还原形成 CH_4。

$$CO + 3H_2 \longrightarrow CH_4 + H_2O \tag{8-26}$$

$$4CO + 2H_2O \longrightarrow CH_4 + 3CO_2 \tag{8-27}$$

已知与 CH_4 形成密切相关的因子主要有 ATP、辅酶 M、辅酶 F_{420} 及其他载体等。

① ATP　ATP 是生物体能代谢的重要因子。研究表明，在甲烷杆菌和甲烷八叠球菌中，已检测过的全部反应系统都需要 ATP，才能由各种 CH_4 供体形成 CH_4。罗彼顿（Roberton）和沃尔夫（Wolfe）的研究指出，在完整细胞的 ATP 库中，ATP 与 CH_4 生成之间成直线关系。研究表明，甲烷化过程中所需的 ATP 的量是催化量而不是底物量，也就是说，要求的 ATP 量是很小的。此外，在产甲烷菌 M.O.H 细胞的研究中发现：CH_4 生成量增加时，AMP 库减少，ATP 库增加；CH_4 生成量减少时，AMP 库增加，ATP 库减少。这表明 ATP 库水平的降低与 CH_4 生成量的减少有密切关系。

② 辅酶 M　麦克布吕德（Mc Bride）和沃尔夫在产甲烷菌的研究中发现了一种新的甲

基转移辅酶 M（CoM-SH），这是产甲烷菌类独有的一种辅酶，其结构为 $HSH_2CH_2SO_2-$，并已由泰伊尔和沃尔夫化学合成。这是一种热稳定、能透析的辅助因子，无荧光，在 260nm 处有最大吸收值，能酶促甲基化或去甲基。

③ 辅酶 F_{420}　F_{420} 是产甲烷菌所特有的另一种辅酶。切尔曼首先描述了这种酶的特性，并认为产甲烷菌对氧敏感与 F_{420} 的氧化有关。辅酶 F_{420} 是一种大分子量荧光素，被氧化时在 420nm 处出现一个明显的吸收峰，被还原时失去吸收峰和荧光。辅酶 F_{420} 的功能是作为最初的电子载体。

④ 其他载体　维生素 B_{12} 及其衍生物参与了 CH_4 形成中的 CH_4 转移。四氢叶酸及其衍生物参与了丝氨酸的 C-3（羟甲基）形成 CH_4 的过程和转移甲基。

五、厌氧降解的反应热力学

没有一种微生物能够单独将一种底物，如淀粉，转化为甲烷，而是上述微生物群落协同作用的结果，正是这一复杂的微生物生态系统将复杂的有机化合物降解为最终产品，如 CO_2、CH_4、NH_3、H_2S。有机物之间的相互作用为 CH_4 的生成创造了热力学条件。表 8-3 列出了某些厌氧发酵反应的自由能。

表 8-3　某些厌氧发酵反应的自由能

反　应　式	自由能/（kJ/mol）	
	标　准　状　态	实　际　状　态
水解发酵微生物		
葡萄糖——→乙酸+$2HCO_3^-$+$4H^+$+$4H_2$	−206.3	−363.4
葡萄糖——→丁酸+$2HCO_3^-$+$3H^+$+$2H_2$	−254.8	−310.9
产乙酸微生物		
丁酸——→2乙酸+H^++$2H_2$	+48.1	−29.2
丙酸——→乙酸+HCO_3^-+H^++$3H_2$	+76.1	−8.4
乙醇——→乙酸+H^++$2H_2$	+9.1	−49.8
产甲烷微生物		
$4H_2$+CO_2——→CH_4	−135.6	−16.8
乙酸——→CH_4+CO_2	−31	−22.7

由于某些厌氧反应在标准状态下的自由能是正值，因而从热力学的角度讲该反应不能发生，但由于受温度和压力的影响，在通常状态下它的自由能会变为负值，因而成为可行。例如丁酸转化为乙酸的反应的标准自由能为 +48.1kJ/mol，但是在运行良好的厌氧反应器的环境下它的自由能为 −27.1kJ/mol。

这主要是因为在厌氧的环境下，产甲烷菌能够利用 H_2，从而大大降低了 H_2 的浓度。低浓度的 H_2 使得丁酸或其他化合物转化为乙酸成为可能，并且被产甲烷菌进一步利用转化为 CH_4 和 CO_2。

六、厌氧降解的动力学

生物处理动力学的基本内容包括以下 2 个方面：a. 确定基质降解与基质浓度和微生物浓度之间的关系，建立基质降解动力学；b. 确定微生物增长与基质浓度和微生物浓度之间的关系，建立微生物增长动力学。

从污染控制的角度上来看，基质降解动力学有助于推测有机污染物的去除率和所需时间，微生物增长动力学有助于推测活性污泥的增长量和相应的时间。

1. 基质降解和微生物增长表达式

基质降解和微生物增长都是一系列酶促反应的结果。Michaelis 和 Menten 根据酶和基质作用时形成的各种曲线特征得出反应速度和浓度关系的方程式，称米-门方程。

$$v = \frac{v_{\max} S}{K_m + S} \tag{8-28}$$

式中，v 为以浓度表示的酶促反应速度；S 为作为限制步骤的基质的浓度；$v_{\max}$ 为最大酶促反应速度；K_m 为米氏常数，其值等于 $v = 0.5 v_{\max}$ 时的基质浓度。

在米-门方程的基础上，莫诺特（Monod）将其应用于微生物细胞的增长上，得出一个相似的表达式——莫诺特公式。

$$\mu = \frac{\mu_{\max} S}{K_S + S} \tag{8-29}$$

式中，μ 为微生物比增长速度，1/d，即单位时间内单位质量微生物的增长量；S 为基质的浓度，mg/L；$\mu_{\max}$ 为在饱和浓度中的微生物最大比增长速度，1/d；K_S 为饱和常数，其值等于 $\mu = 0.5 \mu_{\max}$ 时的基质浓度，mg/L。

若用 X 表示微生物的浓度，则

$$\mu = \frac{1}{X} \times \frac{dX}{dt} \tag{8-30}$$

一般认为，微生物的比增长速度（μ）和基质的比降解速度（v）成正比，即

$$\mu = Yv \tag{8-31}$$

式中，Y 为微生物生长常数或产率，即吸收利用单位质量的基质所形成的微生物增量，mg/mg。

在最大比增长速度下，当有 $\mu_{\max} = Y v_{\max}$，将其与前 2 个公式相结合，得出基质比降解速度如下。

$$v = \frac{v_{\max} S}{K_S + S} \tag{8-32}$$

式中，v 为基质比降解速度，1/d，即单位时间内单位微生物量所降解的基质量，$v = -\frac{1}{X} \times \frac{dS}{dt}$；$S$ 为基质的浓度，mg/L；$v_{\max}$ 为基质最大比降解速度，1/d；K_S 为饱和常数，其值等于 $v = 0.5 v_{\max}$ 时的基质浓度，mg/L。

从以上三式可以看出，不论是微生物增长关系式还是基质降解关系式都具有以下特性。

① 当基质浓度很大时（$S \gg K_S$）时，分母中的 K_S 可略去不计，从而得

$$\mu = \mu_{\max} \tag{8-33}$$

$$v = v_{\max} \tag{8-34}$$

上式表明，在营养物质丰富的情况下，微生物的比增长速度和基质的比降解速度都是一常数，且为最大值，而与基质浓度无关。

② 当基质浓度很小时（$S \ll K_S$）时，分母中的 S 可略去不计，从而得

$$v = \frac{v_{\max} S}{K_S} \tag{8-35}$$

$$\mu = \frac{\mu_{\max} S}{K_S} \tag{8-36}$$

上式表明，在营养物质十分缺乏的情况下，微生物的比增长速度和基质的比降解速度都与基质浓度成正比，即受到基质浓度的制约。

③ 当基质浓度介于上述 2 种情况之间时，可得以下关系。

$$\mu = K_1 S^{n1} \tag{8-37}$$

$$v = K_2 S^{n2} \tag{8-38}$$

式中，K_1、K_2、n_1、n_2 均为系数，且 $0 < n_1(n_2) < 1$。

2. 填埋气发酵动力学基本方程

在填埋气发酵过程中，由于甲烷发酵阶段是填埋气发酵速率的控制因素，因此填埋气发酵动力学是以该阶段为基础建立的。

在连续运行的稳态生物处理系统中，同时进行着 3 个过程：有机基质的降解过程；微生物新细胞物质的不断合成过程；微生物老细胞物质的不断衰亡过程。将这 3 个过程综合起来，形成如下基本方程。

$$\frac{dX}{dt} = Y\left(-\frac{dS}{dt}\right) - bX \tag{8-39}$$

式中，$\dfrac{dX}{dt}$ 为以浓度表示的微生物净增长速度，$mg/(L \cdot d)$；$\dfrac{dS}{dt}$ 为以浓度表示的基质降解速度，$mg/(L \cdot d)$；Y 为生物增长常数，即产率，mg/mg；b 为微生物自身氧化分解率，即衰减系数，$1/d$；X 为微生物浓度，mg/L。

上式两边同除以 X，并经过一系列变换得到

$$\mu = \frac{dX/dt}{X} = Y\left(-\frac{dX/dt}{X}\right) - b$$

$$\frac{\dfrac{1}{VX}}{V\dfrac{dX}{dt}} = -Y\frac{VdS/dt}{VX} - b \tag{8-40}$$

$$1/(X_0/\Delta X_0) = Y(\Delta S_0/X_0) - b$$

$$1/\theta_c = YU_S - b$$

式中，$\dfrac{dX/dt}{X}$ 为微生物的（净）比增长速度，$1/d$；$\dfrac{dS/dt}{X}$ 为单位微生物量在单位时间内降解有机物的量，即基质的比降解速度，$1/d$；V 为生物反应器容积，L；X_0 为生物反应器内微生物总量，mg，$X_0 = VX$；ΔX_0 为生物反应器内微生物净增长总量，mg/L，$\Delta X_0 = V(dX/dt)$；ΔS_0 为生物反应器内降解的基质总量，mg/L，$\Delta S_0 = -V(dS/dt)$；U_S 为生物反应器内单位质量微生物降解的基质量，$mg/(mg \cdot d)$，$U_S = \Delta S_0/X_0$；θ_c 为细胞平均停留时间，在废水生物处理系统中，习惯称为污泥停留时间或泥龄，d。

在特定条件下运行的生物处理系统，其中微生物的增长率是有一定限度的，而且与污泥负荷有关。如每天增长 20%，则倍增时间为 5d。如果污泥停留时间为 5d，则每天的污

泥排出量为 20%，此排出量与微生物增长量相等，从而保证了处理系统的微生物总量保持不变。如果污泥停留时间小于微生物的倍增时间，则每天的污泥排出量大于增长量，其结果将使污泥总量逐渐减少，无法完成处理任务。如果停留时间大于微生物的倍增时间，则每天排出的污泥量小于微生物增长量，从而处理系统有多余的污泥量以备排出。

填埋气发酵系统的微生物生长很慢，倍增时间很长。因此，在新一代的高效处理装置中，为了保证有足够的厌氧活性污泥，都采用了一些延长污泥停留时间的措施。如在完全混合式填埋气发酵系统后设立沉淀池，以截留和回流污泥；在上流式填埋气发酵系统中培养不易漂浮的颗粒污泥，并在出水端设立三相分离器；在系统内设置挂膜介质，以生物膜的形式将微生物固定起来，不致流失。

3. 动力学方程

许多学者认为，填埋气的产生遵循一级反应动力学，特别是在填埋气产生的高活性期。这可能是因为其他因素（例如湿度、营养等）限制了 CH_4 的形成，从而导致了相对恒定的独立于时间的 CH_4 产量。大多数垃圾填埋场填埋气的产生遵循一级反应动力学，这就是说填埋气的产生受基质的量或已经产生的填埋气量的影响，其他因素（如湿度、可利用的营养物质）对其没有影响。实际上，在许多情况下含水量成为影响因素是因为水在有机物的水解中起了重要作用。

尽管湿度、温度、可利用的营养物质等许多因素都影响填埋气的产生，大多数学者认为关于基质的一级反应动力学是最适用的，这可以通过填埋气的产生随着时间的延长逐渐下降得到证明。

设定 C_1 为 t_1 时基质浓度，C_2 为 t_2 时剩余基质浓度，C_i 为基质 i 的浓度，G 为 t 时间前产生的气体体积，L 为 t 时间后产生的气体体积，L_0 为总的气体体积，t_h 为气体产量达到 $1/2$ 时的时间，k、k_1、k_2 均为降解速率常数。

表 8-4 展示了许多反应动力学公式，k，k_1，k_2，$\cdots$，k_i 为基质降解或气体产生的速率常数。如果能得到时间曲线的工作数据，这些常数可以通过动力学模型估计出来。

表 8-4　反应动力学公式

模　型	积分形式	反应级数
1. $\dfrac{dC_i}{dt} = -k$	$C_2 = C_1 - k(t_2 - t_1)$	0
2. $\dfrac{dC_i}{dt} = -kt$	$C_2 = C_1 - k \ln \dfrac{t_2}{t_1}$	0
3. $\dfrac{dC_i}{dt} = -kC$	$C_2 = C_1 \exp[k(t_2 - t_1)]$	1
4. $\dfrac{dC_i}{dt} = -\dfrac{kC}{t}$	$C_2 = C_1 \exp\left(k \times \dfrac{t_2}{t_1}\right)$	1
5. $\dfrac{dC_i}{dt} = -k_1 G$	$G = \dfrac{L_0}{2} \exp[-k_1(t_h - t)]$	1
6. $\dfrac{dC_i}{dt} = -k_2 L$	$L = \dfrac{L_0}{2} \exp[-k_2(t - t_h)]$	1

模型 1 是最简单的，基质的降解与基质的剩余量无关，在基质被降解的过程中，气体的产生速率保持不变。

模型 2 中，基质是过量的，不能成为气体产生速率的影响因素。但是由于基质是由不同种类的降解物质组成的非均匀基质，每一类物质都有各自的降解速率，所以当降解速率最快的基质降解后，速率会下降。

模型 3 是典型的关于基质的一级反应，微生物可利用的基质成为限制因素，剩余的基质量决定消耗速率。模型 3 假设其他因素不影响这一过程。

模型 4 是模型 2 与模型 3 的综合，模型 4 假设可利用的基质是限度因素，并且降解速率随着时间的延长逐渐下降。

模型 5 是一个两阶段模型。在第一阶段，气体产生速率与已经产生的气体量成正比，在第二阶段，气体产生速率与将要产生的气体量成正比。因为初始气体产量为零，为避免在第一阶段消耗的基质为零，假定第一阶段从气体总产量达到 1％时开始。

不同组成的降解基质有着不同的降解速率，因而把基质分为不同的种类，并用相应的降解速率常数 k_i 表示。在许多模型中，降解速率常数不仅取决于降解物质的种类，还决定于其他因素，如湿度、密度、固体颗粒的大小，这可通过引入适当的校正系数来加以考虑。

七、影响垃圾降解的因素

影响垃圾降解的因素分为两大类：一类是环境因素，包括温度、湿度、pH 值和氧化还原电位等；另一类是基本因素，包括微生物量、有机物组成、营养比等混合接触条件。

1. 温度

微生物生长的温度范围很广，为 $-5 \sim 85 ℃$。根据不同微生物生长温度可将其分为低温型、中温型和高温型。垃圾的降解主要发生在中温段和高温段。中温型最适温度为 $18 \sim 35 ℃$，最高为 $40 \sim 45 ℃$；高温型最适温度为 $50 \sim 60 ℃$，最高为 $70 \sim 85 ℃$。Robert. K. Ham 等认为，$30 \sim 40 ℃$对于垃圾的产气是合适的温度。Kenneth. E. Hartz 等研究了温度对于填埋场垃圾试样产气的影响，结果表明，41℃是垃圾产气的最佳温度，而在 $48 \sim 55 ℃$之间，垃圾基本上不产气。

2. 湿度

水作为营养物质、酶、胞外酶和气体的溶剂，以及在不同转化时（水解过程）作为化学有效物质，其存在是微生物活动和厌氧降解成功的基本条件。垃圾卫生填埋过程中能承受的含水率范围较宽，为 $25％ \sim 70％$。含水量较高时，卫生填埋过程中容易形成恶臭，导致空气污染。卫生填埋场的恶臭问题也是公众关注的焦点问题。通常填埋场的渗滤水回灌能加速填埋场的稳定，这是 Federick. G. Poland 和 James. O. Leckie 等通过大量试验得出的结论。George Tchobanoglous 等认为垃圾降解的最佳含水率为 $50％ \sim 60％$，并给出了有充足水分和水分不充足条件下垃圾产气的比较。比较表明，垃圾含水率较高，产气量也较高。

3. pH 值

在卫生填埋过程中，垃圾中的有机物被微生物降解，而产甲烷菌最适宜 pH 值为

6.8～7.5，pH 值低于 6.8 或高于 7.5 时产甲烷菌的活性低，且要求绝对厌氧，因为 pH 值的变化可以影响不产甲烷菌的活动，而间接影响产甲烷菌。pH 值高时会使 CO_2 浓度下降，pH 值低时又会抑制细菌的活动。

4. 垃圾中有机物组成

在垃圾厌氧降解中，为满足微生物生长的需要，垃圾中要有足够的 C、N、P 存在，一般 C/N 值在（10～20）:1 之间，有机物去除量最大。若 C/N 值太高，则细菌生长所需的 N 量不足，容易造成有机酸的积累，抑制产甲烷菌的生长。若 C/N 值太低，盐大量积累，pH 值上升到 8 以上，也会抑制产甲烷菌的生长。另外，Morton A. Barlaz 等所做的垃圾质量平衡研究表明，垃圾中的糖分在厌氧条件下生成羧酸而引起 pH 值下降，抑制垃圾的降解。因此，通过堆肥预先去除部分含糖量高的厨余垃圾将有助于填埋场内垃圾的降解。

第三节　填埋气的组成

填埋气是一种混合气体，它的典型特点为：温度为 43～49℃，相对密度为 1.02～1.06，为水蒸气所饱和，高位发热量在 15630～19537kJ/m³。由填埋气的产生过程可知，其主要成分为 CH_4 和 CO_2，二者的体积占填埋气总量的 95％以上。由于城市垃圾成分极为复杂，填埋气的组成也极为复杂。表 8-5 列出了城市生活垃圾填埋场的主要填埋气体典型组成。

表 8-5　城市生活垃圾填埋场的主要填埋气体典型组成

组成	体积分数/％	组成	体积分数/％	组成	体积分数/％
CH_4	45～50	硫化物	0～1.0	H_2	0～0.2
CO_2	40～60	N_2	2～5	CO	0～0.2
O_2	0.1～1.0	NH_3	0.1～1.0	微量组成	0.01～0.6

根据各组分的特点，填埋气可分为以下 3 类。

① 主要成分　包括 CH_4 和 CO_2，其总体积占填埋气总量的 95％～99％。其中 CH_4 占 50％～70％，CO_2 占 30％～50％。

② 常见成分　主要指垃圾在生物降解过程中产生的除 CH_4 和 CO_2 外的其他常见气体，包括 H_2S、NH_3 和 H_2 等气体。这些气体的含量较小，占填埋气总体积的 5％以下。其中 H_2S 和 NH_3 分别是含硫和含氮有机物降解产生的，H_2 则是有机物在厌氧降解的产酸阶段产生而未被产甲烷消耗的那一部分。

③ 微量成分　填埋气中还有总量低于 1％的一些微量气体。这些气体虽然含量极低，但种类多，成分复杂，主要包括烷烃、环烷烃、芳烃和卤代化合物等挥发性有机物（VOCs）。它们主要来源于垃圾中的涂料、洗涤剂、干洗剂、空气清新剂等化学物质及其残留物的挥发和生物降解。由于各填埋场的封场措施不同，填埋气中也可能产生少量的 N_2 和 O_2。另外，非法填埋的工业垃圾可能产生较大量的微量气体。填埋的工业有机垃圾

以及卤代长链有机物的降解会使填埋气中含有苯和氯乙烯，造成该类物质在填埋气中的浓度往往超过环境空气质量标准。Crutcher研究得出厌氧和好氧阶段的填埋气组成，详见表8-6。随着填埋时间的增长，填埋气主要成分的变化如图8-2所示。

表8-6　厌氧和好氧阶段的填埋气组成　　　单位：%（体积分数）

成　分	好氧和厌氧降解阶段产气组成	厌氧降解阶段产气组成	成　分	好氧和厌氧降解阶段产气组成	厌氧降解阶段产气组成
CH_4	0.70	40.70	N_2	<2.0	—
CO_2	0.90	30.50	O_2	<1.0	—
H_2	0.90	微量	微量气体	<5	<5

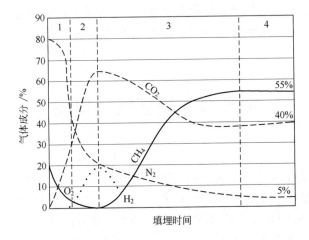

图 8-2　填埋气主要成分随填埋时间的变化（4 个阶段）

1—好氧；2—厌氧，不产生 CH_4；3—厌氧，产生 CH_4，不稳定；4—厌氧，产生 CH_4，稳定

美国 Palos Verdes 填埋场和加拿大 Montreal 填埋场厌氧降解阶段填埋气的组成见表8-7。北京阿苏卫垃圾卫生填埋场填埋气组成在一定程度上可以代表我国北方经济发达大城市垃圾填埋场填埋气的典型组成，见表8-8。由两表可以看出，各生活垃圾填埋场主要气体的组成基本一致。

表8-7　城市垃圾填埋场厌氧降解阶段填埋气的组成　单位：%（体积分数）

成　　分		Palos Verdes 填埋场	Montreal 填埋场
CH_4		52.283	60
CO_2		45.588	37
H_2		0.056	—
O_2		0.070	0.1
N_2		0.272	2.8
微量气体	庚烷	0.290	—
	辛烷	0.206	—
	壬烷	0.064	—
	己烷	0.128	—
	正戊烷	0.014	—
	异戊烷	0.010	—
	丙烷	0.007	—
	正丁烷	0.006	—

表 8-8　北京阿苏卫垃圾卫生填埋场填埋气组成　　单位：%（体积分数）

测　　点	CO_2	CH_4	N_2	O_2
1	61.24	23.15	13.44	2.17
2	59.16	37.16	2.70	0.98
3	61.80	36.18	1.15	0.27
4	46.26	34.02	16.09	3.03
5	49.82	21.67	26.50	2.01
平均	55.66	30.44	11.98	1.69

第四节　填埋气的产生量及影响因素

从以上垃圾填埋降解过程可以看出，填埋气的产生是一个极为复杂的生物化学过程。尽管准确预测填埋气的产生量无论对填埋场建设与管理，还是对填埋气的回收利用均有十分重要的意义，但由于填埋降解过程的复杂性，填埋气产生量的准确预测仍是一个问题。目前国内外关于填埋气产生量的预测采用理论分析与实测相结合的方法。国外典型城市垃圾的填埋气理论产生量为 $300\sim500m^3/t$，实测值为 $39\sim390m^3/t$。M. A. Darlaz 等研究表明，填埋气的产生量在 $77\sim107m^3/t$ 之间，而国内文献采用的数据为 $64\sim440m^3/t$，如深圳城市生活垃圾的填埋气理论产量为 $188.7m^3/t$。填埋气的产生量决定了填埋气在垃圾堆体内的压力分布以及填埋气在垃圾堆体中的迁移速度，是填埋场工程建设和填埋气回收利用的重要基础数据。在进一步研究填埋气产生机理的基础上，建立更为可靠和科学的预测填埋气产生量的方法，是一个值得深入研究的课题。

一、影响填埋气产生量的因素

垃圾填埋场产气过程实际上就是微生物的厌氧发酵过程，和其他厌氧分解过程相似，从物质的角度来看，有机废弃物首先被微生物分解成一系列可溶性的分子态物质，然后再将这些物质降解成 H_2、CO_2 和各种酸，然后酸转化为乙酸，而上述三者是共同形成产甲烷细菌生长环境的基质。除 CH_4 外，垃圾中还产生其他气体，如 NH_3、CO_2、CO、H_2S 等。CH_4 气体产生的主要影响因素很多，包括固体废弃物的组成、颗粒的大小、填埋时间、含水量、温度、pH 值等。

1. 垃圾特性

垃圾中可降解的有机物的含量以及这些有机物中纤维素、蛋白质、脂肪的构成比例，对填埋气的产生起着决定性的作用。其中，易降解有机物（如食品垃圾）对填埋气的产生贡献最为直接，且为其他有机物的降解提供了条件。此外，较小的垃圾粒度可以增加垃圾的表面积及分布的均匀性，有助于填埋降解过程的加速。

利用如下试验可考察垃圾特性对产甲烷的影响。试验设置了 3 个试验池（图 8-3），即内装普通生活垃圾的池Ⅰ、池Ⅱ以及内装以厨余物为主要成分的池Ⅲ。池Ⅰ模拟生活垃圾卫生填埋场渗滤液导出收集处理的实际操作,渗滤液定期外排;池Ⅱ为考察渗滤液回灌对产气的影响,渗滤液定期回灌。从当年6月到次年6月,连续一年对3个试验池进行监测,每周2次测填埋气排放量、气体成分,观察填埋气成分变化,以分析各影响因子对填埋气产生过程的影响。以居民生活垃圾为主,池Ⅲ内以植物成分较多。垃圾成分对填埋气CH_4含量的影响见图8-4。由图8-4可以看出,垃圾成分的差异对产气的影响是显著的。池Ⅲ的CH_4含量高峰期持续时间较短,仅为3个月左右,且最高含量只达到45%,而池Ⅰ可高达57%,高峰期可持续4.5个月。在温度较低时,池Ⅲ的CH_4含量降到5%,回升也较池Ⅰ慢。由此可以得出,以含纤维质较多的植物为主的垃圾CH_4的产生量较少。

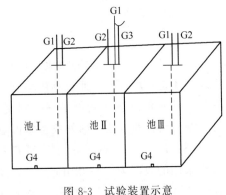

图 8-3　试验装置示意

G1—温度测试口;G2—气体收集口;

G3—渗滤液回灌口;G4—渗滤液收集口

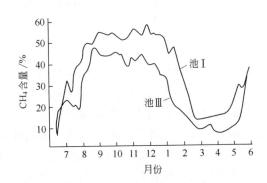

图 8-4　垃圾成分对填埋

气 CH_4 含量的影响

2. 垃圾堆体中的水分

填埋场中多数有机物必须经过水解成为溶于水的颗粒后才能被微生物利用产生CH_4,因而填埋场中废弃物的含水率是影响填埋场产气的一个重要因素。此外,填埋场中水分的运动有助于营养物、微生物的迁移,加快产气。许多研究表明,含水率是产气速率的主要限制因素,当含水率低于垃圾的持水能力时,含水率的提高对产气速率的影响不大;当含水率超过持水能力后,水分在垃圾内运动,促进营养物、微生物的转移,形成良好的产气环境。垃圾的持水能力通常在0.25~0.50之间,因而50%~70%的含水率对填埋场的微生物生长最适宜。垃圾中的水分主要取决于其自身的含水量、填埋区的降雨量以及地面水和地下水的防渗措施。通常城市生活垃圾的含水率在15%~40%,适当补充水分有利于垃圾降解。同时水分在垃圾堆体中的运动可以将微生物和养分输送到各处,同时带走降解产物,从而加速降解的进行。

典型的填埋场的含水率一般在20%~30%之间。填埋场的含水率不是一成不变的,它可随天然降水、垃圾自然沉降等因素的变化而变化。一般认为适于填埋场的含水率范围在50%~60%之间,当含水率达到(80±5)%,水分会从垃圾中渗出。

Begner等用来源于美国3个州的垃圾填埋场的样品研究湿度对产CH_4的影响,结果表明当试验样品的含水率增加到200%时,其CH_4平均产率比对照样品(含水率为60%~70%)高1倍,由此可见,同种填埋场的垃圾样品的湿度越大,CH_4的产率越高。

3. 营养物质

填埋场中微生物的生长和繁殖需要足够的营养物质，包括含 C、O、H、N、P、K 及一些微量元素的厌氧物质。通常填埋垃圾的组成都能满足要求。据研究，但垃圾的 C/N 值在（20∶1）～（30∶1）之间时厌氧微生物生长状态最佳，即产气速率最大。原因是细菌利用 C 的速率 20～30 倍于利用 N 的速率。若 C 元素过多，N 元素首先被耗尽，剩余过量的 C 使厌氧分解过程不能顺利进行。我国大多数地区的城市生活垃圾所含有机物以食品垃圾（淀粉、糖、蛋白质、脂肪）为主，C/N 值约为 20∶1，而发达国家城市生活垃圾 C/N 典型值为 49∶1。可见，我国城市生活垃圾厌氧分解速率会比国外快得多，达到产气高峰的时间也相对较短。

4. 有毒物质的影响

物质是否有毒是相对的，事实上任何一种物质对产甲烷都有两方面的作用，既有促进产甲烷菌生长的作用，又有抑制产甲烷菌生长的作用。关键在于浓度的限制，即毒阈浓度。

（1）硫酸盐

在缺氧条件下，由于系统中不存在氧气或臭氧，硫酸盐、亚硫酸盐和硝酸盐等在有机物的氧化过程中成为电子受体。硫酸盐和亚硫酸盐被硫酸盐还原菌（SRB）还原为 H_2S。在有机物的降解过程中，少量硫酸盐的存在对反应历程并不存在太多的影响。硫酸盐与氢、乙酸和丙酸的生化反应过程如下。

氢：
$$4H_2 + CO_2 \longrightarrow CH_4 + 2H_2O \tag{8-41}$$
$$4H_2 + SO_4^{2-} \longrightarrow S^{2-} + 4H_2O \tag{8-42}$$

乙酸：
$$CH_3COOH \longrightarrow CH_4 + CO_2 \tag{8-43}$$
$$CH_3COOH + SO_4^{2-} \longrightarrow S^{2-} + 2H_2O + 2CO_2 \tag{8-44}$$

丙酸：
$$CH_3CH_2COOH + 2H_2O \longrightarrow CH_3COOH + 3H_2 + CO_2 \tag{8-45}$$
$$CH_3CH_2COOH + \frac{1}{2}SO_4^{2-} \longrightarrow CH_3COOH + \frac{1}{2}S^{2-} + CO_2 + H_2 \tag{8-46}$$
$$CH_3CH_2COOH + \frac{7}{4}SO_4^{2-} \longrightarrow 3H_2O + \frac{7}{4}S^{2-} + 3CO_2 \tag{8-47}$$

由上述生化反应中可以看出，在厌氧降解过程中主要的中间产物既可以被产甲烷菌（MB）和产乙酸菌降解，也可以被 SRB 降解，而且二者生长的 pH 值和温度条件类似，因此二者对底物的利用是一种竞争关系。有研究表明，SRB 在对氢的利用的竞争上优于 MB，假如有足够的硫酸盐，所有的氢都可以被 SRB 利用；而对乙酸竞争的结果还不完全清楚。

（2）重金属离子

重金属离子对产甲烷反应具有抑制作用，这种抑制作用的主要体现在 2 个方面。

① 与酶结合产生变形物质，使酶的作用消失，例如与酶蛋白的—SH 及氨基、羧基、含氮化合物结合时，使酶系统失去作用。
$$R—SH + Me^+ \Longleftrightarrow R—S + Me + H^+ \tag{8-48}$$
式中，Me 为重金属离子。

② 重金属离子及氢氧化物的絮凝作用，使酶沉淀。

重金属的毒性在存在硫化物时可能降低，如 Zn^{2+} 浓度为 $1mg/g$ 时具有毒性，但加 Na_2S 后产生 ZnS 沉淀，毒性可降低，其反应机理如下。

$$Zn^{2+} + Na_2S \longrightarrow ZnS\downarrow + 2Na^+ \qquad (8-49)$$

当多种金属离子共存时，毒性有相互拮抗作用，允许浓度可提高。如单独存在 Na^+ 时，低界限浓度为 $7000mg/L$；而与 K^+ 共存时，若 K^+ 的浓度为 $3000mg/L$，则 Na^+ 的界限浓度还可以提高 80%，达到 $12600mg/L$。

（3）氨氮

氨的存在形式有 NH_3（氨）与 NH_4^+（胺），两者的平衡浓度取决于 pH 值。

$$[NH_3] + H_2O \Longrightarrow NH_4^+ + OH^- \qquad (8-50)$$

$$K_1 = \frac{[NH_4^+][OH^-]}{NH_3} = 1.85 \times 10^{-5} \quad (35℃) \qquad (8-51)$$

$$K_2 = \frac{[H^+][OH^-]}{H_2O} = 2.09 \times 10^{-14} \quad (35℃) \qquad (8-52)$$

上两式相除可得

$$[NH_3] = 1.13 \times 10^{-9} \times \frac{[NH_4^+]}{[H^+]} \qquad (8-53)$$

当 $[NH_3]$ 增加时，pH 值降低。若 pH 值降低到产甲烷适宜的范围以外时，产甲烷细菌活性受到限制，CH_4 产量将大为降低。据研究，当 $[NH_3]$ 超过 $12600mg/L$ 时，厌氧消化受到抑制。

（4）酸碱度、pH 值和发酵液的缓冲作用

消化液的酸度通常由其中的脂肪酸含量决定。脂肪酸含量较多的有乙酸、丙酸、丁酸，其次为甲酸、己酸、戊酸、乳酸等。丙酸的积累是造成酸抑制的基本原因。研究表明，脂肪酸含量大于 $2000mg/L$ 会使发酵过程受阻。

消化液的碱度通常由其中的氨氮含量决定。它能中和酸而使发酵液保持适宜的 pH 值。氨有一定的毒性，其浓度一般以不超过 $1000mg/L$ 为宜。

水解与发酵菌及产氢产乙酸菌对 pH 值的适应范围为 $5\sim6.5$，而产甲烷菌对 pH 值的适应范围在 $6.6\sim7.5$ 之间。在发酵系统中，如果水解发酵阶段与产酸阶段的反应速率超过产甲烷阶段，则 pH 值会降低，影响产甲烷菌的生活环境。但是，在发酵系统中，氨与 CO_2 反应生成的 NH_4HCO_3 使得发酵液具有一定的缓冲能力，在一定的范围内可以避免发生这种情况。缓冲剂是在有机物分解过程中产生的发酵液中的碳酸（H_2CO_3）及氨（以 NH_3 和 NH_4^+ 的形式存在，NH_4^+ 一般以 NH_4HCO_3 的形式存在）。故重碳酸盐（HCO_3^-）与 H_2CO_3 组成缓冲溶液。

$$H^+ + HCO_3^- \Longrightarrow H_2CO_3 \qquad (8-54)$$

$$K' = \frac{[H^+][HCO_3^-]}{[H_2CO_3]} \qquad (8-55)$$

取对数得

$$pH = -\lg K' + \lg \frac{[HCO_3^-]}{[H_2CO_3]} \qquad (8-56)$$

式中，K' 为弱酸电离常数。

可见缓冲溶液的 pH 值是弱酸电离常数的负对数及重碳酸盐浓度与碳酸浓度比例的函数。当溶液中脂肪酸浓度增加时，反应向右进行，直到平衡条件重新恢复。由于发酵液中 HCO_3^- 与 CO_2 的浓度都很高，故脂肪酸在一定的范围内变化，上式右侧的数值变化不会很大，不足以导致 pH 值的变化。因此在发酵系统中，应保持碱度在 2000mg/L 以上，使其有足够的缓冲能力，可有效地防止 pH 值的下降。故在发酵系统管理时，应经常测定碱度。发酵液中的脂肪酸是甲烷发酵的底物，其浓度也应保持在 2000mg/L 左右。如果脂肪酸积累过多，便与 NH_4HCO_3 反应生成脂肪酸铵和 CO_2，削弱了消化液的缓冲能力。

$$NH_4^+ + HCO_3^- + RCOOH \longrightarrow NH_4^+ + RCOO^- + H_2O + CO_2 \uparrow \qquad (8-57)$$

5. 温度

填埋气的产生与产甲烷菌的活跃程度有关。如前所述，产甲烷菌活跃的适宜温度在 30～65℃之间，过低或过高的温度都会使填埋气的产生明显下降。Chaiampo 等研究了意大利一个填埋场内温度分布的状况，在 1～2m 处堆体温度为 10～15℃，在 3～5m 处温度为 35～40℃，在 5～20m 处温度为 45～65℃。因此，在 1～5m 处，中温甲烷菌起主要作用，而在更深的垃圾堆体中嗜热甲烷菌起主要作用。

对产气试验连续进行一年监测的结果表明，垃圾在填埋初期处于好氧分解状态，产生大量的热量，池内温度迅速升高。进入厌氧阶段，温度略有下降，此时 CH_4 含量迅速上升。在前 3 个月，温度较高，CH_4 含量上升较快。随后外界温度开始下降，但池内温度在 30℃ 以上又维持了 2 个多月，CH_4 含量也滞后变化一段时间，在 50% 左右开始下降。在试验后期温度开始回升，CH_4 含量又有上升。其结果见图 8-5。

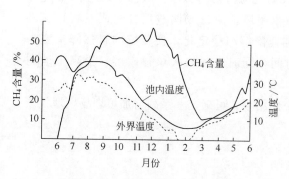

图 8-5 温度对填埋气 CH_4 含量的影响

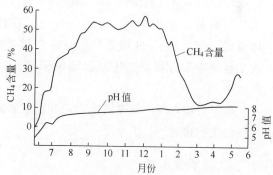

图 8-6 pH 值对填埋气 CH_4 含量的影响

6. pH 值

在垃圾填埋过程中，pH 值影响各种微生物的活动，因此也就决定了垃圾降解的速度。典型填埋降解过程初期 pH 呈中性，在第二、第三阶段随着有机酸的大量产生 pH 值不断降低，最低可达 4，产生的有机酸为产甲烷菌的生长提供了养分，随着有机酸的不断消耗，pH 值逐渐上升。产甲烷菌最适宜的 pH 值范围为 6.8～7.5，如果 pH 值高于或低于这一最佳范围，CH_4 产生都有明显下降。

通过定期测定垃圾发酵过程中产生的渗滤液的 pH 值，就能发现 pH 值对填埋气 CH_4

含量的影响，结果见图8-6。由图8-6可以看出，填埋初期的pH值呈弱酸性；随后pH值逐渐上升，当上升到7.2左右时，CH_4含量最高；随后pH值逐步接近8，呈稳定趋势。由试验可知pH值在6.8~7.2范围内有利于CH_4的产生。

7. 场地特性

填埋气的产生与厌氧环境的形成直接相关。填埋厚度超过5m就会产生厌氧环境并有大量的填埋气产生：一方面，良好的覆盖和垃圾的压实可以创造良好的厌氧环境；但另一方面，也会减少垃圾中的水量和阻碍水分的迁移，从而对填埋降解造成不利影响。

8. 填埋场的环境因素和填埋作业方法

填埋场的环境因素和填埋作业方法与填埋气的产生密切相关，例如填埋场所处的海拔高度、当地的气压气温、垃圾压实密度、垃圾填埋深度、顶部覆盖厚度等。后4项都和填埋气的产生速率呈正相关关系。对于填埋场的环境因素和填埋作业方法对填埋气CH_4含量产生过程的影响，今后将做深入的研究。

二、提高产气的方法及技术

垃圾填埋降解过程漫长，过去人们将其视为一个自然降解过程，采取的工程技术措施也主要是从环境卫生角度考虑的。缓慢的降解速度和较低的产气速率，既不利于填埋场的稳定化，也不利于填埋气的利用。随着可持续发展观念的提出，不将垃圾留给下一代已成为垃圾处理的重要指导原则。因此，加快垃圾填埋的降解速度，提高土地利用效率，加强有用物质和能量（如填埋气）的回收引起了人们更为密切的关注。从以上填埋降解过程及其影响因素可以看出，采用适当的工程技术手段，改善或调整垃圾组成及特性、堆体温度、含水率、pH值等参数，将有利于加速降解与稳定化，使传统的自然降解变为人工控制降解过程，这样不仅缩短了降解时间，同时也可增大填埋库容，提高土地利用效率。

根据对填埋场产气率影响因素分析与研究的结果，可确定一系列增加填埋场填埋气产生量的实际措施。

1. 调节含水率

当填埋场某个区域的含水率低于恰当含水率范围时，加入适量的水后，CH_4含量会明显提高。增加含水率有两种方法；一是可利用雨水或地表水造成渗透；二是可利用井、管、盲沟注入垃圾渗滤液，还可以提高垃圾的压实密度，延长填埋场的使用年限。

2. 注意保温

低温会使微生物的活性降低，不利于填埋气的产生。解决这一问题的主要方法是加厚顶部的覆盖层来隔绝垃圾和大气的接触。在冬天，倾倒的垃圾中含有一定的水分，要尽量缩短这些垃圾在地表停留的时间，为防止其结冰，要迅速用较厚黏土覆盖。另外，还可采用回灌垃圾渗滤液的措施来平衡整个填埋场的温度。

3. 控制 pH 值

适宜产填埋气的 pH 值范围是 6.8~7.2，可通过加入抑制剂的方法来控制 pH 值。在实际操作中，可在填埋垃圾时加入生石灰粉或在填埋场地表喷洒生石灰水。

4. 增加培养基和细菌数量

可通过加入污泥和粪便的方法来增加营养成分和填埋气细菌数量。在操作时为防止异味散溢，要及时用土覆盖。

5. 提高填埋场的填埋作业水平

在填埋作业过程中要提高垃圾的压实密度，增大垃圾的填埋深度，封场填埋的深度至少应保持 10m，封场的顶层覆土厚度至少为 65cm 黏土。另外在填埋场外围边坡还要用防透气膜覆盖严实，并加盖一定厚度土层，以阻止空气进入。

6. 其他措施

通过垃圾的预处理，对其中有利物质加以回收，同时对垃圾进行粉碎，增大其表面积，可提高垃圾分布的均匀性和加快降解速度。目前我国绝大部分填埋垃圾没有经过预处理，这不仅浪费了其中的资源，也不利于降解。

通常采用的是渗滤液回灌技术，对填埋场进行渗滤液回灌能加速垃圾填埋降解和填埋气的产生，提高填埋气的产生速率与产量，有利于填埋气的回收利用，同时加大了垃圾的降解速度，提高了填埋场地的利用效率。此外，还净化了渗滤液，降低了渗滤液的处理费用。

垃圾填埋是一个序批式的动态过程，其降解过程在不同阶段呈现不同特征。因此，加强相关参数（如填埋气和渗滤液的产量、浓度，垃圾堆体温度等）的监控，把握降解过程的动态特征，并采用相应的工程手段及时调控有关参数，方可实现降解过程的有效控制，从而达到加速填埋降解过程的目的。

三、填埋气产生量的估算

填埋气是垃圾填埋降解的伴随产物，对其进行有效收集和利用是防止二次污染和提高垃圾填埋的资源化程度的重要内容。我国填埋气利用尚处于探索阶段，目前大规模的垃圾处理工程实践急需对填埋气产生及迁移规律做系统而深入的研究。

填埋气的产生量决定着在该填埋场建立气体利用系统是否可行、采用什么方式能最有效地控制、利用释放气体以及收集利用系统的规模等至关重要的问题。然而，影响填埋气产生量的因素复杂多样，如何准确估算填埋气产生量成为填埋气控制、利用研究的重要课题。

在评价填埋气利用的可行性时，除了气体产生量外，气体的产生周期和速率也是重要的指标。任何一个可用于气体收集利用的理想填埋场都应该在具有高产气量的同时，还能够维持较长的产气周期和稳定的产气速率。

填埋场 CH_4 产量、产率在理论上有 4 种计算方法，包括质量平衡和理论产气量模型、理论动力学模型；生物降解理论最大产气量模型和化学计量室模型。

1. 质量平衡和理论产气量模型

此公式由关于气候变化的政府间协作组织（Intergovernment Panel on Climate Change，IPCC）1995 年推荐，主要用于计算生活垃圾的产气总量 E_{CH_4}，其公式为：

$$E_{CH_4} = MSW \times \eta \times DOC \times R \times (16/12) \times 0.5 \qquad (8\text{-}58)$$

式中，MSW 为城市生活垃圾量；η 为垃圾填埋率，%；DOC 为垃圾中可降解有机碳的含量，%，IPCC 推荐值发展中国家为 15%，发达国家为 22%；R 为垃圾中的可降解有机碳分解百分率，%，IPCC 推荐值为 77%。

运用该模型计算产气量快捷方便，只要知道某个城市的生活垃圾总量以及填埋率就能估算出产气量。但由于没有直接考虑垃圾产气的规律及其影响因素，计算值往往过于粗略，仅适用于估算较大范围的产气量，如一个国家、一个省或一个城市。

IPCC 推荐的这个模型属于宏观统计模型，它的主要功能是预计、估算 CH_4 总量，对于评价 CH_4 对气候变化的贡献有重要意义。但由于该统计模型无法计算在填埋场整个产气周期中 CH_4 排放的分布，所以不能直接作为填埋场 CH_4 利用的计算依据。

利用 IPCC 推荐的公式计算的 1990～2010 年江浙沪地区城市的 CH_4 排放量，结果见表 8-9。从表中可以看出，城市垃圾的 CH_4 产量是相当可观的，2010 年城市垃圾 CH_4 产生量达到 2.6676×10^6 t，为 1999 年的 3.75 倍，年平均增长率为 6.8% 左右。若将该地区城市垃圾 CH_4 的排放量全部利用起来，相当于近 3×10^6 t 的煤炭的能源潜力，创造 4.2 亿人民币的直接经济价值，对环境保护所起的作用十分可观。

表 8-9　1990～2010 年江浙沪地区城市垃圾 CH_4 排放量

时间	城市人口/万人	垃圾生产率/[kg/(人·d)]	DOC	垃圾总量/10^4t	CH_4 排放量/10^4t
1990 年	2986.56	0.85	15	925	72.23
2000 年	39887.4	1.20	17	1720.7	148.59
2005 年	4326.7	1.35	18	2132.0	197.00
2010 年	4745.7	1.50	20	2598.3	266.76

2. 理论动力学模型

（1）N. Gardner 和 S. D. Probert 模型

$$P = C_d x \sum_{i=1}^{n} F_i (1 - e^{-k_i t}) \qquad (8\text{-}59)$$

式中，P 为标准状态下单位质量垃圾在时间 t 的甲烷排放量，m^3/t；C_d 为垃圾中可降解的有机碳的百分率（推荐值为 0.15）；x 为填埋场产气中 CH_4 份额，%；n 为可以降解组分的总和（$i=1，2，3，\cdots$）；F_i 为可降解组分占有机碳的含量，%；k_i 为可降解组分的降解系数；t 为填埋时间，a。

这一模型可以表征填埋气 CH_4 产生量随时间的动态变化，有利于对各个产气阶段的分析，从而运用这一详细资料设计收集系统。

（2）Marticorena 动力学模型

该模型是垃圾场产甲烷的一阶动态方程式，其假设条件是填埋场中的垃圾是半年内分层填埋的。该模型的推导过程为

$$MP = MP_0 \, \mathrm{e}^{(-t/d)} \tag{8-60}$$

$$D(t) = \frac{\mathrm{d}MP}{\mathrm{d}t} \Rightarrow D(t) = \frac{MP_0}{d \, \mathrm{e}^{(-t/d)}} \tag{8-61}$$

$$F(t) = \sum_{i=1}^{t} T_i D(t-1) = \sum_{i=1}^{n} T_i \times \frac{MP_0}{d} \times \mathrm{e}^{-(t-i)/d} \tag{8-62}$$

式中，MP 为标准状态下 t 时间的垃圾产 CH_4 量，m^3/t；MP_0 为标准状态下新鲜垃圾产 CH_4 量，m^3/t；t 为时间，a；d 为垃圾持续产 CH_4 时间，a；$D(t)$ 为标准状态下第 t 年的垃圾产 CH_4 速率，$m^3/(t \cdot a)$；T_i 为第 t 年的填埋垃圾的质量，t。

该模型中增加了描述填埋场产气周期的参数 d。因为 d 值可以利用现场取样而得到较为准确的估算，所以该模型的结果比较具有针对性，结果相对准确。

以 Marticorena 动力学模型为基础，根据近几年我国垃圾填埋数据，对我国垃圾填埋场 CH_4 产生量进行预测，得出到 2020 年，我国垃圾填埋场 CH_4 产生量将比 2000 年增加近 2 倍，达到 $1.2 \times 10^{10} \, m^3$。根据我国几种温室气体排放预测，到 2020 年，填埋场产生的 CH_4 占总温室气体的比例将比 2000 年增加近 1 倍，达到 7.19%。因此，填埋气尤其是 CH_4 的减排也是填埋技术应用过程中刻不容缓的研究重点。

（3）COD 估算模型

该模型是建立在质量守恒定律基础上的，它假设垃圾中的 COD 值等于产气中 CH_4 燃烧的耗氧量。此模型同样也是用于计算一定数量垃圾的最终产气总量。该模型的计算结果同样也适用于计算一定数量垃圾的最终产气总量。该模型的数学形式为

$$Y_{CH_4} = 0.35 \times (1-w) \times V \times COD \tag{8-63}$$

式中，Y_{CH_4} 为 1kg 填埋垃圾的理论产 CH_4 量，m^3/kg；w 为填埋垃圾的含水率，%；V 为 1kg 填埋垃圾的有机物含量，%；COD 为填埋垃圾 1kg 有机物的 COD 值，kg/kg；0.35 为 1kgCOD 的 CH_4 的理论产量，m^3/kg。

3. 填埋气实际产生量的估算

以上都是一些理论模型，对于实际应用都有些困难，下面是较为实际的模型，对不同时期填埋气产生量的估算有一定的指导意义。

影响填埋气产生量的因素有废弃物的成分、含水量、颗粒尺寸、填埋时间、pH 值和温度等。目前还没有填埋气产生寿命的明确标准，只能应用现有资料进行估算。一般是根据历年废弃物填埋总量和龄期计算运行期和封闭后填埋场每年的产气率，再对比各年份的总产出量以确定年最大产气率。

不同运行时间段内的年产气率可用下面的公式来估算。

运行期：
$$Q_t = 2Lm(1 - \mathrm{e}^{-kt}) \tag{8-64}$$

封闭期：
$$Q_t = 2L_0 m_0 (\mathrm{e}^{kt_a} - 1) \mathrm{e}^{-kt} \tag{8-65}$$

式中，Q_t 为第 t 年的产气率，m^3/a；L_0 为 CH_4 生产潜力，m^3/t；k 为 CH_4 产出速率系数，$1/a$；m_0 为废弃物年填埋量，t/a；t 为填埋场运行龄期，a；t_a 为填埋场运行总年限，a。

表 8-10 给出了 L_0 和 k 的取值范围及建议取值。由于产气率与填埋物的成分、温度和水环境等因素有关，影响产气率估算结果的主要参数是 L_0 和 k。因此，要提高产气率的估算精度必须加强实测和资料分析。

表 8-10　L_0 和 k 的取值范围及建议取值

参　　数	取　值　范　围	建　议　取　值
$L_0/(\mathrm{m^3/t})$	$0\sim310$	$140\sim180$
$k/(1/\mathrm{a})$	$0.003\sim0.40$	潮湿气候 $0.10\sim0.35$
		中等湿润气候 $0.05\sim0.15$
		干燥气候 $0.02\sim0.10$

填埋场生产运行总年限一般为 15a，即 $t_a=15$。若 M_i 为运行期内每年废弃物的填埋气产生量，则第 i 年填埋的废弃物 M_i 在运行 t 年后填埋龄期为

$$t_i=t-i+1 \tag{8-66}$$

式中，t 为填埋场运行龄期，a；i 为废弃物填埋年份，a。

废弃物 M_i 在填埋场运行 t 年后的产气率为

$$(Q_t)_i=n_i\times2kL_0M_i\times\mathrm{e}^{-kt_i} \tag{8-67}$$

式中，$(Q_t)_i$ 为第 i 年填埋的废弃物在填埋场运行到第 t 年的产气率，$\mathrm{m^3/a}$；M_i 为第 i 年填埋的废弃物总量，t；t_i 为第 i 年填埋废弃物 M_i 在填埋场运行第 t 年时的填埋龄期，a。

则每年总的产气率为

$$Q_t=n_i\sum_{i=1}^{n}2kL_0M_i\mathrm{e}^{-kt_i}\quad n\leqslant t_a \tag{8-68}$$

则第 1 年产气率为

$$Q_1=2kL_0M_1\mathrm{e}^{-k} \tag{8-69}$$

第 15 年产气率为

$$Q_{15}=2kL_0\times(M_1\mathrm{e}^{-15k}+M_2\mathrm{e}^{-14k}+M_3\mathrm{e}^{-13k}+\cdots+M_{14}\mathrm{e}^{-2k}+M_{15}\mathrm{e}^{-k}) \tag{8-70}$$

第 16 年产气率，即填埋场封闭后的第 1 年为

$$Q_{16}=2kL_0\times(M_1\mathrm{e}^{-16k}+M_2\mathrm{e}^{-15k}+M_3\mathrm{e}^{-14k}+\cdots+M_{14}\mathrm{e}^{-3k}+M_{15}\mathrm{e}^{-2k}) \tag{8-71}$$

第 25 年产气率，即填埋场封闭后的第 10 年为

$$Q_{25}=2kL_0\times(M_1\mathrm{e}^{-25k}+M_2\mathrm{e}^{-24k}+M_3\mathrm{e}^{-23k}+\cdots+M_{14}\mathrm{e}^{-12k}+M_{15}\mathrm{e}^{-11k}) \tag{8-72}$$

这样就可以通过计算得到填埋场的最大产气率。若填埋场的气体收集和控制系统部分建成，则可通过实际测量所得的产气率来设计其余部分的收集和控制系统。

集气井（或集气池）中的气流是通过水平集气沟和竖直集气井来收集的。竖直集气井是置入填埋场中的，而水平集气沟是层状布置的。布置气体收集井时要使其影响区域相互重叠，最有效的布置形式是平面上采用等边三角形。竖直集气井和水平集气沟的气流量是确定收集管尺寸、管内压降及估算冷凝物体积的重要参数，其值可用以下公式进行计算。

运行期：
$$q_t=2L_0w_0(1-\mathrm{e}^{-kt}) \tag{8-73}$$

封闭期：
$$q_t=2L_0w_0(\mathrm{e}^{kt_a}-1)\mathrm{e}^{-kt} \tag{8-74}$$

$$w_0=\pi r2d_0\rho \tag{8-75}$$

式中，q_t 为第 t 年集气井中的产气率，$\mathrm{m^3/a}$；w_0 为集气井影响区域内废弃物年填埋

量或年平均填埋量，t/a；t 为集气井或集气池影响区域内填埋物的龄期，a；t_a 为集气井影响区域总的填埋运行年限，a；d_0 为集气井影响区域内废弃物的填埋深度，m；ρ 为废弃物密度，t/m³；r 为集气井影响半径，m。

第五节　填埋气的收集及预处理

一、填埋气的收集

为减少填埋气进入环境对人类及生态造成危害，必须对填埋气进行控制、收集、处理直至利用。目前，对填埋气的控制、收集手段主要有被动型和主动型两类。

1. 被动型气体控制收集系统

被动型气体控制收集系统利用的是填埋场内部产生气体的压力和浓度梯度，而不是采用泵等耗能设备将气体导排入大气或控制系统。通过由透气性较好的砾石等材料构筑的气体导排通道，填埋场内产生的气体被直接导入大气、燃烧装置或气体利用设备。当填埋场顶部、周边、底部防透气性能较好时，被动型气体收集系统也有较高的收集效率。总的来说，被动型气体控制效率较低，只解决了部分环境问题，如减少爆炸的危险，防止气体无组织释放而损坏防渗层等，尚不能满足对气体进行充分回收和利用的要求。

2. 主动型气体控制收集系统

主动型气体控制收集系统通过泵等耗能设备创造压力梯度来收集气体。收集的气体可进行利用，也可直接燃烧。其收集系统又可分为垂直井系统和水平沟系统。垂直井系统一般在填埋场大部分或全部填埋完成以后，再进行钻孔和安装；而水平沟系统在填埋过程中即进行分层安装。主动型气体控制收集系统的关键是根据收集井、收集沟的影响范围确定系统的布设，保证填埋场内各部分气体尽可能完全回收。

对于有合适条件（填埋垃圾中可降解有机物的含量在50%以上，产气量大、产气速率稳定）的填埋场，应该采取主动收集利用填埋气的方法，世界各国也正逐步采用主动型气体控制系统来代替被动型气体控制系统。

主动型气体控制收集系统在工程上常用的收集工艺有水平收集系统和竖井收集系统。水平收集系统主要适用于新建和运行中的垃圾填埋场，比较适用于以易降解有机物成分为主的垃圾填埋场。由于采用边填埋边集气，因而水平井的收集效率较竖井高，水平收集系统的收集效率是竖井的5～30倍。但是垃圾腐熟造成的不均匀沉降对水平井的影响较竖井大。另外，在每层铺设集气管时，会影响正常的填埋作业。

水平收集系统有砾石通道排出法和管道排出法两种方式。砾石通道排出法是利用砾石的透气性大大高于垃圾和覆盖材料的原理设计的。填埋气会在自身压力和外界压力的共同作用下沿砾石通道运行、排出。砾石通道的间距一般为50～100cm。在垃圾覆盖时，其上层的侧面用砾石覆盖起来，随着垃圾堆体的不断升高，砾石层也不断延长，逐渐在垃圾堆体内部形成砾石通道。在垃圾最终覆盖时，要在其堆体表面水平覆盖一层砾石，这样，填埋气会通过各通道聚集于垃圾堆体顶部。设置排气管即将气体排出和收集，见图8-7。

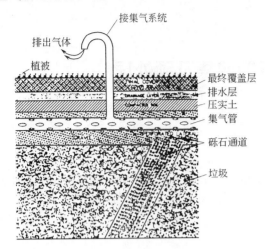

图8-7 砾石通道排出法示意

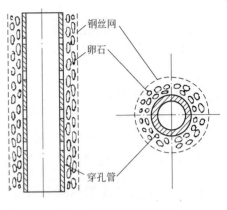

图8-8 管道排出法示意

管道排出法类似于砾石通道排出法，只是用穿孔竖管代替砾石通道。填埋气在压力的作用下迁移至穿孔竖管之后，沿竖管运行排出垃圾堆体。穿孔管可采用钢制或PVC、HDPE等，单根管长5m，直径为300～500mm，穿孔直径为10mm，穿孔率在保证管道机械强度的前提下应尽量高，管道两端有丝扣，以利于连接。穿孔管外填100mm厚鹅卵石，卵石直径大于10mm，以防止垃圾堵塞集气管的孔洞，卵石外包裹钢丝网，将鹅卵石与管道固定在一起，见图8-8。填埋气经砾石通道或管道排出后，利用管线将各排气管连接起来形成集气管路系统，将填埋气收集起来。

对于已封场的填埋场一般采用竖井收集系统。其特点是：该区域填埋作业完毕后才集中打井收集。因而集气系统的操作和填埋作业不交叉进行，不会影响填埋专业。另外，填埋场垃圾不均匀沉降影响很小，但集气速率较低，适用于以中等降解能力有机物为主要成分的垃圾填埋场。填埋气竖井收集系统结构见图8-9。

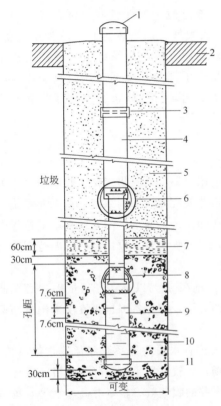

图8-9 填埋气竖井收集系统结构

1—PVC盖不加外套焊接；2—覆土；3—按需要使用PVC接头；4—PVC管；5—细土回填；6—伸缩管连接头；7—不渗水密封；8—粗麻或玻璃纤维制成的伸缩管接头防护物；9—PVC管槽孔；10—3.8cm石料回填；11—PVC盖

竖井的分布与垃圾填埋层厚度有关，厚度大的比浅层垃圾集气效果要好。一般垃圾厚度大于3m时，竖井间距为30～70m。竖井设置在水平布置中时，分边井和中部井两类，边井的井间距可以小一些，中部井间距可以适当大一些。从纵面来看，中部也分为浅层井和深层井，浅层井的作用与边井作用相同，用以控制边层填埋气体的扩散；深层井内的填埋气质量较边井和浅层井好，含 CH_4 量高。厚鹅卵石，卵石直径大于 10mm，以防止垃圾堵塞集气管的孔洞，卵石外包裹钢丝网，将鹅卵石与管道固定在一起。填埋气经砾石通道或管道排出后，利用管线将各排气管连接起来形成集气管路系统，将填埋气收集起来。

不论采用竖井还是水平管道收集，最终均需要将填埋气汇集到总干管进行输送。输送干管的设置除必需的控制阀、流量压力检测孔和取样孔外，还应考虑冷凝液的排放。

3. 填埋气收集方法的比较与选择

各种填埋气收集系统比较如表 8-11 所列。

表 8-11　各种填埋气收集系统比较

收集系统类型	适用对象	优　点	缺　点
主动型气体收集系统			
垂直井收集系统	分区填埋的填埋场	价格比水平沟收集系统便宜或相当	在场内填埋面上进行安装、操作比较困难；易被压实机等重型机构损坏
水平沟收集系统	分层填埋的填埋场；山谷型自然凹陷的填埋场	因不需要钻孔，安装方便；在填埋面上也很容易安装、操作	底层的沟容易损坏，难以修复；如填埋场底部地下水位上升，可能被淹没；在整个水平范围内难以保持完全的负压
被动型气体收集系统	顶部、周边、底部防透气性能较好的填埋场；只考虑防止气体向周围迁移的填埋场	安装、保养简便、便宜	收集效率一般低于主动型气体收集系统

两种气体收集方式各有其适用对象和优缺点，在选择填埋气控制方式时，应立足于填埋场的实际情况、地形特征、产气状况、控制要求及资金情况，进行综合考虑，确定最佳方案。就我国的情况而言，在现有较为简单的城市垃圾堆放场、填埋场中，气体大多无组织释放，存在爆炸隐患，并造成环境危害，建议采用被动控制的方式对气体进行导排燃烧。在一些容量较大、堆体较深、垃圾有机物含量高且操作管理水平较高的填埋场，可以考虑采取主动方式回收利用填埋气。对于新建填埋场，可以在填埋初期通过被动方式控制气体释放，当产气量提高到具有回收价值之后，开始对气体进行主动回收利用。

4. 填埋气收集管网的设计要点

在设计收集管网系统时，应考虑导气管的布置、管道分布和路径、冷凝液收集和处理、材料选择、管道规格等因素。导气管干管的设置除必要的控制阀、流量压力监测孔和取样孔外，还应考虑冷凝水的排放。收集系统也有支路和干路，干路互相联系形成一个"闭合回路"。因此，压力差的计算要考虑最远的支路和干路。

井头的管道必须充分倾斜，以提供排水能力。垃圾填埋场的封场地面采用 0.5%～

1%坡降，而集气干管则要有 3%的坡降，对于更短的管道系统甚至要有 6%～8%的斜率。为排出冷凝液，干管采用在干管底部装置冷凝液排放阀。

二、填埋气的预处理

填埋气在利用和燃烧前，一般需要进行预处理。填埋气中含有水和其他液体以及 CO_2、N_2、O_2、H_2S 等，质量和成分不断变化。湿度也会低到 5%或高到饱和；H_2S 含量可能达到有害的程度；O_2 含量有时变化也很大，O_2 含量太高会产生潜在的爆炸危险；CO_2 和 N_2 含量大时，其热值会降低。因此，对于填埋气无论是消极的污染控制——直接焚烧，还是能源的回收资源化利用都必须对所收集的填埋气根据不同的利用方式进行不同程度的处理。这些处理过程主要包括预处理和深度净化处理，其中预处理包括脱水、过滤和干燥等，主要是去除填埋气中的水分和微细颗粒等杂物；而深度净化处理主要是指除去填埋气中的部分 CO_2，提高产气中 CH_4 的浓度，以达到提高产气热值的目的并进行高效的资源化利用。

填埋气预处理采用的技术基本都是成熟的工业操作技术，如压缩冷凝脱水、过滤和活性氧化铝干燥等，经过这些初步的处理后能够有效降低填埋气中的颗粒物和水分，从而用于发电，或者进行直接焚烧排放。

填埋气的深度净化处理是填埋气用作汽车代替燃料和化工原料等高附加值资源化利用时必须进行的处理，主要的净化处理技术包括化学吸收净化、吸附分离法和膜处理净化，目前化学吸收净化和吸附分离净化等处理方法都已经比较成熟，且在一些国家有了大规模的商业应用；而膜处理净化则还需进一步的研究开发。

1. 脱水

填埋气产生在 26～60℃之间，水蒸气近于饱和，压力略高于大气压力。当气体被收集到集气站时，由于气体在管道总温度降低，水蒸气会冷凝，在管道里形成液体，从而引起气流堵塞和管道腐蚀、气体压力波动及含水率高等问题。因此在填埋气输送和利用前必须脱水。由于脱水过程同时还伴随着部分 CO_2 和 H_2S 的去除，因此通过脱水可使填埋气的热值提高大约 10%。一般采用冷凝器、沉降器、旋风分离器或过滤器等物理单元来除去气体总的水分和颗粒。

填埋气还可以通过分子筛吸附、低温冷冻、脱水剂等进行脱水，使填埋气中水分含量小于气体输送和利用过程中的水分含量。

2. CO_2 的去除

目前，国内外对垃圾填埋气的净化收集技术主要分为膜分离法、变压吸附法和溶剂吸收法三大类。

（1）膜分离法

1983 年 5 月，美国的 Florence，Alabamal 采用角柱分离器处理垃圾填埋气，其流程如图 8-10 所示，其中图中 1～6 段各部分气体成分组成见表 8-12。该技术的缺点是甲烷损失大，投资大，操作成本高。

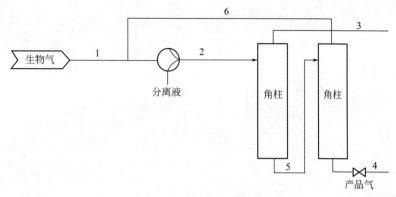

图 8-10　角柱分离器处理垃圾填埋气流程

表 8-12　各部分气体成分组成

组　分	1	2	3	4	5	6
CO_2/%	37.7	43.0	76.9	5.0	23.8	51.0
CH_4/%	55.9	56.7	22.7	95.0	76.0	48.4
N_2/%	0.01	0.01	—	0.023	0.016	0.006
O_2/%	—	—	—	—	—	—
H_2O/%	0.4	0.3	0.4	—	0.2	0.6
标况下体积流速/(m³/h)	91.8	116.5	42.1	44.0	74.3	30.3
摩尔数/(kmol/h)	4.1	5.2	1.88	1.96	3.32	135
摩尔质量	26.7	28.0	37.5	17.4	22.7	30.3
压力/bar	1.0	28.8	2.5	2.5	28.8	1.0
温度/℃	29	54	38	38	38	38

注：1bar＝10^5Pa，下同。

（2）变压吸附法

其原理是利用选择性吸附剂在加压下吸收 CO_2，使其与垃圾填埋气中的 CH_4 分离，吸附了 CO_2 的吸附柱在减压后解吸，使 CO_2 排出系统，吸附剂得到再生。美国对天然中 CO_2 和 CH_4 分离有成熟经验。据介绍 CO_2 脱除率大于 95％。但该工艺操作程序复杂，设备易损坏，投资费用和维护费用高。

（3）溶剂吸收法

它有多种成熟方法。日本某市用双塔式吸收法提纯垃圾填埋气，装置简图如图 8-11 所示。这种装置具有组成简单、成本低、操作简便的特点；但存在二次污染问题。

采用溶剂吸收法去除 CO_2，可分离垃圾填埋气中的 CH_4，供作汽车燃料，或作高热质燃气并入天然气管网用于工业锅炉、民用燃气或发电，净化气如表 8-13 所列。

表 8-13　溶剂吸收法净化气成分

组分	CH_4/%	C/%	O_2/%	N_2/%
进气	59.8	36.85	—	—
出气	94.31	3.48	0.54	1.71

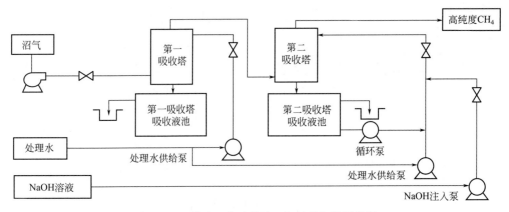

图 8-11　双塔式吸收法提纯垃圾填埋气装置简图

上述工艺的 CO_2 脱除率＞95％，CH_4 回收率为 90％～95％，净化气中 CH_4 含量＞90％，据介绍，美国 Freshkiees 垃圾场已用这一工艺成功地脱除垃圾填埋气中的 CO_2，并入天然气管网进行发电。

3. H_2S 的去除

填埋气中的 H_2S 含量与垃圾的成分有关。当填埋垃圾含有石膏板之类的建筑材料和含硫酸盐污泥及蛋白质组分时，填埋气中 H_2S 就会大量增加。

去除硫化物的方法很多，前面介绍的脱水也能部分去除 H_2S 气体，但还不完全，常用的填埋气脱硫工艺主要分为湿式净化工艺和吸附工艺两大类，包括催化净化法、链烷醇胺选择净化法、碱液净化法、炭吸附法和海绵铁吸附法等。

一般常用的方法是海绵铁吸附法，即将填埋气通过一个含有 Fe_2O_3 和木屑的混合组成的海绵铁，在潮湿的磁性条件下，H_2S、H_2O 和 Fe_2O_3 结合。

$$3H_2S+Fe_2O_3+2H_2O \longrightarrow Fe_2S_3+5H_2O \qquad (8\text{-}76)$$

利用含有 $Fe(OH)_3$ 的脱硫剂的干法脱硫，其原理与海绵铁吸附法相似，H_2S 和 $Fe(OH)_3$ 反应生成 Fe_2S_3。

$$3H_2S+2Fe(OH)_3 \longrightarrow Fe_2S_3+6H_2O \qquad (8\text{-}77)$$

湿法脱硫是用水去除 H_2S。在温度 20℃、压力 101.3kPa 的情况下，$1m^3$ 的水能溶解 $2.9m^3$ H_2S。该方法在处理含有较多 H_2S 的气体时是很经济的，采用此法可以去除 60％～85％ H_2S。

近年来，人们不断地改进单一工艺，发展联合工艺，开发新工艺，如将化学氧化吸附和物理吸附工艺相结合，利用吸附剂保护催化剂，使处理效率大大提高，这对去除低含量的 H_2S 具有明显的优势。典型的联合工艺还有化学氧化洗涤、催化吸附等。目前发展最快的还数生物过滤。一些发达国家的研究表明，该工艺具有操作简单、适用范围广、经济、不产生二次污染等许多优点，特别适于处理水溶性低的有机废气，被认为是最有前途的净化工艺。生物过滤法可以同时去除 H_2S、CO_2 两种杂质，其工作原理是利用滤料中微生物的生物降解作用。

4. N_2 和 O_2 的去除

填埋气中 N_2 和 O_2 的去除是最困难的。N_2 是一种惰性气体，用化学反应技术和物理吸附工艺都较难去除。目前一些较为先进的去除技术，如膜渗透工艺、加压旋转吸附工艺（PSA）等都由于成本太高无法应用于商业体系中，迄今唯一可靠的去除 N_2 的方法是传统的冷冻除氮。O_2 的去除也很难，在冷冻除氮的过程为防止 O_2 与 CH_4 形成爆炸性混合气体，可用催化反应器喷入 H_2 来去除 O_2，但该系统很复杂。

第六节　填埋气能源化利用

一、概述

垃圾填埋场气体由于含有 CH_4 等成分，热值也很高，因此在替代燃料、化工原料等领域均取得了广泛的应用。填埋气能源化利用的主要途径包括以下几个方面。

（1）发电

发电是填埋气最广泛的资源化利用方式之一。填埋气中含有大量 CO_2，热值较低，火焰传播速度慢、混合气点火温度较高，但燃烧特性比天然气差。使用内燃机燃烧发电时，填埋气中 CH_4 含量一般应达 45% 以上，同时还需要采取一些技术措施来改善填埋气的燃烧，如增加预燃室、提高压缩比等。采用内燃机发电具有投资小、费用低的优点，运行费用仅为焚烧发电的 $1/4$ 左右。但填埋气对内燃机有腐蚀、内燃机尾气中 NO_x 含量较高。一般发电功率在 $1\sim3MW$ 时，采用内燃机发电。

1999 年，对美国 327 个垃圾填埋场的填埋气利用现状调查显示，约 71% 的垃圾填埋气用于发电。用填埋气发电时，可使用一般的燃气发电机组或专用的沼气发电机组，技术比较成熟，对电网的要求不高。填埋气用于发电时可以短时间内储存起来，当电力不足时用于发电，具有很好的调峰能力，具有一定的商业竞争力。1998 年杭州天子岭垃圾填埋场发电获得成功，这是我国首个垃圾填埋气发电厂；2013 年 5 月，鄂州市首个垃圾填埋气发电厂经过连续 72h 试运行后，成功并网发电。预计每年发电量可达到 6×10^6kW，年减排二氧化碳 1.8×10^4t。

（2）填埋气直接燃烧

在没有条件利用填埋气或者填埋气过剩的情况下，对其直接焚烧，可以把 CH_4 转化为对环境影响较小的 CO_2，而且高温火焰可以去除填埋气中的有毒有害气体，所以焚烧火炬是垃圾填埋场必备的设备。垃圾填埋气可以与天然气或其他燃料混合使用，也可直接作为锅炉、工业炉等的燃料，但这种使用方式较少。主要原因在于：填埋气中含有大量的 CO_2，从而使其着火困难，燃烧效率低，甚至需要与天然气等燃料混合才可以燃烧；此外，垃圾填埋场一般都建在比较偏远的郊区，不论直接使用还是通过锅炉燃烧后对外提供热水或蒸汽，都需要铺设很长的管道，成本较高。总体经济效益要比用填埋气发电差。

（3）填埋气用于汽车燃料

去除垃圾填埋气中的微量有害成分后，可制成压缩填埋气，用作汽车燃料。一个典型的垃圾填埋气制取车用燃料的流程大致为：填埋气经集气系统进入储气室后，加压到 $1.0\sim1.5MPa$，通入水洗塔中除去硫化氢等杂质和部分二氧化碳，然后继续加压到 $25MPa$，经过分子筛干燥。处理完的填埋气经加压泵加压到 $25MPa$ 后存于钢瓶内。

1996 年，美国洛杉矶已经把垃圾填埋气转化为汽车燃料，并经过由 13 辆车组成的车队试运了 30 个月。试运结果表明，净化后的压缩垃圾填埋气与柴油和压缩天然气相比，经济性相当。制取车用压缩填埋气的系统主要包括压缩机、用于填埋气预处理的活性炭、去除 CO_2 和水蒸气的半渗透膜、压缩气贮存和自动售卖装置。压缩机是其中投资和运行费用最高的设备。

（4）垃圾填埋制取液化天然气和化工原料

垃圾填埋气经过预处理，脱除其中的 CO_2、H_2S 和水分等杂质后，得到高纯度的 CH_4 气体，冷却到 $-162℃$ 左右，即可到液化天然气。如北京东方绿达科技发展有限公司推出的一种垃圾填埋气制液化天然气系统，主要流程包括：垃圾填埋气经过物理分离、脱硫、脱水、脱 CO_2 后，再经过压缩增压、深冷液化，即可获得液化天然气。采用此系统，北京某垃圾填埋场每天可获得液化天然气 $10000m^3$，其中甲烷含量高达 97.09%。

对填埋场气体利用方式的确定，需要综合考虑多方面的因素，包括气体的产生量、产生速率，利用方式的经济可行性，填埋场内部及周围地区的能源需求等。表 8-14 是对目前主要填埋场气体利用方式的小结，可以作为确定气体利用方式时参考。

表 8-14　目前主要填埋气利用方式的比较

利 用 方 式	气体预处理要求	适用最小垃圾填埋量/10^6t	最低 CH_4 含量/%	要　　求
直接燃烧	简单脱水		20	适用于任何填埋场
作为燃气本地使用	脱水、去除酸性气体和杂质	10	35	填埋场外用户应在 3km 以内场内使用适于有较大能源需要的填埋场,特别是已经使用天然气的填埋场
发电　内燃机发电	脱水、去除杂质	1.5	40	场内使用适于有高耗电设备的填埋场
燃气轮机发电	脱水、去除杂质	2.0	40	输入电网需要有接收方
输入燃气管道　中等质量燃气管道		1.0	30~50	燃气管道距填埋场较近,且有接收气体的能力
高质量燃气管道		1.0	95	需要严格的气体净化处理过程,燃气管道距填埋场较近,且有接收气体的能力
汽车燃料	脱水、去除 CO_2、H_2S 及杂质			

二、填埋气的燃烧

填埋气是一种可燃气体，其主要成分 CH_4 占总体积的 50%~70%，CO_2 占 30%~40%，此外还有少量的 CO、H_2、H_2S、O_2、N_2 和水蒸气等。填埋气基本无味，但因含有少量 H_2S，有时有臭鸡蛋味。填埋气在 0℃ 时的容重为 1.19~1.22kg/m^3，比空气轻 6%~8%。CH_4 的临界温度较低，为 $-82.5℃$，因而填埋气很难液化。在标准状态下，填埋气成分按 CH_4 占 60% 计，填埋气的低位发热量约为 21474kJ/m^3。

填埋气的利用基本上是围绕其产热能力而展开的，如用于各种小型燃烧器、锅炉、燃气发电机、汽车发动机等。除供气体燃烧外，填埋气还可以用作原料制取化工产品，如 CCl_4 等。

$1m^3$ 的填埋气可以满足四五口人家烧水烧饭用能。利用填埋气作生活燃料，不仅清洁卫生、使用方便，而且热效率高，可节约时间，一般烧一次饭只需 $0.5h$，用 $0.3m^3$ 的填埋气。$1m^3$ 的填埋气能供一盏填埋气灯照明 $5\sim6h$，相当于 $60\sim100W$ 的电灯光亮度。特别适于偏远地区及电力不足的地方。一般来说填埋气工程规模小的地方，将制取的填埋气供家属宿舍、食堂等燃用。

1. 填埋气的燃烧特性

（1）填埋气的燃烧特点

填埋气与煤气、天然气、液化石油气等燃气比较，在燃烧中有 3 个明显的特点。

① 燃点高 在常温下，在空气中燃烧，填埋气燃点为 $610\sim750℃$，而水煤气中的 H_2 燃点为 $350\sim590℃$，CO 为 $610\sim658℃$。点燃时 H_2 先燃，再由 H_2 引燃 CO，所以，煤气易点燃，也易燃烧，而填埋气相对较差。

② 火焰传播速度低，极易脱火 在常温下，在空气中燃烧，填埋气的火焰传播速度仅为 $0.4m/s$ 左右（CO_2 含量为 35%），而水煤气为 $0.67m/s$，故填埋气的火焰传播速度仅是水煤气的 1/4，液化石油气的 1/2。因此，填埋气在燃烧中极不稳定，极易脱火。

③ 需氧量大 填埋气燃烧化学反应式为

$$CH_4+2O_2 \longrightarrow CO_2+2H_2O \tag{8-78}$$

CO 和 H_2 的燃烧化学反应式分别为

$$2CO+O_2 \longrightarrow 2CO_2 \tag{8-79}$$

$$2H_2+O_2 \longrightarrow 2H_2O \tag{8-80}$$

由上面的反应式可以看出，CH_4 燃烧的需氧量是 CO 和 H_2 的 4 倍。

（2）填埋气燃烧器具的评价标准与选择

填埋气燃烧的 3 个特点，说明填埋气燃烧性能比较差，对炉具的要求比较高。根据填埋气的燃烧特性，目前国内存在两种强化稳定燃烧炉具的设计路线：一是预混预热式；二是密植孔式。

评价填埋气炉具的标准如下。

① 具有一定的热负荷 炉具的热负荷是指炉具在 1h 内所消耗的能量，可以表示炉具的加热性能，通常额定热负荷约为 2400kcal/h，约耗气 $0.5m^3/h$。

② 热效率高 炉具热效率是燃烧器的燃烧情况与炉具传热效果的综合效率。在正常的压力范围和负荷情况下，热效率不低于 55%。

③ 燃烧稳定性好 规定填埋气炉具压力的调节范围为：喷嘴前压力为 $100\sim1000mmH_2O$，炉具均能稳定燃烧，无回火、脱火及黄焰现象，风力在 $1m/s$ 时无脱火、灭火现象，燃烧稳定。

④ 卫生条件好 要求炉具燃烧烟气中 CO 的含量不大于 0.05%，燃烧噪声不超过 65dB，熄火噪声不超过 85dB。

2. 填埋气燃烧的原理

填埋气的燃烧可分为两个阶段：一是燃烧前的准备阶段，即着火过程；二是燃烧阶段，即由着火点的量变到燃烧的质变过程。

填埋气的燃烧主要是指 CH_4 的燃烧。1 份 CH_4 与 2 份 O_2 作用，生成 1 份 CO_2 和 2 份 H_2O，同时放出 212.8kcal 的热量。据前所述，1 体积 CH_4 完全燃烧需要 10 体积的空气，又由于填埋气中 CH_4 含量为 60%～70%，故 1 体积填埋气完全燃烧需 6～7 体积的空气供氧。空气少了，O_2 不足，燃烧不完全，不能产生最大的热能；空气多了，混合气体中的可燃气体少了，也不能产生最大的热能，同时过量的空气又会带走一部分热量。因此适量配备空气与填埋气混合，对于提高燃烧热效率是极为重要的。

3. 填埋气的燃烧方式

（1）层流扩散燃烧

可燃气体在燃烧之前，不预先与空气混合，燃烧时只靠火焰周围扩散一部分空气参加燃烧。可燃气体与空气之间的扩散叫层流扩散。

层流扩散燃烧，火焰内部严重缺氧，不能完全燃烧，可燃气体浓度一般大于上限浓度，火焰传播速度很小，而燃烧温度低，火焰软而长，对锅底的冲刷程度低，因而传热效果差，热效率低。负荷越大，火焰传播速度越低，火焰越长，能逸出锅底外部，热效率越低，一般只有 35% 左右。

（2）空气预混燃烧

气体在燃烧之前，可燃气体与燃烧所需的部分空气进行预先混合，然后再进行燃烧。这种燃烧的火焰是由内焰、外焰和外焰外面一层不可见的高温外焰膜组成。内焰由可燃气体与混合空气的燃烧形成。一部分因空气不足未燃烧的可燃气体与四周的空气经过扩散混合后燃烧，形成外焰。空气预混燃烧又有 2 种情况。

① 紊流脱火燃烧　其特点是可燃气体喷射速度往往大于火焰的传播速度，在离焰或脱火状态下进行紊流扩散燃烧。当锅离开炉具时，往往完全脱火而熄灭。只有锅在炉子上，依靠锅底的稳定作用，气体在离炉面 5cm 左右处燃烧。这种状态的燃烧要比层流扩散燃烧效果好，气流对锅底有猛烈的冲击，因而在限定的条件下，能保证较高的热效率，一般在 40%～50%。但是在高负荷高工作压力情况下，燃烧就极不稳定，严重脱火，使部分气体来不及燃烧而跑掉，降低了热效率。同时只要把锅拿下来，炉具就自行灭火，给使用带来许多不便。

② 强化稳定燃烧　这是克服了紊流脱火燃烧的一些缺点的一种燃烧方式。就是在填埋气燃烧中对炉具或填埋气采取一定的强化措施，使燃烧达到稳定，提高热效率。主要措施有：预热气体，燃烧前对填埋气和空气进行预加温，使其燃前温度接近燃点，使火焰传播速度大大增加，因而提高了燃烧的稳定性；增大燃烧时的火焰面积，火焰面积越大，燃烧效果越好，稳定性也越好；对填埋气进行净化，填埋气中含有 CO_2，严重影响填埋气燃烧的稳定性。在常用的燃料气体中，如煤气、天然气、液化石油气等，填埋气是火焰传播速度最低、燃烧稳定性最差的一种燃料气体。因此，采取一些净化方法将 CO_2 除掉，使填埋气的 CH_4 含量增加，其燃烧性质将有很大的改变，接近于天然气。净化的方法有多种，如用石灰水或氨水吸收等均可使 CO_2 生成碳酸钙或碳酸氢铵等。

当可燃气体的气流初速度超过某一个极限值，周围的空气供应不足或可燃气体被过多的空气冲淡时，火焰便离开火孔而悬浮在上面，火焰面也会发生跳动，这种现象称为离焰。如果气流初速度再大，火焰会不断上升直到熄灭，称为脱火。扩散燃烧的特点是易于着火，火焰均匀稳定，不发生回火现象，离焰与脱火的极限值也比较大。但是它燃烧速度慢，火焰温度低，易于发生不完全燃烧，热效率低。

填埋气经过净化，CO_2 的含量可由 33.6％下降到 0.8％，降低了约 98％。这种填埋气燃烧火焰传播速度可由 0.4m/s 提高到约 0.7m/s，接近天然气火焰传播速度。填埋气和空气预混强化燃烧的首要条件是使燃料和空气良好接触，由于空气的混合过程较燃烧过程慢，所以预混措施可以很好地解决无焰燃烧这一问题，其特点是燃烧时无明显火焰，如填埋气红外线炉、填埋气灯的燃烧就是典型的无焰燃烧。无焰燃烧的辐射传导热量较多，对流传导热较低，因此适宜取暖照明，不宜作加热用火。

三、填埋气能源化利用的方式

1. 用填埋气作动力燃料

填埋气是一种良好的动力燃料，$1m^3$ 填埋气的热量相当于 0.5kg 汽油，或 0.6kg 柴油，或 1kg 原煤。填埋气的抗暴性能良好，其辛烷值（评价燃油理化性能的指标之一）高达 125。同样容积的内燃机，在使用填埋气时可获得不低于原机的功率。填埋气可直接用于各种内燃机，如煤气机、汽油机、柴油机等，每千瓦时约耗填埋气 0.82～1.36m^3。据有关资料，1997年我国有填埋气动力站 186 个，总功率 3458.8kW，均用于乡镇企业和农副产品加工等。

填埋气用于煤气机时，无需任何改装，但为获得较好效果，应改变煤气机的压缩比，因为填埋气在压缩比为 12 时燃烧效果最好。填埋气用于汽油机时，只需在原机的化油器前增设一个填埋气-空气混合器，混合器应适应填埋气和空气 1：7 的混合比，但由于汽油机的压缩比较低（一般为 7），因此效率低、耗能大。填埋气用于柴油机时，由于 CH_4 燃点为 841℃，比柴油机压缩终了的汽缸温度（一般为 700℃）高，难以靠压缩着火，故除加填埋气-空气混合器外，还需另加一点火装置或采用混烧的方法，以填埋气为主要燃料，少量柴油用于引燃，一般柴油量控制在 10％～20％范围内。用柴油机烧填埋气的效率高于汽油机。

2. 用填埋气作化工原料

填埋气经过净化，可得到很纯净的 CH_4，CH_4 是一种重要的化工原料，在高温、高压或有催化剂的作用下，CH_4 能进行很多反应：CH_4 在光照条件下，CH_4 中的 H 原子能逐步被卤素原子取代，生成一氯甲烷（CH_3Cl）、二氯甲烷（CH_2Cl_2）、三氯甲烷（$CHCl_3$）和四氯化碳（CCl_4）的混合物。

$$CH_4 + Cl_2 \longrightarrow CH_3Cl + HCl \tag{8-81}$$

$$CH_3Cl + Cl_2 \longrightarrow CH_2Cl_2 + HCl \tag{8-82}$$

$$CH_2Cl_2 + Cl_2 \longrightarrow CHCl_3 + HCl \tag{8-83}$$

$$CHCl_3 + Cl_2 \longrightarrow CCl_4 + HCl \tag{8-84}$$

上述反应产生的 4 种产物都是重要的有机化工原料。CH_3Cl 是制取有机硅的原料；CH_2Cl_2 是塑料和醋酸纤维的溶剂；$CHCl_3$ 是合成氟化物的原料；CCl_4 是溶剂又是灭火剂，也是制造尼龙的原料。

在特殊条件下，CH_4 还可以转变成甲醇、甲醛和甲酸等。CH_4 在隔绝空气加强热

（1000～1200℃）的条件下，可裂解生成炭黑和 H_2。

$$CH_4 \xrightarrow{\text{高温}} C + 2H_2 \qquad (8-85)$$

CH_4 在 1600℃高温下（电燃处理）裂解生成乙炔和 H_2。乙炔可以用来制取乙酸、化学纤维和合成橡胶。

CH_4 在 800～850℃高温并有催化剂存在的情况下，能跟水蒸气反应生成 H_2、CO，是制取氨、尿素、甲醇的原料。

$$CH_4 + H_2O \xrightarrow[\text{催化剂}]{\text{高温}} 3H_2 + CO \qquad (8-86)$$

用 CH_4 代替煤为原料制取氨，是今后氮肥工业发展的方向。

填埋气的另一主要成分 CO_2 也是重要的化工原料。填埋气在利用之前，如将 CO_2 分离出来，可以提高填埋气的燃烧性能，还能用 CO_2 制造一种被称为"干冰"的冷凝剂，可制取 NH_4HCO_3 肥料。

$$CO_2 + NH_3 \cdot H_2O \longrightarrow NH_4HCO_3 \qquad (8-87)$$

3. 填埋气发电

填埋气用作内燃发动机的燃料，通过燃烧膨胀做功，产生原动力使发动机带动发电机进行发电。发动机主要有双燃料发动机、点火发动机和燃气轮机（即上述的填埋气用于柴油机、汽油机和煤气机），其热效率依次降低。填埋气发电的简要流程为

填埋气 ——→ 净化装置 ——→ 贮气罐 ——→ 内燃发动机 ——→ 发电机 ——→ 供电

填埋气燃烧发电过程如图 8-12 所示。

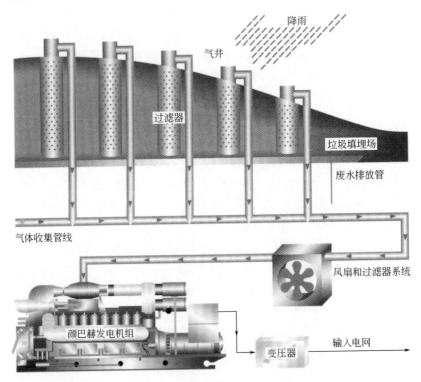

图 8-12　填埋气燃烧发电过程示意

由于填埋气中含有 H_2S，对金属设备有较大的腐蚀作用，因此要求设备要耐腐蚀。在填埋气进入内燃机之前，可先将填埋气进行简单净化，主要去除 H_2S，同时吸收部分 CO_2，以提高填埋气中 CH_4 的含量。

目前，已开发出专门利用沼气、填埋气为原料燃烧发电的高效率发电机组。尽管由于填埋气的产生量及组分波动对填埋气的热值造成很大的影响，但不同功率的填埋气发电设备均达到了相当高的热效率，燃烧尾气排放也符合环保的要求。

表 8-15 为奥地利某公司生产的以沼气或填埋气为燃料的燃气发电机主要技术参数。

表 8-15　以沼气或填埋气为燃料的燃气发电机主要技术参数

燃气机组型号	机械功率输出[1]/kW	电功率输出[2]/kW	热功率输出[3]/kW	能量输入[4]/kW	机械效率/%	电效率/%	热效率/%	总效率/%	平均有效压力/bar	中冷器水温/℃	甲烷指数
JMS208 GS-B. L	342	330	421	869	39.36	37.98	48.46	86.44	16.50	70	100
JMS312 GS-B. L	646	625	766	1619	39.90	38.51	47.31	85.89	17.70	50	100
JMS320 GS-B. L	1077	1048	1281	2692	40.01	38.93	47.60	86.53	17.70	50	100
JMS620 GS-B. L	2495	2428	2680	6106	40.86	39.76	43.89	83.65	16.00	60	85

① 以上技术参数是在机组转速为 1500r/min 和 50Hz 时，按 ISO 3046/I—1991 条件量度出的 ISO 标准输出。
② 在功率因数为 1.0 时，按 VDE0530REM 标准量度。
③ 热功率输出的总公差是 ±8%，尾气出口温度为 120℃，沼气尾气出口温度为 150℃。
④ 能量输入按 ISO 3046/I—1991，+5%公差的标准量度。

4. 填埋气用作机动车燃料

目前沼气利用较为普遍的方式是发电、替代煤和油作燃料。如果将填埋气直接送至垃圾场附近的居民作燃料，一是供气量不稳定，管道铺设费用高，从经济上讲不划算；二是燃烧后的废气中仍含大量的温室气体，对大气造成二次污染。将填埋气压缩后制备成压缩填埋气（Compressed Landfilling Gas，CLG）利用，可以提高单位体积垃圾填埋气的能量密度，这样就有可能提高填埋气能源化利用的经济性。

由于垃圾填埋场都远离市区，如果生产 CLG 的动力电由城市管网供应，投入资金过大，最好的办法是在填埋场就地解决，利用低热值且不用进行复杂工艺净化的填埋气发电，以满足生产 CLG 的需要。CLG 生产规模随垃圾填埋不同年限的产气量变化而调整。填埋气发电可根据 CLG 生产用电的需要而调整，具有较大的灵活性。

美国洛杉矶 Puente Hills 垃圾填埋场经过 3 年运行试验，成功地运用净化技术将填埋气压缩作为车辆的动力燃料——一种新型的清洁能源。这种清洁燃料的诞生，既减少了填埋气中有害物质对大气造成的危害，同时也大幅度地降低了汽车尾气对空气造成的污染。

填埋气的收集采用水平管收集和竖井抽取相结合的方式。为了更充分地抽取填埋气，水平管随着垃圾的填埋逐层铺设为避免气味散发到空气中污染大气，气体收集是在垃圾场的表面维持一个负压状态下进行的，这样可以有效地控制臭味和 CH_4 的散发，但空气不可避免地要进入填埋场。

由于清洁燃料系统收集 CH_4 的同时也聚集了 N_2，因此，需要安装一个专门的聚乙烯收集管道，以便提供相对没有空气混入的填埋气。这个专门的分离管线可以将填埋气以少于 2% 的 N_2 和 O_2 的成分从深井中抽取出来。同时，气体的收集质量对净化压缩系统有着至关重要的作用。

收集到的气体由 PVC 管输送到 CLG 生产系统。这个系统主要包括压缩机、活性炭吸附、除去 CO_2 和水蒸气的半渗透性膜、CLG 贮藏柜、CLG 自动售货机。图 8-13 是 CLG 生产工艺流程。

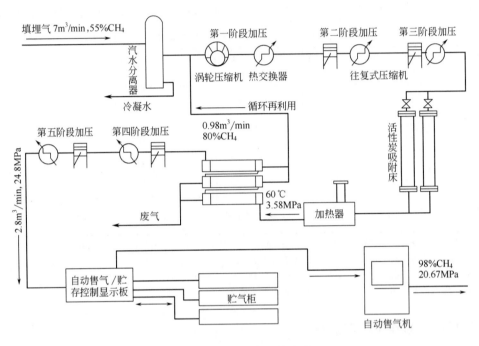

图 8-13　CLG 生产工艺流程

填埋气净化系统的第一部分是冷凝液分离器，在冷凝液分离器后是一个冷却器。系统中共有三组压缩机。第一组是螺旋压缩机，填埋气入口压力是 25kPa，出口压力是 0.7MPa。螺旋压缩机是变容压缩机，用螺旋形叶片引导压缩流体，提供静态处理工艺需要的流量。在螺旋压缩机前安装一台结合过滤器，目的是过滤掉 $1\mu m$ 以上的微粒。第二组压缩机是两级往复式压缩机，填埋气入口压力为 0.7MPa，出口压力为 4MPa。往复式压缩机是一种活塞式压缩机，直接压缩气体。每台往复式压缩机都配备一台空气冷却热交换器，冷却压缩后的气体。第三组压缩机也是往复式压缩机，位于膜和脱水器后，把 4MPa 的气体压缩到 25MPa。螺旋压缩机和第二组往复式压缩机应按负载（千瓦或马力）平均分开，这样能使使用周期成本最小，还可使 2 台压缩机使用同型号的电机，使维修更方便。压缩机采用油压压缩机。考虑到压缩机携带油的问题，可采用合成油。合成油可粘在结合过滤器上，并选择适当的透过率（最小通过 $0.1\mu m$ 的微粒）。

炭床的目的是除去填埋气中的水和其他污染物，以免破坏膜。炭床里有硅胶在前部去除水分，然后用活性炭除掉污染物质。活性炭对硫和卤化物有较强的吸附力。这部分包括两个炭床，循环使用，一个吸附一个再生。一般将进入炭床的气体温度维持在 $30\sim50℃$，这样炭床更有效。气体净化膜通常是由一系列螺旋形纤维乙酸脂膜单元组成的管状套。Separex™ 膜是一种分离小极性分子（如 CO_2、湿气、H_2S）的膜，这种膜能把 CH_4 从小

极性分子 CO_2、水蒸气和 H_2S 中分离出来，将产品中的 CO_2 减少到 1% 以下。气体通过膜后，含 CH_4 为 $88\%\sim96\%$，水和挥发性有机物体积含量为 0.01%。渗透气被导入炭床用于再生，然后用火炬烧掉。循环气含 CH_4 50%，被导回螺旋式压缩机的吸入口。在炭床和膜之间设一气体加热器，将气体温度加热至 $60℃$，使水呈气态，提高膜的效率。为了防止微粒物质被带入系统损坏 Separex™ 膜，在加热器与膜之间安装一个 $0.1\mu m$ 的过滤器和一个小型连续气体清洗器。

四、填埋气能源化利用的经济可行性分析

下面以几个填埋气能源化利用的实际案例对填埋气能源化利用的经济性进行分析评价。

1. 填埋气发电

美国惠民公司与中方合资组建的中佳环境技术有限公司在杭州天子岭生活垃圾填埋场进行填埋气发电的资源化利用。天子岭垃圾填埋场占地 $1.6\times10^5\,m^2$，设计填埋能力为 $6\times10^6\,m^3$，到 1995 年年底实际填埋量达 $1.4\times10^6\,t$。从 1998 年填埋气发电厂开工建设到 10 月 27 日正式并网发电，工程设计总投资 2075 万元。

填埋气发电厂设计能力近期为 2 台美国彼勒燃气发电机组（额定功率 $970kW$），平均功率为 $1800kW$，发电并入华东电网，每年可减少 $9.45\times10^6\,m^3$ 填埋气。填埋气回收利用工程设计寿命为 $20a$，日回收气体 $19131m^3$，气体热值为 $19500kJ$，发电输出电力 $1400kW$，工作方式为 $24h$ 运行，运行时间占全年的 95%。

表 8-16 为天子岭垃圾填埋场填埋气利用项目运行费用。填埋气发电后直接上网，电价分峰谷有所差异，预定电价如下：$14h$ 峰值电价为 0.63 元$/(kW\cdot h)$，$10h$ 非峰值电价为 0.17 元$/(kW\cdot h)$，平均电价为 0.438 元$/(kW\cdot h)$，峰谷比为 $6:4$，预计年电力销售收入为（税前）510.69 万元。根据分析计算，该工程的投资回报率达 14.8%。

表 8-16 天子岭垃圾填埋场填埋气利用项目运行费用（1995 年价格）　　　单位：万元

项目名称	财务	经济	项目名称	财务	经济
动力、水费等	65	130	管理费及其他	10	10
维护及维修费	105	105			
工资、奖金	30	30	合计	210	275

2. 填埋气生产车用替代燃料

目前国内还没有填埋气生产车用替代燃料（CNG）的商业化应用，但清华大学在深圳和南京分别完成了中试试验，正准备进行实际的商业开发利用，并且对填埋气产量为 $4\times10^7\,m^3/a$ 的填埋场进行商业化利用进行分析。

假设填埋产气收集率为 60%，其中 CH_4 含量为 54%。整个系统主要包括填埋气的净化和加气站的建设和运行，填埋气的净化技术采用变压吸附分离技术，变压吸附设备日处理填埋气体能力应设计为 $12\times10^4\,m^3$，每天可产生 CNG（CH_4 浓度为 85%）$3.8\times10^4\,m^3$。表 8-17 为填埋气生产车用替代燃料的设备投资与耗电量分析。

表 8-17 填埋气生产车用替代燃料的设备投资与耗电量分析

设 备	耗电量/kW	投资/万元	设 备	耗电量/kW	投资/万元
贮气系统		250	变压吸附部分	5	380
原料气压缩机	500	120	吸附剂		216
原料气净化系统	15	30	合计	520	996

加气站的主要设备有天然气无油润滑压缩机、干燥器、高压气瓶组装罐、售气机以及电控设备等。根据国内现行的 CNG 加气站投资情况，建设一个 5000（标）m^3 规模的加气站约需投资 396 万元。而填埋气净化设备的处理能力可以提供 7 个该规模的加气站用气。加气站的总投资约为 2770 万元。

填埋气净化设备和加气站的运行自动化程度均较高，所需劳务费用较低，加气站的运行成本主要是设备折旧，净化设备的主要运行成本是用电。填埋气净化设备和加气站的运行成本见表 8-18。

表 8-18 填埋气净化设备和加气站的运行成本

项 目	单 价	数 量	金额/（万元/a）
净化设备			
耗电量	0.727 元/(kW·h)	$412×10^4 kW·h/a$	300
工资福利	2.4 万元/(人·a)	6 人	14.4
维护管理			10
设备折旧			95
加气站			
用水量	2.0 元/t	13000t/a	2.6
耗电量	0.727 元/(kW·h)	$23.1×10^4 kW·h/a$	17
工资福利	2.4 万元/(人·a)	60 人	144
维护管理			80
设备折旧			263
总计			926

经济分析表明，填埋气净化设备和加气站的运行总成本为 926 万元/a，年销售 CNG 量为 $1254×10^4 m^3$，CNG 的成本价格为 0.74 元/m^3，按 CNG 的市场售价 1.4 元/m^3 计算，每年可实现收入 828.7 万元，2 年可以回收全部投资。

第九章

城市固体废弃物的低温处理与能源化利用

随着环境污染的日益严重，传统的废弃物处理技术已不能适应污染治理的需要，研究开发费用低、处理彻底、无二次污染的新型固体废弃物处理技术成为环境保护领域一个急待解决的重要课题。

在环境污染的治理研究中已经涌现出许多高新技术，如超声波、超临界流体、等离子体、中空纤维膜分离技术、反渗透技术、光化学氧化技术等。其中，低温等离子体和垃圾的低-中温催化热处理具有高效率、低能耗、安全、无二次污染的特点，为固体废弃物的无害化、减量化、资源化处理开拓了一个新途径。

第一节 低温等离子体处理技术

一、概述

等离子体（plasma）这个术语是由美国科学家 Langmuir 于 1929 年在研究低气压下汞蒸气中放电现象时提出的。所谓等离子体就是离子化呈电中性的气体，是物质固、液、气 3 种存在状态之外的第四种形态，又称为第四态。它由大量的正负带电粒子和电中性的粒子组成，粒子的能量一般为几到几十电子伏特，大于聚合材料的结合能，因此可以将固体废弃物中的分子彻底分解，再重新组合，这时有害物质被分解，重金属被分离开来，其余部分被熔融后固化成玻璃体。等离子体的分类方法有很多，根据温度和内部的热力学平衡性，可将等离子体分为平衡态等离子体和非平衡态等离子体。在热力学平衡等离子体内，电子温度与离子温度相同，属于一个处于热力学平衡的整体，体系温度非常高，因此又称为高温等离子体。非平衡态等离子体内部的电子温度远远高于离子温度（电子温度可高达 104K，而离子温度一般只有 300～500K），系统处于热力学非平衡态，其表观温度较低，所以被称为低温等离子体。

近几年来，等离子体技术在能源、信息、材料、化工、物理医学、军工、航天等领域中大量应用，同时，国外许多研究机构不断将等离子体技术应用在环境工程中。目前，等离子体技术处理废水、废气及固体废弃物的研究已经取得了一定进展。在环境监测中电感耦合等离子体原子发射光谱法和质谱法已广泛应用于生态环境监测体系中（包括大气、水、土壤等）微量元素的测定。在大气污染治理中主要应用于烟气净化、脱硫、脱硝等方面。在水污染治理中主要应用于高浓度有机废液、垃圾渗滤液等废水的治理。在固体废弃物处理方面，等离子体技术逐渐取代传统的焚烧法应用于城市固体废弃物及生物武器、化学武器、化学毒品等特种固体废物的处理。1997 年，美国开始采用等离子体废弃物处理系统处理军方废弃武器，1999 年年初，美国、欧盟、日本等逐渐关闭焚化炉后开始转向等离子废物处理系统，目前，瑞典、美国、德国、日本等国已建立了一定规模的城市固体废弃物的等离子体处理厂。

二、低温等离子体反应器

低温等离子体装置通过在密封容器中设置 2 个或多个电极形成电场，用真空泵实现一定的真空度（100～0.0001Pa）而产生。随着气体变得越来越稀薄，分子间距以及分子或离子的自由运动距离越来越长，受电场作用后，它们发生碰撞而形成等离子体。

国外对等离子体反应器有许多报道。20 世纪 80 年代普遍采用平板式双电极型等离子体反应器，它一般用 13.56MHz 的射频电源产生等离子体，利用电容耦合方式，将射频电源的能量传递给等离子体，射频电源加在其中的一个电极上。但是，这种装置不能独立调节一定真空度下等离子体中的离子能量和离子流量，因而便产生了一种改进型的三电极型反应器。除接地外，另外 2 个电极板上均加有射频电源，它们通常相位相反，一个用来调节离子能量；另一个用来调节离子流量。

通常，等离子体系统一般由 6 个主要部分组成：a. 真空系统；b. 泵及管道系统；c. 气体导入和气体控制系统；d. 高频电场发生器；e. 电磁转换系统；f. 用于系统控制的微处理器以及信号输出系统。

三、低温等离子体的发生及其作用机理

1. 低温等离子体的发生

低温等离子体通常是指气体温度在 300～500K、压力在 13.3～1333Pa（介质阻挡放电时为常压）的稀薄低压条件下工作的等离子体，可用紫外辐射、X 射线、放电、加热等方法使气体电离产生。但是，实验室和工业上大都采用放电方式。放电方式通常有 2 种。

① 直流二极放电　系由置于低压气体中的一对阴、阳电极构成，离子在电场作用下撞击阴极引起二次电子发射，电子在向阳极加速运动的过程中与气体分子碰撞使气体电离，并使放电过程得以维持。其优点是设备简单、功率大、容易控制；但是系统的耗散功

率较大，即大部分能量消耗于材料温度的升高，势必限制参数的独立性，导致处理绝缘材料困难，也会出现空心极效应等。这些缺点极大地限制了直流二极放电在有机材料上的应用。

② 射频和微波放电　又称无电极放电，分为电容耦合式、电感耦合式和微波放电等几种。前两者分别以高频电容电场和涡旋电场来获得等离子体，原理基本相近，系统结构相对简单，效果也比较优良，从而得到了广泛应用。微波放电是由电磁控制导管产生的微波经波导管和微波窗传入放电室，当放电室内的磁场强度达到使电子的回旋频率和输入的微波频率相等时，微波会使电子运动加速，促发等离子体。微波放电的电离度较高，从而使气体具有更高的活化程度，因而能在更低温度下获得和维持具有更高能量的等离子体，更适于对温度敏感材料如有机薄膜的处理。缺点是系统的造价较高，而且系统的运行费用也相对较高。

既然低温等离子体是由高强度直流电弧放电及其高频感应耦合放电产生的，因此可根据离子温度与电子温度是否达到热平衡，把等离子体分为平衡态等离子体和非平衡态等离子体。在平衡态等离子体中，各种粒子的温度几乎相等。在非平衡态等离子体中，电子温度与离子温度相差则比较大。电子温度的高低反映了等离子体中电子平均动能的大小，其关系可表述为

$$E = \frac{3}{2}kT \qquad (9\text{-}1)$$

式中，k 为波尔兹曼常数，1.38×10^{-23}J/K；T 为电子温度，K；E 为电子的平均动能，J。

若电子在电场中获得的能量 $W = 1\text{eV}$，电子的电荷为 1.60×10^{-19}C，$V = 1$V，因而可得到

$$1\text{eV} = 1.60 \times 10^{-19} \times 1 = 1.60 \times 10^{-19}\text{J} \qquad (9\text{-}2)$$

可得

$$T = \frac{2}{3} \times \frac{E}{k} = \frac{2}{3} \times \frac{W}{k} = \frac{2}{3} \times \frac{1.60 \times 10^{-19}\text{J}}{1.38 \times 10^{-23}(\text{J/K})} = 7729\text{K} \qquad (9\text{-}3)$$

即 1eV 能量的电子，其温度相当于 7729K。这样，电子温度可高达 $10^3 \sim 10^4$K，但离子温度则接近室温。通常，我们把电离度小于 0.1% 的气体称为弱电离气体，也称低温等离子体。而把电离度大于 0.1% 的气体称为强电离等离子体，也称高温等离子体。

2. 低温等离子体的发生方式

前已述及，低温等离子体可以通过多种方式发生，自然界中的日光、雷电、日晕和极光都可以产生等离子体。实验室中主要通过气体放电、燃烧、激光和射线辐射等来得到。根据放电产生的机理、气体的压强范围、电源性质以及电极的几何形状，气体放电等离子体主要分为电晕放电、辉光放电、介质阻挡放电、微波放电、射频放电等形式。

（1）电晕放电

电晕放电是使用曲率半径极小的电极，如针状电极或细线状电极，并在电极上加高电压，由于电极的曲率半径很小，而靠近电极区域的电场特别强，电子逸出阳极，发生非均匀放电，称为电晕放电。在大气污染物治理上，电晕放电法多用于烟道气的脱硫和脱硝，也有用电晕放电法去除空气中的挥发性有机气体、硫化氢、卤代烷烃以及印染废水的脱

色等。

（2）辉光放电

在较低气压下，施加一定的电压使气体击穿，就会产生稳定的辉光等离子体。为了避免通信广播的干扰，辉光放电通常使用13.56MHz的射频波段，因而也叫射频辉光（RF）等离子体。它又包含感应耦合和电容耦合2种形式。前者的反应器多为管状，后者的反应器则通常为钟罩式或圆筒形。实验室中所用的辉光放电等离子体一般配备有真空系统，费用高且操作复杂，存在着工业上连续性批量生产困难的问题。

（3）介质阻挡放电

介质阻挡放电（DBD）是一种兼有辉光放电的大空间均匀放电和电晕放电的高气压运行的特点。由于电极不直接与放电气体接触，从而避免了电极因参与反应而发生的腐蚀问题。一般是将绝缘材料插入放电空间的一种气体放电形式，放电产生于2个电极之间，其中至少在一个电极上面覆盖有一层电介质。介质的插入可以防止放电空间形成局部火花或弧光放电，电极上的交流电压足够高时，电极间的气体在标准大气压下也会击穿，形成均匀稳定的放电。DBD仍属于非平衡等离子体，电子温度为$1 \sim 10eV$，周围气体温度在300K左右，比传统的电晕放电更易控制，均匀性更好，效率更高。DBD能在常压下产生接近室温的等离子体，而且具有电子密度高和可在常压下运行的特点，所以DBD具有大规模工业应用的可能性。例如，DBD可以应用于准分子紫外光源和环境中难降解物质的去除。

（4）微波放电

微波等离子体是将微波能量转换为气体分子的内能，使之激发、电离而发生的等离子体，常用频率为24.5GHz。

3. 低温等离子体的作用机理

低温等离子体的作用机理是将能量转换成基态分子（或原子）的内能，发生激发离解和电离等一系列过程，从而使气体处于活化状态。一方面打开了气体分子的分子键，生成一些单原子分子和微粒；另一方面又产生了—OH、H_2O_2等自由基和氧化性极强的O_3，高能电子在这一过程中起决定性作用，而离子的热运动只会起到副作用。这为一些需要很大活化能的反应，如大气中难降解污染物的去除提供了一条理想的途径。

低温等离子体不同于一般的中性气体，它的基本特点是体系中主要由带电粒子支配，受外部电场、磁场、电磁场的综合影响，存在多种基本过程和等离子体与固体表面的相互作用，具有独特的光、热、电等物理性质，但是也可以产生物理、化学过程，由此发展可形成多种低温等离子技术。

低温等离子体中不同粒子间的碰撞过程可以分为两类：一类是弹性碰撞，即粒子碰撞前后的动能和动量发生变化，但是没有新粒子的产生和粒子内部能量状态的变化；另一类是非弹性碰撞，即碰撞过程中产生了新的粒子并改变了粒子的内部能量状态。由于低温等离子体中包含有电子、正离子、负离子、自由基、激发态原子或分子等多种化学活性粒子，所以决定了低温等离子体可引发多种化学和物理化学反应。

当气体以一定方式在外部激励源的电场中被加速获能时，电子与原子间的非弹性碰撞将导致电离而产生离子和电子。这时，如果气体的电离率足够大，则中性粒子的物理性质将开始退居次要地位，整个系统将受带电粒子的支配，此时电离的气体即为等离子体。所谓低温等离子体，是指电子温度高而体系温度低的等离子体。其中电子温度可达 10000K 以上，而离子和原子之类的重粒子温度则只有 300～500K。这意味着，一方面电子具有足够的能量使反应物分子激发、电离和解离；另一方面体系又得以保持低温乃至接近室温。正是如此，低温等离子体可分为热等离子体、冷等离子体和燃烧等离子体。由高强度直流电弧放电与高频感应耦合放电产生的等离子体，其特点是重粒子（原子、分子、离子）的温度接近于电子温度。冷等离子体则是一非平衡态等离子体，由辉光放电、微波放电或电晕发电产生，其特点是中粒子温度远远低于电子温度，低温等离子体技术正是利用这一特点，来解决环境问题中"三废"污染问题。

第二节　低温等离子体技术在固体废弃物低温处理和能源化利用中的应用

在固体废弃物处理方法的研究过程中，等离子体技术逐渐取代传统的焚烧法应用于城市固体废弃物及生物武器、化学武器、化学毒品等特种固体废弃物的处理。1997 年，美国开始采用等离子体废弃物处理系统处理军方废弃武器，1999 年年初，美国、欧盟、日本等逐渐关闭焚化炉后开始转向等离子废弃物处理系统，目前，瑞典、美国、德国、日本等国已建立了一定规模的城市固体废弃物的等离子体处理厂。

等离子体处理系统主要由进料系统、等离子体处理室、熔化产物处理系统、电极驱动及冷却密封系统组成。固体废弃物通过进料系统进入等离子体处理室，有机物被分解气化，无机物则被熔化成玻璃体硅酸盐及金属产物，气化产物主要是合成气（主要是 CO、H_2、CH_4）和少量的 HF、HCl 等酸气。熔化产物被收集到处理器中被冷却为固态，金属可回收，熔化的玻璃体可用来生产陶瓷化抗渗耐用的玻璃制品，合成气通过过滤器去除烟尘和酸气后排向大气，见图 9-1。

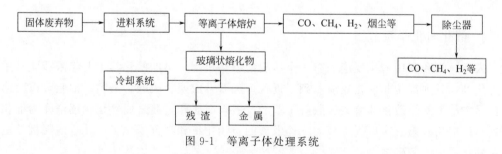

图 9-1　等离子体处理系统

目前等离子体处理废弃物的应用研究取得了较好的效果。中国科学院等离子体研究所通过 150kW 的高效电弧在等离子高温无氧状态下，将危险废弃物在炉内分解成气体、玻璃体和金属 3 种物质，然后从各自的排放通道有效分离。由于整个处理过程和处理环境实现了"全封闭"，因此不会造成对空气的污染，同时排放出的玻璃体可用作建材，金属可回收使用，从而基本上实现了真正意义上的污染物"零排放"。

目前，等离子体降解污染物技术直接应用于工业化生产还存在一定的问题。主要表现在以下几个方面：a. 化学激励过程中所获得的能量无法满足化工、材料工业、环境工程等化学过程所需要的能量；b. 系统非连续人工操作限制了生产效率，从而失去价格上的优势；c. 多数情况下系统所需要的真空系统及外围设备增加了技术投资；d. 等离子体产生的机理、加工工艺过程、工艺结果评价、工艺控制技术核装置及工艺优化等方面还需要进一步探讨。

第三节　城市固体废弃物的中-低温催化处理

一、催化反应基础

在化学反应体系中加入某些物质，可以改变反应平衡速率，而这些物质本身在反应前后，不论是质量还是化学性质，都不发生变化，这种物质即为催化剂，其在反应中所起到的作用即为催化作用。能加速正反应进行的催化剂称为正催化剂，简称为催化剂，减缓正反应或加速逆反应的催化剂，则为阻化剂。

从科学上说，催化是化学中的一个分支基础学科。从工业应用上看，催化和催化剂技术是化工、炼油、环保等行业创造巨大经济效益和社会效益的关键技术之一。可以毫不夸张地说，"没有催化剂就没有现代化学工业"。目前，催化和催化技术已经成为一个热门研究方向，触角已深入几乎各个工业部门。据不完全统计，90%以上的化学反应涉及催化剂，每一种新型催化剂的发明以及催化工艺的成功应用都会引起相关工艺的重大变革。现在世界上直接涉及催化的知名期刊不下五六十种，每年有几百部相关论著出版，近万篇论文发表，同时还有数千份专利申请。催化剂的市场额也已达到数百万美元，仅2001年全球环保催化剂的市场额就达到40亿～50亿美元。这与20世纪80年代的4亿美元、90年代的20亿美元相比，增长了很多倍。有人还算了一笔账，美国石油化工行业每消耗1美元的催化剂就能生产出195美元的产品。由此可见，催化剂对工业发展的巨大作用。

1. 催化与化学反应

人类认识和利用催化反应，有一个历史的进化过程。早期的化学工业除酿造业利用生物催化外，其他都是非催化反应。到了近代，随着合成氨、硫酸、染料、油脂，以及第二次世界大战期间煤液化和合成橡胶等工业的发展，金属和过渡金属氧化物逐渐作为催化剂得到广泛应用。第二次世界大战后飞速发展的石油化工和高分子化工，几乎毫无例外地建立在催化反应的基础之上。

所谓的催化反应，是指在催化剂存在的情况下进行的化学反应。一般要经过以下几个阶段。

① 反应物向催化剂的表面靠近。

② 反应物中至少1种物质被吸附在催化剂表面之上。

③ 在催化剂表面上吸附的2种物质之间，或者被吸附物质和靠近的物质之间进行反应。

④ 生成物从催化剂表面上脱附。

⑤ 生成物远离催化剂表面。

其中的阶段①和⑤是扩散步骤，在气相中进行得非常快，在液相中则较慢，尤其在反应速度较快或在微孔内的反应。因此，这个步骤可能成为控制速度的主要步骤。阶段②的吸附不一定只限于同类型的吸附，吸附速度也各不相同。阶段④的脱附，则是阶段②的逆反应。阶段③是表面反应，一般来说其反应比较复杂，可能由许多基元反应组成，通常成为控制反应速度的关键步骤。

催化反应有两个明显的特征。第一，对于一个给定的体系，催化剂只加快反应速度，不改变平衡位置。因此，在开发新的工艺时，只有对给定条件下热力学上可以进行的反应，才进行催化剂的筛选。对一个在热力学上不可能发生的反应，就没有必要进行催化剂的筛选。第二，催化剂具有选择性。从热力学上看，同一组反应物可能有许多反应方向，如果选择的催化剂比较适当，只加快其中的一个反应方向，这种现象即为催化剂的选择性。正是因为如此，才为催化工艺的开发提供了广阔的空间。

一个化学反应要在工业上实现，基本要求该反应要以一定的速度进行。也就是说，反应能在单位时间内获得足够数量的产品。从化学动力学的原理可知，可采用加热、光照、电子给予或转移、辐射等方式提高反应速度。一般来说，加热往往缺乏足够的化学选择性，光、电、辐射等方式在工业运行时往往需要消耗高额能量。而应用催化方法，既能提高反应速度，又能控制反应方向，而且原则上不消耗催化剂。因此，应用催化剂是提高反应速度、控制反应方向和反应进程的较为有效的方法。这样，催化作用、催化剂应用和开发就成为现代化学工业的重要课题之一。

根据上述的催化作用、催化剂定义和特征分析，有 3 个重要的催化指标，即活性、选择性和稳定性。很难说哪个指标更重要，一般是首先追求催化剂的选择性，其次是稳定性，最后才是活性。新开发的工艺及其催化剂，则首先追求较高的活性，高选择性，最后才考虑其稳定性。

近年来，催化剂被广泛应用于化学反应中，主要由于它们具有的如下特点。

① 价廉易得，可重复使用，对环境无污染、无腐蚀，是绿色化学的主要研究内容。

② 一些催化剂具有酸性或碱性，它们能代替传统的液体酸或液体碱，以催化一些化学反应。

③ 有些催化剂具有高的比表面积和层间交换、插入和膨胀性能，能吸附其他的化学试剂或插入金属配合物中。

④ 反应的后处理过程简单、易于分离，一般只需要过滤掉催化剂或蒸出溶剂，即可得到产品。

⑤ 反应条件温和，能得到较高的产率并具有选择性等。

催化剂之所以能够加速化学反应，是由于它为反应物分子提供了一条较易进行的反应途径。以合成氨反应为例，工业上用熔铁催化剂进行合成氨的反应。若不采用催化剂，通常条件下 N_2 和 H_2 直接化合十分困难，即使有反应发生，其速率也极其缓慢。因为这两种分子十分稳定，破坏其化学键需要大量能量。在 500℃、常压条件下，导致反应进行的活化能为 334.6kJ/mol，而此种情况下生成氨的产率极低。但采用催化剂后的情况就大不相同，反应历程也相应有变化，即两种反应分子通过化学吸附使其化学键由减弱到解离，然后化学吸附的氢(H)与氮(N)进行表面相互作用，中间经过一系列表面作用，最后生成氨分子，并从催化剂表面上脱附生成气态氨。

2. 对工业催化剂的要求

不同的反应器对工业催化剂有不同的要求。因此，在进行催化剂开发时，要与实现该反应的反应器相互配合进行研究。

一般来说，工业的催化剂必须满足下列要求：在一定条件下能提供比较快的反应速率，长时间地保持反应活性，较高的抵抗中毒能力，选择性较好，有一定的机械强度，还原周期尽可能缩短等。

（1）催化活性

催化剂的催化活性有多种表示方法，一般用给定条件下反应物的转化率表示。有时也用在其他相同条件下，达到给定转化率的反应温度来反映相对活性。在石油加工中，每种催化剂有其特定的活性指标。例如，磷酸硅藻土叠合催化剂的活性以烯烃叠合的转化率表示，小球硅铝裂化催化剂和微球硅铝催化剂则分别以活性指数和初活性来表示，它是催化剂对轻油或重油裂化能力的反映。催化重整催化剂的活性以直流石脑油催化重整后的芳烃转化率来表示。

总之，催化活性反映一种工业催化剂在实验室模拟条件下促进原料转化的能力。此外，工业上也常用时空产率表示催化剂的活性。所谓时空产率是指在一定条件（包括温度、压力、进料组成和进料空速）下，使用单位时间、单位体积或质量的催化剂所得产物的量。将时空产率乘以反应器中装填催化剂的体积或质量，可给出单位时间内的产物数量，在设计上使用也比较方便。

（2）选择性

催化剂对反应的选择性是催化反应的重要特征。但在实际反应过程中，常常很难避免副反应的发生。选择性就是表明一种催化剂在促进原料转化过程中，有多少反应物转化为目标产品，通常用摩尔分数或质量分数表示。转化率乘以选择性，即可得到原料转化为目标物的产率。

（3）形状与大小

根据催化过程所用的反应器不同，催化剂的形状与大小也各不相同。例如磷酸硅藻土叠合催化剂用于固定床反应器时，由于该催化剂容易泥化堵塞反应器，所以常采用较大颗粒，一般为直径为 6~8mm 的小条；反之，在流化床反应器中，一般使用微球状催化剂，并具有一定的粒度组成。对于某些反应来说，还应重视催化剂的形状。例如，进行渣油加氢的催化剂，为了延缓金属等的沉积引起的固定床反应器压力降升高，研究采用了各种形状和大小的催化剂，包括圆柱形、三叶形、四叶形、三角形、椭圆形等。

（4）机械强度

对于一种工业催化剂来说，机械强度也是需要考虑的重要因素。反应器不同，对催化剂的机械强度的要求也不相同。

衡量催化剂的机械强度有 2 个指标，即耐压强度和抗磨损强度。例如，用于固定床反应器的磷酸硅藻土叠合催化剂应具有较高的耐压强度，即能承受反应床层中各种机械压力，包括其上部催化剂本身的重力等。还要求有较好的抗磨损强度，即在装填和反应过程中不至于产生过多的细粉致使床层阻力增大。对于流化床反应器，由于催化剂在反应过程中相互碰撞，对机械强度和磨损都有特定的要求。产生的细粉若排到大气中，还会造成环境污染。

（5）比表面积和孔结构

催化剂的比表面积和孔结构对反应的选择性和活性有重要的影响。例如，微球硅铝裂化催化剂的比表面积和初活性有关，孔体积则与水热稳定性有关。Weeler 等早就对催化剂细孔中的反应速率和选择性从数学上做过详细的解析。一般来说，孔结构选择的原则是：对于加压反应，一般选用单孔分布的孔结构，其孔径以在 $\lambda \sim 10\lambda$（λ 为反应气体分子的平均自由程）之间为宜。常压反应一般选用双孔分布的孔结构，小孔孔径以在 $\lambda \sim 0.1\lambda$ 之间为宜，大孔孔径则以选择大于 10λ 为宜。对于串级反应，如果中间产物是目的物，宜选用大孔结构的催化剂，以避免目的物在微孔中扩散困难，或继续反应形成不希望副产物。而且，孔结构也影响催化剂的热稳定性，$0 \sim 10nm$ 的微孔在 $500℃$ 以上稳定，$10 \sim 200nm$ 的过渡孔在 $500 \sim 800℃$ 范围内稳定，而大于 $200nm$ 的大孔在 $800℃$ 以上稳定。而且孔结构还影响着催化剂的导热性。

（6）寿命或稳定性

催化剂能改变化学反应的速率，但其自身并不进入反应产物，在理想情况下不为反应所改变。也就是说，它借助于与反应物间的相互作用起催化作用，在完成一次催化反应后，又恢复到原来的化学状态，因而能循环地起催化作用。催化剂的介入只是在反应物系的始态和终态间架起了通路，促进反应进行。有时，催化剂在参与反应过程中可能先与反应物生成某种不稳定的活性中间络合物，后者再继续反应生成产物并恢复原来的催化剂，这样不断循环地起作用。所以，一定量的催化剂可以使大量的反应物转化为产物。但是在实际反应过程中，催化剂并不能无限期地使用，它自身作为一种哪怕是短暂的参与者，在长期受热和化学作用下，也会经受一些不可逆的物理和化学变化，如晶相变化、晶粒分散度变化、易挥发组分流失、易熔物融熔等。这些过程会导致催化剂活性下降，尤其是当反应持续进行时，催化剂要受到亿万次这种作用的侵袭，最后导致催化剂失活。

导致催化剂失活的原因有中毒、积炭、烧结、活性组分流失等原因，这一过程会使催化剂的活性或选择性降低，直至不能使用。不少失活催化剂可以再生后重新使用，但是，经过多次再生后，其活性或选择性就不能恢复到应有水平。

催化剂从开始使用到最后废弃的使用时间，称为寿命，其中包括再生后使用的累积时间。而催化剂的稳定性，是指催化剂在生命周期内维持催化活性的基本程度。一般来说，催化剂的寿命长，就是稳定性好；寿命短，就是稳定性差。

3. 工业催化剂的制备

工业催化剂的制备方法很多。制备方法不同时，尽管选择的原料和用量完全一样，但所制得催化剂的性能仍可能差异很大。目前，工业催化剂的制备方法有沉淀法、浸渍法、混合法、离子交换法、熔融法等。

（1）沉淀法

沉淀法就是借助于沉淀反应，用沉淀剂（如碱类物质）将可溶性催化组分（金属盐类的水溶液）转化为难溶化合物，再经分离、洗涤、干燥、焙烧、成型等工序制得成品催化剂。沉淀法是制备固体催化剂最常用的方法之一，广泛用于制备高含量的非贵金属、金属氧化物、金属类催化剂或催化剂载体。

（2）浸渍法

浸渍法是将载体浸泡在含有活性组分（主、助催化剂组分）的可溶性化合物溶液中，接触一定时间后除去过剩溶液，再经干燥、焙烧和活化，即可制得催化剂。

（3）混合法

混合法是工业上制备多组分固体催化剂常用方法。它是将几种组分用机械混合的方法制成多组分催化剂。混合的目的是促进物料间均匀分布，提高分散度。因此，在制备时应尽可能使各组分混合均匀。尽管如此，这种单纯的机械混合，组分间的分散度仍不及其他方法。有时为了提高机械强度，在混合过程中还要加入一定量的黏结剂。

（4）离子交换法

离子交换法是利用载体表面上存在着可进行交换的离子，将活性组分通过离子交换（通常是阳离子交换），交换到载体上，然后再经过适当的后处理，如洗涤、干燥、焙烧、还原，最后得到金属负载型催化剂。离子交换反应发生在载体表面固定而有限的交换基团与具有催化性能的离子之间，遵循化学计量关系，一般是可逆过程。离子交换法制得的催化剂的分散度较好、活性也较高。尤其适用于制备低含量、高利用率的贵金属催化剂。均相络合催化剂的固相化和沸石分子筛、离子交换树脂的改性过程也常采用这种过程。

（5）熔融法

熔融法是在高温条件下进行催化剂组分的熔合，使之成为均匀的混合体、合金固溶体或氧化物固溶体。在熔融温度下金属和金属氧化物都呈流体状态，有利于组分间的均匀混合，从而促使助催化剂组分在主活性相上的分布，无论在晶相内或晶相间都达到高度分散，并以混晶或固溶体形态出现。

（6）低温等离子体法

作为一种有效的技术手段，等离子体技术在合成超细颗粒催化剂、催化剂再生、催化剂表面处理、将活性组分沉淀到基体等方面，均得到了广泛使用。大量研究表明，等离子体催化剂具有比表面积大、还原速率快、催化组分晶格缺陷等优点，催化活性有显著的提高。同时，催化反应中等离子体的性质，如等离子体发射光谱、击穿电压和电子温度等也会发生变化，促进等离子体直接催化反应进程，提高能量利用率。

利用等离子体技术制备的催化剂具有很多优点，如大比表面积、高分散性、无晶格缺陷、稳定性好等。等离子体技术制备催化剂主要有两种方式。其一为采用等离子体技术直接合成超细颗粒催化剂。由于超细颗粒催化剂本身具有特异的表面结构、晶体结构及电子结构，从而显示出与常规催化剂明显不同的催化特性。因为随着材料的超微粒化，不仅表面积增加，而且表面晶格与块状物质不同，低配位数增加，局域态密度和电荷密度随之发生变化，因而可以生成更多的催化活性中心。同时其超顺磁性及久保效应也对催化效应产生影响。许多文献指出了超细颗粒催化剂对一些化学反应比常规催化剂有更高的转化率和选择性，因此各国科学家纷纷对此展开研究，并取得了较大的进展。德国弗利兹-哈伯研究所在中国大连设立的催化纳米技术伙伴小组就致力于纳米材料在催化领域中的应用研究。目前超细颗粒制备包括气相沉积法、溶液共沉淀法、机械混合法和等离子体法等。在等离子体制备超细颗粒催化剂的过程中，原料以气雾状随载气进入反应器，在等离子体区域由于电子温度极高，原料很快反应生成超细颗粒前驱体。由于等离子体区域比较狭窄，前驱体立刻进入低温段，温度梯度可达 $10^5 \sim 10^6 \, \text{K/s}$，从而使其过饱和度急剧增大，瞬间发生均相成核过程，形成催化剂超细颗粒，并在收集器中分离出来。Vissokov 等利用准平衡低温电弧等离子体技术制备了合成氨用催化剂，其组成类似于工业催化剂 CA-1，含有 Fe_3O_4、Fe_2O_3、FeO、Al_2O_3、K_2O、CaO、SiO_2 等氧化物。研究发现，最佳温度在

1000～3000K 之间时，可以保证催化剂具有独特的性能。催化剂比表面积为 $20\sim40m^2/g$，粒度为 $10\sim50nm$，催化活性则比常规催化剂提高 $15\%\sim20\%$。Zubowa 等采用射频发生器在电容耦合等离子体中（10kPa）合成了 SiO_2 颗粒，反应气体 $SiCl_4$ 和 O_2 以不同比例随载气（氩气）一起通入反应器，产品粒径分布于 $10\sim30nm$ 之间。制备的 SAPO-31 分子筛，晶体结构有了很大的改观。而且 Brønsted 酸性也得到了增强。他们认为，正是由于 SiO_2 在反应区的猝灭，使分子筛具有上述的性质改观。对分子筛进行反应评价发现，它可以使甲醇烷基化和正庚烷异构化的转化率分别提高 10% 和 20%。一般来说，超细颗粒催化剂的合成必须在热等离子体中进行，这样可以提供一个高温环境使反应能够发生，而且等离子体区应该尽可能窄，以形成极高的温度梯度。这样的情况下，产物前驱体还没来得及凝聚成块就骤凝为超细颗粒，不但保持了纳米级的粒径，还保持了亚稳态下晶体结构等性质，使其具有较高的催化特性。

另一种方式就是利用等离子体喷涂技术制备负载型催化剂。通过等离子体喷射涂层把催化活性组分沉积到载体上，可以增强催化剂的机械性和热稳定性。其工作机理是将催化活性颗粒通过送粉器送入高速运动的等离子体区域，颗粒会在高温下迅速熔化，并随等离子体流与催化剂基层充分接触，在极短时间内固化。

二、催化剂在固体废弃物低-中温处理过程中的应用

催化对化学、化工、医药、生物、生态等的发展起着很大的推动作用。近百年来，人们逐步解决了化肥生产、石油炼制、石油化学聚合、核动力工程、反应工程、生物学、医学和生态学中的有关催化和催化反应的大量问题。

可以预料的是，在生态环境日趋脆弱、环境保护问题日趋受到重视的今天，在处理和处置环境污染物、绿化和美化环境过程中，催化剂和催化反应一定会产生巨大的作用。事实上，迄今为止，催化在解决环境污染问题中比比皆是。机动车尾气排放控制、干式-湿式脱硫、微生物脱硫、污水处理和处置、VOC 催化燃烧、光化学烟雾剂的治理等，无不见到催化剂的身影。

1. 催化剂在环境治理中的应用

在治理环境污染和改善生态状况过程中，催化剂和催化技术正在发挥日趋重要的作用，应用领域也在逐渐拓宽。相信随着治理需求的提高和研究工作的深入，催化剂在环境保护中的应用会越来越多、越来越广。目前，二噁英类物质的催化处理是一个研究和应用的热点。

二噁英是聚氯代二苯并-对-二噁英（polychlorinated dibenzo-p-dioxin，PCDDs）和聚氯代二苯并呋喃（polychlorinated debenzo furan，PCDFs）的通称。由于其热稳定性较好，在各种酸碱环境中相当稳定，加之毒性较大，如 2，3，7，8-四氯二苯并二噁英（TCDD）的毒性超过氰化钾 1000 多倍。所以进行二噁英的排放控制已成为城市生活垃圾热处理过程中需要解决的重要问题。目前，对于二噁英的处理技术主要有捕集技术和分解技术 2 种。捕集技术主要通过除尘和活性炭吸附方法实现；分解技术通过焚烧、热分解、光分解、化学分解、生物分解、催化氧化分解等方式实现。其中催化技术几乎用在了所有的分解技术中，常用的催化剂有碱金属氧化物及负载于 TiO_2、ZrO_2 等之上的 Pt、

V_2O_5、WO_3 等。

另外，城市污水处理、清洁生产和环境友好材料中也大量用到催化剂和催化技术。

2. 催化在固体废弃物处理中的应用

从上面的讨论可以看出，催化剂和催化技术在环境保护领域具有广泛的应用。毫无疑问，在城市生活垃圾的处理和能源化利用过程中，催化必然也发挥重要的作用，尤其是在城市生活垃圾的制气、热解、焚烧和植被 RDF 衍生燃料方面发挥重要的作用。

（1）催化在城市生活垃圾制气中的应用

正因为城市生活垃圾中有 2/3 左右的有机物，尤其是一些农牧渔业副产品及其废弃物和一些生活垃圾、粪便和有机污泥等，进入环境时会带来大量病菌、产生渗滤液，堆积一段时间后会产生大量沼气，甚至自燃引起爆炸。通过厌氧处理来制气，除了可使这些有机物无害化，同时可以生产高热值气体进行能源化利用。

试验结果证明，在发酵过程中向发酵液中加入催化剂，除了可以加快厌氧发酵过程外，还可以促进纤维素分解、提高产气量、改善气体组分等。常用的催化剂有过渡金属硫酸盐类、磷酸盐类、矿渣、碳酸盐类、炉灰和炉渣、炭粉、纤维素酶、表面活性剂以及一些金属氧化物等。例如，在发酵过程中加入纤维素酶，能提高产气量 30%～60%，加入炭粉能提高产气率 2 倍左右，加入一些表面活性剂能提高产气率 30%～40%。

据分析，催化剂增强发酵能力、提高产气率的机理，主要表现在：a. 促进发酵菌的成长；b. 增强发酵酶的活性。特别是一些过渡金属离子掺入酶活性中心，提高酶的活性、促进酶反应。

（2）催化在城市生活垃圾热解过程中的应用

研究发现，许多碱金属、碱土金属、过渡金属的氧化物和盐类、某些稀土元素在含碳材料的热解过程中具有一定的催化作用。同样，这些材料在城市生活垃圾的热解过程中也可以起到催化作用，除了可加速热解作用外，还可以提高热解产率、优化热解产物组成、降低热温度，从而更有利于生产质量较好的产品。

（3）催化在城市生活垃圾焚烧过程中的应用

焚烧作为城市生活垃圾的一种高温处理方法，尽管其减量化、无害化的程度较高，但仅此而已无疑还远远不够。还应当顾及资源化，并尽可能降低焚烧过程中产生的二次污染，如颗粒物（包括未完全燃烧的反应物、无机盐类、炭烟颗粒等）、酸性气体（包括 SO_2、NO_x、Cl 和 HCl、HF 等）、CO 和烃类化合物、重金属类、二噁英类等的污染。通常为了抑制某些污染物的形成，需要保持炉温在较高的温度下。事实上，由于城市生活垃圾本身的热值比其他燃料低，所以在其焚烧过程中释放的热能也相对偏少。加之需要维持较高的炉温也需要消耗额外的能量，这些都导致了焚烧过程中自身的能耗较高，势必造成外供热能偏少。这种情况无疑会造成用户的热情下降，甚至排斥使用焚烧技术。因此，进行城市生活垃圾焚烧的根本出路在于，既保证城市生活垃圾的减量，又做到处理过程中二次污染尽可能低，同时尽可能降低处理过程中的自身能耗，最大限度地外供热能。如果能采取低温等离子体技术那样的低温处理技术，在较低的温度下处理城市生活垃圾，就可以做到这点，节省下热能外供。催化焚烧技术无疑提供了另一条解决方案。

① 催化焚烧技术的理论基础　众多试验表明，在热处理过程中加入催化剂，可以减低反应活化能，加速反应进程，促使反应向较低的温度偏移，从而能在较低温度下进行。

例如，Ciambelli 等的研究证明，在 Cu-V-K 催化剂的作用下，炭烟的催化燃烧温度大约可以降低 300℃。

关于炭的催化燃烧，许多学者提出了多种机理。其中活性位和活性吸附的观点更能解释催化剂存在的条件下，反应能更快并在较低温度下进行的实质。

② 实验室城市生活垃圾催化焚烧试验

为了能在较低温度下处理城市生活垃圾，从而降低处理过程的能耗，尽可能降低二次污染，笔者在实验室初步进行了废塑料、废纸张、树叶等城市生活垃圾的催化燃烧试验。反应在 Du Pont-950 热天平上进行，使用金属氧化物作为催化剂，空气流量约为 60mL/min，反应终温 800℃。与不加催化剂的反应相比较，3 种材料的反应终温、最大反应速率对应的温度均有一定程度的降低，最大降幅在 120℃左右。然后，笔者在一台固定床反应器上进行了试验，实验台如图 9-2 所示，试验结果与热天平试验结果相接近。这说明，催化燃烧确实能起到降低反应温度的作用。

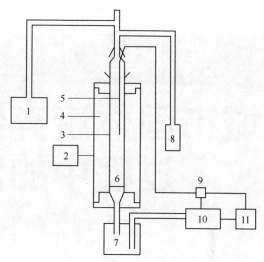

图 9-2　固定床反应器示意
1—气源和流量计；2—控温仪；3—反应器；4—炉体；
5—热电偶；6—反应床层；7—冷凝器；8—微量进
样器；9—传感器；10—分析仪；11—显示器

第十章

城市固体废弃物能源化利用过程中的污染控制

第一节　概　　述

城市生活垃圾在能源化利用过程中，经过热转化或生物转化，在实现减容（量）化、无害化的同时，所含的化学能以热（焚烧过程）、固体含能物质（RDF 制备、热解）、液态含能物质（热解）及气态含能气态物质（热解气、气化气、填埋气）等形式释放出来。与此同时，由于城市生活垃圾组成的复杂性、随时间和空间的多变性，加之各种能源化技术在现阶段的发展局限，在城市生活垃圾能源化利用过程中产生了各种形态的污染物，有些污染物的危害甚至超过了城市生活垃圾本身对环境和生态的影响。为了实现城市生活垃圾处理的"无害化"目标，能源化利用过程中污染物控排技术的研究与开发就具有显而易见的意义。

垃圾能源化利用过程产生的污染物主要是焚烧产生的烟气（含粉尘、有毒有害气体、重金属物等）、废渣及气化工艺出现的残渣。至于垃圾填埋场渗滤液，由于与垃圾能源化利用没有直接的关系，则不在本章考虑的内容中。

值得指出的是，垃圾能源化过程生产的可燃固、液、气体燃料的进一步利用（主要是燃烧和制备化工产品）过程的清洁化，对这些工艺而言，均已相当成熟，也有发展较为完善的洁净煤技术的借鉴。

一、城市固体废弃物能源化利用过程污染物的种类

1. 气态污染物

气态污染物主要是垃圾焚烧过程产生的烟气，生活垃圾焚烧厂产生的主要烟气污染物

为烟尘、SO_2、NO_x、HCl 和二噁英类物质及不完全燃烧产物（包括一氧化碳、炭黑、烃、烯、酮、醇、有机酸及聚合物等）。焚烧尾气中所含的污染物质的产生及含量与垃圾的成分、燃烧速率、焚烧炉型式、燃烧条件、进料方式有密切的关系。

高温条件下，NO_x 来源于生活垃圾焚烧过程中 N_2 和 O_2 的氧化反应。另外，含氮有机物的燃烧也可以生产 NO_x。SO_2 来源于含硫生活垃圾的高温氧化过程，而 HCl 来源于生活垃圾中含氯废弃物的分解，含氯塑料是产生 HCl 的主要成分之一，另外，厨余物、纸、布成分在焚烧过程中能产生 HCl 气体。二噁英的生产机理相当复杂，众说不一。可能是垃圾中本身含有微量的二噁英，或者是燃烧过程由含氯前体物生成二噁英，也或是燃烧不充分而在烟气中产生过多未燃尽物质，并遇适量的触媒物质及高温环境生成二噁英。

2. 固态污染物

垃圾能源化利用过程产生的固体残渣主要来源于焚烧和气化过程。由于目前垃圾气化技术尚未大规模应用，焚烧灰渣构成了垃圾能源化利用固体污染物的主要来源。

焚烧灰渣是从垃圾焚烧炉的炉排下和烟气除尘器、余热锅炉等收集下来的排出物，主要是不可燃的无机物以及部分未燃尽的可燃有机物。灰渣的主要成分是金属或非金属的氧化物，即俗称的矿物质，其中含 SiO_2 35%～40%，Al_2O_3 10%～20%，Fe_2O_3 5%～10%，CaO 10%～20%，MgO、Na_2O、K_2O 各 1%～5%，以及少量的 Zn、Cu、Pb、Cr 等金属及盐类。

焚烧灰渣是城市垃圾焚烧过程中一种必然的副产物。根据垃圾组成及焚烧工艺的不同，灰渣的数量一般为垃圾焚烧前总重的 5%～30%。

灰渣中含有一定量的有害物质，特别是重金属，若未经处理直接排放，一方面将会污染土壤和地下水，对环境造成危害；另一方面，由于灰渣中含有一定数量的铁、铝等金属物质，有回收利用价值，故又可作为一种资源开发利用。因此，焚烧灰渣既有它的污染性，又有其资源特性。焚烧灰渣的处理是城市垃圾焚烧工艺的一个必不可少的组成部分。

3. 液态污染物

城市生活垃圾焚烧厂中的废水主要来自垃圾渗滤水、洗车废水、垃圾卸料平台地面清洗水、灰渣处理产生的废水、锅炉排污水、淋洗和冷却烟气的废水等。生活垃圾焚烧厂废水按所含有害物的种类分为有机废水和无机废水。

二、城市固体废弃物能源化利用过程中污染物的产生机制

1. 存在于气相中的污染物

（1）粒状污染物

在焚烧过程中所产生的粒状污染物大致可分为以下 3 类：a. 废物中的不可燃物，在焚烧过程中（较大残留物）成为底灰排出，而部分粒状物则随废气而排出炉外成为飞灰，飞灰所占的比例随焚烧炉操作条件（送风量、炉温等）、粒状物粒径分布、形状及其密度而定，所产生的粒状物粒径一般大于 $10\mu m$；b. 部分无机盐类在高温下氧化而排出，在炉外遇热而凝结成粒状物，或 SO_2 在低温下遇水滴而形成硫酸盐雾状微粒等；c. 未燃烧完

全而产生的炭颗粒与煤烟,粒径在 $0.1 \sim 10 \mu m$ 之间。由于颗粒微细,难以去除,最好的控制方法是在高温下使其氧化分解。

（2）CO

由于 CO 燃烧所需的活化能很高,它是燃烧不完全过程中的主要代表性产物。烟气中剩余的 O_2 含量越高,越有利于 CO 氧化成 CO_2。

此外,焚烧含有机氯化物的垃圾时,由于有机氯化物的化学性质大多数很稳定,在燃烧反应进行时,常夹杂 CO 与中间性燃烧产物,而中间性燃烧产物（包括二噁英等）的废气分析较为困难,因此常以 CO 的含量来判断燃烧反应完全与否。

（3）酸性气体

焚烧产生的酸性气体主要包括 SO_2、HCl 与 HF 等,这些污染物都是直接由废弃物中的 S、Cl、F 等元素经过焚烧反应而形成的。诸如含 Cl 的 PVC 塑料会形成 HCl,含 F 的塑料会形成 HF,而含 S 的煤焦油会产生 SO_2。据国外研究,一般城市垃圾中 S 含量为 0.12%,其中 30%～60% 转化为 SO_2,其余则残留于底灰或被飞灰所吸收。

（4）氮氧化物

焚烧产生的氮氧化物主要来源有二:一是高温下 N_2 与 O_2 反应形成热氮氧化物;另一个来源为垃圾中的氮组分转化成的氮氧化物,称为燃料氮转化为氮氧化物。

（5）重金属

城市生活垃圾中所含重金属物质,高温焚烧后除部分残留于灰渣中之外,部分会在高温下气化挥发进入烟气。部分金属元素在炉中参与反应生成的氧化物或氯化物,比原金属元素更易气化挥发。这些氧化物及氯化物因挥发、热解、还原及氧化等作用,可能进一步发生复杂的化学反应,最终产物包括元素态重金属、重金属氧化物及重金属氯化物等。

元素态重金属、重金属氧化物及重金属氯化物在烟气中将以特定的平衡状态存在,且因其浓度各不相同,各自的饱和温度亦不相同,遂构成了复杂的连锁关系。元素态重金属挥发与残留的比例与各种重金属物质的饱和温度有关,饱和温度越高则越易凝结,残留在灰渣内的比例亦随之增高。各种重金属元素及其化合物的挥发度见表 10-1。其中,汞、砷等蒸气压均大于 7mmHg（约 933Pa）,多以蒸气状态存在。

表 10-1 各种重金属元素及其化合物的挥发度

重金属	沸点/℃	蒸气压/mmHg		类 别
		760℃	980℃	
汞（Hg）	357	—	—	挥发
砷（As）	615	1200	180000	挥发
镉（Cd）	767	710	5500	挥发
锌（Zn）	907	140	1600	挥发
氯化铅（PbCl$_2$）	954	75	800	中度挥发
铅（Pb）	1620	3.5×10^{-2}	1.3	不挥发
铬（Cr）	2200	6.0×10^{-3}	4.4×10^{-5}	不挥发
铜（Cu）	2300	9.0×10^{-3}	5.4×10^{-5}	不挥发
镍（Ni）	2900	5.6×10^{-10}	1.1×10^{-6}	不挥发

注:1mmHg=133.325Pa。

高温挥发进入烟气中的重金属物质随烟气温度降低,部分饱和温度较高的元素态重金属（如汞等）会因达到饱和而凝结成均匀的小粒状物或凝结于烟气中的烟尘上。饱和温度较低的重金属元素无法充分凝结,但飞灰表面的催化作用会使其形成饱和温度较高且较易凝结的氧化物或氯化物，或因吸附作用易附着在烟尘表面。仍以气态存在的重金属物质，也有部分会被吸附于烟尘上。重金属本身凝结而成的小粒状物粒径都在 $1\mu m$ 以下，而重金属凝结或吸附在烟尘表面也多发生在比表面积大的小粒状物上，因此小粒状物上的金属浓度比大颗粒要高，从焚烧烟气中收集下来的飞灰通常被视为危险废物。

2. 固态灰渣

垃圾焚烧产生的灰渣一般可分为下列 4 种。

① 底灰　底灰（Bottom Ash 或 Slag）系焚烧后由炉床尾端排出的残余物，主要含有焚烧后的灰分及不完全燃烧的残余物（例如铁丝、玻璃、水泥块等），一般经水冷却后再送出。

② 细渣　细渣由炉床上炉条间的细缝落下，经集灰斗槽收集，一般可并入底灰，其成分有玻璃碎片、熔融的铝锭和其他金属。

③ 飞灰　飞灰（Fly Ash）是指由空气污染控制设备中所收集的细微颗粒，一般为旋风除尘器、静电除尘器或布袋除尘器所收集的中和反应物（如 $CaCl_2$、$CaSO_4$ 等）及未完全反应的碱剂［如 $Ca(OH)_2$］。

④ 锅炉灰　锅炉灰是废气中悬浮颗粒被锅炉管阻挡而掉落于集灰斗中，亦有粘于炉管上再被吹灰器吹落的，可单独收集，或并入飞灰一起收集。

一般而言，焚烧灰渣由底灰及飞灰共同组成。飞灰和底灰具有不同的特性，对它们的处理方法也不尽相同。各种灰渣中都含有重金属，特别是飞灰，其重金属含量特别高，在对其进行最终处置之前必须先经过稳定化处理。另外，灰渣中还存在未燃有机成分，这在灰渣的处理过程中也应加以考虑。《生活垃圾焚烧污染控制标准》（GWKB 3—2000）中对垃圾焚烧灰渣的处置要求是："焚烧炉渣与除尘设备收集的焚烧飞灰应分别收集、贮存和运输；焚烧炉渣按一般固体废弃物处理，焚烧飞灰应按危险废物处理，其他尾气净化装置排放的固体废弃物按 GB 5085.3 危险废物鉴别标准判断是否属于危险废物，如属于危险废物，则按危险废物处理。"《国家危险废物名录》把固体废弃物焚烧飞灰列为危险废物编号 HW18，依据其毒性必须纳入危险废物管理范畴。

三、城市固体废弃物能源化利用污染物控排原则

污染物的控排一般有两类方法：一是在垃圾能源化利用过程中尽可能少产生或不产生污染物，或在技术工艺中实现以低危害物质取代高毒性"三致物"，努力达到"绿色"处理过程；二是对一些不可避免的污染物采用物质转换，并尽可能对其有用成分"吃干榨尽"。

第二节　城市固体废弃物能源化利用过程中污染物控排技术

一、煤-固体废弃物混烧过程气态污染物的自脱除

采用循环流化床将煤和垃圾进行混烧，可以大幅度降低酸性气体（SO_2、HCl 等）、NO_x 的产生量。

1. 酸性气体的控排

利用循环流化床燃煤和燃烧废弃物，硫和氯可获得较高的脱除率。图 10-1 给出了 HCl、SO_2 脱除率与 $Ca/(S+0.5Cl)$（物质的量比）的关系。随着煤加入量的减少，酸性气体的脱除效率增加。由图可见硫脱除效率与 $Ca/(S+0.5Cl)$（物质的量比）的关系很密切，而对于氯，这种脱除关系不十分明显。

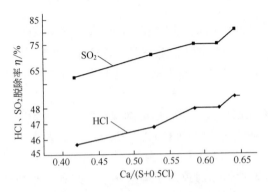

图 10-1　HCl、SO_2 脱除率与 $Ca/(S+0.5Cl)$
（物质的量比）的关系

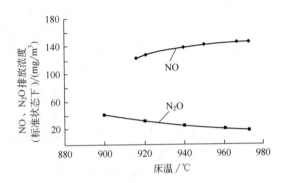

图 10-2　NO 和 N_2O 的排放浓度与床温的关系
注：炉膛出口过量空气系数为 1.25，$R=4$

2. NO_x 控排

城市生活垃圾加入循环流化床后，燃料中的 N 在燃烧过程中首先转化为 HCN 和 NH_3，它们通过一系列氧化和还原反应生成 NO 和 N_2O 等氮的氧化物。从多相和均相反应机理可知，NO、N_2O 的形成和分解反应是相互竞争的过程。NO_x 主要由 NO 和 NO_2 组成，并且 NO 的浓度超过 95%。图 10-2 给出了垃圾与煤掺烧比 $R=4$ 时，NO 和 N_2O 的排放浓度与床温的关系。

由图可见，温度增加，NO 的排放浓度迅速增加并逐渐趋于平缓，而 N_2O 的排放浓度随温度增加快速下降。床温增加时，使 HCN 转化为 NO 增多，以下反应得到加强。

$$HCN+O \longrightarrow NCO+H \tag{10-1}$$

$$NCO \xrightarrow{+H} NH \xrightarrow{+\cdot OHO_2} NO \tag{10-2}$$

温度升高，抑制 NO 的还原反应。同时由于温度升高，反应速率加快，焦炭燃尽率提高，使得焦炭中的 N 向 NO 的转化率提高。虽然在循环流化床温度下热力型 NO_x 生成量少，但随温度升高，NO_x 形成量增加的趋势依然存在，导致热力型 NO_x 产生量增加。然而，温度升高导致生成 N_2O 所需的 NCO 更易与 H·、·O、·OH 反应生成 NO，这使得最重要的均相生成 N_2O 的反应作用减弱。

$$NCO+NO \longrightarrow N_2O+CO \tag{10-3}$$

同时温度升高使 N_2O 还原反应加强，最终导致 N_2O 随温度升高而减少。即高温有利于 NO 的产生，有利于 N_2O 的还原。由图 10-3 和图 10-4 可见，开始加入垃圾时，NO 和 N_2O 的浓度迅速降低，随 R 的增加，N_2O 不仅不进一步降低，反而略微增加。生活垃圾中挥发分含量高，垃圾加入循环流化床后，挥发分迅速释放，在颗粒周围产生火焰，形成还原性环境，使 NO 和 N_2O 的还原作用加强，浓度降低。随 R 的进一步增加，可能在颗粒周围形成局部低温区，使得 N_2O 生成反应加强，因而略微增大。

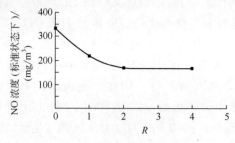

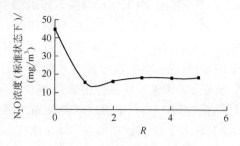

图 10-3　NO 与 R 的关系
注：炉膛出口过量空气系数为 1.25，床层温度为 973℃

图 10-4　N_2O 与 R 的关系
注：炉膛出口过量空气系数为 1.25，床层温度为 973℃

3. 二噁英控排

城市生活垃圾的焚烧是目前环境中二噁英（PCDDs/PCDFs）的主要来源。垃圾与煤混烧可以降低焚烧过程二噁英的产生量。

在现有的解释垃圾焚烧过程中二噁英产生的机理中，Cl_2 被认为是重要的媒介，生成二噁英可能路径之一是燃料气与飞灰中化合物的 de novo 合成反应，合成过程（包括 Deacon 反应）可用下面几步表示。

$$PVC \longrightarrow HCl（热分解） \tag{10-4}$$

$$4HCl + O_2 \longrightarrow 2H_2O + 2Cl_2（Deacon 反应） \tag{10-5}$$

$$C_6H_5OH + Cl_2 \longrightarrow 氯酚 \tag{10-6}$$

$$氯酚的缩聚 \longrightarrow PCDDs 和 PCDFs \tag{10-7}$$

HCl 来自含氯塑料的热分解，而 Cl_2 可能是城市生活垃圾焚烧炉中的 O_2 与 HCl 通过 Deacon 反应的结果。Deacon 反应中生成的 Cl_2 通过取代反应生成氯代芳香族化合物（氯酚）。

用煤作为生活垃圾共燃的原料，可防止有机氯化物的生成。研究结果显示，增加 SO_2 浓度可相对阻止 PCDDs/PCDFs 的生成。例如，加入褐煤作为纸回收残渣的辅助燃料，可减少流化床焚烧炉排放的二噁英；基于热力学性质和文献数据，Griffin 认为，只要 Cl/S 比率很高，Cl_2 的生成对氯代芳香族化合物和 PCDDs/PCDFs 的生成有利，但有大量硫存在的情况下，Cl_2 和随后生成的二噁英均会被抑制。Gullett 等报道，在以煤为燃料的燃烧装置中，SO_2 浓度高是逸出的二噁英明显减少的原因。Lindbaurer 表示加入60%的煤与垃圾共燃可大大减少二噁英的生成，垃圾与煤共燃具有既可以作为一种能源，又可以减少焚烧炉排出物中氯化物生成两大优点。

硫化物可抑制二噁英生成的机理有好几种，其中之一认为煤在燃烧过程中，硫对于氯化过程的干预很重要，当加入硫的物质的量超过 Cl_2 时，在任何系统中下列反应以正反应为主。

$$SO_2 + Cl_2 + H_2O \longrightarrow SO_3 + 2HCl \tag{10-8}$$

于是 Cl_2 转变成 HCl，这就难以进行芳环取代反应，从而形成二噁英。

二、城市固体废弃物热解-气化新工艺

1. 技术背景

垃圾焚烧过程中最大的问题是二噁英类微量有机物污染。城市垃圾成分复杂，在燃烧

时有烃类物质析出，易生成二噁英前驱体；垃圾中往往含有氯元素，燃烧时可能生成 HCl；前驱体与 HCl、O_2 反应，就可能生成多氯代二苯并-对-二噁英（PCDD）和多氯代二苯并呋喃（PCDF）。燃烧后的烟气中，所含有的未完全燃烧的前驱体及 HCl、O_2，在飞灰中 Cu、Ni、Fe 等微量元素的催化作用下，可再次生成 PCDDs/PCDFs。尽管 PCDDs/PCDFs 的生成量极少，但其毒性大、可致癌，在环境迁移过程中进行化学反应、光化学反应、代谢和生物降解，并可蓄积，具有持久性。因此，美国、日本及欧共体各国早在 1990 年前后就对城市生活垃圾焚烧炉产生的 PCDDs/PCDFs 提出了严格的排放标准：0.1ng TEQ/m^3（标准状态下）。我国于 2000 年 6 月 1 日实施的《生活垃圾焚烧污染控制标准》(GWKB 3—2000) 则提出了 PCDDs/PCDFs 排放低于 1.0ng TEQ/m^3 的标准。

国内外研究的控制 PCDDs/PCDFs 排放的现有技术方法主要包括 3 种。

① 改善燃烧条件，控制 PCDDs/PCDFs 的形成，如"3T"技术。由于 PCDDs 在 800℃ 以上的高温下可在 0.21s 内完全分解，所以为避免产生这类有害物质，垃圾焚烧炉内必需构筑高温燃烧区。因此，必须维持炉内高温（Temperature）；延长气体在高温区的停留时间（Time）；加强炉内湍动，促进空气扩散、混合（Turbulence）。

② 城市生活垃圾焚烧时加入脱氯物质（如含钙化合物）。

③ 对焚烧炉的烟气用干/湿法喷粉、袋式除尘并结合活性炭吸附。

这些方法都取得了一定的成效，但也有各自的局限性。城市生活垃圾一般热值低，要构筑高温区，大多需添加燃油，增加成本；高温燃烧又造成 NO_x 排放浓度高的环境问题。燃烧时添加脱氯的无机不可燃物质，会降低本已很低的燃烧效率。复杂的烟气处理过程，尽管可使污染物排放达标，但巨大的处理费用增大了垃圾治理的成本。此外，国外开发的城市生活垃圾焚烧技术，投资巨大，例如 100t/d 垃圾处理量的建设成本就接近 1 亿元人民币，这是我国大多数城市所负担不了的。此外，垃圾焚烧过程中的高温氯腐蚀也是待解决的难题。

2. 技术原理

区别于现有的控制 PCDDs/PCDFs 排放的技术，中国矿业大学提出了控制城市生活垃圾低温热解过程脱出氯化物、热解产物气化生产洁净可燃气体用以高效燃烧的城市生活垃圾能源化利用的新技术路线。

控制 PCDDs/PCDFs 污染，从破坏它们的生成条件可达到。即把城市生活垃圾制备成垃圾衍生燃料（RDF）；通过控制 RDF 热解进程（升温速度、RDF 组成、添加剂等），使含氯化合物在低温时分解、Cl 析出，以破坏 PCDDs/PCDFs 的形成条件并消除 HCl 对设备的高温腐蚀；对 RDF 低温热解产生的产物 c-RDF 进行完全气化，一方面制备出易于利用的可燃气体，保证能量的高效利用；另一方面彻底消除 PCDDs/PCDFs 产生的条件，达到城市生活垃圾高效洁净能源化利用的目的。

因此，研究的技术路线可概括地表述为"控制析出，分段处理，高效利用"，实现的方式是利用现有的煤气化炉并在考虑城市生活垃圾和 RDF 特性后进行设计、制造。

3. 原理验证

以垃圾主要成分配制的人工垃圾衍生燃料和取自城市垃圾焚烧厂的天然生活垃圾为原

料，采用热重-傅里叶变换红外光谱（TG-FTIR）研究了垃圾在热转换过程中氯的释放特性。

RDF 热解的典型 TG 曲线如图 10-5 所示。由图可知，RDF 热解时有 2 个比较明显的失重阶段，并且失重阶段的温度区间随升温速度的变化而变化。表 10-2 列出了从 TG 曲线上得到的 RDF 在不同的升温速度下的失重温度区间。

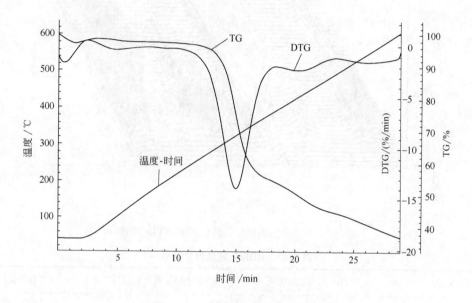

图 10-5　RDF 热解的典型 TG 曲线

从表 10-2 可以看出，随着热解升温速度的增加，2 个失重阶段的温度区间都向高温区推进；对于第一失重阶段来说，其温度区间基本上都随着升温速度的增加而变宽。

表 10-2　RDF 在不同升温速度下的失重温度区间

升温速度/(℃/min)	第一失重温度范围/℃	第二失重温度范围/℃
20	278~370	370~600
10	250~330	330~600
3	235~330	330~600

RDF 热解释放气体的典型 FTIR 图谱如图 10-6 所示。从红外光谱图中可以看出，随着温度的增加，在约 160℃ 时在 2780.4/cm 处出现一个明显的双峰（HCl），在 240℃ 时 HCl 的释放速度达到高峰，然后在 280℃ 左右完全消失。在 HCl 释放的温度区间，吸收峰 $3850cm^{-1}/1650cm^{-1}$、$2230cm^{-1}/670cm^{-1}$、$1800cm^{-1}$、$1374cm^{-1}$、$1100\sim1200cm^{-1}$ 分别是 H_2O、CO_2、羰基、SO_2 和甲酸的特征峰。与此同时，在 HCl 开始析出至释放完的温度范围内（150~280℃），一直没有芳香族化合物的特征峰的出现；在 FTIR 谱图的 $3030cm^{-1}$ 和 $1600\sim1500cm^{-1}$ 处，均未见鉴定芳香化合物的芳环 C—H 振动和芳环骨架振动的特征峰。这是由于芳族化合物具有稳定的大 π 结构、较大的键能，在较低的温度下（500℃）难以形成。

RDF 热解氯释放有如表 10-3 所列的特性。

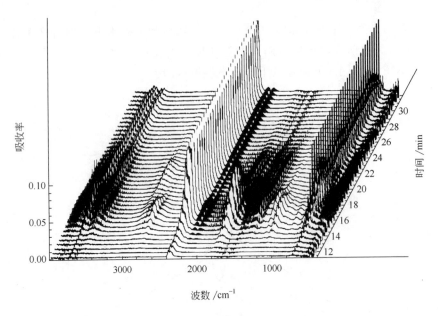

图 10-6　RDF 热解释放气体的典型 FTIR 图谱

表 10-3　RDF 热解氯释放特性

升温速度/(℃/min)	HCl 释放起始温度/℃	HCl 最大释放量所处温度/℃	HCl 释放终温/℃
20	286	343	383
10	252	308	351
3	160	220	280

从表 10-3 可以看出，当热解升温速度提高时，HCl 析出的温度也相应地向高温区移动；以缓慢的升温速度进行热解可使 HCl 在低温区析出，与高温下垃圾焚烧所产生的二噁英类前驱物（芳烃）分别在不同的温度区间生成。因此，若将 RDF 在不同温度区间的热解气态产物分别引出，有可能为降低甚至消除生活垃圾能源化利用过程中二噁英类污染物的难题提供新的解决途径，因为二噁英类物质形成的物质基础是必要的氯源和含有苯环的芳烃化合物。

4. 工艺流程

以城市生活垃圾（或 RDF）的低温热解脱氯、热解残渣高温气化技术为基础的城市生活垃圾高效洁净能源化利用的工艺路线如图 10-7 所示。

$$\begin{array}{c}\longrightarrow 气化煤气 \rightarrow 净化 \rightarrow 煤气\\城市生活垃圾 \rightarrow 预处理 \rightarrow RDF\ 制备 \rightarrow 热解气化炉 \rightarrow 热解气体 \rightarrow 净化 \rightarrow 煤气\\\longrightarrow 灰渣 \rightarrow 无害化处理\end{array}$$

图 10-7　城市生活垃圾高效洁净能源化利用的工艺路线

第三节　酸性气体控制技术

控制垃圾焚烧厂烟气中酸性气体的技术有湿式、干式及半干式洗气 3 种方法。

一、湿式洗气法

焚烧烟气处理系统中最常用的湿式洗气塔是对流操作的填料吸收塔，其构造如图 10-8 所示。经静电除尘器或布袋除尘器去除颗粒物后的烟气由填料塔下部进入，首先喷入足量的液体使烟气降到饱和温度，再与向下流动的碱性溶液不断地在填料空隙及表面接触及反应，使烟气中的污染气体被有效吸收。

填料对吸收效率的影响很大，要尽量选用耐久性与防腐性好、比表面积大、对空气流动阻力小以及单位体积质量轻和价格便宜的填料。近年来最常使用的填料是由高密度聚乙烯、聚丙烯或其他热塑胶材料制成的不同形状的特殊填料，如拉西环、贝尔鞍及螺旋环

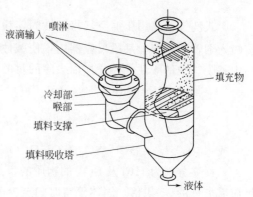

图 10-8　湿式洗气塔的构造

等，较传统的陶瓷或金属制成的填料质量轻、防腐性高、液体分配性好。使用小直径的填料虽可提高单位高度填料的吸收效率，但是压差也随之增加。一般来说，气体流量超过 $14.2 m^3/min$ 时，不宜使用直径在 $25.4mm$ 以下的填料；超过 $56.6m^3/min$ 时，则不宜使用直径低于 $50.8mm$ 的填料，填料的直径不宜超过填料塔直径的 $1/20$。

吸收塔的构造材料必须能抗拒酸气或酸水的腐蚀，传统做法是碳钢外壳内衬橡胶或聚氯乙烯等防腐物质，近年来玻璃纤维强化塑胶（FRP）逐渐普及。FRP 不仅质量轻，可以防止酸碱腐蚀，还具有高度韧性及强度，适于作为吸收塔的外设及内部附属设备。

常用的碱性药剂有苛性钠（NaOH）溶液（15%～20%，质量分数）或石灰 $[Ca(OH)_2]$ 溶液（10%～30%，质量分数）。石灰价格较低，但是在水中的溶解度不高，含有许多悬浮氧化钙粒子，容易导致液体分配器、填料及管线的堵塞及结垢。虽然苛性钠较石灰为贵，但苛性碱和酸气反应速率较石灰快，吸收效率高，其去除效果较好且用量较少，不会因 pH 值调节不当而产生管线结垢等问题，故一般均采用 NaOH 溶液为碱性中和剂。

洗气塔的碱性洗涤溶液采用循环使用方式，当循环溶液的 pH 值或盐度超过一定标准时，排泄部分并补充新鲜的 NaOH 溶液，以维持一定的酸性气体去除效率。排泄液中通常含有很多溶解性重金属盐类（如 $HgCl_2$、$PbCl_2$ 等），氯盐浓度亦高达 3%，必须予以适当处理。

石灰溶液洗气时，其化学方程式为

$$2SO_2 + 2CaCO_3 + 4H_2O + O_2 \longrightarrow 2CaSO_4 \cdot 2H_2O + 2CO_2 \tag{10-9}$$

其中 $CaSO_4 \cdot 2H_2O$ 可以回收再利用。

由于一般的湿式洗气塔均采用充填吸收塔的方式设计，故其对粒状物质的去除能力几乎可被忽略。湿式洗气塔的最大优点为酸性气体的去除效率高，对 HCl 去除率达 98%，SO_2 去除率达 90% 以上，并附带有去除高挥发性重金属物质（如 Hg）的潜力；其缺点为造价较高，用电量及用水量亦较高，此外为避免烟气排放后产生白烟现象需另加装废气再热器，废水亦需加以妥善处理。目前改良型湿式洗气塔多分为两阶段洗气，第一阶段针对 SO_2，第二阶段针对 HCl，主要原因是二者在最佳去除效率时的 pH 值不同。

此外，湿式洗气法产生的含重金属和高浓度氯盐的废水需要进行处理。

二、干式洗气法

干式洗气法是用压缩空气将碱性固体粉末 [消石灰（CaO）或碳酸氢钠（$NaHCO_3$）]直接喷入烟管或烟管上某段反应器内，使碱性消石灰粉与酸性废气充分接触和反应，从而达到中和废气中的酸性气体并加以去除的目的。

$$2x\,HCl + y\,SO_2 + (x+y)\,CaO \longrightarrow x\,CaCl_2 + y\,CaSO_3 + x\,H_2O \tag{10-10}$$

$$y\,CaSO_3 + \frac{y}{2}O_2 \longrightarrow y\,CaSO_4 \tag{10-11}$$

或 $\qquad HCl + SO_2 + 3NaHCO_3 \longrightarrow NaCl + Na_2SO_3 + 3CO_2 + 2H_2O \tag{10-12}$

x 及 y 分别为 HCl 及 SO_2 的物质的量。为了加强反应速率，实际碱性固体的用量为反应需求量的 3~4 倍，固体停留时间至少需 1s 以上。

近年来，为提高干式洗气法对难以去除的一些污染物质的去除效率，用硫化钠（Na_2S）及活性炭粉末混合石灰粉末一起喷入，可以有效地吸收气态 Hg 及二噁英。干式洗气塔中发生的一系列化学反应如下。

① 消石灰粉与 SO_2 及 HCl 进行中和反应。

$$CaO + SO_2 \longrightarrow CaSO_3 \tag{10-13}$$

$$CaO + 2HCl \longrightarrow CaCl_2 + H_2O \tag{10-14}$$

② SO_2 可以减少 $HgCl_2$ 转化为气态 Hg。

$$SO_2 + 2HgCl_2 + H_2O \longrightarrow SO_3 + Hg_2Cl_2 + 2HCl \tag{10-15}$$

$$Hg_2Cl_2 \longrightarrow HgCl_2 + Hg\uparrow \tag{10-16}$$

③ 活性炭吸附现象将形成 H_2SO_4，而 H_2SO_4 与气态 Hg 可发生反应。

$$SO_{2,\text{气}} \longrightarrow SO_{2,\text{吸附}} \tag{10-17}$$

$$SO_{2,\text{吸附}} + \frac{1}{2}O_{2,\text{吸附}} \longrightarrow SO_{3,\text{吸附}} \tag{10-18}$$

$$SO_{3,\text{吸附}} + H_2O \longrightarrow H_2SO_{4,\text{吸附}} \tag{10-19}$$

$$2Hg + 2H_2SO_{4,\text{吸附}} \longrightarrow Hg_2SO_{4,\text{吸附}} + 2H_2O + SO_2 \tag{10-20}$$

或 $\qquad Hg_2SO_{4,\text{吸附}} + 2H_2SO_{4,\text{吸附}} \longrightarrow 2HgSO_{4,\text{吸附}} + 2H_2O + SO_2 \tag{10-21}$

因此当消石灰粉末去除 SO_2 时，会影响 Hg 的吸附，故需加入一些含硫的物质（如 Na_2S）。

干式洗气塔与布袋除尘器组合工艺（Flank 干式洗气法）是焚烧厂中烟气污染控制的常用方法，其典型流程如图 10-9 所示。优点为设备简单，维修容易，造价便宜，消石灰输送管线不易阻塞；缺点是由于固相与气相的接触时间有限且传质效果不佳，常需超量加药，药剂的消耗量大，整体的去除效率也较其他 2 种方法低，产生的反应物及未反应物量亦较多，需要适当最终处置。目前虽已有部分厂商运用回收系统，将由除尘器收集下来的飞灰、反应物与未反应物按一定比例与新鲜的消石灰粉混合再利用，以期节省药剂消耗量，但其成效并不显著，且会使整个药剂准备及喷入系统变得复杂，管线系统亦因飞灰及反应物的介入而增加了磨损或阻塞的频率，反而失去原系统设备操作简单、维修容易的优势。

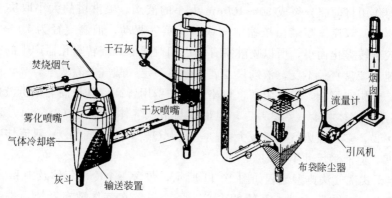

图 10-9　Flank 干式洗气法典型流程

三、半干式洗气法

如图 10-10 所示，半干式洗气塔实际上是一个喷雾干燥系统，利用高效雾化器将消石灰泥浆从塔底向上或从塔顶向下喷入干燥吸收塔中。烟气与喷入的泥浆可以同向流或逆向流的方式充分接触并产生中和作用。由于雾化效果佳（液滴的直径可低至 $30\,\mu m$ 左右），气、液接触面积大，不仅可以有效降低气体的温度，中和气体中的酸气，喷入的消石灰泥浆中的水分还可在喷雾干燥塔内完全蒸发，不产生废水。其化学方程式为

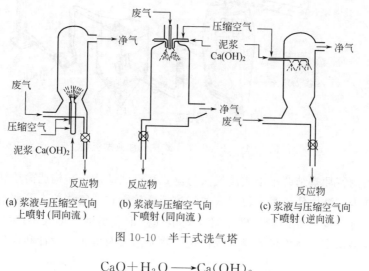

图 10-10　半干式洗气塔

$$CaO + H_2O \longrightarrow Ca(OH)_2 \qquad (10-22)$$

$$\text{Ca(OH)}_2 + \text{SO}_2 \longrightarrow \text{CaSO}_3 + \text{H}_2\text{O} \tag{10-23}$$

$$\text{Ca(OH)}_2 + 2\text{HCl} \longrightarrow \text{CaCl}_2 + 2\text{H}_2\text{O} \tag{10-24}$$

或

$$\text{SO}_2 + \text{CaO} + \frac{1}{2}\text{H}_2\text{O} \longrightarrow \text{CaSO}_3 \cdot \frac{1}{2}\text{H}_2\text{O} \tag{10-25}$$

这种系统最主要的设备为雾化器，目前使用的雾化器为旋转雾化器及双流体喷嘴。旋转雾化器为一个由高速马达驱动的雾化器，转速可达 $10000\sim20000\text{r/min}$，液体由转轮中间进入，然后扩散至转轮表面，形成一层薄膜。由于高速离心作用，液膜逐渐向转轮外缘移动，经剪力作用将薄膜分裂成 $30\sim100\mu\text{m}$ 大小的液滴。喷淋塔的大小取决于液滴喷雾的轨迹及散体面。双流体喷嘴由压缩空气或高压蒸气驱动，液滴直径为 $70\sim200\mu\text{m}$，由于雾化面远较旋转雾化面小，所以喷淋室直径也相对降低。旋转雾化器产生的雾化液滴较小，只要转速及转盘直径不变，液滴尺寸就会保持一定，酸气去除效率较高，碱性反应剂使用量较低；但构造复杂，容易阻塞，价格及维护费用皆高。其最高与最低液体流量比为 $20:1$，远高于双流体喷嘴（约 $3:1$），但最高与最低气体流量比（$2.5:1$）远低于双流体喷嘴（$20:1$），多用在废气流量较大时（一般为 $Q>340000\text{m}^3/\text{h}$）。双流体喷嘴构造简单，不易阻塞，但液滴尺寸不均匀。

Flank 半干式洗气法典型流程如图 10-11 所示，包含一个冷却气体及中和酸气的干/湿洗涤塔及除尘用的布袋除尘器。系统的中心为一个设置在气体散布系统顶端的转轮雾化器。高温气体由干/湿洗涤塔顶端成螺旋或漩涡状进入。石灰浆经转轮高速旋转作用由切线方向散布出去，气、液体在塔内充分接触，可有效降低气体温度，蒸发所有的水分及去除酸气，中和后产生的固体残渣由塔底或集尘设备收集，气体的停留时间为 $10\sim15\text{s}$。单独使用石灰浆时对酸性气体去除效率在 90% 左右，但利用反应药剂在布袋除尘器滤布表面进行的二次反应，可提高整个系统对酸性气体的去除效率（HCl 98%，SO_x 90% 以上）。

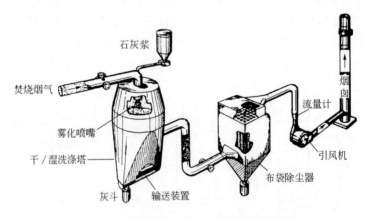

图 10-11　Flank 半干式洗气法典型流程

本法最大的特性是结合了干式洗气法与湿式洗气法的优点，构造简单、投资低、压差小、能源消耗少、液体使用量远较湿式洗气法低；较干式洗气法的去除率高，也免除了湿式洗气法产生过多废水的问题；操作温度高于气体饱和温度，烟气不产生白雾状水蒸气团。但是喷嘴易堵塞，塔内壁容易被固体化学物质附着及堆积，设计和操作中要很好地控制加水量。

四、酸性气体控制技术比较

综合而言，以上3种酸性气体洗气塔功能特性比较如表10-4所列。

表 10-4　3 种酸性气体洗气塔功能特性比较　　　单位：%

种类	去除效率		药剂消耗量	耗电量	耗水量	反应物量	废水量	建造费用	操作维护费用
	单独	配合袋滤式除尘器							
干式洗气塔	50	95	120	80	100	120	—	90	80
半干式洗气塔	90	98	100	100	100	100	—	100	100
湿式洗气塔	99	—	100	150	150	—	100	150	150

注：1. 去除效率以 HCl 去除率为基准。

2. 药剂种类：干式为 Ca(OH)$_2$ 粉（95％纯度），半干式为 Ca(OH)$_2$ 乳液（15％），湿式为 NaOH 溶液（45％）。

第四节　灰渣的处理与利用

一、灰渣的组成与特性

1. 粒度及粒度组成

水冷熔渣的形状通常是不规则的、带棱角的蜂窝状颗粒，表面多为玻璃质。而飞灰主要是一些煤粉大小的球形颗粒。水冷熔渣和飞灰的颗粒分布分别见图 10-12 和图 10-13。由图可知，水冷熔渣的颗粒尺寸是 0.074～5mm，其中 71％是砂子大小（0.074～2mm）的颗粒，27％是砾石大小（＞2mm）的颗粒，2％是煤粉大小（0.002～0.074mm）的颗粒。

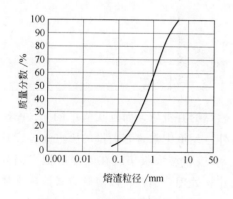

图 10-12　水冷熔渣的颗粒分布

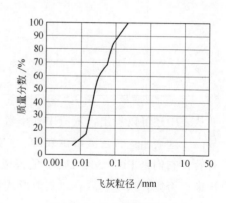

图 10-13　飞灰的颗粒分布

2. 灰渣的性质

表 10-5 为飞灰和水冷熔渣的性质，同时列出了砂子的典型值以供比较。由表可知，飞灰和水冷熔渣的有效粒径分别为 0.01mm 和 0.2mm，它们的均匀系数分别是 4.76 和

3.88，级配系数分别是 1.44 和 1.68，表明这 2 种物质很难被分级。飞灰和水冷熔渣的热灼减量分别为 15%和 2.7%，表明水冷熔渣的有机成分很低，这主要是因为在水洗过程中黏附在残渣颗粒上的未燃物质被洗掉，而垃圾焚烧过程中却有大量细小的有机物质未被燃尽，这些细小颗粒在烟气中被除尘器捕集下来，所以飞灰中的有机成分相对较高。另外，飞灰和水冷熔渣都呈碱性，pH 值分别是 11.4 和 10.8。

表 10-5　飞灰和水冷熔渣的性质

特　　性		飞灰	水冷熔渣	砂子
相对密度		2.45	2.67	2.65
密度/(g/cm³)	松散堆置	0.81	1.17	1.35
	压实堆置	1.09	1.54	1.90
颗粒尺寸分布	有效粒径/mm	0.01	0.2	—
	均匀系数	4.76	3.88	—
	级配系数	1.44	1.68	—
热灼减量/%		15.0	2.7	—
pH 值		11.4	10.8	—

表 10-6 为飞灰和水冷熔渣的化学组成。可以看出飞灰中 2/3 以上的化学成分是硅酸盐和 Ca，其他的化学成分主要是 Al、Fe 和 K。水冷熔渣中 2/3 以上的化学成分是硅酸盐和 Fe，其他的化学成分主要是 Al 和 Ca。Zn、Pb、Ni、Cr 和 Cd 这些重金属在飞灰和水冷熔渣中都以微量形式存在。

表 10-6　飞灰和水冷熔渣的化学组成　　　　　　单位：%

组　分	飞　灰	水冷熔渣	组　分	飞　灰	水冷熔渣
硅酸盐	35.00	42.50	Pb	0.20	0.52
Al	12.50	18.67	Cu	0.04	0.50
Fe	5.67	24.32	Mn	0.08	0.18
Ca	32.49	7.39	Cr	0.01	0.05
K	3.80	1.30	Cd	0.007	0.001
Na	1.90	1.10	Ni	0.008	0.13
Mg	1.02	0.72	其他	6.80	2.07
Zn	0.48	0.55			

从表中还可以看出，灰渣中有相当部分未完全燃烧的有机质，而且灰渣中的 P、K 比例较高。这表明这种灰渣可供农田、种植之用。另外，垃圾中常含有大量的废电池、废日光灯管，它们是 Pb、Cd、Hg 等危害成分的根源，应该在垃圾收集或在处理厂把它们分拣出来。否则，这些物质将以灰渣形式填埋或作为建材处理，最终将以溶解方式造成水体污染。

Amalendu Bagchi 等还对美国威斯康星州 Sheboygan 市焚烧炉的底灰和飞灰进行了浸取试验，结果见表 10-7。结果表明，在焚烧炉灰渣的浸取液中含有高浓度的 Al、B、Cd、氯化物、Pb 和硫化物。另外，在威斯康星州 Waukesha 市和美国另外一些州的焚烧炉也得到同样的结果。灰渣中由于存在大量的 Pb 和 Cd 等重金属而成为有害物质，若处理不当，会对环境造成很大危害。

表 10-7　Sheboygan 市焚烧炉飞灰和底灰的浸取试验结果　　单位：mg/L

组分	浓　度　范　围		组分	浓　度　范　围	
	底　灰	飞　灰		底　灰	飞　灰
Al	10.7～88.8	2.3～1	Ag	<0.007	<0.007
K	<0.187	<0.187	Na	123.8～148.5	11.5～16.3
Ba	0.15～0.36	0.055～0.115	Sr	0.52～1.03	0.07～4.63
B	1.6～3.2	0.42～1.13	Sn	0.005～0.013	0.005
Cd	0.004～0.3	0.021～0.044	Zn	0.002～0.007	0.002～0.012
Cr	<0.01～0.04	<0.01～0.044	Mg	0.006～0.017	0.02～0.057
Co	0.007～0.029	0.007～0.04	Hg	<0.0002	<0.0002
Cu	0.044～0.103	0.026～0.081	Ni	0.01～0.03	0.01～0.03
Fe	<0.01～0.04	<0.01～0.1	氯化物	222～305	32.6～80.6
Pb	0.15～0.6	0.25～0.56	硫酸盐	177～1400	105,173

二、灰渣中的重金属及其危害

表 10-8 和表 10-9 是我国典型的底灰和飞灰中的重金属含量。可以看出，飞灰中各种重金属的含量大不相同，由多到少依次是：Fe、Zn、Pb、Cu、Cr、Ni、Hg 和 Cd。而且飞灰中 Zn、Pb、Cd 等挥发性重金属的含量明显高于底灰。

表 10-8　典型底灰中的重金属含量　　单位：mg/kg

金属名称	熔 融 块 金 属 含 量			灰 分 金 属 含 量		
	第一次测值	第二次测值	平均值	第一次测值	第二次测值	平均值
Zn	1464	1337	1401	4882	5210	5046
Cu	12.3	14.3	13.3	314	423	368
Pb	61.3	58.4	59.9	370	414	392
Cd	2.34	2.31	2.32	5.62	5.64	5.63
Ni	34.3	34.7	34.5	44.2	42.5	43.4
Cr	46.5	43.0	44.8	111.5	107.3	109.4
As	1.08	1.21	1.15	2.54	2.77	2.66
Na	2515	2499	2507	3385	3204	3295
Mg	2535	2643	2589	3044	2905	2975
Ca	14359	14247	14303	15421	15503	15462
Fe	27140	26961	27051	29634	29115	29375

表 10-9　典型飞灰中的重金属含量　　单位：mg/kg

测定值	Hg	Zn	Cu	Pb	Cd	Ni	Cr	Fe
第一次	49	4382	296	1480	24.6	60.1	115	25742
第二次	55	4389	330	1512	26.4	61.5	121	25812
平均值	52	4386	313	1496	25.5	60.8	118	25777

飞灰中的重金属源于焚烧过程中生活垃圾所含重金属及其化合物的燃烧和蒸发。例如，除了垃圾中混入的一些工业废弃物以外，Hg 主要来自烧碱生产工艺的残渣、塑料上的颜料、温度计、电子元件和电池；Pb 来源于颜料、塑料（稳定剂）和蓄电池及一些合

金物；Cd 来源于涂料、电池、稳定剂/软化剂；Zn 主要来自一些镀锌材料；Cr 主要来自不锈钢；而 Ni 则主要来自不锈钢镍镉电池。

垃圾中所含重金属物质高温焚烧后，除部分残留在底灰中以外，一部分会在高温下直接气化挥发进入烟气；而另一部分则会在炉内参与反应生成金属氧化物或比原来的金属元素更易气化挥发的金属氯化物。这些金属氧化物和氯化物因挥发、热解、氧化和还原作用，可能进一步发生复杂的化学反应，最终产物包括元素态重金属单质和重金属氧化物、氯化物、硫酸盐、碳酸盐、磷酸盐以及硅酸盐等。

1. 飞灰中重金属含量与垃圾中金属含量的关系

生活垃圾的重金属含量是决定飞灰中重金属含量的主要因素。由于垃圾的化学元素分析测定非常繁琐，一般城市环卫系统较少进行这项工作，现将瑞士 St. Gallen 焚烧炉处理的生活垃圾和北京环卫科研所对北京市生活垃圾的元素测定数据列于表 10-10。可见，各元素在生活垃圾中的含量基本上与飞灰中的含量次序相符。

表 10-10　生活垃圾中各元素的含量

元素	中国/(mg/L)	瑞士/(g/kg)	元素	中国/(mg/L)	瑞士/(g/kg)	元素	中国/(mg/L)	瑞士/(g/kg)
C	12~38	37±4	Si	19.9	39±8	Al	3.5	11±2
S	—	1.3±0.2	Mn	350.6	—	Be	$102.7×10^{-3}$	
P	0.14~0.2	0.73±0.16	Fe	2.57	29±5	Pb	14.51	0.7±0.1
Cl	—	6.9±1.0	Co	14.1	—	Hg	0.0262	0.003±0.001
K	0.6~2.0	2.5±0.4	Ni	12.9	—	Cr	52.47	
Na	0.65	5.7±1.4	Cu	37.09	0.7±0.2	Cd	0.00442	0.011±0.002
Ca	0.57	27±5	Zn	86.72	1.4±0.2	As	10.21	

2. 飞灰中重金属含量与各金属物质蒸发点的关系

飞灰中重金属含量与焚烧温度和各种重金属物质的蒸发点有关，蒸发点低于焚烧温度的重金属物质能全部挥发出来，进入烟气。烟气中的重金属物质随烟气温度的降低会凝结成均匀的小颗粒物或凝结于烟气中的烟尘上，无法凝结的气态重金属物质也有部分会被吸附在烟尘上，最后一起被烟气除尘设备捕集下来形成飞灰。重金属物质的蒸发点越高则越易凝结，飞灰中的含量亦随之增高。表 10-11 列出了重金属元素及其化合物的性质。

表 10-11　重金属元素及其化合物的性质

重金属元素	熔点/℃	沸点/℃	氧化物性质	氯化物性质	硫酸盐性质
Hg	−39	357	高于400℃即分解	熔点275℃，沸点301℃	熔点分解
Zn	419	907	1800℃升华	熔点283℃，灼烧时升华	灼烧时分解
Cu	1083	2595	熔点1026℃	熔点620℃，993℃分解	560℃时分解
Pb	327	1744	熔点886℃，沸点1516℃	熔点501℃，沸点950℃	熔点1170℃
Cd	321	767	900℃升华	熔点570℃，沸点960℃	熔点1000℃
Ni	1555	2837	熔点1980℃	熔点1001℃	熔点31.5℃
Cr	1900	2480	熔点2435℃，沸点3000℃	熔点83℃	高温时分解
Fe	1535	3000	熔点1377℃，3410℃分解	熔点282℃，沸点316℃	高温时分解

焚烧炉的温度可达 850～1200℃，下面对垃圾中原有的单质、氧化物、氯化物和硫酸盐这 4 种形态的重金属物质在此焚烧温度下将发生的变化进行讨论。由图 10-14 可见，蒸发点较低的重金属单质（如 Hg、Zn、Pb 和 Cd）和氯化物都可以气化挥发出来，而金属氧化物的熔沸点都比较高，比较稳定，除了 HgO、PbO、CdO 和 CuO 外，不会挥发出来；至于重金属的硫酸盐，由于其热稳定性很差，会分解为重金属氧化物和 SO_2，故在图中没有标出。

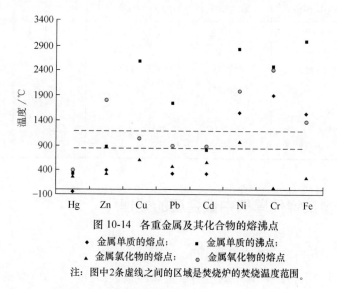

图 10-14　各重金属及其化合物的熔沸点
◆ 金属单质的熔点；　　■ 金属单质的沸点；
▲ 金属氯化物的熔点；　　◎ 金属氧化物的熔点
注：图中 2 条虚线之间的区域是焚烧炉的焚烧温度范围。

3. 飞灰中重金属含量与焚烧温度的关系

焚烧温度对飞灰中的重金属含量影响很大。垃圾在 650℃ 以下燃烧，大部分重金属以氧化物和游离态形式存在于底灰中，燃烧温度高于 850℃ 时飞灰中开始有金属结晶相物种出现。对不易挥发的 Cr、Cu 和较易挥发的 Pb、As，提高燃烧温度，烟气和飞灰中氧化态的重金属将增多；对易挥发的 Hg 和 Cd，由于在一般的燃烧温度下呈气态，提高燃烧温度烟气，它们在飞灰中的含量大体不变。

总之，由于不同种类重金属及其化合物的蒸发点差异较大，生活垃圾中的含量也各不相同，所以它们在飞灰中的含量以及在底灰和飞灰的比例分配上都有很大的差别，Zn、Pb、Cd 等挥发性重金属在飞灰中的含量明显高于底灰。

4. 重金属的毒性

飞灰的浸出毒性试验测定结果见表 10-12。从表中可以看出，飞灰浸出液中 Zn、Pb、Cd 的浓度高于固体废弃物浸出毒性鉴别标准，也正是因为这一点，飞灰被普遍认为是一种危险废物，必须对之进行稳定化处理。

另外从表 10-12 可知，城市生活垃圾中原有的各种重金属氧化物，由于其熔沸点比较高，在焚烧炉内不能被蒸发出来，主要残留在底灰中，只有一些氯化物被蒸发出来，被除尘器捕集形成飞灰。飞灰的浸出毒性试验中实质上浸出的也主要是这些金属氯化物。故可以从两个角度进行考虑：一是通过垃圾进入焚烧炉前的预处理，控制入炉垃圾中的金属氯化物含量，那么就有可能大大减少飞灰中可溶性的金属物质含量，降低飞灰的浸出毒性，从而降低飞灰的处理成本；二是通过改进焚烧工艺重新分配重金属在底灰和飞灰中的比例，提高重金属在飞灰中的含量，降低底灰中的重金属含量，使底灰实现无害化，只需对飞灰进行集中处理，这也是生态型焚烧技术的指导思想。

表 10-12　飞灰的浸出毒性

金属名称	飞灰浸出液浓度/(mg/L)			浸出率/%	固体废弃物浸出毒性鉴别标准/(mg/L)
	第一次测值	第二次测值	平均值		
Hg	0.0346	0.0309	0.03275	0.6	0.05
Zn	56.66	57.80	57.23	13.05	50
Cu	0.71771	0.70567	0.71169	2.27	50
Pb	23.96	25.15	24.56	16.42	3.0
Ni	0.30101	0.38794	0.34448	5.67	25
Cd	1.2057	1.3145	1.2601	49.42	0.3
Cr	0.13881	0.13575	0.13683	1.16	1.5

三、固体废弃物焚烧厂尾气中重金属的处理

1. 控排标准

焚烧法易造成二次污染，其中就包括重金属污染。Bache 等的监测报告指出垃圾焚烧厂周围区域重金属的浓度正逐年上升。由于重金属对人体产生负面效应，许多国家都对焚烧炉烟气排放中的重金属浓度做了严格的限制，并且随着人们生活水平的提高和环保意识的增强，烟气排放的要求也越来越严格。各国生活垃圾焚烧重金属污染物排放标准见表 10-13。

表 10-13　各国生活垃圾焚烧重金属污染物排放标准

指标	国家				
	德国($11\%O_2$)	美国($7\%O_2$)	瑞典($10\%O_2$)	英国($11\%O_2$)	中国($11\%O_2$)
Hg	0.05	0.1	0.05	0.21~0.39	0.2
Cd	0.026	0.01	0.002	0.1~3.5	0.1
Pb	0.358	0.1	0.06	0.1~5.0	1.6

2. 重金属排放控制原理

焚烧厂排放尾气中所含重金属量与废弃物组成、性质、重金属存在形式、焚烧炉的操作及空气污染控制方式有密切关系。去除尾气中重金属污染物的机理如下。

① 重金属降温达到饱和，凝结成粒状物后被除尘设备收集去除。

② 饱和温度较低的重金属元素无法充分凝结，但飞灰表面的催化作用会形成饱和温度较高且较易凝结的氧化物或氯化物，从而易被除尘设备收集去除。

③ 仍以气态存在的重金属物质，因吸附于飞灰上或喷入的活性炭粉末上而被除尘设备一并收集去除。

④ 部分重金属的氯化物为水溶性，即使无法在上述的凝结及吸附作用中去除，也可利用其溶于水的特性，由湿式洗气塔的洗涤液自尾气中吸收下来。

当尾气通过热能回收设备及其他冷却设备后，部分重金属会因凝结或吸附作用而附着在细尘表面，可被除尘设备去除，温度越低，去除效果越佳。但挥发性较高的 Pb、Cd 和 Hg 等少数重金属则不易被凝结去除。从焚烧厂运转中得出如下经验。

① 单独使用静电除尘器对重金属物质去除效果较差，因为尾气进入静电除尘器时的温度较高，重金属物质无法充分凝结，且重金属物质与飞灰间的接触时间亦不足，无法充分发挥飞灰的吸附作用。

② 湿式处理流程中所采用的湿式洗气塔，虽可降低尾气温度至废气的饱和露点以下，但去除重金属物质的主要机构仍为吸附作用，且因对粒状物质的去除效果甚低，即使废气的温度可使重金属凝结（Hg 仍除外），除非装设除尘效率高的文氏洗涤器或静电除尘器，凝结成颗粒状物的重金属仍无法被湿式洗气塔去除。以 Hg 为例，废气中的 Hg 金属大部分为 Hg 的氯化物（如 $HgCl_2$），具有水溶性，由于其饱和蒸气压高，通过除尘设备后在洗气塔内仍为气态，与洗涤液接触时可因吸收作用而部分被洗涤下来，但会再挥发随废气释出。

③ 布袋除尘器与干式洗气塔或半干式洗气塔并用时，除了 Hg 之外对重金属的去除效果均十分优良，且进入除尘器的尾气温度越低，去除效果越好。但为维持布袋除尘器的正常操作，废气温度不得降至露点以下，以免引起酸雾凝结，造成滤袋腐蚀，或因水汽凝结而使整个滤袋阻塞。金属 Hg 由于其饱和蒸气压较高，不易凝结，只能靠布袋上的飞灰层对气态 Hg 的吸附作用而被去除，其效果与尾气中飞灰含量及布袋中飞灰层厚度有直接关系。

④ 为降低 Hg 的排放浓度，在干法处理流程中，可在布袋除尘器前喷入活性炭或于尾气处理流程尾端使用活性炭滤床加强对 Hg 的吸附作用，或在布袋除尘器前喷入能与 Hg 反应生成不溶物的化学药剂，如喷入 Na_2S 药剂，使其与汞作用生成 HgS 颗粒而被除尘系统去除，喷入抗高温液体螯合剂可达到 $50\%\sim70\%$ 的去除效果。在湿式处理流程中，在洗气塔的洗涤液内添加催化剂（如 $CuCl_2$），促使更多水溶性的 $HgCl_2$ 生成，再以螯合剂固定已吸收 Hg 的循环液，确保吸收效果。

3. 控排技术

回顾国内外对垃圾焚烧重金属污染的控制研究的发展和应用，现阶段可将其分为焚烧前控制、焚烧中控制以及焚烧后控制 3 个方面。

（1）焚烧前控制

焚烧前控制最主要的方法就是将垃圾分类分拣。将重金属浓度含量较高的废旧电池及电器、杂质等从原生垃圾中分拣出，可以大大减少垃圾焚烧产物中的 Hg、Pb、Cd 含量；将塑料、废弃轮胎从垃圾中分拣出并采用降解或热解方法处理，可减少其中有机氯含量，有利于重金属元素的捕集和减少二噁英的生成。多数发达国家如法国、德国、日本、新加坡等都有较完善的垃圾分类制度和设施，从节约资源和垃圾处理等方面考虑，我国应尽快开展垃圾的分类收集。此外，焚烧前控制还包括企业生产绿色环保产品，减少其中有毒金属含量，如无汞电池、无镉电池等。

（2）焚烧中控制——重金属的捕获技术

由于垃圾成分复杂，所含重金属的形式多样，垃圾分类只能做到减少重金属的含量。研究发现，即便是去除了明显易生成重金属污染的垃圾源，焚烧后仍将有大量目标重金属存在。为了达到排放标准，必须对焚烧过程中出现的重金属加以控制。

根据挥发-冷凝机理，金属在离开炉膛后将经历冷凝过程，当温度低于重金属露点温度时，金属发生同类核化（形成重金属颗粒）或异相吸附（富集在飞灰颗粒上），其颗粒的大小取决于到达露点温度后的滞留时间。通常情形下所形成的颗粒直径很小，尤其是对于金属的同类核化（$<1\mu m$）。常规的颗粒捕获设备对主要的微量元素如 Sb、Be、Cd、Cr、Co、Pb、Mn 等能有效捕集，且捕集率超过了 95%；而对于大部分富集在微小颗粒中或者以气体形式出现的 Hg、As、Se 等，捕集效率则很低。这些富集了有毒金属的细小颗粒将被排到大气中最终被人类所呼吸。

当金属碰到其他颗粒（典型的为吸附剂）时，两者相互作用，形成了有利于捕获的金属化合物或络合物，而这一过程能够在高于金属冷凝露点下发生，避免了成核过程，所需的活化能量可由焚烧炉中高温或外加能量提供。近些年来，吸附技术的发展和应用一直是研究的热点，而其中最多的就是对 Hg、Pb、Cd 等几种重金属捕集技术的研究。

Hg 易挥发，分压力低（$10^{-4} \sim 10^{-3}$ Pa），即使在较低温度下也低于饱和点（120℃时蒸发压力为 1mmHg），因而几乎所有的 Hg 都以气态离开燃烧区域，常规的净化设备要去除汞可采用降温或者喷入特殊化学试剂 2 种方法。对于干法工艺，将烟气温度降至 $120 \sim 140$℃，易造成布袋纤维过滤器堵塞；半干法工艺通过喷入雾化悬浮的 $Ca(OH)_2$，使烟气温度降至 120℃，Hg 的去除率小于 70%，通常又不能满足排放要求；对于湿法除尘工艺，使温度降至 70℃，能有效捕集（≥90%），但易造成废水的二次污染，运行费用高。目前应用较多的一种方法就是向烟气中喷入特殊试剂，如向烟气（在 $135 \sim 150$℃时）中逆喷 Na_2S 形成 HgS，因其不溶、颗粒大而较易捕获，Hg 去除率达 60% ~ 90%。另外一种方法就是向烟气中喷射炭基吸附剂，这也是目前工业中较为成熟、应用最多的控制技术，它可用来去除 Hg、酸性气体（HCl 和 SO_2）及二噁英等污染物。

向烟气中喷入粉末状或颗粒状的活性炭，其吸附机理通常被认为是气体分子向炭基体扩散，由于分子间范德华力的作用，这些扩散来的分子保留在表面，其脱除 Hg 的效率可达 90%。过去的研究表明，影响活性炭吸附能力的因素有很多，如气体温度、炭的类型、表面积、进入的 Hg 量及其种类以及接触时间等。目前使用的活性炭可分为热力活性炭和化学活性炭两种。热力活性炭即为表面经过活化处理的炭，而化学活性炭因其表面含有 I、Cl、S 等元素，在室温下都能发生物理和化学吸附，因而比热力活性炭有更高的捕集效率（95%），且对于温度的影响，热力活性炭随温度上升，Hg 的捕集率急剧下降，而化学活性炭则没有此现象。

活性炭吸附剂在脱除重金属尤其是 Hg 方面有着很高的效率，但其价格昂贵，因而许多研究工作又围绕寻找廉价高效的替代物展开。海泡石是一种含纤维状的硅酸镁水合物，有大量的组织和结构特性，且在自然界中易得。硫化海泡石（以硫为衬底）构成具有整体式结构的吸附剂因具有大的外表面积和低的压降而使吸附能力得到了提高。

除了对 Hg 捕集外，焚烧中出现的 Pb、Cd 也会造成很大的麻烦。研究硅石、钒土、高岭土、铁矾土、石灰石在热重量反应器中对 Pb 和 Cd 的捕获效率后得出结论，其去除机理不在于物理吸附，而在于化学吸附或者反应吸附。将此研究结果应用于焚烧炉中，向火焰中顺喷入高岭土，发现去除 Pb 非常有效。分析后发现直径小于

0.5μm 的颗粒减少了 99%。

焚烧过程中对重金属的控制，除了采用冷凝、喷入特殊的试剂吸附外，还有催化转变，如 TiO_2 颗粒加紫外线照射能有效捕获焚烧废气中的 Hg，其效率达 96%。其原理是元素 Hg 首先吸附在有大表面积的 TiO_2 吸附剂（由前驱体现场发生）上，然后经紫外光照射催化氧化使吸附的 Hg 转变为 Hg 氧化物而与 TiO_2 络合达到被捕获的目的。

另外，对炉型的选择有利于尾气的净化。采用流化床技术焚烧垃圾有助于控制重金属的排放，气相形式的重金属与固体吸附剂及容器有充分接触的条件，它促进了金属的异相吸附而阻滞了同类核化，冷凝时使金属沉降在床料（吸附剂）颗粒上。并且采用较小的吸附剂颗粒、较低炉温以及较高的流化空气，会取得更好的去除（重金属）效果。

（3）焚烧后控制——灰处理

焚烧炉中的底灰、除尘器中的飞灰、烟囱残留灰以及湿式洗涤后所产生的污水中含有大量的重金属如 Cd、Pb、Zn、Cu 等，若采用直接填埋或作为建筑用材，由于重金属的渗滤特性，会重新进入环境而造成二次污染。焚烧后控制就是对其加以中间处理，使其无害化而达到填埋或做他用的标准。目前处理灰的方法主要有水泥混凝固化处理法、熔融固化处理法、药剂处理法及酸溶液浸出处理法等。

（4）垃圾焚烧灰渣熔融技术

用传统的城市生活垃圾焚烧处理法处理后产生的炉渣和烟尘量一般为原来垃圾总质量的 10%～20% 和 1%～5%，如果再加上烟气净化处理及垃圾焚烧过程中加入的消石灰等药剂量形成的灰渣量，炉渣和烟尘的总量则占原垃圾量的 35%～45%。由于传统垃圾焚烧炉的焚烧温度不是很高，一般为 700～1000℃，这些炉渣和烟尘中除含有一定量的未燃尽可燃物外，还含有一定量的重金属和二噁英类。如果处理不善，随意放置或随意填埋这些垃圾焚烧灰渣，将对大气、地下水、土壤等造成严重污染。因此，为了保护生态环境必须严格约束城市生活垃圾焚烧灰渣的处理。

目前世界上比较安全的垃圾焚烧灰渣处理办法较多，典型的如图 10-15 所示。目前最常用的是美国、德国、日本等发达国家的环境保护部门最推崇的传统生活垃圾焚烧炉焚烧灰渣处理技术——熔融固化

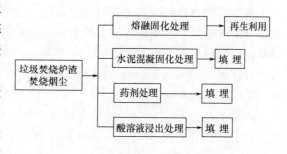

图 10-15　垃圾焚烧灰渣典型处理方法

处理技术。因为该技术不但可以进一步使灰渣减量 1/2，还可以回收灰渣中的有价金属、分解二噁英等有害物，并使熔融渣达到安全可再生利用，从而进一步使垃圾焚烧产生的灰渣实现资源化。

灰渣熔融炉按供热所用的能源种类分，可分为燃料熔融炉和电热熔融炉。一般来说，用生活垃圾进行焚烧发电的垃圾焚烧厂所产生的焚烧灰渣常用电热熔融炉进行熔融固化处理；而不发电的垃圾焚烧厂所产生的焚烧灰渣则常用燃料熔融炉进行熔融固化处理。底焦式液态残渣炉见图 10-16。直流电阻式液态残渣炉见图 10-17。

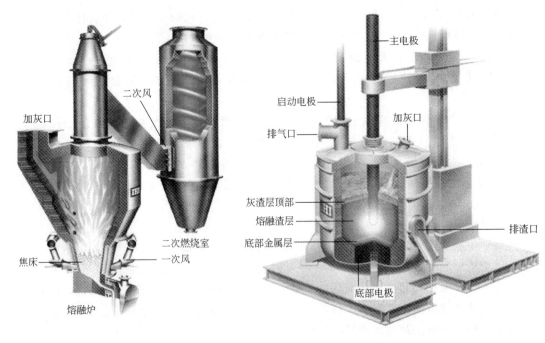

图 10-16　底焦式液态残渣炉　　　　　图 10-17　直流电阻式液态残渣炉

第五节　毒性有机氯化物的控排

采用焚烧和热解的方法对城市生活垃圾进行处理，可实现真正意义上的减容、减量且能部分回收能量。然而，生活垃圾中常见的聚氯乙烯、食盐等含氯的有机和无机类物质会给其能源化利用带来极大的难题：氯化物在热处理过程中会产生 HCl 气体，腐蚀金属设备，HCl 排放到大气还会形成酸雨；由于氯化物的存在，还使得垃圾在处理过程中会产生剧毒的二噁英类污染物。

垃圾焚烧过程中产生的毒性有机氯化物主要为二噁英类物质。二噁英是目前发现的无意识合成的副产品中毒性最强的化合物，它的 LD_{50}（半致死剂量）是氰化钾的 1000 倍以上。

一、二噁英类物质

1. 二噁英的结构和性质

二噁英是指聚氯代二苯并-对-二噁英（polychlorinated dibenzo-p-dioxins，PCDDs），它由 2 个苯环和 2 个氧原子结合而成。由于其周围能结合 1～8 个氯原子，根据氯原子的个数和置换位置，二噁英总共存在 75 种异构体。聚合氯代二苯并呋喃（polychlorinated dibenzo furans，PCDFs）具有和 PCDDs 类似的性质，它由 2 个苯环和 1 个氧原子结合而成。由于其周围同样能结合 $1\sim8$ 个氯原子，所以总共存在 135 种异构体。这两者合起来统称为二噁英类。图 10-18 表示二噁英的分子结构，表 10-14 列举了二噁英类的异构体。

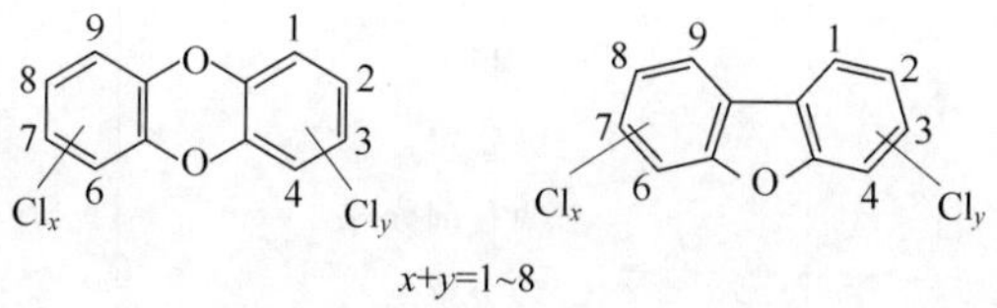

$$x+y=1\sim8$$

图 10-18 二噁英的分子结构

表 10-14 二噁英类的异构体

氯原子数	名 称	PCDDs			PCDFs		
		化学式	分子量	异构体数	化学式	分子量	异构体数
1	一氯化物 monochloro(M_1)	$C_{12}H_7ClO_2$	218	2	$C_{12}H_7ClO$	202	4
2	二氯化物 dichloro(D_2)	$C_{12}H_6Cl_2O_2$	252	10	$C_{12}H_6Cl_2O$	236	16
3	三氯化物 trichloro(T_3)	$C_{12}H_5Cl_3O_2$	286	14	$C_{12}H_5Cl_3O$	270	28
4	四氯化物 tetrachloro(T_4)	$C_{12}H_4Cl_4O_2$	326	22	$C_{12}H_4Cl_4O$	304	38
5	五氯化物 pentachloro(P_5)	$C_{12}H_3Cl_5O_2$	354	14	$C_{12}H_3Cl_5O$	338	28
6	六氯化物 hexachloro(H_6)	$C_{12}H_2Cl_6O_2$	388	10	$C_{12}H_2Cl_6O$	372	16
7	七氯化物 heptachloro(H_7)	$C_{12}HCl_7O_2$	422	2	$C_{12}HCl_7O$	406	4
8	八氯化物 octachloro(O_8)	$C_{12}Cl_8O_2$	456	1	$C_{12}Cl_8O$	440	1
				计 75 种			计 135 种

二噁英是一类非常稳定的亲油性固体化合物，其熔点较高，分解温度大于 700℃，极难溶于水，可溶于大部分有机溶液，所以容易在生物体内积累。表 10-15 是两种典型二噁英的理化性质。

表 10-15 两种典型二噁英的理化性质

项 目	2,3,7,8-TCDD	OCDD
分子量	322	456
熔点/℃	305	130
分解温度/℃	＞700	＞700
在溶剂中的溶解度/(mg/L)		
邻二氯苯	1400	1830
氯苯	720	1730
二甲苯	—	3580
苯	570	—
氯仿	370	560
丙酮	110	380
甲醇	10	—
水	7.2ng/L	—

项　目	2,3,7,8-TCDD	OCDD
化学稳定性		
普通酸	稳定	稳定
碱	稳定	有条件分解
氧化剂	强氧化剂分解	稳定
光	分解	分解

美国国家环保局（US EPA）确认的有毒二噁英类物质有 30 种，其中包括 PCDDs 7 种、PCDFs 10 种、多氯联苯（PCBs）13 种，以毒性大、致癌作用强的 2,3,7,8-四氯代二苯并二噁英（2,3,7,8-TCDD）为代表。不同的二噁英类取代衍生物具有不同的毒性，但可以采用毒性等价换算值的方法，用统一的数值来表示其浓度。即将各异构体的浓度乘以对应的毒性等价换算系数（Toxicity Equivalently Factor，TEF），则可换算成 TCDD 的毒性当量因子（TEQ），表 10-16 是一些二噁英类物质的毒性等价换算系数。

表 10-16　二噁英类物质的毒性等价换算系数

化合物名称	TEF	化合物名称	TEF
2,3,7,8-TCDD	1	1,2,3,7,8-P_5CDF	0.05
1,2,3,7,8-P_5CDD	0.5	2,3,4,7,8-P_5CDF	0.5
2,3,7,8-取代 H_6CDD	0.1	2,3,7,8-取代 H_6CDF	0.1
1,2,3,4,6,7,8-H_7CDD	0.01	2,3,7,8-取代 H_7CDF	0.01
OCDD	0.001	OCDF	0.001
2,3,7,8-TCDF	0.1		

根据美国国家环保局 1995 年的报告，二噁英是迄今人类所发现的毒性最强的物质。其对人类健康的影响超过了 20 世纪 60 年代 DDT 对人类健康的影响。非常小剂量的"错误信号"能对激素调控产生极大的影响作用，包括影响细胞分裂、组织再生、生长发育、代谢和免疫功能。因此，二噁英被称为"毒素传递素"，影响和危害正常人体系统，如内分泌、免疫、神经系统等。表 10-17 是 2,3,7,8-TCDD 的毒理效应。

表 10-17　2,3,7,8-TCDD 的毒理效应

影响		毒理效应
对激素、受体、生长因子调节的影响		固醇类激素和受体（雄性激素，雌性激素，肾上腺皮质激胸腺激素，胰岛素，维生素 A、EGF 和受体 TGA-a、TGF-b、ILIb、ILIc）
致癌剂	对免疫系统的影响	细胞和体液免疫抑制；增加对传染源的敏感性；自身免疫反应
	对生长发育的影响	先天缺陷，胎儿死亡；影响神经系统发育；智力（障碍）低下；性别发育异常
	雄性生殖系毒性	降低血清雄性激素浓度；睾丸萎缩，结构异常，雌性化激素反应，雌性化反应
	雌性生殖系毒性	生育能力下降，流产，死胎（无保持胚胎的能力），卵巢功能下降或消失
其他影响		器官毒性（肝、脾、胸腺、皮肤、牙齿）；糖尿病；体重减轻；消瘦综合症；糖和脂肪代谢改变

二噁英可存积于空气、土壤、食物（肉制品、乳制品、鱼、蛋、蔬菜等）中，由食物链在人类身体中累积。二噁英可通过空气、饮水、膳食的途径对人产生危害，其中膳食摄入可占总侵害的 97.5%。世界卫生组织（WHO）的分支机构国际癌症研究署（IARC）

在 1997 年的报告中将 2,3,7,8-TCDD 列为一级致癌物。

2. 二噁英类物质的来源

二噁英类物质主要来源于城市生活垃圾的焚烧，占其排放量的 90％以上，含氯农药合成、纸浆的氯气漂白等也有可能产生二噁英。其主要来源见表 10-18。

表 10-18　二噁英类物质的主要来源

来　源	比例/%	来　源	比例/%
垃圾燃烧	91	森林火灾、农业秸秆燃烧	0.7
漂白加工	3	汽车燃料	0.7
木材燃烧	3	含二噁英物质	<1
铜、铅再循环利用	2	下水道污物燃烧	<0.1

对垃圾焚烧过程中二噁英类物质的生成机制迄今已进行了详细的研究，各种理论概括起来有如下的共识。原生垃圾本身含有微量的二噁英，这种垃圾焚烧后在其排出废气中必然产生二噁英；在有 2 种或多种有机氯化物（即所谓的前驱体）存在的情况下，由于"二聚作用"，这些化合物（氯酚）在适当的温度和氧气条件下就会结合并生成二噁英；单分子的前体化合物的不完全氧化，也可生成二噁英，例如 PCBs（多氯联苯）的不完全氧化；由于氯的存在，氯（氯化物）就会破坏碳氧化合物（芳香族）的基本结构，而与木质素，如木材、蔬菜等废弃物相结合，促使生成二噁英。

通常认为燃烧含氯金属盐的有机物是产生二噁英的主要原因，其中金属起催化剂作用，如 $FeCl_3$、$CuCl_2$ 可以催化二噁英的生成。城市生活垃圾中含有大量的有机物（如塑料、橡胶、皮革）和无机氯化物（如 NaCl），焚烧过程中温度在 $250\sim650℃$ 之间时会生成二噁英，且在 $300℃$ 时生成量最大。

试验模拟了焚烧炉炉后条件研究二噁英形成机制的结果，进一步确立了与焚烧炉条件相关的 2 个形成途径，即从头合成（de novo synthesis）与前体物合成。其中，从头合成很可能是实际燃烧系统中二噁英形成的主要机理。二噁英的生成需要一定变质石墨结构的炭形态。

在燃烧系统中二噁英的形成过程分为 2 个阶段。

① 炭形成阶段　燃烧带中变质石墨结构的炭粒子的形成。

② 炭氧化阶段　未燃烧炭在低温的后燃烧带被继续氧化及二噁英作为石墨结构炭粒氧化降解产物的副产品而形成。

炭形成阶段至少含有三步，即核子作用、粒子增长及团聚过程；炭氧化至少有四步，即氧化剂吸附、与金属离子结合的复杂中间产物的形成、同石墨结构炭的相互作用及产物解吸。其中含有极其复杂的多相化学反应。试验模拟焚烧炉炉后条件二噁英的形成过程，影响二噁英从头合成的因素主要有气相物质、固相物质、温度、反应时间、产物分配等方面。

从以上关于二噁英在焚烧过程中的产生有各种不同的观点，但归纳起来看主要有 2 种。一是完全燃烧时垃圾在干燥过程和燃烧的初始阶段，当氧含量充足时，垃圾中的低沸点的烃类物质或燃烧生成 CO、CO_2、H_2O；但若氧含量不足，就会生成二噁英前驱物。这些前驱物与垃圾中氯化物、O_2、$O·$ 等进行复杂热反应，生成二噁英类物质。二是燃烧后生成不完全燃烧所产生的二噁英前驱物以及垃圾中未燃尽的环烃物质在烟尘中 Cu、Ni、

Fe 等金属及其盐的颗粒催化作用下，与烟气中的氯化物和 O_2 发生反应，生成二噁英类物质，催化反应温度在 300℃ 左右，即所谓的"从头合成"，其反应示意可参见图 10-19。

燃烧过程：

$$C_xH_yCl_z+O_2 \longrightarrow CO_2+H_2O+HCl \tag{10-26}$$

$$C_xH_y+O_2 \longrightarrow CO_2+H_2O \tag{10-27}$$

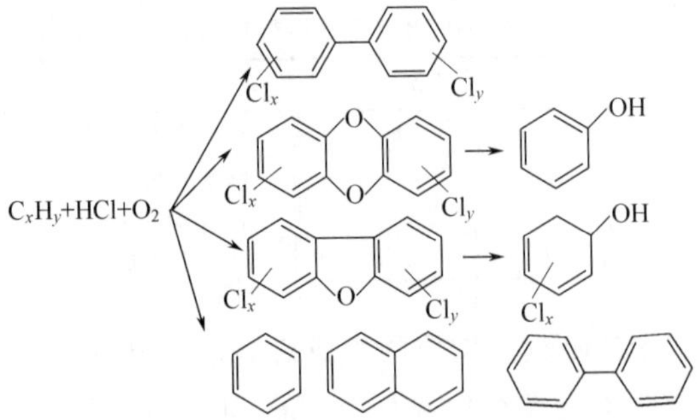

$$(10\text{-}28)$$

燃烧后反应：

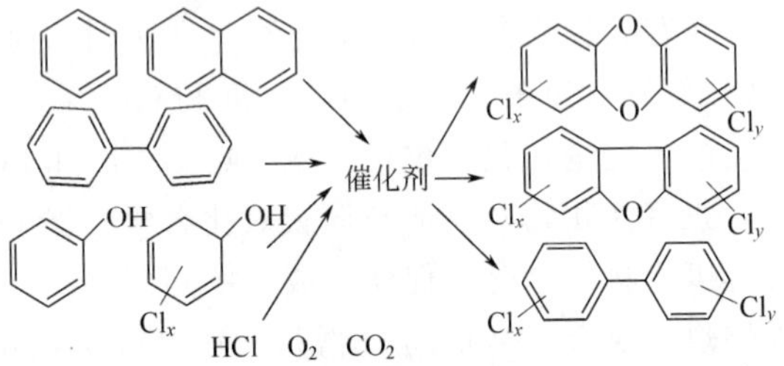

$$(10\text{-}29)$$

图 10-19　城市生活垃圾焚烧过程二噁英产生示意

3. 环境中二噁英的降解

环境中的二噁英是相当稳定的，在深层土壤中 2,3,7,8-TCDD 的半衰期长达 10～20 年，底泥中的二噁英也能长期稳定。土壤中和底泥中的二噁英在有氧条件下可通过微生物分解、光降解、挥发、作物蒸腾作用、淋溶等途径损失，但在缺氧条件下几乎不发生生物降解。二噁英在环境中稳定、持久，环境中的二噁英通过垂直迁移，蒸发或降解的损失率很低，表层的二噁英主要损失途径是挥发和降解。由于二噁英具有相对稳定的芳香环，在环境中具有亲脂性、热稳定性，同时耐酸、碱、氧化剂和还原剂，且抵抗能力随分子中卤素含量增加而增强，因而广泛分布于空气、水、土壤中，并具有高度的持久性。目前环境中二噁英的降解途径、降解机制及速率成为研究的热点之一。环境中二噁英，特别是高氯代二噁英，不管是在有氧条件还是缺氧条件下几乎不发生化学降解，生物代谢也缓慢，主要是光降解。但在有机溶剂中，如在二恶烷、三氯甲烷、环己烷、甲醇等中，用紫外灯照射时会很快被分解。

因此，对焚烧过程中产生的二噁英必须采取积极的处理才能彻底消除它们对环境和人类的危害。

二、固体废弃物焚烧过程二噁英的控排

1. 二噁英的控排机理

M. P. David 等研究了焚化炉温度变化对 PCDDs/PCDFs 形成的影响，认为温度超过

980℃、停留时间大于 1s 能基本控制 PCDDs/PCDFs 的形成。PCDDs/PCDFs 的最佳生成温度介于 280～450℃ 之间，因此 PCDDs/PCDFs 的生成不限于在热回收设备和空气污染防治设备中，也可能在后燃烧室或是烟道气上附着的飞灰上发生。W. C. Petter 等研究了飞灰和碳源对 PCDDs/PCDFs 形成的影响，认为 PCDDs/PCDFs 的形成均源于苯酚，而苯酚则来源于脂肪族油的芳构化。Gullett 研究了催化剂对 PCDDs/PCDFs 生成的作用，认为 $CuCl_2$ 催化能力最为显著。Dickson 等以五氯酚（PCP）为前驱物，在燃烧温度为 300℃ 时发现此时的 PCDDs/PCDFs 形成不需要 Cu^{2+}，证明五氯酚能直接转化为 PCDDs/PCDFs，$CuCl_2$ 对不含氯的有机物与无机氯盐的化合生成 PCDDs/PCDFs 的反应起催化作用。根据 de novo 合成反应的机理，Cu^{2+} 的作用是作为化合反应的中心原子，而 $CuCl_2$ 则又为反应 $2CuCl_2 \longrightarrow 2CuCl + Cl_2$ 提供了部分碳源。

Vogg 等在温度为 300℃、反应时间 2h 的条件下，改变了进气流中氧含量，氧含量增加（1% 增至 10%），PCDDs/PCDFs 明显增加（焚烧灰中 PCDDs 由 738ng/g 增至 8708ng/g，PCDFs 由 1255ng/g 增至 4361ng/g）。Vogg 等的研究还发现，HCl、SO_2 和 H_2O 可能会促进 PCDDs/PCDFs 的生成。Addink 及 Olic 由试验证实，选用 HCl 和氯气 2 种不同氯源，PCDDs/PCDFs 的生成量几乎相同。根据 Vogg 等研究，氧在二噁英的形成过程中有重要作用，因此可以推断出在缺氧条件下二噁英的生成将大大减少。可以对垃圾低温热解这一典型缺氧工艺进行研究，以了解垃圾的低温热解是否对二噁英的产生起到抑制作用。

H. W. L. Paulus 研究了试验条件下 Na_2S 等抑制剂对 PCDDs/PCDFs 生成的影响，发现其具有良好的控制效果。廖万里等从有关文献总结出 NH_3、SO_2、三乙基胺等 PCDDs/PCDFs 抑制剂，其抑制作用在于降低燃烧中氯原子的形成或是生成比 $CuCl_2$ 催化作用弱的铜盐。另外，由于 PCDDs 在 705℃ 以下对热是稳定的，高于此温度即开始分解。所以，焚烧炉炉温对 PCDDs/PCDFs 的含量影响至关重要。目前很多国家都对垃圾焚烧炉的炉温做了规定，如美国规定生活垃圾焚烧要在 1000℃ 以上，废气停留时间不少于 2s。

影响 PCDDs/PCDFs 生成的因素众多，对反应表面、催化剂、反应物、水分、氯源、燃烧条件以及反应机理的研究有待进一步深化。

2. 二噁英的控制技术

（1）二噁英排放的控制方法

控制垃圾焚烧厂产生 PCDDs/PCDFs，可从控制来源、减少炉内形成、避免炉外低温区再合成及去除 4 个方面入手。

通过废弃物分类收集，加强资源回收，避免含 PCDDs/PCDFs 物质及含氯成分高的物质（如 PVC 塑料等）进入垃圾中。焚烧炉燃烧室应保持足够的燃烧温度（不低于 850℃）及气体停留时间（不少于 2s），确保废气中具有适当的氧含量（最好在 6%～12% 之间），达到分解破坏垃圾内含有的 PCDDs/PCDFs、避免产生氯苯及氯酚等物质。PCDDs/PCDFs 炉外再合成现象，多发生在锅炉内（尤其在节热器的部位）或在粒状污染物控制设备前。有些研究指出，主要的生成机制为 Cu 或 Fe 的化合物在悬浮微粒的表面催化了二噁英前驱物，并遇 300～500℃ 的温度环境，因此应缩短烟气在处理和排放过程中处于 300～500℃ 温度范围内的时间。近年来，工程上普遍采用半干式洗气塔与布袋除尘器搭配的方式。在干式处理流程中，最简单的方法为喷入活性炭粉或焦炭粉，以吸附及去除烟气中的 PCDDs/PCDFs。

（2）垃圾焚烧烟气污染控制方法

一个设计良好而且操作正常的焚烧炉内，不完全燃烧物质的产生量极低，通常并不至于造成空气污染，因此设计尾气处理系统时，不将其考虑在内。

表 10-19 列出了危险废物焚烧尾气处理方法。氮氧化物（NO_x）很难以一般方法去除，但是由于含量低（在 100mg/L 左右），通常是控制焚烧温度以降低其产生量。硫氧化物（SO_x）虽难以去除，但一般危险废物和城市垃圾中含硫量很低（0.1% 以下），尾气中少量硫氧化物可经湿式洗涤设备吸收。溴气（Br_2）、碘（I_2）及碘化氢（HI）等尚无有效去除方法，由于其含量甚低，一般尾气处理系统的设计并不特别考虑去除。如果废弃物中含有高成分的溴或碘化合物，焚烧前则以混合或稀释等方式降低其含量。卤素与氢的化合物（HCl、HBr 等）可由洗涤设备中的碱性溶液中和。HCl 是尾气中主要的酸性物质，其含量为几百毫克每升至百分之几，必须将其含量降至 1% 以下（99% 去除率）才可排放。废气中挥发状态的重金属污染物，部分在温度降低时可自行凝结成颗粒，于飞灰表面凝结或被吸附，从而被除尘设备收集去除；部分无法凝结及被吸附的重金属的氯化物，可利用其溶于水的特性，经湿式洗气塔的洗涤液自废气中吸收下来。

表 10-19　危险废物焚烧尾气处理方法

危险废物成分	污 染 物	处 理 设 备			
		急冷喷凝塔	文氏洗涤器	布袋或静电除尘器	填料吸收塔
有机污染物					
C、H、O	氮氧化物（NO_x）	—	—	—	—
Cl	氯化氢（HCl）	√	√		√
Br	溴化氢（HBr）及溴气（Br_2）	√	√		√
F	氟化氢（HF）	√	√		√
S	硫氧化物（SO_x）	—	√		√
P	五氧化二磷（P_2O_5）		√		√
N	氮氧化物（NO_x）	—	—		√
无机化合物					
不具毒性（Al、Ca、Na、Si 等）	粉尘	√	√	√	√
有毒金属（Pb、As、Sb、Cr、	粉尘	√	√	√	√
Cd、Mo 等）	挥发性蒸气	—	√	√	√

注：—表示效果不大；√表示有效。

（3）二噁英控排流程

焚烧厂典型的空气污染控制设备和处理流程可分为湿式、干式及半干式 3 类。

① 湿式处理流程　典型处理流程包括文氏洗气器或静电除尘器与湿式洗气塔的组合，以文氏洗气器或湿式电离洗涤器去除粉尘，填料吸收塔去除酸气。

② 干式处理流程　典型处理流程由干式洗气塔与静电除尘器或布袋除尘器相互组合而成，以干式洗气塔去除酸气，布袋除尘器或静电除尘器去除粉尘。

③ 半干式处理流程　典型处理流程由半干式洗气塔与静电除尘器或布袋除尘器相互组合而成，以半干式洗气塔去除酸气，布袋除尘器或静电除尘器去除粉尘。

将垃圾焚烧厂气体排放的几种流程与二噁英控排的专用技术与方法结合，即可达到二噁英控排的要求。图 10-20 和图 10-21 分别是能将垃圾焚烧厂二噁英排放量（标准状态下）

控制在 $0.1ng/m^3$ 和 $0.05ng/m^3$ 的烟气净化流程。

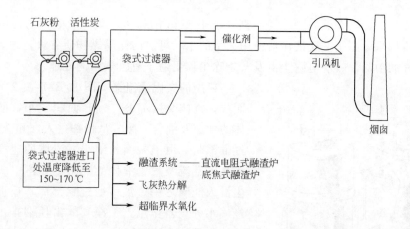

图 10-20 二噁英排放量（标准状态下）控制在 $0.1ng/m^3$ 的垃圾焚烧厂烟气净化流程

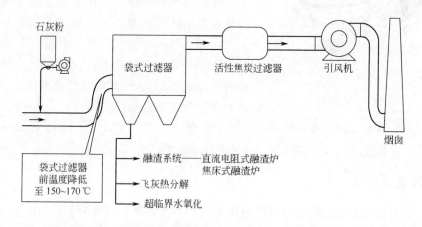

图 10-21 二噁英排放量（标准状态下）控制在 $0.05ng/m^3$ 的垃圾焚烧厂烟气净化流程

第六节 粒状污染物控制技术

焚烧烟气中粉尘的主要成分为惰性无机物质，如灰分、无机盐类、可凝结的气体污染物质及有害的重金属氧化物，其含量在 $450\sim22500mg/m^3$ 之间，视运转条件、废弃物种类及焚烧炉型式而异。一般来说，固体废弃物中灰分含量高时所产生的粉尘量多，颗粒大小的分布亦广，液体焚烧炉产生的粉尘较少。粉尘颗粒的直径有的大至 $100\mu m$ 以上，也有的小至 $1\mu m$ 以下，由于送至焚烧炉的废弃物来自各种不同的产业，焚烧烟气所带走的粉尘及雾滴特性和一般工业尾气类似。

一、设备类型

控制粒状污染物的设备主要有文氏洗涤器、静电除尘器和布袋除尘器，分述如下。

1. 文氏洗涤器

文氏洗涤器可以有效去除废气中直径小于 $2\mu m$ 的粉尘，其除尘效率与静电除尘器及布袋除尘器相当。由于文氏洗涤器使用大量的水，可以防止易燃物质着火，并且具有吸收腐蚀性酸气的功能，较静电除尘器及布袋除尘器更适于有害气体的处理。

图 10-22　文氏洗涤器

典型的文氏洗涤器（图 10-22）由 2 个锥体组合而成，锥体交接部分（喉）面积较小，便于气、液体的加速及混合。废气从顶部进入，和洗涤液相遇，经喉部时，由于截面积缩小，流体的速度增加，产生高度乱流及气、液体的混合，气体中所夹带的粉尘混入液滴之中。流体通过喉部后，速度降低，再经气水分离器作用，干净气体由顶端排出，而混入液体中的粉尘则随液体由气水分离器底部排出。

文氏洗涤器体积小，投资及安装费用较布袋除尘器或静电除尘器低，是最普遍的焚烧尾气除尘设备，由于压差较其他设备高出很多（至少 7.5～19.9kPa），抽风机的能源使用量亦高（抽风机的电能和压差成正比），同时尚需处理大量废水，运转及维护费用和其他设备相当。

文氏洗涤器也具酸气吸收作用，其效率在 $50\%～70\%$ 之间，但无法达到 99% 的酸气去除要求。当焚烧尾气含有酸气时，必须使用吸收塔。

2. 静电除尘器

静电除尘器能有效去除工业尾气中所含的粉尘及烟雾，可分为干式静电集尘器、湿式静电集尘器及湿式电离洗涤器 3 种。

湿式静电集尘器为干式静电集尘器的改良，使用率次之；湿式电离洗涤器发展虽然较晚，但是它除了不受电阻系数变化的影响外，还具有酸气吸收及洗涤功能，是美国危险废物焚烧系统中使用最多的粉尘收集设备之一。

（1）干式静电集尘器

干式静电集尘器（图 10-23）由排列整齐的集尘板及悬挂在板与板之间的电极组成，利用高压电极所产生的静电电场去除气体所夹带的粉尘。电极带有高压（40000V 以上）负电荷，而集尘板则接地线。当气体通过电极时，粉尘受电极充电带负电荷，被电极排斥而附着在集尘板上。

（2）湿式静电集尘器

湿式静电集尘器是干式静电集尘器的改良，它较干式设备增加了一个进气喷淋系统

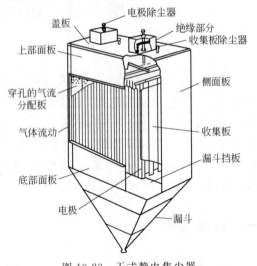

图 10-23　干式静电集尘器

及湿式集尘板面，因此不仅可以降低进气温度，吸收部分酸气，还可防止集尘板面尘垢的堆积。略含碱性（pH＝8～9）的水溶液为主要喷淋液体，喷淋速度为 1.2～2.4m/s，较气体流速高，可以加强除尘效果。部分雾化液滴会被充电，易被集尘板面收集。包覆粉尘的液滴和集尘板碰撞后，速度降低，可以增加气液分离作用，除尘效率亦不受粉尘电阻系数影响。由于液体不停地流动，集尘板上的尘垢可随时清除，不致堆积。由于气体所含的水分接近饱和程度，烟囱排除形成白色雾气。烟气粉尘含量为 10～25mg/m³。目前仅有少数湿式吸尘设备应用于危险废物焚烧系统中。

湿式静电集尘器的优点为：除尘效率不受电阻系数影响；具有酸气去除作用；耗能少；可以有效去除颗粒微细的粒子。其主要缺点为：受气体流量变化的影响大；产生大量废水，必须处理；酸气吸收率低，无法去除所有的酸气。

3. 布袋除尘器

如图 10-24 所示，布袋除尘器由排列整齐的过滤布袋组成，布袋的数目由几十个至数百个不等。废气通过滤袋时粒状污染物附在滤层上，再定时以振动、气流逆洗或脉动冲洗等方式清除。其除尘效果与废气流量、温度、含尘量及滤袋材料有关。一般而言，其去除粒子大小在 0.05～20μm 范围内，压力降在 1～2kPa 之间，除尘效率可达 99％以上。布袋众多时，可分成不同的独立区域，便于布袋清洁及替换。部分高分子纤维制成的布袋，可在 250℃左右使用，并且可以抗拒酸、碱及有机物的侵蚀。有些设计在启动时使用吸附剂，附着于布袋表面，以去除烟气中的污染气体。

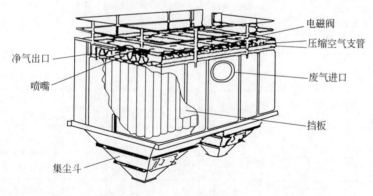

图 10-24　布袋除尘器

由于对重金属及微量有机化合物的去除效果优良，布袋除尘器近年来已广泛运用在垃圾焚烧厂的粒状污染物去除处理上。

使用干式或半干式洗气塔搭配布袋除尘器时，为了提高对酸性气体、重金属及二噁英的去除率，近年来常使用特殊助剂，对滤布表面进行被覆，以延长酸性气体与石灰的接触时间，增大石灰和酸性气体的接触频率，增加石灰分散的均匀性，降低气流压力损失，避免滤布受到湿废气的影响而阻塞。

不完全反应的石灰停留于滤布表面时，由于有较长的接触时间及频率，能完成以下化学反应。

$$Ca(OH)_2 + 2HCl \longrightarrow CaCl_2 + 2H_2O \qquad (10\text{-}30)$$

$$Ca(OH)_2 + SO_2 \longrightarrow CaSO_3 + H_2O \qquad (10\text{-}31)$$

$$Ca(OH)_2 + 2HF \longrightarrow CaF_2 + 2H_2O \qquad\qquad (10\text{-}32)$$

特别值得注意的是，第二个反应在 100℃ 以上的环境中需要靠第一个反应生成的 $CaCl_2 \cdot 2H_2O$ 当催化剂方可发生，因此 HCl 与 SO_2 的比值最好在 1.5 以上。综合而言，在布袋除尘器前配置干式及半干式洗气塔时，需要将滤袋表面不完全反应的石灰对酸性气体的去除效果一起考虑。

二、设备选择

选择除尘设备时，首先应考虑粉尘负荷、粒径大小、处理风量及容许排放浓度等因素，若有必要则再进一步深入了解粉尘的特性（如粒径尺寸分布、平均与最大浓度、真密度、黏度、湿度、电阻系数、磨蚀性、磨损性、易碎性、易燃性、毒性、可溶性及爆炸限制等）及废气的特性（如压力损失、温度、湿度及其他成分等），以便做合适的选择。

除尘设备的种类主要包括重力沉降室、旋风（离心）除尘器、喷淋塔、文氏洗涤器、静电除尘器及布袋除尘器等，其参数及特性列于表 10-20 中。重力沉降室、旋风除尘器和喷淋塔等无法有效去除 $5\sim10\mu m$ 的粉尘，只能视为除尘的前处理设备。静电除尘器、文氏洗涤器及布袋除尘器这 3 类为垃圾焚烧系统中最主要的除尘设备。液体焚烧炉尾气中粉尘含量低，设计时不必考虑专门的去除粉尘设备。急冷用的喷淋塔及去除酸气的填料吸收塔的组合足以将粉尘含量降至许可范围之内。

表 10-20　焚烧尾气除尘设备的参数及特性

种　类	有效去除颗粒直径 /μm	压差 /cmH_2O	处理单位气体需水量 /(L/m³)	体积	是否受气体流量变化影响		运转温度 /℃	特　性
					压力	效率		
文氏洗涤器	0.5	1000～2540	0.9～1.3	小	是	是	70～90	构造简单,投资及维护费用低,耗能大,废水需处理
水膜式洗涤塔	0.1	915	0.9～1.3	小	否	是	70～90	能耗最高,去除效率高,废水需处理
静电除尘器	0.25	13～25	0	大	是	是	—	受粉尘含量、成分、气体流量变化影响大,去除率随使用时间下降
湿式电离洗涤塔	0.15	75～205	0.5～11	大	是	否	—	效率高,产生废水需处理
布袋除尘器 　传统形式 　反转喷射式	 0.4 0.25	 75～150 75～150	 0 0	 大 大	 是 是	 否 否	100～250	受气体温度影响大,布袋选择为主要设计参数,如选择不当,维护费用高

注：$1cmH_2O = 98.0665Pa$。

参 考 文 献

1　Ruth L R. Energy from municipal solid waste: a comparison with coal combustion technology. Progress in Energy and Combustion Science, 1998, 24 (6): 545-564.

2　Caputo A C, Pelagagge P M, et al. RDF production plants: I. Design and costs. Applied Thermal Engineering, 2002, 22 (4): 423-437.

3　Kees O, Ruud A, Mirjam S. Metals as catalysts during the formation and decomposition of chlorinated dioxins and furans in incineration processes. Journal of the Air and Waste Management Association, 1998, 48 (2): 101-105.

4　Huang H, Buekens H. Chemical kinetic modeling of de novo synthesis of PCDD/F in municipal waste incinerators. Chemosphere, 1995, 31 (9): 4099-4117.

5　Huang H, Bukens A. De novo synthesis of polychlorinated dibenzo-*p*-dioxins and dibenzo furan—Proposal of a mechanistic scheme. The Science of the Total Environment, 1996, 193 (2): 121-141.

6　Horn P A, Williams P T. Influence of temperature on the products from flash pyrolysis of biomass. Fuel, 1996, 75 (9): 1051-1059.

7　Shao D K, Hutchison E, Cao K B. Behavior of chlorine during coal pyrolysis. Energy and Fuels, 1994, (8): 399-401.

8　张益, 陶华. 垃圾处理处置技术及工程实例. 北京: 化学工业出版社, 2002.

9　吴文伟. 城市生活垃圾资源化. 北京: 科学出版社, 2003.

10　[日] 新井纪男. 燃烧生成物的发生与抑制技术. 赵黛青等译. 北京: 科学出版社, 2001.

11　Tchobanoglous G, Theisen H, Vigil S. 固体废物的全过程管理. 北京: 清华大学出版社, 2000.

12　芈振明. 固体的处理与处置. 北京: 高等教育出版社, 1992.

13　王中民. 城市垃圾处理与处置. 北京: 中国建筑工业出版社, 1991.

14　赵由才, 宋立杰, 张华. 实用环境工程手册——固体废物污染控制与资源化. 北京: 化学工业出版社, 2002.

15　杨国清, 刘康怀. 固体废物处理工程. 北京: 科学出版社, 2001.

16　王华. 二噁英零排放化城市生活垃圾焚烧技术. 北京: 冶金工业出版社, 2001.

17　国家环境保护总局污染控制司. 城市固体废物管理与处理处置技术. 北京: 中国石化出版社, 2000.

18　张益, 赵由才. 生活垃圾焚烧技术. 北京: 化学工业出版社, 2000.

19　屈超蜀. 城市生活垃圾处理工程. 重庆: 重庆大学出版社, 1994.

20　P. A 维西林德等. 资源回收过程原理. 北京: 机械工业出版社, 1985.

21　沈东升. 生活垃圾填埋生物处理技术. 北京: 化学工业出版社, 2003.

22　聂永丰. 三废处理工程技术手册——固体废物卷. 北京: 化学工业出版社, 2000.

23　魏小林, 田文栋, 黎军等. 垃圾预处理设备的优化设计——城市固体废弃物的预处理系统研究. 城市环境与城市生态, 2000, (10): 24-26.

24　王伟, 韩飞, 袁光钰等. 垃圾填埋产气预测. 中国填埋气, 2001, 19 (2): 20-24.

25　高光, 董雅文, 金浩波等. 城市垃圾处理与管理对策研究. 城市环境与城市生态, 2000, 13 (2): 39-41.

26　Bmnner C R. 焚烧法废气的控制. 王之佳, 刘淑秦译. 北京: 中国环境科学出版社, 1988.

27　田文栋, 魏小林, 黎军等. 北京市城市生活垃圾特性分析. 环境科学学报, 2000, 20 (4): 435-438.

28　李晓东, 陆胜勇, 徐旭等. 中国城市生活垃圾热值的分析. 中国环境科学, 2001, 21 (2): 156-160.

29　吴文伟. 北京市生活垃圾处理可持续战略研究. 中国城市环境卫生, 2001 (4): 25-3119.

30　刘克锋, 刘悦秋, 王红利等. 北京市城市生活垃圾成分调查及农用性分析. 北京农学院学报, 2001, 16 (4): 25-31.

31　肖睿, 金宝升, 蓝计香等. 第二代城市生活垃圾焚烧炉——气化熔融炉. 工业炉, 2000, 22 (4): 39-44.

32　唐国勇, 邢培生. 200t/d 城市生活垃圾焚烧锅炉. 工业锅炉, 2000, (4): 22-23.

33　廖洪强, 姚强. TGA 技术研究城市生活垃圾燃烧特性. 燃料化学学报. 2001, 29 (2): 140-143.

34　刘常青, 赵由才. 城市生活垃圾的 DSC 和 TGA 分析与热值估算. 云南环境科学, 1997, 16 (2): 42-44.

35　冯明谦, 蒋培志, 李彦春等. 城市生活垃圾破碎筛分一体化设备研制. 环境卫生工程, 2000, 8 (4): 157-160.

36　楚华, 李爱民. 城市生活垃圾在热解处理中的产气特性研究. 安全与环境学报, 2002, 2 (2): 22-27.

37 徐江华，潘伟平．固态废弃物和煤混合燃烧过程中有机氯化物形成机理的研究．燃料化学学报，2001，29（4）：339-342.

38 张衍国，李俊复．国内外城市垃圾能源化焚烧技术发展现状及前景．环境保护，1998，(7)：38-41.

39 陶邦彦，于鸿达，曹剑文．国外城市垃圾焚烧炉的环保措施．动力工程，1999，19（6）：482-494.

40 肖睿，金保升，仲兆平等．基于低温气化和高温熔融焚烧方法处理城市生活垃圾．洁净煤燃烧技术，2001，(3)：28-31.

41 马小茜，杨泽亮，罗军．几种垃圾焚烧方式的比较．重庆环境科学，1998，20（4）：32-34.

42 汪军，舒雄娟，陈之航．垃圾焚烧炉燃烧技术及设备的发展．能源研究与信息，2001，16（1）：37-45.

43 葛俊，徐旭，张若冰等．垃圾焚烧重金属污染物的控制现状．环境科学研究，2001，14（3）：62-64.

44 姜凡，潘中刚，张立斌．垃圾在流化床中燃烧特性的试验研究．锅炉技术，2000，31（5）：12-17.

45 毛玉如，马晓峰，要建军等．流化床垃圾焚烧发电技术．锅炉制造，2000，(2)：3-6.

46 魏小林，田文栋，盛弘至等．煤与垃圾在流化床中的混燃利用技术分析．环境工程，2000，18（4）：37-41.

47 董长青，金保升，仲兆平等．燃煤循环流化床掺烧城市生活垃圾过程中酸性气体排放．中国电机工程学报，2002，22（3）：32-37.

48 杨雄，孙建峰．生活垃圾处理及其焚烧产物玻璃化．陶瓷研究，2000，5（1）：17-20.

49 王汉强，曹学新．填埋气利用流程．有色冶金设计与研究，1997，18（1）：18-23.

50 佚名．选矿技术在城市固体废料和垃圾再生利用中的应用．国外金属矿选矿，1998，(12)：36-40.

51 解强，沈吉敏，张宪生等．模化城市生活垃圾衍生燃料制备及热解特性的研究．燃料化学学报，2003，31（5）：471-475.

52 解强，沈吉敏，张宪生等．热处理过程中城市生活垃圾氯释放特性的研究．中国矿业大学学报，2003，32（6）：641-645.

53 解强，厉伟，沈吉敏等．垃圾衍生燃料制备与特性研究．哈尔滨工业大学学报，2003，35（11）：1328-1331.

54 张宪生，沈吉敏，厉伟等．城市生活垃圾处理处置现状分析．安全与环境学报，2003，3（4）：60-64.

55 沈吉敏，张宪生，厉伟等．洁净煤技术在城市生活垃圾能源化处理中的应用．节能与环保，2003，(3)：23-25，30.

56 张宪生，沈吉敏，厉伟等．城市生活垃圾处理处置现状分析．安全与环境学报，2003，3（4）：60-64.

57 US EPA. Characterization of Municipal Solid Waste in the United States：1997 Update. EPA 530-R-98-007，1998.

58 Rhyner C R. Waste Management and Resource Recovery. Boca Raton，FL：CRC Press，1995.

59 Manser A G R，Keeling A. Practical Handbook of Processing and Recycling Municipal Waste. Boca Raton，FL：CRC Press，1996.

60 Gupta A K，Rohrbach E M. Refuse Derived Fuels：Technology，Processing，Quality and Combustion Experiences. 1991 International Joint Power Generation Conference. San Diego，CA. 1991：49-59.

61 Buekens A，Huang H. Comparative evaluation of techniques for controlling the formation and emission of chlorinated dioxins/furans in municipal waste incineration. Journal of Hazardous materials，1998，62（1）：1-33.

62 Corls A W，Redfern J P. Kinetics parameters from thermogravimetric data. Nature，1964，201：68.

63 徐嘉，严建华，肖刚等．城市生活垃圾气化处理技术，科技通报，2004.

64 张春飞，王希，谢斐．城市生活垃圾气化技术研究进展，东方电气评论，2014.

65 胡建杭，王华，刘慧利等．城市生活垃圾气化熔融焚烧技术，环境科学与技术，2008.

66 吴靖，刘洪鹏，兰婧．城市生活垃圾资源化处理方法综述，中国科技信息，2011.

67 吴亚娟，刘红梅，陆胜勇等．城市生活垃圾组分低温干燥特性及模型研究，环境科学，2012.

68 王智敏，安大伟，郑非等．城市生活有机垃圾外热式固定床低温热解技术，煤气与热力，2004.

69 满卫东，吴宇琼，谢鹏．等离子体技术——一种处理废弃物的理想方法，化学与生物工程，2009.

70 林小英．等离子体技术在固体废弃物处理中的应用，能源与环境，2005.

71 陈杰，王倩楠，叶志平等．低温等离子体结合吹脱法去除垃圾渗滤液恶臭，化工学报，2012.

72 宋志伟，吕一波，梁洋等．国内外城市生活垃圾焚烧技术的发展现状，环境卫生工程，2007.

73 范留柱．国内外生活垃圾处理技术的研究现状及发展趋势，中国资源综合利用，2007.

74 别如山，宋兴飞，纪晓瑜等．国内外生活垃圾处理现状及政策，中国资源综合利用，2013.

75 周红军，吴全贵．垃圾填埋气的回收利用．环境保护，2001.

76　王红民，孙炎军．垃圾填埋气的资源化利用．当代化工，2015.

77　刘景岳，徐文龙，黄文雄等．垃圾填埋气回收利用在我国的实践．中国环保产业，2007.

78　章备．浅析城市生活垃圾的资源化处理方式．中国市政工程，2013.

79　袁怡祥，马人熊，谭春青．生活垃圾填埋气的利用．节能与环保，2010.

80　罗鹏，张超平．填埋气体收集和利用探讨．科技资讯，2008.

81　黄毅，何强．我国垃圾填埋气的产生和利用状况研究．四川理工学院学报（自然科学版），2008.

82　周效志，桑树勋，曹丽文等．我国垃圾填埋气资源化现状与对策研究，可再生能源，2012.

83　严密，熊祖鸿，李晓东等．中美城市生活垃圾焚烧处置现状和发展趋势．环境工程，2014.

84　李勇，赵彦杰．垃圾焚烧锅炉污染物的形成与防护．资源节约与环保，2016.

85　2014年全国大、中城市固体废物污染环境防治年报，中华人民共和国环境保护部，2014.

86　郑琳，赵修军，宋建军等．城市生活垃圾处理的环境污染分析．中国环境管理干部学院学报，2008.

87　李春雨．我国生活垃圾处理及污染物排放控制现状．中国环保产业，2015.

88　赵由才，宋玉．生活垃圾处理与资源化技术手册．北京：冶金工业出版社，2007.

89　孙秀云，王连军，李健生等．固体废物处置及资源化．南京：南京大学出版社，2007.

90　徐晓军，管锡君，羊依金．固体废物污染控制原理与资源化技术．北京：冶金工业出版社，2007.